Performance Measurement im Einzelhandel

Forschungsergebnisse der
WU Wirtschaftsuniversität Wien

Band 68

Verena Harrauer

Performance Measurement im Einzelhandel
Multiperspektivische Diskussion
zur Implementierung
und Verwendung von Erfolgskennzahlen
auf der operativen Einzelhandelsebene

Bibliografische Information der Deutschen Nationalbibliothek
Die Deutsche Nationalbibliothek verzeichnet diese Publikation
in der Deutschen Nationalbibliografie; detaillierte bibliografische
Daten sind im Internet über http://dnb.d-nb.de abrufbar.

Gefördert durch die WU Wirtschaftsuniversität Wien.

Umschlaggestaltung:
Atelier Platen, nach einem Entwurf
von Werner Weißhappl.

Universitätslogo der WU Wirtschaftsuniversität Wien:
Abdruck mit freundlicher Genehmigung
der WU Wirtschaftsuniversität Wien.

ISSN 1613-3056
ISBN 978-3-631-67283-9 (Print)
E-ISBN 978-3-653-06896-2 (E-Book)
DOI 10.3726/978-3-653-06896-2

© Peter Lang GmbH
Internationaler Verlag der Wissenschaften
Frankfurt am Main 2016
Alle Rechte vorbehalten.
PL Academic Research ist ein Imprint der Peter Lang GmbH.

Peter Lang – Frankfurt am Main · Bern · Bruxelles · New York ·
Oxford · Warszawa · Wien

Das Werk einschließlich aller seiner Teile ist urheberrechtlich
geschützt. Jede Verwertung außerhalb der engen Grenzen des
Urheberrechtsgesetzes ist ohne Zustimmung des Verlages
unzulässig und strafbar. Das gilt insbesondere für
Vervielfältigungen, Übersetzungen, Mikroverfilmungen und die
Einspeicherung und Verarbeitung in elektronischen Systemen.

Diese Publikation wurde begutachtet.

www.peterlang.com

Inhaltsverzeichnis

Abbildungsverzeichnis 9

Tabellenverzeichnis 13

Abkürzungsverzeichnis 17

1 Einleitung 19
   1.1 Herleitung der Forschungsfragen und Zielsetzung 22
   1.2 Diskussion von Relevance und Rigour 24
      1.2.1 Relevance der vorliegenden Problemstellung 24
      1.2.2 Rigour der vorliegenden Problemstellung 26
   1.3 Wissenschaftstheoretische Verortung 28
      1.3.1 Entdeckung, Begründung, Verwendung 28
      1.3.2 Methodische Einordnung des Projekts 36
   1.4 Gang der Untersuchung 40

2 Performance Measurement – Theoretische Verortung der Begrifflichkeit 43
   2.1 Aufbau und Einsatz von Kennzahlen 44
   2.2 Performance-Dimensionen im Handelskontext 47
   2.3 Effizienz- und Effektivitätsorientierung im Handel 50
   2.4 Kommunikation auf unterschiedlichen Leistungsebenen 51
   2.5 Entwicklung von „Controlling" zu „Performance Measurement" ... 52
   2.6 Kritische Reflexion und zusammenfassende Darstellung 56

3 Zielorientierung im Handelsmanagement-Prozess 59
   3.1 Theoretische Verortung von Zielsetzungen 60
   3.2 Rolle von Performance Kennzahlen im Informationsprozess ... 61
   3.3 Rolle von Performance Kennzahlen in der Verwendung 63
      3.3.1 Die Rolle der Entscheidungserleichterung 63
      3.3.2 Die Rolle der Entscheidungsbeeinflussung 64
   3.4 Kritische Reflexion und zusammenfassende Darstellung 66

4 Charakteristika und Struktur der Handelsbranche in Österreich und den USA 69
4.1 Die Funktionen des Handels 69
4.2 Strukturdaten der Handelslandschaft in Österreich................70
4.3 Strukturdaten der Handelslandschaft in den USA 77
4.4 Zusammenspiel von Marketing Mix und PM im Handelsalltag 84
    4.4.1 Effizienz und Effektivität in der Sortimentspolitik 84
    4.4.2 Effizienz und Effektivität beim Verkaufspersonaleinsatz 86
    4.4.3 Effizienz und Effektivität bei standortsspezifischen Entscheidungen 86
    4.4.4 Effizienz und Effektivität in der Kommunikationspolitik 87
    4.4.5 Effizienz und Effektivität bei Preisen und Konditionen 88
4.5 Kennzahlen-Sets in der Handels- und Marketingforschung 89
    4.5.1 Ausgewählte Kategorisierungen von Kennzahlen-Sets im Marketingkontext 90
    4.5.2 Generische Kategorisierung von Kennzahlen-Sets 92
4.6 Kritische Reflexion und zusammenfassende Darstellung 94

5 Die Entwicklung von PM in der Handels- und Marketingforschung 97
5.1 Forschungsfragen und Zielsetzung der Literaturanalyse 98
5.2 Auswahlkriterien und Forschungsprotokoll 100
5.3 Kodierung der Studien 102
5.4 Ergebnisse der Literaturanalyse 107
    5.4.1 Entwicklung der Publikationstätigkeit 107
    5.4.2 Themenschwerpunkte in der kennzahlenorientierten Handels- und Marketingforschung 113
    5.4.3 Kategorisierung von Handelskennzahlen 130
5.5 Zusammenfassung und Beantwortung der Forschungsfragen (Literaturüberblick) 133
5.6 Limitationen des Literaturüberblicks 136

6 Qualitatives Design: Problemzentrierte Interviews 139
6.1 Problemzentrierte Interviews: Methodische Annäherung 141
    6.1.1 Problemzentrierte Interviewführung 141
    6.1.2 Theoretisches Sampling 143
    6.1.3 Instrumente und Ablauf der problemzentrierten Interviews 146
    6.1.4 Zusammenfassende Inhaltsanalyse nach Mayring 148

6.2 Theoretische Verortung und Erkenntnisse der qualitativen
    Erhebung.. 150
6.3 Ein Blick von außen – Kontingenztheoretische Perspektive................. 157
    6.3.1 Umwelt.. 158
    6.3.2 Unternehmensgröße 165
    6.3.3 Unternehmensstrategie 167
    6.3.4 Unternehmensstruktur 178
    6.3.5 Informationstechnologie 185
6.4 Ein Blick von innen – Praxistheoretische Perspektive........................... 190
    6.4.1 Arbeitsaufgaben von Store Manager/innen 194
        6.4.1.1 Instore-logistische Aufgaben auf der Store-Ebene........... 195
        6.4.1.2 Managementaufgabe: Organisation von Aktivitäten........ 199
        6.4.1.3 Managementaufgabe: Analyse von Performance.............. 200
        6.4.1.4 Managementaufgabe: Steuerung, Kontrolle und
                Planung.. 201
        6.4.1.5 Managementaufgabe: Treffen von Entscheidungen.......... 202
    6.4.2 Ziele auf der Store-Ebene 205
    6.4.3 Performance Kennzahlen auf der Store-Ebene......................... 211
        6.4.3.1 Kategorisierung von Kennzahlen auf der Store-Ebene..... 212
        6.4.3.2 Aktualität von Kennzahlen auf der Store-Ebene............... 219
        6.4.3.3 Relevanz von Kennzahlen im Store Alltag........................ 220
    6.4.4 Evaluierung auf der Store-Ebene.. 223
6.5 Zusammenfassung und Beantwortung der Forschungsfragen (PZI) .. 229
6.6 Limitation des qualitativen Designs 236

7 Empirisch quantitative Forschung.. 237
7.1 Managementbefragung 240
    7.1.1 Managementbefragung: Hypothesen und methodischer
          Steckbrief.. 240
    7.1.2 Managementbefragung: Stichprobenbeschreibung 243
    7.1.3 Managementbefragung: Darstellung der Ergebnisse und
          Hypothesenprüfung 246
    7.1.4 Zusammenfassende Darstellung und kritische Reflexion........... 260
7.2 Conjoint Analyse... 262
    7.2.1 Conjoint Befragung: Konzeption und Ablauf........................... 266
        7.2.1.1 Auswahl der Eigenschaften und deren Ausprägungen..... 267
        7.2.1.2 Präferenzmodell.. 269
        7.2.1.3 Untersuchungsansatz und Erhebungsdesign..................... 270

7.2.1.4 Konstruktion der Stimuli 272
7.2.1.5 Bewertung der Stimuli 272
7.2.2 Conjoint Befragung: Hypothesen und methodischer Steckbrief .. 273
7.2.3 Conjoint Befragung: Darstellung der Ergebnisse und
Hypothesenprüfung 275
7.2.4 Zusammenfassende Darstellung und kritische Reflexion 283

8 Zusammenfassende Darstellung und kritische Reflexion des Gesamtprojekts 285
8.1 Zusammenfassende Darstellung und Implikationen für die
Wissenschaft 287
8.2 Zusammenfassende Darstellung und Implikationen für die Praxis 293

Anhang A 301

Anhang B 347

Anhang C 353

Anhang D 361

Anhang E 367

Bibliografie 369

Stichwortverzeichnis 403

Abbildungsverzeichnis

Abbildung 1: Verknüpfung Marketing Mix und Permance Measurement (Müller-Hagedorn/Natter 2011, 25)... 25
Abbildung 2: Rigour und Relevance des vorliegenden Projekts 28
Abbildung 3: Theoriebildung und –prüfung (Anm: Beob.=Beobachtung) (De Vaus 2002, 10)... 30
Abbildung 4: Theoretische Grundausrichtung der Marketingwissenschaft (Kuß 2013a, 205); grau hinterlegt – Umsetzung im Projekt 31
Abbildung 5: Zusammenhang Entdeckungs- und Begründungszusammenhang (in Anlehnung an Müller-Hagedorn 2000, 30; Töpfer 2007, 20)..................................... 34
Abbildung 6: Typen kombinierter Forschungsmodelle (Srnka 2007, 254 nach Srnka 2006, 12) 37
Abbildung 7: Dominante betriebswirtschaftliche Forschungsmethoden (Homburg 2007, 29) 39
Abbildung 8: Aufbau der Arbeit 41
Abbildung 9: Zielsetzung des Kapitels „Performance Measurement – Theoretische Verortung der Begrifflichkeit" 44
Abbildung 10: Bezugsobjekte des Handelscontrollings (Schröder 2006, 1054).. 48
Abbildung 11: PM-Modell (Horvath/Seiter 2009, 396) und Umsetzung im Projekt... 57
Abbildung 12: Informationsverarbeitung im organisationalen Kontext (Sinkula et al. 1997, 307) 61
Abbildung 13: Rolle von Performance Measurement.. 67
Abbildung 14: Herausforderung an die Informationsbereitstellung (Bouwens/Abernethy 2000, 225) 67
Abbildung 15: Anzahl der unselbstständigen Beschäftigten in ausgewählten EH-Sektoren (Jahr 2011) (K.M.U. Forschung Austria 2012, 34)... 71
Abbildung 16: Umsatz (netto) in ausgewählten EH-Sektoren (Jahr 2011) (K.M.U. Forschung Austria 2012, 51) 72
Abbildung 17: Filialisierungsgrad und Filialflächenanteil stationärer Einzelhandelsgeschäfte in %, nach ausgewählten Branchen, I. Quartal 2011 (K.M.U. Forschung Austria 2011, 23).. 73

Abbildung 18: Durchschnittliche Anzahl der unselbstständigen
Beschäftigten pro Unternehmen in ausgewählten EH-
Sektoren (K.M.U. Forschung Austria 2011, 14) 74
Abbildung 19: Umsatzrentabilität in Prozent der Betriebsleistung
in ausgewählten EH-Branchen (Jahr 2010/11)
(K.M.U. Forschung Austria 2012, 64) 76
Abbildung 20: Verkaufsflächenproduktivität (Brutto-Umsätze/m²)
(K.M.U. Forschung Austria 2011, 54) 77
Abbildung 21: Kennzahlen Sets im Marketing (Farris et al. 2011, 5) 91
Abbildung 22: Literaturüberblick: Charakteristische Verortung (Fettke
2006, 259; Positionen in der vorliegenden Arbeit in
dunkelgrau) 98
Abbildung 23: Literaturüberblick: Publikationstätigkeiten in 5-Jahres-
Schritten (*Zeitraum: 4 Jahre) (absolut) (n=270) 108
Abbildung 24: Literaturüberblick: Verteilung in wissenschaftlichen
Journals; Häufigkeit n>5; (absolut) (n=131) 109
Abbildung 25: Literaturüberblick: Herkunft der Autorenschaft (absolut)
(n=270) 110
Abbildung 26: Literaturüberblick: Angewendete Forschungsdesigns
(absolut) (n=270) 111
Abbildung 27: Literaturüberblick: Leistungsebene (absolut) (n=270) 112
Abbildung 28: Themenschwerpunkte in den Jahren 1965–1994 115
Abbildung 29: Themenschwerpunkte in den Jahren 1995–2004 119
Abbildung 30: Themenschwerpunkte in den Jahren 2005–2013 129
Abbildung 31: Literaturüberblick: Verhältnis Finanzkennzahlen – Nicht-
finanzielle Kennzahlen (absolut) (n=270) 130
Abbildung 32: Literaturüberblick: Performance Kennzahlen im Handel –
Detailentwicklung (n=270) 131
Abbildung 33: Entwicklung der Themenschwerpunkte im gesamten
Analysezeitraum 135
Abbildung 34: PZI: Einordnung in den Forschungsprozess 139
Abbildung 35: PZI: Epistemologische Verortung (Witzel/Reiter 2012, 18) 142
Abbildung 36: Problemzentrierung der qualitativen Studie (Witzel 1982;
Witzel/Reiter 2012) und Umsetzung im Projekt 143
Abbildung 37: Theoretisches Sampling – Grundpositionen (Glaser/
Strauss 2012; Sinkovics/Penz 2009) und Umsetzung im
Projekt 144
Abbildung 38: PZI: Kategorienschema – Kontingenztheoretische
Diskussion 158

Abbildung 39: PZI: Kund/innenorientierung als strategische
Ausrichtung – Zusammenfassung.. 172
Abbildung 40: Praxistheoretischer Weg der Analyse... 192
Abbildung 41: Beschreibung der Instore Logistikprozesse (Kotzab et al.
2007, 1138).. 195
Abbildung 42: PZI: Instore-Logistik reflektiert durch PM (in Anlehnung
an Kotzab et al. 2007, 1138).. 199
Abbildung 43: PZI: Führungsaufgaben von Store Manager/innen................. 204
Abbildung 44: PZI: Zusammenfassung – Zielerreichung auf der
Store-Ebene... 210
Abbildung 45: PZI: Ranking Finanzkennzahlen (Grauschattierung
zeigt Wichtigkeit in den Interviews) (in Anlehnung an
Harrauer/Schnedlitz 2016)... 215
Abbildung 46: PZI: Ranking Nicht-finanzielle Kennzahlen
(Grauschattierung zeigt Wichtigkeit in den Interviews) (in
Anlehnung an Harrauer/Schnedlitz 2016)................................... 218
Abbildung 47: Rückschleife – Theoretische Verortung von Performance
Measurement (Baum et al. 2007, 363) 229
Abbildung 48: Stufen im Forschungsprozess – Quantitatives Design............. 237
Abbildung 49: Gütekriterien der Marktforschung (Bruhn 2012, 94;
Diekmann 2012, 248–260; Kuß 2013a, 150) 239
Abbildung 50: Managementbefragung: Basismodell... 240
Abbildung 51: Managementbefragung: Ranking der operativ
verwendeten Handelskennzahlen (n=134) 247
Abbildung 52: Managementbefragung: Finanzkennzahlen (n=134) und
Sortimentskennzahlen (n=133); Prozentwerte im Kreis
ersichtlich.. 249
Abbildung 53: Managementbefragung: Kund/innenkennzahlen (n=134)
und Mitarbeiter/innenkennzahlen (n=134); Prozentwerte
im Kreis ersichtlich.. 249
Abbildung 54: Managementbefragung: Kennzahlen-Sets (Verteilung lt.
Definition) 251
Abbildung 55: Managementbefragung: Nutzung von Kennzahlen (F1a)
und Vergütung (F4) (*p<0,05 – Interaktion zwischen
diesen Gruppen signifikant)... 259
Abbildung 56: Paradigma – Entscheidungswahl (in Anlehnung an Rao
2014, 2).. 263
Abbildung 57: Conjoint Befragung: Basismodell.. 265
Abbildung 58: Idealtypischer Ablauf der Conjoint Analyse (Weiber/
Mühlhaus 2009, 44)... 266

Abbildung 59: Anforderung an die Auswahl von Eigenschaften und
Ausprägungen bei der Conjoint Analyse (Rao 2014, 45;
Weiber/Mühlhaus 2009, 46) 267
Abbildung 60: Konzeptionelles Modell – Conjoint Analyse............................. 269
Abbildung 61: Conjoint Befragung: Arbeitsstunden pro Woche (n=215) 276
Abbildung 62: Conjoint Befragung: Subjektiv empfundene
Aufgabenkomplexität (n=217) 276
Abbildung 63: Conjoint-Befragung: Nutzenausprägungen der
Kennzahlen-Sets (n=217) 278
Abbildung 64: Conjoint Befragung: Aktualität der Bereitstellung (n=217) 279
Abbildung 65: Conjoint Befragung: Umfang der Bereitstellung (n=217) 281
Abbildung 66: Conjoint Befragung: Nützlichkeit der Kennzahlensets
(gesamt) (n=217) 282
Abbildung 67: Ziele der Wissenschaft (in Anlehnung an Töpfer 2007, 3) 286

Tabellenverzeichnis

Tabelle 1: Hauptforschungsfrage 22
Tabelle 2: Unterforschungsfragen 23
Tabelle 3: Gegenüberstellung: Realismus vs. Relativismus
(Kuß 2013a, 129) 32
Tabelle 4: Basiskonzepte der Marketingforschung (Kuß 2013a, 51–52;
Schröder 2012b, 30; Silverman 2008, 13) 36
Tabelle 5: Morphologischer Kasten über Kennzahlen-Kategorien
(Meyer 2007, 23) 46
Tabelle 6: Performance Kennzahlen (Clark 1999, 713) 51
Tabelle 7: Defizite finanzkennzahlenorientierter Steuerungskonzepte
(Friedl et al. 2010, 9; Gleich 2001, 8; ähnlich für die
Handelslandschaft; Morschett 2004, 79–81) 53
Tabelle 8: Aufschlüsselung der Ertrags- und Kostenstruktur im
Einzelhandel im Vergleich zum Großhandel (Österreich)
(WKO 2010) 75
Tabelle 9: Einkommen nach Beschäftigungsverhältnis (USA) im Jahr
2012 (U.S. Bureau of Labour Statistics 2013) 78
Tabelle 10: Aufschlüsselung der Ertrags- und Kostenstruktur im LEH
(USA) (Food Marketing Institute 2008) 79
Tabelle 11: Umsatz (in Mio €) in ausgewählten EH-Sektoren (USA)
(Jahre 2010–2013) (Planet Retail 2014b) 80
Tabelle 12: U.S. Umsätze (€) und Anzahl an U.S. Filialen bei
Hypermärkten (National Retail Federation 2014) 81
Tabelle 13: U.S. Umsätze (€) und Anzahl an U.S. Filialen im LEH
(National Retail Federation 2014) 81
Tabelle 14: U.S. Umsätze (€) und Anzahl an U.S. Filialen in den
Sektoren DFH und Department Stores (National Retail
Federation 2014) 82
Tabelle 15: U.S. Umsätze (€) und Anzahl an U.S. Filialen im
Bekleidungseinzelhandel (National Retail Federation 2014) 83
Tabelle 16: Kategorien Kund/innenkennzahlen (Zeithaml et al. 2006, 171) 90
Tabelle 17: Gegenüberstellung der GuV im nationalen und
internationalen Kontext 95
Tabelle 18: Literaturüberblick: Forschungsfragen und Zielsetzung 99
Tabelle 19: Literaturüberblick: Auswahlkriterien für Ein- und
Ausschluss der Analyseeinheiten (Reihung nach Wichtigkeit) 101
Tabelle 20: Literaturüberblick: Übersicht Kodierung der Analyseeinheiten ... 102

Tabelle 21:	Literaturüberblick: Methodologie – Kategorisierung (Bruhn et al. 2012–43; Creswell 2014, 4; Silver 2013–18)	103
Tabelle 22:	Literaturüberblick: Kontingenz-Kategorie	104
Tabelle 23:	Literaturüberblick: Leistungsebene-Kategorie	105
Tabelle 24:	Literaturüberblick: PM-Kennzahlen-Kategorie (Clark 1999, 713; Kaplan/Norton 1996)	106
Tabelle 25:	Literaturüberblick: Stakeholder-Kategorie (Merchant/Van der Stede 2012, 33)	107
Tabelle 26:	PZI: Methodischer Steckbrief	140
Tabelle 27:	Hauptforschungsfrage	140
Tabelle 28:	PZI: Unterforschungsfragen	141
Tabelle 29:	Theoretisches Sampling – Umsetzung im Projekt (* zeigt die Zugehörigkeit der Person zum selben Unternehmen im jeweiligen Land)	145
Tabelle 30:	PZI: Leitfaden	147
Tabelle 31:	Zusammenfassende Inhaltsanalyse – Umsetzung im Projekt (Mayring 2010, 52; 67)	149
Tabelle 32:	Kontingenzfaktoren und Ausgestaltung von PM in der Handelsforschung	151
Tabelle 33:	PZI: Kategoriendefinition – Umwelt	159
Tabelle 34:	PZI: Generalisierungen Kontingenzfaktor „Umwelt" (Chenhall 2003, 137; Child 1975; Khandwalla 1977; Mintz/Currim 2013; Waterhouse/Tiessen 1978)	159
Tabelle 35:	PZI: Umwelt – Zusammenfassung qualitative Analyse (in Anlehnung an Harrauer/Schnedlitz 2016)	164
Tabelle 36:	PZI: Kategoriendefinition – Unternehmensgröße (Artz et al. 2012, 458; Chenhall 2003, 148)	165
Tabelle 37:	PZI: Generalisierung Kontingenzfaktor „Unternehmensgröße"	165
Tabelle 38:	PZI: Unternehmensgröße – Zusammenfassung qualitative Analyse	167
Tabelle 39:	PZI: Kategoriendefinition – Unternehmensstrategie (Mintzberg 1978; Olson et al. 2005)	168
Tabelle 40:	PZI: Generalisierung Kontingenzfaktor „Unternehmensstrategie" (Mintz/Currim 2013, 21; Olson et al. 2005, 52)	168
Tabelle 41:	PZI: Unternehmensstrategie – Zusammenfassung qualitative Analyse	177
Tabelle 42:	PZI: Kategoriendefinition „Unternehmensstruktur" (Chenhall 2003, 144)	179
Tabelle 43:	PZI: Generalisierung Kontingenzfaktor „Unternehmensstruktur"	179

Tabelle 44:	PZI: Unternehmensstruktur – Zusammenfassung qualitative Analyse	184
Tabelle 45:	PZI: Kategoriendefinition „Technologie" (Orlikowski/Barley 2001, 153)	185
Tabelle 46:	PZI: Generalisierung Kontingenzfaktor „Technologie"	186
Tabelle 47:	PZI: Technologie – Zusammenfassung qualitative Analyse	189
Tabelle 48:	Berichtswesen entlang der Hierarchieebenen (o.V. 2010, 14)	191
Tabelle 49:	PZI: Zusammenfassung – Zielinhalte auf Store-Ebene	208
Tabelle 50:	PZI: Definition der Generalisierung „Performance Kennzahlen" (Clark 1999, 713)	212
Tabelle 51:	Forschungsfragen (Empirisch quantitatives Design)	238
Tabelle 52:	Managementbefragung: Hypothesenkatalog	241
Tabelle 53:	Managementbefragung: Methodischer Steckbrief	242
Tabelle 54:	Managementbefragung: Branchenverteilung	243
Tabelle 55:	Managementbefragung: Funktionsbereich	244
Tabelle 56:	Managementbefragung: Anzahl der Beschäftigten – Unternehmen gesamt	244
Tabelle 57:	Managementbefragung: Anzahl der Beschäftigten – Verantwortungsbereich	245
Tabelle 58:	Managementbefragung: Vergütung	245
Tabelle 59:	Managementbefragung: Berufserfahrung	246
Tabelle 60:	Managementbefragung: Kennzahlen – Offene Kategorie (F3)	248
Tabelle 61:	Managementbefragung: Teststatistik – KZ Finanz, Sortiment, Kunde, Mitarbeiter und Strategie (t-Test)	250
Tabelle 62:	Managementbefragung: Teststatistik – Finanzielle KZ, Nicht-finanzielle KZ, KZ gesamt und Strategie (t-Test)	250
Tabelle 63:	Managementbefragung: Kreuztabelle (Zusammenhang nach *Pearson*: Branche und Kennzahlensets)	253
Tabelle 64:	Managementbefragung: Kreuztabelle (Zusammenhang nach *Pearson*: Mitarbeiter/innenverantwortung und Kennzahlensets)	254
Tabelle 65:	Managementbefragung: Bestandteile Vergütung (Gesamtmittelwerte)	255
Tabelle 66:	Managementbefragung: Bestandteile Vergütung und strategische Ausrichtung (Mittelwertvergleiche)	256
Tabelle 67:	Managementbefragung: Vergütungsform (F4) und Nutzung von KZ im Alltag (F1a) (ANOVA; *p<0,05)	259
Tabelle 68:	Grundbegriffe der Conjoint Analyse	264
Tabelle 69:	Auswahl an Modelltypen bei der Conjoint Analyse (Bichler/Trommsdorff 2009, 61; Rao 2014, 43)	269

Tabellenverzeichnis

Tabelle 70:	Überblick der methodischen Vielfalt in der Conjoint Analyse (Christl 2007, 170; Kaltenborn 2013, I; Rao 2014, 127)	270
Tabelle 71:	Conjoint Befragung: Hypothesenkatalog	274
Tabelle 72:	Conjoint Befragung: Methodischer Steckbrief	274
Tabelle 73:	Conjoint-Befragung – Ergebnisse gemischtes lineares Modell (GLM) (*p<0,05; **p<0,01)	277
Tabelle 74:	Conjoint Befragung: Aktualität der Bereitstellung (t-Test)	280
Tabelle 75:	Verwendung von Schlüsselkennzahlen in der Handels- und Marketingpraxis (Clark 2000, 18; Reinecke/Reibstein 2002, 22)	290
Tabelle 76:	Literaturüberblick: Performance Kennzahlen – Sortiment	301
Tabelle 77:	Literaturüberblick: Performance Kennzahlen – Kund/innen	303
Tabelle 78:	Literaturüberblick: Performance Kennzahlen – Mitarbeiter/innen	304
Tabelle 79:	Literaturüberblick: Performance Kennzahlen – Gesamtunternehmen (FK)	306
Tabelle 80:	Literaturüberblick	309
Tabelle 81:	Managementbefragung: Fragebogen (Literaturquellen in Überschrift ersichtlich)	351
Tabelle 82:	Managementbefragung: Faktorenanalyse-Korrelationsmatrix	353
Tabelle 83:	Managementbefragung: Faktorenanalyse-KMO	353
Tabelle 84:	Managementbefragung: Faktorenanalyse-MSA-Werte	354
Tabelle 85:	Managementbefragung: Faktorenanalyse-Eigenwerte und erklärte Varianz	354
Tabelle 86:	Managementbefragung: Faktorenanalyse-Rotierte Komponentenmatrix	354
Tabelle 87:	Managementbefragung: Einzelne KZ (F3) und Strategie (Kreuztabellierung)	355
Tabelle 88:	Managementbefragung: Rangreihung – KZ-Sets (F3) und Strategie (Mann-Whitney-Test)	357
Tabelle 89:	Managementbefragung: Teststatistik Rangreihung – KZ-Sets (F3) und Strategie (Mann-Whitney-Test)	357
Tabelle 90:	Managementbefragung: KZ-Sets (F3) und Strategie (Kreuztabellierung)	357
Tabelle 91:	Managementbefragung: KZ-Sets (F3) und Strategie (Kreuztabellierung)	358
Tabelle 92:	Managementbefragung: Regression – Vergütungskomponente – Verwendung KZ	358
Tabelle 93:	Conjoint Befragung: Parameterschätzung (feste Parameter) (redundante Parameter werden auf 0 gesetzt)	367

Abkürzungsverzeichnis

AB	Abstract
Anm.d.Verf.	Anmerkung der Verfasserin
AUT	Österreich
bspw.	beispielsweise
bzw.	beziehungsweise
ca.	zirka
CEO	Chief Executive Officer
CFO	Chief Financial Officer
DB	Deckungsbeitrag
d.h.	das heißt
df	Freiheitsgrade
DFH	Drogeriefachhandel
DSS	Decision Support System
EBIT	Earnings Before Interest and Tax
ECR	Efficient Consumer Response Program
EH	Einzelhandel
et al.	et altera (lat.: und andere)
etc.	et cetera (lat.: und die übrigen Sachen)
EVA	Economic Value Added
FIN	finanziell
FK	Finanzkennzahl
FMCG	Fast Moving Consumer Goods
H&M	Handel und Marketing
inkl.	inklusive
KMU	Kleine und mittlere Unternehmen
KPI	Key Performance Indicator
KW	Keywords (engl.: Schlüsselwörter)
KZ	Kennzahl
LEH	Lebensmitteleinzelhandel
M	Mittelwert
m^2	Quadratmeter
MA	Mitarbeiter/innen
MDSS	Marketing Decision Support System
Mio.	Million
MIS	Management Information System

Mrd.	Milliarde
N	Grundgesamtheit
n	Stichprobe
NFK	nichtfinanzielle Kennzahl
OLAP	Online Analytical Processing
o.S.	ohne Seite
o.V.	ohne Verfasser
OoS	Out of Stock
PIMS	Profit Impact of Market Strategies
PM	Performance Measurement
PMS	Performance Measurement System
POS	Point of Sale
PZI	Problemzentrierte Interviews
Ref	Referenz
RFID	Radio-Frequency Identification
ROI	Return on Investment
SCM	Supply Chain Management
SD	Standardabweichung
SM	Store Manager/in
sog.	so genannt
u.a.	unter anderem
U.S.	Vereinigte Staaten von Amerika
u.v.m.	und vieles mehr
vgl.	vergleiche
VHB	Verband der Hochschullehrer für Betriebswirtschaft e.V.
vs.	versus
WKO	Wirtschaftskammer Österreich
WU	Wirtschaftsuniversität Wien
z.B.	zum Beispiel

1 Einleitung

*„Das einzige Beständige [Anm.d.Verf. im Handel] ist
der Wandel" (Heraklit)*

Beeinflusst von unterschiedlichen Einflussfaktoren entwickelt sich die Handelslandschaft im Sinne des *„Wheel of Retailing"* stets weiter (McNair 1931). Neben konsument/innengetriebenen Veränderungen finden auch angebotsseitige Trends und gesetzliche Bestimmungen Niederschlag und formen die Handelslandschaft (Buttkus 2012, 4–5; Reinartz et al. 2011, 556). Aktuell beeinflussen Ereignisse wie Immobilienkrise, Finanzkrise oder Wirtschaftskrise die Bevölkerung aber auch das Wirtschaftsleben. Die Wirtschaftspolitik trifft daher zahlreiche Regelungen, um die Sicherheit der Finanzmärkte wieder herzustellen und weitere Krisenherde zu vermeiden. Diese Veränderungen haben weitreichende Auswirkungen auf das Wirtschaftssystem im Allgemeinen und auf Unternehmen im Speziellen. Beispielsweise sollen hier die Verschärfungen bei der Erstellung des Lageberichtes im Zuge des Jahresabschlusses (Aerts/Tarca 2010, 423) oder im Bereich der Kreditvergabe wie bei BASEL II und BASEL III angeführt werden (Hofinger et al. 2013, 9). Ziel dieser Reglements ist es, unterschiedlichen Anspruchsgruppen, sog. Stakeholdern, Chancen und Risiken der Unternehmensentwicklung aufzuzeigen und mit Hilfe ausgewählter Erfolgskennzahlen eine erhöhte und langfristige Transparenz auf allen Seiten zu schaffen (Austrian Financial Reporting and Auditing Committee 2009, 17; Knauer/Wömpener 2012, 118). Skiera et al. (2011, 119) argumentieren: „Greater transparency, achieved by reporting more forward-looking marketing metrics, might have reduced the devastating consequences of the current financial crisis for banks and might lead to a suitable use of securitization in industries outside banking". Demnach sollten Manager/innen durch Marketing-Erfolgskennzahlen, die zukunftsgerichtet sind, die Möglichkeit erhalten, nachhaltig zu wirtschaften.

Einen wesentlichen gesamtwirtschaftlichen Beitrag zur Wertschöpfung und Beschäftigung liefert in diesem Zusammenhang die Handelsbranche. Insgesamt werden in Österreich 35 % des Umsatzes der marktorientierten Wirtschaft (€ 217 Mrd. Umsatz) im Handel generiert und 23 % der unselbstständigen Personen (550.400 Personen) beschäftigt (Statistik Austria 2012a). Damit fungiert er als umsatzstärkster Sektor und zweitwichtigster Arbeitgeber. Die oben angesprochene Verschärfung der gesetzlichen Regelungen, aber auch Veränderungen der Kund/innenbedürfnisse und der Technologie sind Treiber, auf die Handelsunternehmen reagieren.

Ändern sich die Rahmenbedingungen und Umweltgegebenheiten für Handelsunternehmen, so sollten auch strukturelle Adaptierungen innerhalb der Organisation durchgeführt werden (Grewal et al. 2009, 2; Reinartz et al. 2011, 556). Aus dieser Entwicklung heraus ist der Trend von Controlling in Richtung **Performance Measurement** zu sehen (Horvath/Partners 2009, 315–316). Unter Performance Measurement „werden der Aufbau und Einsatz meist mehrerer Kennzahlen verschiedener Dimensionen (z. B. Kosten, Zeit, Qualität, Innovationsfähigkeit, Kundenzufriedenheit) verstanden, die zur Beurteilung der Effektivität und Effizienz der Leistung und Leistungspotentiale unterschiedlicher Objekte im Unternehmen, sogenannter Leistungsebenen (z. B. Organisationseinheiten unterschiedlicher Größe, Mitarbeiter, Prozesse), herangezogen werden" (Gleich 2001, 11–12). Diese sollten die Unternehmensstrategie reflektieren und Ursache-Wirkungszusammenhänge aufdecken (Homburg et al. 2012a, 60; Petersen et al. 2009, 95). Controller/innen erweitern demnach den Fokus der internen und operativ-getriebenen Orientierung, die durch Kostenrechnung geprägt ist, durch Strategiegrößen und bringen somit mehrere Leistungsebenen miteinander in Einklang.

Sowohl in der wissenschaftlichen Literatur als auch in der praktischen Auseinandersetzung wird der **Einsatz von Kennzahlen** als Instrument des Performance Measurement anerkannt (Beitelspacher et al. 2011, 223). Der Fokus der Diskussion liegt jedoch auf dem produzierenden Sektor, der prozessorientiert organisiert ist (Gunjan/Rambabu 2011, 258). Dabei stellt sich folgende Frage: Warum ist eine Analyse von Kennzahlen im Handel relevant, wenn die Literatur diese ausreichend für andere Bereiche beleuchtet hat? Was ist also die Relevance dieser Dissertation? Hierzu formuliert Reynolds et al. (2005, 238) folgendes Argument: „Retail distribution belongs to a sector of the economy often considered 'hard' or 'impossible to measure' by economists using broad output-to-input ratio techniques. Availability of appropriate data on retailing at all, or of consistent and comparable kinds, is problematic. One of the consequences of these hurdles is a relative lack of attention paid to retailing, and to services more generally by economic analysts and policymakers, because other sectors provide for relatively greater certainty in measurement." Reynolds et al. (2005) sprechen hier jene handelsspezifischen **Zielsetzungen und Aktivitäten** an, die zu spezifischen Anforderungen ans Performance Measurement führen. Auf einer quantitativen Ebene versuchen Handelsunternehmen objektive, normierte „Messlatten" zu definieren, die Vergleiche zwischen unterschiedlichen Betrieben möglich machen. Die Herausforderung besteht darin, standort- und betriebsspezifische Charakteristika wie Konkurrenzbeziehungen zu anderen Handelsunternehmen, Kaufkraft in der

Region und Qualität der Standorte in die Analyse mit einzubeziehen (Bougnol et al. 2010, 33; Lau 2013, 606). Eine qualitative Ebene erweitert diese Form der Operationalisierung und untersucht jene Bereiche, in denen Wissensdefizite im Unternehmen bestehen, die jedoch durch quantitative Kennzahlen nicht abgedeckt werden können (Mintz/Currim 2013, 17; Parnell 2011, 138).

Der Einsatz von Kennzahlen stellt Handelsmanager/innen auch vor große **Herausforderungen**. „What you measure is what you get"[1] lautet der berühmte Ausspruch von Peter Drucker, der die Performance Measurement-Diskussion nach wie vor prägt. Die Arbeitsaufgaben in einem Handelsunternehmen sind vielfältig und die Umwelteinflüsse wirken auf die Ausgestaltung von Performance Measurement. Nur qualitativ hochwertige Daten tragen zur Entscheidungsunterstützung bei. Datenmüll in Form von ungenauen Analysen oder wahlloser Integration von Daten, was auch unter dem Phänomen **„Garbage-In-Garbage-Out"** bekannt ist, wird in diesem Zusammenhang kritisiert (King 2007, 91; Weiber/ Mühlhaus 2009, 44).

Daraus entwickelt sich folgendes Spannungsfeld: Ein umfangreicheres Set an Kennzahlen kreiert zwar eine reichhaltigere Kommunikations- und Diskussionsbasis für Entscheidungsträger/innen und andere Stakeholder-Gruppen (Artz et al. 2012, 445). Im Gegensatz dazu stehen die Grenzen der Verarbeitung innerhalb der Organisation als auch des Individuums, die sich im „Datendschungel" und auftretende Zielkonflikte durch mehrdeutige Kennzahlen zu Recht finden müssen. Dies wird unter dem Phänomen *„Information Overload"* diskutiert (Buttkus 2012, 20; Hirsch/Volnhals 2012, 23). In diesem Zusammenhang haben sich unterschiedliche Möglichkeiten wie **Decision Support-Systeme** und **Exceptional Reporting** entwickelt, um diesen Schwierigkeiten entgegenzukommen (Little 1979; Merchant/Van der Stede 2012, 32; Wierenga/Van Bruggen 2001).

Die **Ausgestaltung von Performance Measurement** hängt von den zur Verfügung stehenden Ressourcen in einem Unternehmen ab (Parnell 2011, 133). Diese werden durch die Struktur der Handelsbranche bzw. einzelner Einzelhandelsunternehmen, deren strategische Ausrichtung und die technologischen Möglichkeiten bestimmt. Betrachtet man bspw. die Struktur der österreichischen Handelslandschaft, so fällt ein hoher Dezentralisierungsgrad repräsentiert durch Filialisierungsgrad und Filialflächenanteil auf. Weiters ist die kleinbetriebliche Struktur beachtlich. 88 % der Handelsunternehmen beschäftigen weniger als 10 Mitarbeiter/innen

---

1 Anm.: Das Original des Zitates wird Peter Drucker zugeschrieben, wird jedoch häufig auch von anderen Expert/innen (auch in abgewandelter Form) verwendet und dann anderen Quellen zuteil.

(Statistik Austria 2012a). Da zeitliche und monetäre Ressourcen bei **kleinen und mittelgroßen Unternehmen (KMU)** begrenzt sind, ist die strategische Perspektive von Performance Measurement per definitionem hier nicht zu finden (Becker/ Ulrich 2009, 314; Eicker et al. 2005, 412). Pauschal wurde bisher angenommen, dass wenig formalisierte Steuerung für KMUs charakteristisch ist und Managementfunktionen professionell nur von Großunternehmen durchgeführt werden (Feldbauer-Durstmüller et al. 2012, 412). Dennoch werden in der Zusammenarbeit mit anderen Stakeholdern, wie Banken oder Investoren, Qualitätskriterien in Form von Kennzahlen verstärkt eingesetzt (Feldbauer-Durstmüller et al. 2012, 411; Ittner/ Larcker 2003, 88). Zusammenfassend lässt sich daher sagen, dass der transparenten Leistungsmessung sowohl für KMUs als auch für große Handelsunternehmen große Wichtigkeit zugeschrieben wird (MSI 2010–2012; WKO 2012).

1.1 Herleitung der Forschungsfragen und Zielsetzung

Die Problematik für Manager/innen kann folgendermaßen zusammengefasst werden: „We measure everything that walks and moves, but nothing that matters" (Neely 1999, 206). Aus wissenschaftlicher Sicht stellt sich die Frage, welches Set an Kennzahlen zur Entscheidungsunterstützung im Alltagsgeschäft zur Verfügung gestellt werden soll (Barwise/Farley 2004, 261; Mintz/Currim 2013, 17). Folgende Hauptforschungsfrage soll daher im Zuge dieser Dissertation beantwortet werden.

Tabelle 1: Hauptforschungsfrage

Hauptforschungsfrage:
Wie soll Performance Measurement ausgestaltet sein, um operative Entscheidungen von Handelsmanager/innen auf der Store-Ebene zu unterstützen?

Das Performance-Konstrukt ist multidimensional und es bedarf mehrerer Erfolgskennzahlen, die die Handelsaktivitäten aufbereiten. Dabei interessiert die Fragestellung, welche Kennzahlen im operativen Bereich besonders relevant sind und wie Manager/innen im Handelsalltag unterschiedliche Kennzahlen und Informationen miteinander verknüpfen. Marktkennzahlen gelten im Vergleich zu nicht-finanziellen Kennzahlen als robust und wenig beeinflussbar. Nicht-finanzielle Kennzahlen haben das Potenzial, zukünftige Entwicklungen aufzuzeigen, können jedoch unterschiedlich interpretiert werden (Ghosh 2005, 68). Aus diesem Spannungsfeld heraus interessiert eine adäquate Verknüpfung von Erfolgskennzahlen und Informationsbereitstellung von einem Set an Kennzahlen für Handelsmanager/innen auf der Store-Ebene als Entscheidungsgrundlage. Abgeleitet aus dieser Fragestellung ergeben sich weitere Fragen, die in diesem Zusammenhang von Relevanz sind und mithilfe unterschiedlicher Forschungsdesigns untersucht werden sollen.

Tabelle 2: Unterforschungsfragen

Unterforschungsfragen:
Welche Kontingenzfaktoren beeinflussen die Ausgestaltung des Performance Measurement im Einzelhandel?
Wie können Kennzahlen im Sinne eines Performance Measurements für den Einzelhandel kategorisiert werden?
Wie nützlich werden unterschiedlich zur Verfügung gestellte Sets an Kennzahlen für den operativen Bereich empfunden?

Die Ausgestaltung von Performance Measurement variiert auf Grund von unterschiedlichen **Einflussfaktoren** wie strategischer Ausrichtung, Unternehmensstruktur, Technologie oder externe Umwelteinflüsse. Daher soll untersucht werden, welche Faktoren – auf Basis eines kontingenztheoretischen Ansatzes – die Auswahl und Verwendung von Erfolgskennzahlen auf unterschiedlichen Hierarchieebenen im Einzelhandel beeinflussen.

Zweitens werden sowohl in der Literatur als auch in der Praxis unterschiedliche Stakeholder-Gruppen mittels Performance Measurement angesprochen. Aus diesem Grund interessiert die Frage, wie einzelne Kennzahlen im Sinne eines Balanced Scorecard-Ansatzes zusammengefasst und kategorisiert werden können. Daher erfolgen eine Definition der unterschiedlichen **Performance Measurement Dimensionen** und eine **Kategorisierung einzelner Kennzahlen** im Handelskontext.

Je nach Ausgestaltung des Performance Measurement wird auch die Entscheidungsfindung von Manager/innen beeinflusst. Einerseits wird ein umfangreiches Performance Measurement gefordert, andererseits können diese Informationen im Sinne einer **Informationsüberlastung** nicht mehr verarbeitet werden. Aus diesem Grund wird versucht, Nutzenausprägungen hinsichtlich der zur Verfügung stehenden Informationen aus Manager/innenperspektive zu identifizieren.

Nur durch die Akzeptanz von wissenschaftlichem *Rigour* und direkter *Relevance* für die Praxis, können neue Handlungsmöglichkeiten für beide Bereiche geschaffen werden. Die Einbeziehung von unterschiedlichen Anspruchsgruppen in den gesamten Forschungsprozess, von der Problemformulierung über die Datenerhebung und -analyse bis hin zur Veröffentlichung soll die „Rigour-Relevance-Gap" überbrücken bzw. schließen (Hodgkinson et al. 2001, 41). Welchen Mehrwert diese Arbeit für Wissenschaft und Praxis hat und welche Zielsetzungen verfolgt werden, wird im nächsten Abschnitt diskutiert.

1.2 Diskussion von Relevance und Rigour

„Sowohl in Europa als auch in den USA wird der an die Managementwissenschaften adressierte Ruf nach mehr Praxisorientierung lauter. Vor diesem Hintergrund flammt die Debatte über das Theorie-Praxis-Verhältnis der Managementwissenschaften wieder auf" (Nicolai 2004, 99). Nicolai (2004) spricht in seiner Auseinandersetzung zum Thema *Trade-Off von Rigour und Relevance* jene Diskussion an, die Wissenschaft und Praxis seit geraumer Zeit bestimmt. *Rigour* adressiert eine theoretisch fundierte Auseinandersetzung mit einem vorliegenden Forschungsproblem; *Relevance* hat die praktische Umsetzung und die damit verbundenen signifikanten und quantifizierbaren Ergebnissteigerungen von Unternehmen im Fokus (Lilien et al. 2013, 229).

Die Verknüpfung beider Bereiche wird angestrebt, da Marketing als Anwendungsdisziplin *("applied profession")* gilt (Lilien et al. 2013, 243). Dennoch wird die Kritik laut, dass wissenschaftliche Modelle in der Managementpraxis noch stärker implementiert werden müssen. Daraus resultieren die Forderung nach einer klaren Adressierung von beiden Bereichen und der Anspruch an eine pragmatische Wissenschaft im Sinne von Gibbson et al. (1994): „Only work that is rigorous both theoretically and methodologically and *centered* on issues of focal concern to a wide community of stakeholders (e.g. managers, government policy makers, trade unionists, and consumer groups) will truly bridge the relevance gap" (Hodgkinson et al. 2001, 46). Durch die konsequente Verknüpfung von Problemstellungen an theoretische als auch pragmatische Zielsetzungen, wird der berühmten Kritik der „Wissenschaft als Elfenbeinturm" entgegengewirkt (Kuß 2013b, 79). Dabei ist es das erklärte Ziel der Betriebswirtschaftslehre, „[…] die Entscheidungen von Managern zu verbessern. Dies kann durch konkrete Entscheidungsunterstützung, aber auch mittelbar durch die Gewinnung von Einsichten geschehen" (Simon 2008, 74). In weiterer Folge werden sowohl *Relevance* (Kapitel 1.2.1) als auch *Rigour* (Kapitel 1.2.2) für die vorliegende Themenstellung diskutiert.

1.2.1 Relevance der vorliegenden Problemstellung

Erfolgreich ist im Handel nur, wer „frisches" Sortiment anbietet. Amancio Ortega, Gründer des Fashion-Unternehmens Zara, lebt dieses Konzept und vermittelt damit den Shoppern das Gefühl der Knappheit. „When you went to Gucci or Chanel in October, you knew the chances were good that clothes would still be there in February […] With Zara, you know that if you don't buy it, right then and there, within 11 days the entire stock will change. You buy it now or never. And because the prices are so low, you buy it now." (Hansen 2012). Um das *„Fast Fashion"* Prinzip anbieten zu können, hat auf Unternehmensseite ein Umdenken stattgefunden: Handelsunternehmen versuchen durch durchgängige Reflexion der Aktivitäten („steady reflection"), Kund/innenpräferenzen zeitnah zu identizieren, Produktions- und Bestellprozesse kostensparend zu gestalten und die Zusammenarbeit bis zur Store-Ebene zu schärfen (Bruhn/Heinemann 2013, 40; Schröder 2012b, 183). Durch diese Art von Prozessgestaltung werden unbeobachtete Potenziale ausgeschöpft (Lee et al. 2011, 399) und Effizienz im Sinne von optimalem Serviceangebot zu minimalem Kosteneinsatz erreicht. Diese Denkweise hat aber auch Auswirkungen auf die Zielorientierung von Handelsunternehmen. Effektivität gilt als Gradmesser für die Wirksamkeit der eingesetzten Maßnahmen. Ein Planungshorizont von einem Jahr im Vorhinein wird mittlerweile als vollkommen unflexibel gesehen. Diese Denkweise hat zur Konsequenz, dass sich – losgelöst von der Bestandsorientierung – die Bedürfnisse an die Informationsbereitstellung im FMCG-Bereich über unterschiedliche EH-Sektoren ähneln, was auch dafür spricht, dass in der vorliegenden Arbeit mehrere Sektoren gemeinsam betrachtet werden können. Zusammenfassend kann am Point of Sale eine Verknüpfung der einzelnen Marketing Mix-Faktoren mit dem Effizienz- und Effektivitätsgedanken beobachtet werden (Abbildung 1).

Abbildung 1: Verknüpfung Marketing Mix und Permance Measurement (Müller-Hagedorn/Natter 2011, 25)

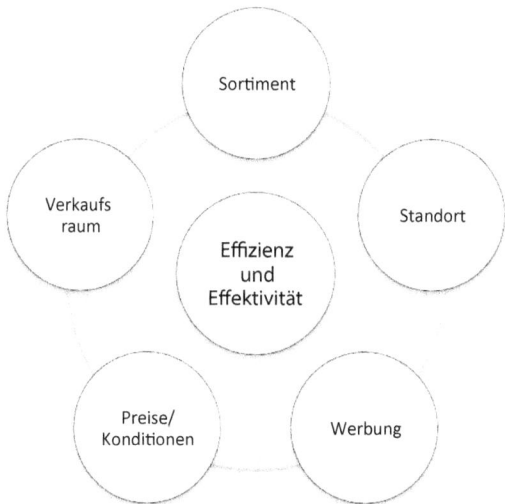

Diese Verknüpfung und die typischen Charakteristiken und Funktionen von Handelsunternehmen machen es notwendig, unterschiedliche Bezugsobjekte miteinander in Verbindung zu bringen, unternehmensinterne Prozesse transparent zu machen und gleichzeitig auch die Möglichkeiten im Sinne einer vertikalen Zusammenarbeit mit Zulieferunternehmen abzustecken. Die Umsetzung dieses komplexen Unterfangens durch Performance Measurement ist in der Handelspraxis jedoch nicht durchgängig realisiert. Eine Bestandsaufnahme im Handel aus dem Jahr 2000 zeigt, dass der Einsatz von „klassischen" Finanzkennzahlen wie Umsatz bzw. Absatz üblich ist (Speckbacher/Bischof 2000, 802). Reibstein/Reinecke (2002, 25) beschreiben dies als „Implementierungslücke", da trotz wissenschaftlichen Ergebnissen zur Vorteilhaftigkeit von ausgewogenen Sets an Kennzahlen, Manager/innen aus Praktikabilitätsgründen zu harten und einfach zu generierenden Kennzahlen greifen.

Die vorliegende Arbeit fokussiert sich auf den operativen Bereich von Handelsunternehmen und schließt an aktuelle Konferenzbeiträge (Bell 2013; o.V. 2012) und publizierte Beiträge, wie von Wieseke et al. (2012), an. Auf der Store-Ebene, auf der Store Manager/innen die Schnittstelle zu den Kund/innen bilden und damit wesentlich zum Gesamterfolg des Unternehmens beitragen, soll umfassende Information zur Verfügung stehen, um entscheidungsrelevante Sachverhalte kurzfristig richtig einschätzen zu können (Buttkus 2012, 132–133). Das vorliegende Projekt trägt dazu bei, die Entscheidungsprozesse auf der Store-Ebene besser verstehen zu können und Handelsmanager/innen aufzuzeigen, welchen Nutzen Kennzahlensets in unterschiedlichen Kontexten haben.

1.2.2 Rigour der vorliegenden Problemstellung

„Es ist ja wohl heute in den Kreisen der Jugend die Vorstellung sehr verbreitet, die Wissenschaft sei ein Rechenexempel geworden, das in Laboratorien oder statistischen Kartotheken mit dem kühlen Verstand allein und nicht mit der ganzen >Seele< fabriziert werde, so wie >in einer Fabrik<. […] Was bei einem solchen Vorgehen >schließlich herauskommt, ist oft blutwenig<" (Dreijmanis 2012, 37). Um diesem Kritikpunkt zu entgehen, der ursprünglich von *Max Weber* formuliert wurde, sollen nun jene Punkte diskutiert werden, die die vorliegende Arbeit zum wissenschaftlichen Anspruch beitragen kann.

Unter dem Stichwort *Research Priorities* werden vom Marketing Science Institute (MSI) regelmäßig jene Forschungsschwerpunkte im Marketingbereich angeführt, die für eine wissenschaftliche Auseinandersetzung in Zukunft maßgeblich sein werden. Ausgelöst von Veränderungen am Markt, von Kund/innenbedürfnissen und Technologien sollen neue Business-Modelle, Fähigkeiten und Lösungen entwickelt und wissenschaftlich untersucht werden. Hierbei stehen (1) die Verbesserung von Business Entscheidungen, (2) forschungsgestütztes

Wissen, (3) generalisierbare Erkenntnisse und (4) das Zusammenwirken von Wissenschaft und Praxis im Vordergrund (MSI 2010–2012, 1). Gerade die Implementierung und die Handhabung von Information in einer komplexen und turbulenten Organisationsumwelt gelten als Herausforderungen für die Wissenschaft und in weiterer Folge auch für die Praxis (MSI 2010–2012, 3). Als weiteren Forschungsschwerpunkt gilt es, Organisationsstrukturen im Hinblick auf Unternehmensperformance genauso zu betrachten wie Marketing-Möglichkeiten auf unterschiedlichen hierarchischen Ebenen basierend auf unterschiedlichen Kennzahlen (MSI 2010–2012, 5).

Aus diesem Forschungsbedarf heraus resultierten in den vergangenen Jahren zahlreiche Beiträge zu den Stichwörtern *Performance Measurement* und *Marketing Metrics*. Einen umfassenden Literaturüberblick zur Konzeptionalisierung von „Return on Marketing" und dessen Effekte für den Marketingbereich geben Scharf/Michel (2011). Die steigende Bedeutung kann theoretisch folgendermaßen erklärt werden: Erstens dienen Kennzahlen im Sinne der Steuerungstheorie *(Management Control Theory)* dazu, Ereignisse und deren Auswirkungen zu evaluieren, Ressourcen effizient und effektiv hinsichtlich der zugrunde liegenden Zielsetzung einzusetzen und zukünftige Ergebnisse zu verbessern (Strauß/Zecher 2013, 236). Zweitens nehmen Kennzahlen im Sinne eines agency-theoretischen Ansatzes eine Vertragsgestaltungsfunktion ein, indem sie zur Kontrolle von Vereinbarungen zwischen zwei Parteien herangezogen werden können, die nicht dieselbe Informationslage haben (bspw. Eisenhardt 1985; Zallocco et al. 2009, 599; Zoltners et al. 2012, 171). Um auf die Marktgegebenheiten entsprechend einzugehen, dienen Kennzahlen des Weiteren als Antwort und Wahrnehmung der Marktes. In diesem Zusammenhang geht ein institutioneller Ansatz davon aus, dass der Einsatz von Kennzahlen unablässig ist, um ein Unternehmen erfolgreich zu führen (bspw. Aerts/Tarca 2010). Der Schwerpunkt der vorliegenden Arbeit liegt auf einer kontingenztheoretischen Herangehensweise und adressiert im Sinne einer verhaltensorientierten Sichtweise die individuelle Verwendung und den empfundenen Nutzen von Performance-Kennzahlen im Handels- und Marketingkontext.

Methodisch gesehen gibt es zahlreiche wissenschaftliche Auseinandersetzungen, die Zusammenhänge zwischen unterschiedlichen Faktoren und der Unternehmensperformance untersuchen. Im Mittelpunkt steht die Analyse von Beziehungen einzelner Konstrukte mit Hilfe multipler Regressionsanalysen. Eine ganzheitliche Annäherung, bei dem direkte als auch latente Variablen im Sinne von Strukturgleichungsmodellen gleichzeitig zueinander in Beziehung gesetzt werden, findet erst seit Mitte der 1990er Jahre in der Management Control-Forschung statt (Henri 2007, 76–77; Smith/Langfield-Smith 2004, 60–61). Simon (2008) diskutiert die aufkeimende Fokussierung auf Kausalanalyen, die im deutschsprachigen Raum insbesondere durch Hildebrandt und Homburg verbreitet und weiterentwickelt wurden, folgendermaßen: „Warum erfreut sich diese mächtige Methode seit fast zwei Jahrzehnten großer Beliebtheit in der Wissenschaft, ist aber bisher ohne nennenswerte Auswirkungen auf die Praxis geblieben?" (Simon 2008, 83). Es wird kritisiert, dass mit „methodischen Kanonen auf inhaltliche Spatzen geschossen" wird (Simon 2008, 83) und der Wissenstransfer von der wissenschaftlichen Auseinandersetzung zur Praxis zu gering ist (Lilien et al. 2013, 229). Dieses Defizit soll in der vorliegenden Diskussion durch eine multiperspektivische Annäherung umgangen werden. Abbildung 2 zeigt noch einmal kompakt auf, wie diese Brücke geschlagen wird.

Abbildung 2: Rigour und Relevance des vorliegenden Projekts

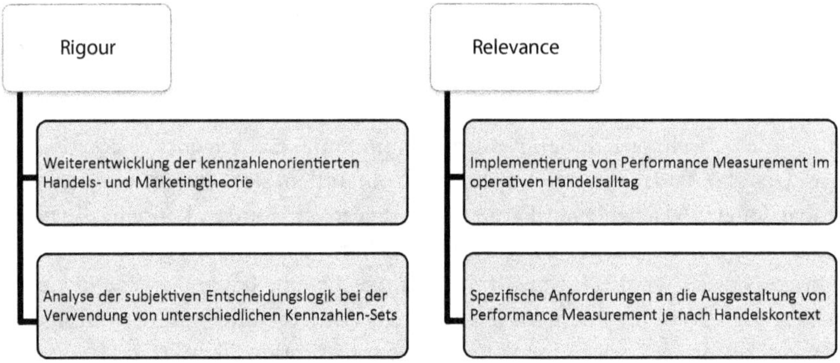

Rigour	Relevance
Weiterentwicklung der kennzahlenorientierten Handels- und Marketingtheorie	Implementierung von Performance Measurement im operativen Handelsalltag
Analyse der subjektiven Entscheidungslogik bei der Verwendung von unterschiedlichen Kennzahlen-Sets	Spezifische Anforderungen an die Ausgestaltung von Performance Measurement je nach Handelskontext

1.3 Wissenschaftstheoretische Verortung

„Die Praxis muss ihre Probleme interdisziplinär anpacken, dem Marketingforscher sollte es auch gestattet sein, auf psychologischen, soziologischen, juristischen, [...] Feldern zu ackern. Es sollte aber gewährleistet sein, dass die Diskussion grenzüberschreitend stattfindet, um Dilettantismus und Doppelarbeit zu vermeiden" (Müller-Hagedorn 2000, 38)

1.3.1 Entdeckung, Begründung, Verwendung

Die vorangegangene Diskussion über Rigour und Relevance zeigte, welche Bedeutung der zugrundeliegenden Fragestellung in Wissenschaft und Praxis zukommt. Offen blieb bisher, welche methodologische Forschungsstrategie und methodische

Einleitung 29

Konzeption im Laufe der Arbeit verfolgt werden. Diesen wissenschaftstheoretischen Fragestellungen wird in Folge nach dem „Filter-Prinzip", also vom Allgemeinen zum Speziellen, Aufmerksamkeit geschenkt.

(1) Die Arbeit gilt als Beitrag zur Betriebswirtschafslehre.

Die **Betriebswirtschaftslehre** ist Teil der nicht-metaphysischen Disziplinen und grenzt sich von anderen ontologischen Fachrichtungen folgendermaßen ab: Durch ihre Ausrichtung auf Phänomene in der Natur- und Sozialwelt wird sie den Real- oder Erfahrungswissenschaften zugeordnet (Franke 2002, 132). Während die Naturwissenschaften rein theoretischen Fragestellungen nachgehen und Grundlagenforschung betreiben, wird die Betriebswirtschaftslehre als Handlungswissenschaft angesehen. Dabei sehen betriebswirtschaftlich orientierte Forscher/innen soziale, ökonomische, technische und ökologische Strukturen und das daraus abgeleitete menschliche Verhalten als ihr Erfahrungsobjekt an (Kuß 2013a, 31–32; Töpfer 2012, 47). „Für eine Technologieorientierung [Anm.d.Verf.: als pragmatisches Wissenschaftsziel] wird vor allem angeführt, dass die wirtschaftliche Praxis Entscheidungen erfordere und dass die Wissenschaft ihren Beitrag zur Bewältigung des praktischen Lebens leisten solle" (Müller-Hagedorn 2000, 32–33). Diese Aussage soll nicht den Anschein einer „tautologische Transformation" von Praxis und Theorie erwecken (Behrens 2000, 44); vielmehr wird eine „erklärende Forschung" als zentrale Aufgabe der Betriebswirtschaftslehre angestrebt (Müller-Hagedorn 2000, 38).

Der Weg für das heutige Verständnis dieser Disziplin wurde im Jahr 1912 bereitet und geht auf den Methodenstreit, geführt von *Schmalenbach* und *Rieger*, zurück. *Schmalenbach* erkannte die Vorzüge einer „angewandten Kunstlehre" und verteidigte die Sichtweise, dass durch experimentelle Designs theoretisches Wissen überprüfbar gemacht wird. *Gutenberg*, als weiterer Wegbereiter für die gegenwärtige „Weltanschauung", spricht sich im Jahr 1957 für die Gewinnung von „Tatsachenkenntnis" aus (Homburg 2007, 31). Dementsprechend ist die Kernaufgabe von Wissenschaft, durch induktive Prozesse Theoriebildung voranzutreiben und damit Generalisierungen von Einzelbeobachtungen herbeizuführen. Weiters werden aus der Theorie abgeleitete Hypothesen realen Beobachtungen gegenübergestellt, um diese Theorien auch wieder zu überprüfen. Dieser Prozess wird Deduktion genannt (De Vaus 2002, 10).

Abbildung 3: Theoriebildung und -prüfung (Anm: Beob.=Beobachtung) (De Vaus 2002, 10)

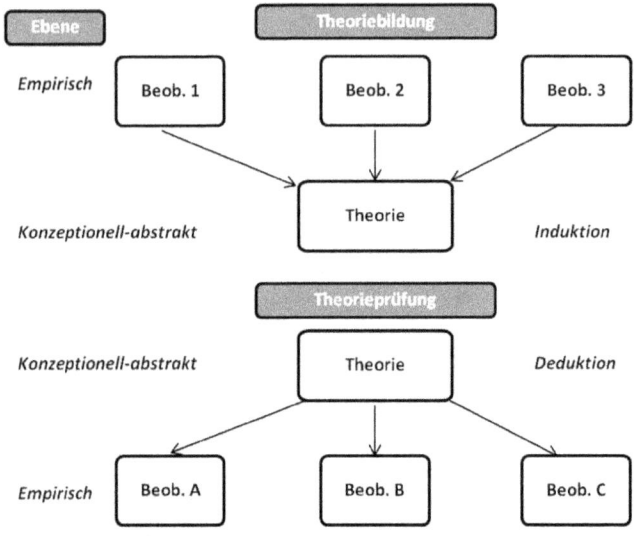

> *(2) Die Arbeit gilt als Beitrag zur verhaltensorientierten Marketingwissenschaft.*

Das Verständnis der Betriebswirtschaftslehre hat sich in der **Marketingwissenschaft** manifestiert: Die theoretisch hergeleiteten Aussagen...

- ... müssen sich in Form von Hypothesen in der Realität bewähren.
- ... müssen von anderen Forscher/innen nachvollziehbar und kritisch prüfbar sein.
- ... müssen offen für die Inklusion neuer theoretischer Überlegungen im Sinne eines dynamischen Prozesses sein (Homburg 2007, 28).

„Wahrheit" in diesem Verständnis wird durch die Übereinstimmung von Theorie und Realität erzeugt. Diesem methodologischen Verständnis folgend, wird nun die grundsätzliche theoretische Ausrichtung der Marketingwissenschaft erörtert und für die vorliegende Problemstellung diskutiert.

Einleitung 31

Abbildung 4: Theoretische Grundausrichtung der Marketingwissenschaft (Kuß 2013a, 205); grau hinterlegt – Umsetzung im Projekt

Theoretische Grundausrichtung der Marketingwissenschaft		
Mikroökonomische Ansätze im Sinne eines neoklassischen Verständnisses	Neo-insitutionenökonomische Ansätze	Verhaltenswissenschaftliche Ansätze *-Entscheidungsverhalten von Manager/innen* *-Interdisziplinär: Psychologie*

Die Marketingwissenschaft kann in drei theoretische Strömungen unterteilt werden (Kuß 2013a, 205): den mikroökonomischen Ansatz, neo-institutionenökonomischen Ansatz und verhaltensorientierten Ansatz. Auch wenn diese Verortung subjektiv ist, so scheinen diese drei Verankerungen die größten Auswirkungen auf das gegenwärtige Marketing-Verständnis gehabt zu haben (Kaas 2000, 60). Eine Weiterentwicklung der einzelnen Theorien erfolgte in Form von Paradigmenwechsel, also Phasen des Umbruchs, in denen sich die Weltanschauung ändert (Kuhn 1976 nach Schnell et al. 2013, 80).

Mikroökonomische Ansätze wurden im deutschsprachgien Raum von *Erich Gutenberg* durch dessen preistheoretische Abhandlungen verbreitet. Die rigiden und realitätsfernen Annahmen dieser theoretischen Verortung ließ die rein ökonomisch rational-orientierte Betrachtung im Sinne des *homo oeconomicus* aber in den Hintergrund rücken (für eine umfassendere Diskussion der Entwicklung vgl. Kuß 2013a, 208–217).

Während mikroökonomische Ansätze heftiger Kritik ausgesetzt waren, entwickelte sich im Laufe der Zeit eine Rückbesinnung auf stärker ökonomisch orientierte Aspekte, die sich in **neo-institutionenökonomischen Ansätzen** widerspiegelt. Vertreter wie *Dieter Schneider* oder *Herbert Hax* (Backhaus 2000, 4), gehen von Informationsasymmetrie und Unsicherheit bei Investitionen aus und bedienen sich unterschiedlicher Instrumente der Verhaltenssteuerung. Property-Rights-Theorie, Principal-Agent-Theorie, Spieltheorie und Transaktionskostentheorie liegen diesem Paradigma zu Grunde (Kaas 2000, 62).

Schließlich etablierten sich auch **verhaltensorientierte Ansätze** in der Marketingwissenschaft, die sich mit Fragestellungen des Konsument/innenverhaltens, organisationalem Beschaffungsverhalten und Entschcidungsverhalten von Manager/innen beschäftigen (Backhaus 2000, 4). In der Konsumentenverhaltensforschung wurden behavioristische Modellen (S-R-Modellen), die ausschließlich beobachtbares Verhalten untersuchen, von neo-behavioristischen Modellen (S-O-R-Modelle), die auch Konstrukte wie Einstellung, Motive und Bedürfnisse einbeziehen, abgelöst. Kognitive Modelle, die sich näher mit dem Informationsverarbeitungsprozess von Individuen beschäftigen, bilden einen weiteren Anknüpfungspunkt (Schröder 2012b, 40-41). Der anfangs formulierten Hauptforschungsfrage folgend, zielt die vorliegend Arbeit darauf ab, das Verhalten von Handelsmanager/innen – bzw. genauer gesagt – den subjektiv empfundenen Nutzen, den diese Performance Measurement zuschreiben, zu ergründen und reiht sich damit in die verhaltensorientierte Forschung ein. Daraus ergibt sich aber auch ein gewisser Grad an Interdisziplinarität – also ein Arbeiten an Schnittstellen – nicht nur in theoretischer, sondern auch in methodischer Hinsicht (Abbildung 4) (Behrens 2000, 48). Wenn auch eine gewisse Gefahr zum Dilettantismus mitschwingt, dennoch: „Verhaltenswissenschaftlich orientierte Marketingforschung ist naturgemäß interdisziplinär angelegt, weil – zumindest im deutschsprachigen Raum – die Marketingforschung fast ausschließlich in der Hand von Betriebswirten liegt, die Theorien und Methoden aus den entsprechenden anderen Fachrichtungen heranziehen" (Kuß 2013a, 219). Und man bedenke: Ohne der behavioristischen Denkrichtung hätte das Verfahren der Conjoint Analyse, die sich auf sich mit Präferenzstrukturen von Individuen beschäftigt und für die vorliegende Arbeit angewendet wird, ihre heutige Bedeutung in der Marketingforschung und Managementpraxis nie erreicht (Kaas 2000, 64).

(3) Die Arbeit verortet sich im Realismus.

Der vorliegenden Arbeit wird – wie anfänglich diskutiert – ein realistisches Wissenschaftsverständnis nach Franke (2002) zu Grunde gelegt. Darunter werden methodologische Strömungen, die (objektive) Erkenntnis durch Tatsachen und Fakten ableiten und unabhängig von dem Forscher bzw. der Forscherin sind, subsummiert. Beispiele für realistische Verortungen sind die Ansätze des Positivismus, logischer Empirismus und kritischer Rationalismus (Kuß 2013a, 109). Eine anfänglich radikale Sichtweise durch Vertreter wie Kuhn (1976) liefert Kritikern zahlreiche Argumente, die in Gegenpositionen wie dem konstruktivistischen Verständnis im Sinne des Relativismus münden (Behrens 2000, 49; Godfrey-Smith 2009). Eine kompakte Zusammenfassung der zentralen Denkweisen dieser wissenschaftstheoretischen Strömungen liefert Tabelle 3.

Tabelle 3: Gegenüberstellung: Realismus vs. Relativismus (Kuß 2013a, 129)

Realismus	Relativismus
Wissenschaft sucht die (eine) Wahrheit über die Realität.	Wissenschaft kennt unterschiedliche Realitäten.

Realismus	Relativismus
Wissenschaft strebt Objektivität an.	Wissenschaft ist subjektiv beeinflusst.
„Gute" Wissenschaft folgt festen Regeln.	Es gibt je nach Situation unterschiedliche Regeln.
Theorien müssen an der Realität scheitern können.	Theorien sollen einen gedanklichen Orientierungsrahmen bieten.
Typische Methoden: Logik, Empirie	Typische Methoden: Verstehen, Interpretation
Daten liefern annähernd objektive Erkenntnisse.	Daten sind „theoriebeladen".

All die Kritik, die sich der klassische Realismus nach Kuhn (1976) gefallen lassen musste, mündete nicht in eine komplette Desorientierung der Wissenschaft im Sinne von Feyerabends „Anything goes"-Philosophie (Behrens 2000, 50), sondern verhalf zum heutigen methodologischen Verständnis in der Marketingforschung. Laut Hunt (2014, 19) sind diese Weiterentwicklungen durch folgende vier Denkrichtungen zu subsummieren:

- **Klassischer Realismus:** Es gilt die Annahme, dass eine Realität existiert, die von der Interpretation, Wahrnehmung und Denkweise des Forschers bzw. der Forscherin unabhängig ist.
- **Fehlbarer Realismus:** Es kann keine vollständige Sicherheit darüber erlangt werden, ob das Wissen in der Realität zutrifft.
- **Kritischer Realismus:** Ähnlich dem kritischen Rationalismus müssen Aussagen über die Realität in Frage gestellt und empirisch überprüft werden.
- **Induktiver Realismus:** Wenn Aussagen über eine längere Zeit einer Theorieüberprüfung Stand halten, spricht vieles dafür, dass diese Theorie die Realität abbildet. Vollkommene Sicherheit (s. Punkt 2) kann aber nicht erlangt werden.

(4) Die Arbeit liefert Entdeckungs-, Begründungs- und Verwertungszusammenhang.

Anschaulich verbindet *Hans Reichenbach* die Eckpunkte einer wissenschaftlichen Annäherung, indem er Entdeckungs- und Begründungszusammenhang diskutiert (Kuß 2013a, 64). Auch wenn Theorie und Praxis „zwei getrennte, qualitativ unterschiedliche Bereiche" sind, so zeigt Abbildung 5, dass diese dennoch eine faktische Einheit auf einem Kontinuum bilden (Behrens 2000, 45). Denn: Die Praxis hilft Fragestellungen aus der realen Welt zu *entdecken;* die methodologische Verortung hilft zu *begründen,* mit welchen Hilfsmitteln sich den Forschungszielen genähert werden soll. Die gewonnenen Erkenntnisse werden schließlich in praktisches und theoretisches Wissen umgewandelt und erneut *begründet* und *verwertet.*

Abbildung 5: Zusammenhang Entdeckungs- und Begründungszusammenhang (in Anlehnung an Müller-Hagedorn 2000, 30; Töpfer 2007, 20)

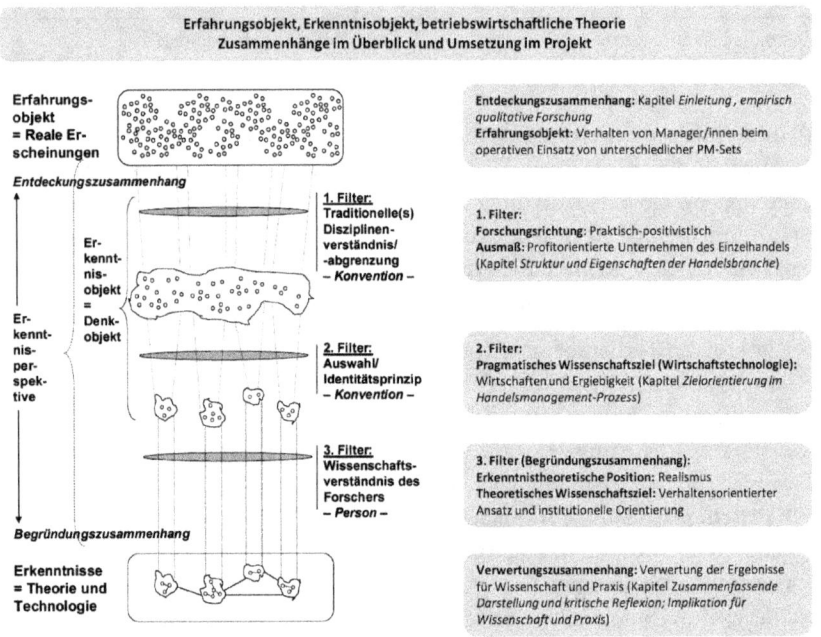

Während der Entdeckungszusammenhang in Form von mehreren Forschungsfragen (Kapitel 1.1) und der qualitativen Annäherung (Kapitel 5 und 6) von der Forscherin breit festgelegt wurde, so wird durch den Einsatz mehrerer „Filter" eine klare methodologische Ausrichtung des Forschungsinteresses sichtbar. Die erste klare Eingrenzung geschieht durch das **Drei-Dichotomien-Modell** von Hunt (1976, 21):

- Positivistischer oder normativer Zugang
- Mikro- oder Makroperspektive
- Profit- oder Non-Profitperspektive

Das Projekt folgt einem **praktisch-positivistischen Verständnis**[2] und legt den Fokus auf Unternehmen des Einzelhandels als **profitorientierte Untersuchungsobjekte**. Weiters interessieren deren kennzahlenorientierten Marketingaktivitäten auf der **Mikroebene**, die es zu beschreiben, erklären und verstehen gilt. Dem entsprechend wird eine institutionelle Orientierung zugrunde gelegt, die sich dem Wirtschaftszweig der Handelsbetriebslehre zuwendet. „Als Kriterium für die Zuordnung der Unternehmungen zu diesen Gruppen dient eine mehr oder weniger grobe Klassifizierung, die sich an dem funktionellen Schwerpunkt der Betriebstätigkeit orientiert" (Engelhardt 2000, 109).

Das pragmatische Wissenschaftsziel „Wirtschaften und Ergiebigkeit" gilt als weit gefasstes Identitätsprinzip, also jener Konvention innerhalb der Betriebswirtschaftslehre, die die strukturelle Ausgestaltung der Fragestellung verortet. Im vorliegenden Fall beschränkt sie sich nicht auf reine Gewinnmaximierung oder Güterknappheit als vereinfachte Bedingung, wie es dem klassischen mikroökonomischen Paradigma zugeschrieben wird (Kaas 2000, 61–62). „Unter Wirtschaften wird das Entscheiden über knappe Güter in Betrieben/Unternehmen verstanden. Ergiebigkeit bedeutet dann, dass mit den knappen Mitteln oder deren Kombination die gesetzten Ziele optimal erreicht werden" (Töpfer 2007, 27). Diese Ausrichtung kommt der realen profitorientierten Wirtschaftswelt am nächsten und erlaubt eine praxisnahe Diskussion. Gerade der Einsatz von Performance Measurement, der darauf abzielt Leistung und Erfolg von Unternehmensprozessen transparent zu machen, unterstreicht diese Prinzipien und macht eine nähere Analyse beachtenswert. Wie diese Erkenntnisse dann wieder in der Praxis verwendet werden, zeigt der Verwertungszusammenhang, der in Abbildung 5 durch den Punkt „Theorie und Technologie" widergespiegelt und im Zuge des Schlusskapitels noch einmal ausführlich diskutiert wird (Kapitel 8.2).

Abschließend fasst Tabelle 4 die relevanten Begrifflichkeiten des vorliegenden Kapitels kompakt zusammen und zeigt die Umsetzung im Projekt auf.

---

2   Anm.: Töpfer (2012, 298) spricht von *praktisch-normativer* Betriebswirtschaftslehre. Das Verständnis für das vorliegende Projekt ist aber nicht normativ, sondern positivistisch gelagert.

Tabelle 4: Basiskonzepte der Marketingforschung (Kuß 2013a, 51–52; Schröder 2012b, 30; Silverman 2008, 13)

Begriff	Bedeutung	Relevanz	Umsetzung im Projekt
Methodologie	Generelles Vorgehen, um Phänomen zu untersuchen	Entwicklung von Vorschlägen, wie Forschungsziel erreicht werden kann	Realistisches Wissenschaftsverständnis
Theorie	(1) System an Gesetzesaussagen (2) Allgemeine Gesetzmäßigkeiten (3) Empirische Überprüfbarkeit	(1) Ordnung/Strukturierung von Wissen (2) Ableitung von Regeln für den Einzelfall (3) Anregung/Anleitung für weitere Forschung	(1) Kontingenztheorie (2) Praxistheorie
Untersuchungsbereich	Raum, in dem Datensatz gesammelt wird	Zweckmäßigkeit, um zugrunde liegende Forschungsfrage zu beantworten	(1) EH-Branche (2) Wissenschaftliche Datenbank
Hypothese	Annahmen über reale Sachverhalte	(1) Validität (2) Generalisierbarkeit (3) Falsifizierbarkeit	Beziehung zwischen PM-Sets und empfundener Nützlichkeit
Methode	Spezifische Untersuchungstechnik	Übereinstimmung von Theorie, Hypothesen, Methodologie und Untersuchungsbereich	(1) PZI (2) Survey

Wie diese methodologische Verortung dazu verwendet wird, theoriegeleitet Hypothesen zu entwickeln und problemorientiert eine adäquate Methodik zu identifizieren, wird im Folgenden näher beleuchtet.

1.3.2 Methodische Einordnung des Projekts

Max Webers Positionen im Werturteilsstreit, bei dem die Frage der Einflussnahme durch Wissenschaftler/innen im Zuge des Forschungsprozesses erörtert wird, sind nach wie vor diskussionswürdig (Schnell et al. 2013, 88). Die Wirtschaftswissenschaften sind der Kritik ausgesetzt, dass sie den Begründungszusammenhang durch quantitative empirische Methoden forcieren (für eine umfassende Diskussion inkl. Kritik siehe Albers 2000; Hildebrandt 2000). Der Entdeckungszusammenhang wird hingegen vernachlässigt (Brühl et al. 2008, 300). Doch gerade das Zusammenspiel aus Entdeckungs- und Begründungszusammenhang ist notwendig, um die gewonnenen Erkenntnisse wiederum dazu zu nutzen, theoretisches Wissen zu generieren. Aus diesem Grund wird ein **Mixed-Methods-Design** im Sinne eines **sequenziellen (Vorstudien-)Modells** als zielführende Annäherung an das Forschungsproblem erachtet. Durch eine systematische Kombination von Methoden aus dem qualitativen und quantitativen Repertoire bedient sich der Mixed-Methods-Ansatz einer pragmatischen Vorgehensweise, die Induktion, Deduktion und Abduktion miteinander in Verbindung setzt und Problemzentrierung und Multiperspektivität nutzt (Creswell 2014, 19; Harrison/Reilly 2011, 8). Weiters werden integrierte Modelle *(Mixed-Designs)* als weitere Annäherungen für theoretische und empirische Ergebnisse gesehen.

Abbildung 6: Typen kombinierter Forschungsmodelle (Srnka 2007, 254 nach Srnka 2006, 12)

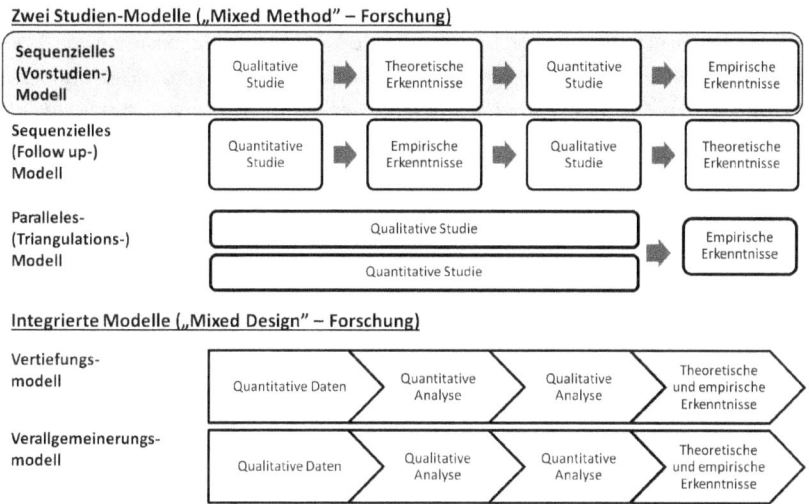

Im Detail wird die Forderung, dem „blinden Empirismus" entgegenzuwirken, in der vorliegenden Arbeit folgendermaßen umgesetzt (Abbildung 6; dunkelgrau hinterlegt).

(1) Entdeckungszusammenhang: Empirisch qualitative Untersuchung

Die zugrunde liegenden Begrifflichkeiten werden zu Beginn des Forschungsprozesses definiert, denn „Definiens und Definiendum erscheinen als bedeutsamer Schritt jedes wissenschaftlichen Arbeitens" (Müller-Hagedorn 2000, 28). Gerade in einem praxisnahen Bereich wie Performance Measurement, in dem Begriffsdefinitionen häufig unterlassen werden, wird konzeptionelle Verwirrung und Unklarheit geschürt. Die Offenlegung der Bedeutungsinhalte von Begrifflichkeiten zu Beginn dient daher als Basis des Marketingwissens und zur Strukturierung des Marketingproblems (Kuß 2013a, 12; Rossiter 2001, 13).

Die Forscherin eignet sich im Zuge der **systematischen Literaturanalyse** ein gegenstandsbezogenes-theoretisches Wissen an, das in der Entdeckung von Forschungslücken mündet (Meinefeld 2009, 265). Auch der Beitrag der **empirisch-qualitativen Untersuchung** besteht im Aufdecken der Sachverhalte, die „unter der Oberfläche" liegen (Holzmüller/Buber 2009, 7). Ziel ist, Einzelfälle im Detail so zu beleuchten, dass strukturelle Zusammenhänge und Einflussfaktoren, die in ihrer natürlichen Umgebung vorzufinden sind, gezeigt und die Komplexität der Beziehungen und Gefühlswelten analysiert werden (Dyllick/Tomczak 2009, 73; Holzmüller/Buber 2009, 8). Der Argumentation von Glaser/Strauss (1965, 6), die fordern, dass bei qualitativen Untersuchungsdesigns die Realität ohne eigenes Vorwissen beleuchtet werden müsse, steht die Forscherin kritisch gegenüber und wird im vorliegenden Projekt nicht Folge geleistet. Die Forscherin bringt sich strukturiert ein und rückt das Forschungsproblem explizit in den Mittelpunkt der Betrachtung.

Aus einer wissenschaftstheoretischen Perspektive weist dieser Teil der Untersuchung **konstruktivistische Züge** auf. Es wird die Position vertreten, dass sich Menschen ihre Realität selbst zurechtlegen bzw. „*konstruieren*". Erkenntnis ist an das Individuum gebunden, wobei sich idealistische Auffassungen in den Strukturen von Gesagtem ableiten lassen. Der Kommunikation und Interaktion von Individuen wird eine wesentliche Bedeutung beigemessen (Creswell 2014, 9; Knoblauch/Schnettler 2009, 131). Doch steht dies nicht im Widerspruch zu vorangegangener Argumentation, also zur realistischen Position der Forscherin? Qualitative Forschung – auch explorative Forschung genannt – wird dazu genutzt, Theoriebildung voranzutreiben und Hypothesen zu generieren bzw. auf strukturierte und transparente Art und Weise zu entdecken. Damit wird sie zu den struktur*entdeckenden* Methoden gezählt (Kuß 2013a, 186–187). Auch wenn sich die Forscherin der konstruktivistischen Denkweise im Zuge der Arbeit annähert, so bleibt sie dennoch der realistischen Auffassung treu.

(2) Begründungszusammenhang: Empirisch quantitative Untersuchung

Eingeordnet in den **kritischen Rationalismus**, der auf *Karl Raimund Popper* zurückgeht, findet die Arbeit durch die **quantitative Annäherung** einen positivistischen Zugang. Damit entspricht sie dem Standard in der Marketingforschung, die vor allem zum Ziel hat, Phänomene zahlenmäßig greifbar zu machen (Albers 2000, 210). Die Grundposition des kritischen Rationalismus liegt in der Erkenntnis, dass Wissenschaft keine endgültig wahren Aussagen liefern kann. Nur durch Falsifizieren von Hypothesen werden Forscher/innen angehalten, immer wieder neue und abweichende Erkenntnisse zu identifizieren. Durch Herleiten und Überprüfen von Hypothesen verfolgt empirische Forschung das Ziel, Gesamtzusammenhänge darzustellen und bestehende Theorie weiterzuentwickeln (Behrens 2000, 42; Kuß 2013a, 70–71).

Abbildung 7: Dominante betriebswirtschaftliche Forschungsmethoden (Homburg 2007, 29)

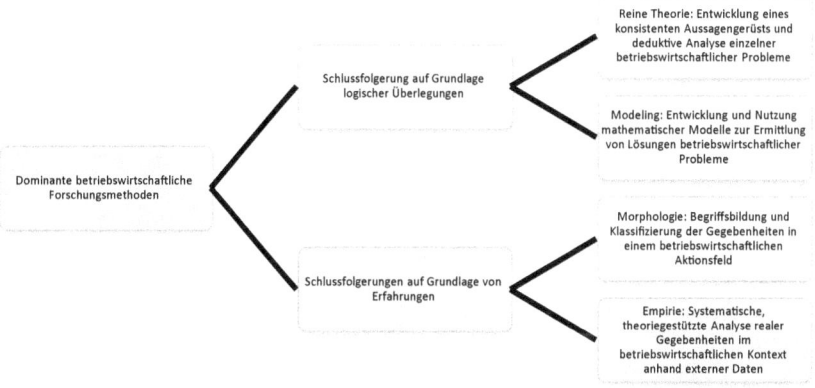

Konkret orientiert sich die Arbeit am Verhalten von Handelsmanager/innen in Entscheidungssituationen, wobei die Belastungsfähigkeit mit Kennzahlen ein Untersuchungsmerkmal darstellt. Sie knüpft an bestehendes Theoriewissen an und versucht, durch einen conjointanalytischen Zugang von einer individuellen Ebene auf Personenaggregate zu schließen (Albers 2000, 222). Dazu helfen verhaltensorientierte Theorien, die sich mit den kognitiven Grenzen der Informationsverarbeitung im Bereich Performance Measurement auseinandersetzen (vgl. bspw. Hirsch/Volnhals 2012). Gleichzeitig werden auch **entscheidungstheoretische Aspekte** adressiert. Im Handelsalltag sind Store Manager/innen gefordert, sowohl Marketingziele als auch den gegebenen Kontext zu berücksichtigen, um dann aus alternativ zur Verfügung stehenden Kennzahlen eine Auswahl zu treffen (Bruhn 2012, 23). Die umfassende Analyse hinsichtlich der **kontingenztheoretischen Orientierung** wird gewählt, um das Verständnis der Außenwirkung für den Einfluss auf die Präferenzbildung und Auswahl von Kennzahlen im Handelsalltag zu erhöhen (Höser 1998, 19).

1.4 Gang der Untersuchung

Um die vorliegende Problemstellung umfassend zu beleuchten und Erkenntnisse für die Wissenschaft und die Praxis zu gewinnen, wird angelehnt an Malhotra (2014, 52) der Forschungsprozess folgendermaßen aufgebaut. In einem ersten Schritt wird der Kontext des Forschungsproblems in der Handelsmarketing- und Management Control-Forschung verortet. Hierzu wird das Konzept *Performance Measurement* definiert und von anderen Bereichen abgegrenzt. Die Sichtung der wissenschaftlichen Literatur wird in Form eines systematischen Literaturüberblicks durchgeführt und zeigt, welche methodischen Ansätze in Bezug auf Performance Measurement interessant sind, welchen Theorien man sich bedient, welche Unternehmensebenen für die Analyse herangezogen werden und schließlich, wie Performance Kennzahlen kategorisiert werden können. Die untersuchten Beiträge werden anhand der Stakeholder- und Kontingenztheorie verortet und interpretiert. Die Erkenntnisse beantworten die erste Forschungsfrage und zeigen die Forschungslücken im Bereich Performance Measurement auf.

Darauf aufbauend werden problemzentrierte, leitfadengestützte Expert/inneninterviews durchgeführt, die die praktische Relevanz der Thematik herausstreichen sollen. Es werden Entscheidungsträger aus der Handelsbranche genauso herangezogen, wie Mitarbeiter/innen auf der Store-Ebene. Ziel dieser qualitativen Annäherung ist es, das Forschungsproblem mittels Inhaltsanalyse vollständig zu erfassen und die Verständlichkeit hinsichtlich der weiteren empirischen Forschung abzudecken.

Sowohl die Ergebnisse des Literaturüberblicks als auch die Ergebnisse der Expert/inneninterviews fließen in eine Manager/innenbefragung, die die Verwendung von Erfolgskennzahlen im operativen Einzelhandelsgeschäft beleuchten, und in eine Conjoint Analyse, die den empfundenen Nutzen dieser Kennzahlen auf der Individualebene analysiert. Durch diese multiperspektivische Annäherung soll im Sinne eines Mixed Methods-Ansatzes die Entscheidungslogik von Manager/innen auf der operativen Ebene untersucht werden.

Die Ergebnisse der einzelnen Analyseschritte werden im Schlusskapitel gegenübergestellt und in Hinblick auf die Rigour und Relevance-Thematik noch einmal kritisch beleuchtet. Abbildung 8 fasst die einzelnen Schritte noch einmal grafisch zusammen.

Einleitung 41

Abbildung 8: Aufbau der Arbeit

	Stufen im Forschungsprozess			Ergebnis
Qualitatives Design	Sekundärdatenanalyse: Literaturanalyse (n=270)		Deskriptive und inhaltliche Analyse von Journal Artikeln	- Kontingenztheoretische Verortung der Literatur - Identifizierung und Kategorisierung von Kennzahlen
	Primärerhebung: Problemzentrierte Interviews (n=21)		Inhaltsanalyse nach Mayring	-Relevanz von PM auf der Store Ebene -Nachvollziehbarkeit operativer Prozesse durch PM
Quantitatives Design	Befragung von Handelsmanager/innen zur Verwendung und Nützlichkeit von PM (n=134)		Deskriptiver Ansatz	Status Quo der Implementierung und Verwendung von PM in der Handelspraxis
	Befragung von "zukünftigen Manager/innen" zur empfundenen Nützlichkeit von PM-Sets (n=217)		Conjoint Analyse (Fraktionelles, faktorielles Design)	Pilot-Studie: Nutzen von unterschiedlichen PM-Sets auf der Individualebene

2 Performance Measurement – Theoretische Verortung der Begrifflichkeit

> „Jegliche Optimierung bedarf der Messung des zu optimierenden Phänomens. Die prominente Stellung des Begriffs Performance Measurement, als direkte Übersetzung des Begriffs Leistungsmessung, ist somit nicht überraschend" (Horvath/Seiter 2009, 394).

Mit diesem Zitat eröffnen Horvath/Seiter (2009) die theoretische Verortung des „omnipräsenten" Begriffs *Performance Measurement*. In der englischsprachigen Management Control-Forschung wird *Performance Measurement* als „neueres" Konzept der Unternehmenssteuerung diskutiert (Merchant/Van der Stede 2012, 33). Aber auch im deutschen Sprachgebrauch hat sich dieser Begriff etabliert. Vor allem Gleich (2001) und Klingebiel (1999) haben *Performance Measurement* in diesem Kontext reflektiert und als Instrument eingeführt[3]. *Performance* mit *Leistung* zu übersetzen, wird aber kritisch gesehen, da der Begriff *Leistung* in der Betriebswirtschaftslehre mehrfach verwendet wird (Becker 2009, 11). Dennoch werden Termini wie *Performance Measurement, Leistungsrechnung, Erfolgsrechnung* und *Controlling* in der Unternehmenspraxis synonym verwendet. Die Herausforderung liegt nun darin, die Gemeinsamkeiten und Unterschiede der (internationalen) Management Control-Forschung und der (deutschsprachigen) Controlling-Forschung zu verstehen (Guenther 2013, 269; Schäffer 2013, 291).

Die Basis für die konzeptionelle Verortung bildet die Definition von Performance Measurement, die im englischsprachigen Kontext von Neely et al. (2005, 1229) geprägt ist:

> „*Performance measurement can be defined as the process of quantifying the efficiency and effectiveness of action.*"

Diese Definition bezieht sich ausschließlich auf die Operationalisierung von Effizienz, also dem Verhältnis von Input- zu Outputfaktoren, und Effektivität, was den Gradmesser für die Wirksamkeit der eingesetzten Maßnahmen aufzeigt, als Grundsäulen der Performancemessung. Diese zentralen Begrifflichkeiten werden im Detail in Kapitel 2.3 diskutiert. Umfassender gestaltet sich die Definition

---

3   Weiters: Gladen (2011), Horváth (2009), Küpper (2008), Weber (2011)

von Gleich (2001, 11-12), der auch auf die Multiperspektivität von Performance Measurement eingeht und folgendermaßen argumentiert:

> „Darunter werden der Aufbau und Einsatz meist mehrerer **Kennzahlen** verschiedener **Dimensionen** (z. B. Kosten, Zeit, Qualität, Innovationsfähigkeit, Kundenzufriedenheit) verstanden, die zur **Beurteilung der Effektivität und Effizienz** der Leistung und Leistungspotentiale unterschiedlicher Objekte im Unternehmen, sogenannter **Leistungsebenen** (z. B. Organisationseinheiten unterschiedlicher Größe, Mitarbeiter, Prozesse), herangezogen werden."

Im Folgenden werden die zentralen Eckpunkte der Definition von Gleich (2001) erläutert und für die vorliegende Fragestellung reflektiert. Um Mehrdeutigkeiten und Missverständnisse zu vermeiden, wird eine konzeptionelle Verortung des Begriffes durchgeführt und eine Abgrenzung von verwandten Begriffen präsentiert. Auch die Entwicklung und das Verständnis in unterschiedlichen nationalen Kontexten werden erarbeitet.

Abbildung 9: Zielsetzung des Kapitels „Performance Measurement – Theoretische Verortung der Begrifflichkeit"

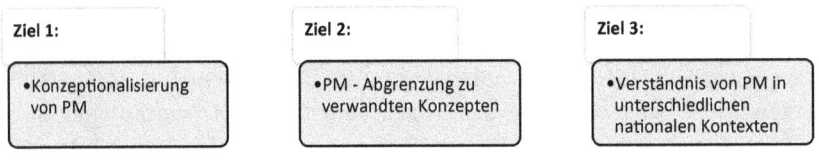

2.1 Aufbau und Einsatz von Kennzahlen

Als Instrument von Performance Measurement werden Kennzahlen herangezogen. Unter dem Begriff Kennzahl[4] wird eine überprüfbare Maßzahl verstanden, die sowohl **finanziellen** als auch **nicht-finanziellen** Charakter aufweisen kann. Kennzahlen sind im Idealfall auf die Unternehmensbedürfnisse, wie Strategieausrichtung, angepasst und sollen in konzentrierter Form Informationen über bedeutende betriebswirtschaftliche Sachverhalte und Kausalitäten preisgeben. Überprüfbar werden Kennzahlen, indem sie die dahinterstehenden Prozesse und Daten dokumentieren und jederzeit abrufbar sind. Dadurch sollen unab-

---

4 Die deutschen Begriffe (Erfolgs-)*Kennzahl, Indikator, Kennziffer, Maßgröße, Messgröße* und *Messzahl*, sowie die englischen Begriffe *Metric, Measure* und *Key Performance Indicator* werden in diesem Zusammenhang synonym verwendet.

hängige Quellen entstehen, die bei wiederholter Anfrage immer zum selben Ergebnis führen (Merchant/Van der Stede 2012, 33–39). Kennzahlen, die sich aus dem Rechnungswesen ableiten, werden für die vorliegende Arbeit als **finanzielle Kennzahlen** definiert (Mizik/Nissim 2011, 1). Hierunter versteht man jene Kennzahlen, die in monetären Geldwerten angegeben werden (z. B. Umsatz in €), die aus dem Verhältnis von finanziellen Zahlen gebildet werden (z. B. Umsatz/m²) oder die die Veränderung von finanziellen Zahlen zeigen (z. B. Umsatzsteigerung im Vergleich zum Vorjahr) (Merchant/Van der Stede 2012, 413). Da diese den Ursprung der Performance Measurement-Philosophie bilden, findet man auch häufig den Begriff „traditionelle Kennzahlen" in der Literatur (Chenhall/Langfield-Smith 2007, 266–267; Shugan/Mitra 2009, 4). Die Etablierung von finanziellen Kennzahlen liegt in der Gewinnorientierung der Unternehmen begründet. Sie gelten als Kommunikationsmedium für interne und externe Adressaten und bilden nach wie vor die wichtigste Grundlage für Managemententscheidungen (Cardinaels/van Veen-Dirks 2010, 575; Hyvönen 2007, 347). Obwohl deren Bedeutung unbestritten ist, werden sie häufig kritisiert. Aus diesem Grund wird eine Erweiterung des Sets an zur Verfügung stehender Kennzahlen um nicht-finanzielle und/oder zukunftsorientierte Kennzahlen gefordert (Grewal et al. 2009, 8).

Nicht-finanzielle Kennzahlen sind eine Möglichkeit, der Marketingkurzsichtigkeit (*Marketing Myopia*) zu entgehen und zeitgerecht auf den Markt zu reagieren (Mizik/Nissim 2011, 27). Sie gelten als beeinflussende Faktoren für den Unternehmenserfolg, die nicht direkt aus dem Jahresabschluss abgeleitet werden können (Clark 1999, 713). Im Sinne eines Stakeholder Ansatzes gilt, unterschiedliche Dimensionen wie Personal, Kund/innen, Lieferanten und Umwelt wie gesetzliche Reglements und der Gesellschaft im Allgemeinen durch nicht-finanzielle Kennzahlen zu berücksichtigen (Grewal et al. 2009, 8–9; Merchant/Van der Stede 2012, 452).

Die Literatur versucht immer wieder, weitere Systematisierungen und Überblicke von Kennzahlen zu geben (Horvath/Seiter 2009, 399; Jung 2007, 155; Meyer 2007, 23). Diese Bestrebungen unterscheiden sich je nach Branche und Zielsetzung. Exemplarisch werden in Tabelle 5 die Arten von Kennzahlen hinsichtlich unterschiedlicher Merkmale in einem morphologischen Kasten dargestellt. Für eine detaillierte Diskussion einzelner Kennzahlen wird auf weiterführende Literatur verwiesen (bspw. Farris et al. 2011).

Tabelle 5: Morphologischer Kasten über Kennzahlen-Kategorien (Meyer 2007, 23)

Merkmal	Arten betriebswirtschaftlicher Kennzahlen						
	Kennzahlen aus dem Bereich						
Betriebliche Funktionen	Beschaffung	Lagerwirtschaft	Produktion	Absatz	Personalwirtschaft	Finanzwirtschaft, Jahresabschluss	
Statistisch-methodische Gesichtspunkte	Absolute Zahlen				Verhältniszahlen		
	Einzelzahlen	Summen	Differenzen	Mittelwerte	Beziehungszahlen	Gliederungszahlen	Indexzahlen
Quantitative Struktur	Gesamtgrößen				Teilgrößen		
Zeitliche Struktur	Zeitpunktgrößen				Zeitraumgrößen		
Inhaltliche Struktur	Wertgrößen				Mengengrößen		
Erkenntniswert	Kennzahlen mit selbstständigem Erkenntniswert				Kennzahlen mit unselbstständigem Erkenntniswert		
	Kennzahlen aus der						
Quellen im Rechnungswesen	Bilanz		Buchhaltung		Aufwands- und Ertragsrechnung		Statistik
Elemente des ökonomischen Prinzips	Einzelwert		Ergebniswerte		Maßstäbe aus Beziehungen zwischen Einsatz- und Ergebniswerten		
Gebiet der Aussage	Gesamtbetriebliche Kennzahlen				Teilbetriebliche Kennzahlen		
Planungsgesichtspunkt	Soll-Kennzahlen (zukunftsorientiert)				Ist-Kennzahlen (vergangenheitsorientiert)		
Zahl der beteiligten Unternehmen	Einzelbetriebliche Kennzahlen		Konzern-Kennzahlen		Branchen-Kennzahlen		Gesamtbetriebliche Kennzahlen
Umfang der Ermittlung	Standard-Kennzahlen				Betriebsindividuelle Kennzahlen		
Leistung des Betriebes	Wirtschaftlichkeitskennzahlen				Kennzahlen über die finanzielle Sicherheit		

Um Kennzahlen interpretieren zu können, benötigt man einen Referenzpunkt, auf den man sich bezieht. Beispielsweise können Kennzahlen einen Referenzpunkt in der Vergangenheit (**Vergangenheitsorientierung**) oder einen Punkt in der Zukunft (**Zukunftsorientierung**) adressieren (Petersen et al. 2009, 95; Zeithaml et al. 2006, 168). Vergangenheitsorientierung führt zu operationalen und verhaltensorientierten Kennzahlen. Wissenschaftliche Beiträge kritisieren, dass die Generierung von Erfolgskennzahlen einem „Blick in den Rückspiegel" gleich kommt. „The authors contend that customer metrics used by firms today are predominantly rear-view mirrors reporting the past or dashboards reporting the present. They argue that companies need to and can develop "adaptive foresight" to be positioned to predict the future by exploiting changes in the business environment and anticipating customer behavior" (Zeithaml et al. 2006, 168). Manager/innen können im Zuge von Budgetierungsprozessen aber auch den Blick auf zukünftige Ergebnisse richten (Bhimani 2012, 486). Gefordert wird daher der Einsatz von Frühwarnindikatoren (sog. **Leading Indicators**), also Kennzahlen, die zukünftige Entwicklungen im Unternehmen adäquat abbilden und damit Managemententscheidungen unterstützen, die in der Gegenwart getroffen werden müssen (Zeithaml et al. 2006, 179). Diese Eigenschaft wird häufig nicht-finanziellen, qualitativen Kennzahlen zugeschrieben (Petersen et al. 2009, 103), wobei wissenschaftliche Untersuchungen unterschiedliche theoretische Erkenntnisse liefern (bspw. Cardinaels/van Veen-Dirks 2010; Chenhall/Langfield-Smith 2007). Es ist nicht abschließend erklärt, wie der Zusammenhang zwischen einzelnen *Leading Indicators* und der tatsächlich zukünftigen Performance aussieht bzw. wie stark dieser Zusammenhang ist (Petersen et al. 2009, 108).

Nicht-finanzielle Kennzahlen können hinsichtlich der Erhebungsart noch weiter unterschieden werden. Dabei wird zwischen **objektiven** und **subjektiven Kennzahlen** differenziert. Kennzahlen wie Kund/innenfrequenz werden als objektiv angesehen, da diese bspw. aus Überwachungssystemen abgeleitet werden können und daher nicht vom Ermessen einzelner Individuen abhängen. Unter subjektiven Maßzahlen versteht man die Einschätzung bzw. das persönliche Empfinden von Expert/innen bezogen auf eine Leistungsvariable. Diese kommen häufig bei Mitarbeiter/innenevaluierungen oder Selbsteinschätzung des Verantwortungsbereiches zur Anwendung (Anderson et al. 2010, 90; Lings/Greenley 2009, 41). Werden in einem Unternehmen sowohl subjektive als auch objektive Kennzahlen herangezogen, so müssen diese Maßzahlen schlussendlich einer Gewichtung unterzogen werden, um Entscheidungen treffen zu können. Auf diese Problematik gehen bspw. die Beiträge von Campbell (2008) und Kelly (2010) ein.

2.2 Performance-Dimensionen im Handelskontext

Der Erfolg eines Unternehmens kann mit Hilfe der Komponenten Qualität, Zeit und Kosten bewertet werden. „Dabei ermittelt die Qualität die Wertschätzung eines Produktes aus der Sicht der Kunden, die Zeit bewertet die Güte der Management verantworteten Prozesse und die Kosten bemessen die Wirtschaftlichkeit der Güte, verantwortet von allen Bereichen" (Jung 2007, 172). Diese Dimensionen werden im Handelskontext durch die Verschiedenartigkeit des Sortiments, nämlich die Varietät in Sortimentsbreite und -tiefe, die Wettbewerbssituation der Standorte und die Dynamik der Betriebsformen, was aus verändertem Kund/innenverhalten bzw. neuen Angebotstechniken resultiert, beeinflusst (Buttkus 2012, 9; Schröder 2006, 775–776). Außerdem gilt die Handelsbranche als personalintensiver Sektor: Mitarbeiter/innen auf der Vertriebsebene bilden die Schnittstelle zu Kund/innen und tragen somit wesentlich zum Unternehmenserfolg bei (Ahearne et al. 2013, 626; Netemeyer et al. 2010, 530). Darüber hinaus sind Handelsunternehmen mit der Herausforderung konfrontiert, keinen Puffer zwischen Produktion und Konsumption zu haben, sondern Servicedienstleistungen von Handelsunternehmen sozusagen direkt zu produzieren und zu verkaufen (Netemeyer et al. 2010, 531). Aufgrund dieser Herausforderungen entsteht ein System an Bezugsobjekten, auf das Handelsmanager/innen spezifisch mittels Performance Measurement reagieren (Abbildung 10).

Abbildung 10: Bezugsobjekte des Handelscontrollings (Schröder 2006, 1054)

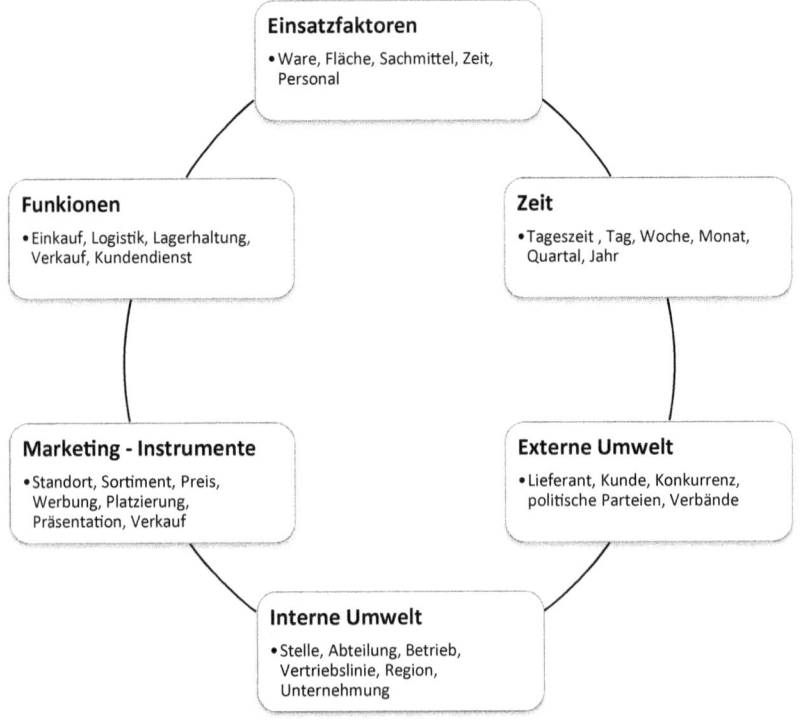

Bezugsobjekte, also Objekte, „auf die sich die für das Management erforderlichen Informationen, insbesondere Kennzahlen, beziehen" (Schröder 2006, 1053), beeinflussen die Erfolgsmessung und deren Bereitstellung je nach Priorität in zeitlicher Hinsicht. Dabei werden sowohl interne als auch externe Informationen auf unterschiedlichen Ebenen und Funktionalitäten bereitgestellt. Gerade im Handelskontext ist die Umsetzung der Marketing-Instrumente und der Ressourceneinsatz zentral. Auf diese wird noch im Detail in Kapitel 4 eingegangen.

Umfangreichere Kennzahlensysteme fassen diese unterschiedlichen Dimensionen zusammen. Unter **Performance Measurement System (PMS)** versteht man somit die „Messung und Lenkung der mehrdimensionalen, durch wechselseitige Interdependenzen gekennzeichneten strategischen und operativen Aspekte des Unternehmenserfolgs und seiner Einflussgrößen" (Baum et al. 2007, 362). PMS integrieren Kennzahlen, die sowohl für das Top-Management als auch für die operative Ebene wie Store Manager/innen relevant sind. Für jede Aktivität, für jedes Produkt, Funktion oder Beziehung können theoretisch mehrere Kennzahlen herangezogen werden. Ein Mehrwert wird für Unternehmen dann geschaffen, wenn die kommunizierten Kennzahlen von Mitarbeiter/innen verstanden und als sinnvoll erachtet werden[5].

Neben PMS tragen **Business Intelligence Systeme**, auch **Management Informationssysteme (MIS)** genannt, zur Unterstützung von Managemententscheidungen bei, indem sie Information aufbereiten und „auf Knopfdruck" bereit stellen. Sie vereinen unterschiedliche Subsysteme miteinander, die sowohl historische, gegenwarts- als auch zukunftsorientierte Daten sammeln, aggregieren und computergestützt generieren (Paul 2014, 37–38). Hier werden neben internen Informationen auch externe Daten aufbereitet, um marktorientierte Führung zu ermöglichen (Asemi et al. 2011, 164; Malhotra 2014, 34–35). Weiters unterstützen auch **Decision Support-Systeme (DSS)** Manager/innen bei der Entscheidungsfindung. Little (1979, 9), der sich mit diesen speziell im Marketingkontext auseinandergesetzt hat, definiert sie als: „[…] a coordinated collection of data, systems, tools, and techniques with supporting software and hardware by which an organization gathers and interprets relevant information from business and environment and turns it into a basis for marketing action." DSS komplettieren das Vorwissen von Manager/innen und unterstützen die Verantwortlichen in ihren Analysen und Entscheidungen (Little 1979, 12). Insgesamt greifen MIS und DSS weiter als PMS, deren Informationsgehalt auf Performanceinhalte beschränkt ist (Malhotra 2014, 35).

---

5 Anm.: Eine ausführliche Diskussion zur Ausgestaltung von Kennzahlensystemen liefert Gladen (2011).

2.3 Effizienz- und Effektivitätsorientierung im Handel

Effizienz, Effektivität und Adaptionsfähigkeit, also die Fähigkeit sich an Umweltbedingungen anpassen zu können, bilden die drei Grundsäulen von Performance Measurement (Clark 2000, 3). **Effizienz** beschreibt das Verhältnis von Output zu Input, wobei die Ergebnis-Einsatz-Relation positiv (>1) sein sollte, um im Sinne des Wirtschaftlichkeitsprinzips einen Mehrwert zu generieren bzw. Wettbewerbsvorteile gegenüber der Konkurrenz zu erzielen (Gladen 2011, 51–52). Unter Output können sowohl monetäre Größen wie Ertrag oder Gewinn als auch nicht-monetäre Größen wie Transaktionen, Anzahl der verkaufen Produkte oder Kund/innen fallen. Input-Faktoren sind bspw. Mitarbeiter/innenarbeitsstunden oder Kapitaleinsatz (Sellers-Rubio/Mas-Ruiz 2007, 514–515). Effizient agieren Händler/innen also dann, wenn sie ihre Aktivitäten den Kund/innenbedürfnisse anpassen und das angebotene Service zu minimalen Kosten erfüllen können (Inaba/Miyazaki 2010, 314). Der prominente Ausspruch von Peter Drucker *„doing the things right"* fasst den Begriff Effizienz noch einmal kompakt zusammen.

Effektivität richtet sich an konkrete Zielsetzungen und gilt als Gradmesser für die Wirksamkeit der eingesetzten Maßnahmen *(„doing the right things")* (Drucker 2014, 13). Sie vergleicht das Ist-Ergebnis mit dem zuvor definierten Soll-Wert, wobei sich die Werte idealerweise entsprechen sollen (Ergebnis-Ziel-Relation=1) (Gladen 2011, 174). Handelsunternehmen können Effektivitätsvorteile generieren, indem sie z.B. Technologien wie RFID einsetzen, um die Rückverfolgbarkeit der Waren im Store zu gewährleisten. Dadurch kann die Wartezeit der Kund/innen reduziert werden, was dem Ziel der Kund/innenzufriedenheit entgegenkommt (Inaba/Miyazaki 2010, 310).

Im Marketingkontext gilt die Diskussion über Effizienz und Effektivität als besonders spannend, da die Gegenüberstellung von Input (häufig gemessen an Investition, Belegschaft, Gemeinkosten) und Output (häufig gemessen an Gewinn, Umsatz, Marktanteile und Cash Flow) schwierig erscheint (Scharf/Michel 2011, 239). Kritisch hinterfragt wird bspw., wie nicht-finanzielle Bestandteile in die Berechnung einfließen sollen, um die Marketingaufwendungen adäquat abbilden zu können (Shun Yin et al. 2001, 196). Neben Validität und Reliabilität der Erkenntnisse muss außerdem beachtet werden, dass Manager/innen die Ursache-Wirkungszusammenhänge nicht klar formulieren können und *„Marketing Accountability"* sozusagen als *„Black Box"* gesehen wird (Srinivasan et al. 2010, 673). Tabelle 6 fasst die Dimensionen für die vorliegende Arbeit noch einmal kompakt zusammen.

Tabelle 6: Performance Kennzahlen (Clark 1999, 713)

Dimensionen von Performance Kennzahlen	Definition
Finanziell orientierte Kennzahlen	Zeigen finanziellen oder mengenmäßige Output bzw. Ertrag, um Marketingleistung bzw. -aufwand nachvollziehbar zu machen.
Nicht-finanziell orientierte Kennzahlen	Zeigen beeinflussende/ moderierende Faktoren für Unternehmenserfolg; nicht direkt aus Jahresabschluss ableitbar
Multidimensionalität	Effizienz- und Effektivitätsmessung; Generierung multivariater Information im Sinne von Performance Measurement Systemen, um umfassende Einblicke zu erlangen (Breite und Tiefe)

2.4 Kommunikation auf unterschiedlichen Leistungsebenen

Eine Kernaufgabe von Performance Measurement ist es, Manager/innen auf unterschiedlichen Ebenen mit Informationen zu versorgen (Mizik/Nissim 2011, 15). Dabei wird die Unternehmensleitung bei der Verfolgung der übergeordneten Ziele und der effektiven Steuerung der Ressourcen unterstützt (Nevries et al. 2009, 238). Informationen werden durch betriebliche Informationssysteme gesammelt und in Form von Berichten kommuniziert. Dieser „Dialog" zwischen den Unternehmenseinheiten, nämlich gleichzeitig auf der individuellen Ebene, der Unternehmensebene und der Zwischen-Organisationsebene, macht ein ganzheitliches Design des Performance Measurement notwendig (Merchant/Van der Stede 2012, 34).

Berichte dienen Manager/innen in diesem Zusammenhang als Grundlage für unternehmensbezogene Entscheidungen und sind somit „Kristallisationspunkt der Informationsversorgung" (Hirsch et al. 2008, 326; Jones et al. 2011, 165). Bereits Hopwood (1972, 159) erkennt die Wichtigkeit von Reports für Manager/innen, wobei er sich auf die Verwendung von Bilanzkennzahlen beschränkt. Mittlerweile erkennt die wissenschaftliche Literatur die Bereitstellung von Informationen unterschiedlicher Quellen an (Demski 2008, 8; Zoltners et al. 2012, 179), da eine Verschmelzung mehrerer Perspektiven eine qualitative Aufwertung der Entscheidungsfindung mit sich bringen soll. Wissenschaftliche Studien zeigen, dass Mitarbeiter/innen ihr Verhalten an jene Kennzahlen ausrichten, die vom bzw. an das Management berichtet werden. Beziehen Manager/innen unterschiedliche

Kennzahlen in ihre Reports ein, verändert sich demnach auch das Verhalten der Mitarbeiter/innen (Anderson et al. 2010, 103; DeHoratius/Raman 2007, 527). Performance Measurement geht über das „herkömmliche" Reporting hinaus. Es identifiziert Verbesserungsmöglichkeiten und antizipiert mögliche Probleme im Sinne eines *Exceptional Reportings* (GfK 2012). Weiters werden durch Kennzahlen Unternehmenszielsetzungen offengelegt (Melnyk et al. 2010, 555). Erol et al. (2011, 1096) entwickelten ein Modell, mit dessen Hilfe zuerst für Manager/innen relevante Kennzahlen identifiziert und anhand deren Wichtigkeit gerankt werden. Im Arbeitsalltag werden Handelsmanager/innen dann mit Hilfe eines Alarm-Systems (*alert levels*) bei Abweichungen informiert. Dies ist notwendig, um eine Informationsüberlastung auf der Individualebene zu vermeiden.

Wie wichtig Manager/innen die inhaltliche und formale Ausgestaltung von Monatsberichten ist und wie zufrieden sie mit diesen sind, sind weitere Fragen, die in der vorliegenden Arbeit aufgegriffen werden. Hirsch et al. (2008) zeigen, dass die Verständlichkeit und Genauigkeit von Berichten von Manager/innen am wichtigsten eingeschätzt wird, wobei diese Variablen bereits einen ausreichenden Zufriedenheitswert in der Umsetzung aufweisen. Starke Abweichungen zwischen empfundener Wichtigkeit und tatsächlicher Umsetzung werden bei den Variablen Inhalt bzw. Art der Daten, Aggregationsgrad der Daten und Kommentierung aufgedeckt. Diese werden zwar als sehr wichtig eingestuft, Manager/innen sind hier jedoch noch nicht zufrieden mit der Umsetzung (Hirsch et al. 2008, 330).

Aus dieser Diskussion ergibt sich folgender Schluss: Unterschiedliche hierarchische Ebenen und Positionen, die ein Unternehmen eingehen kann, induzieren unterschiedliche Performance Measurement-Designs. Ein allumfassendes Performance Measurement ist nicht anwendbar; je nach Unternehmensebene werden unterschiedliche Ausgestaltungsformen schlagend.

2.5 Entwicklung von „Controlling" zu „Performance Measurement"

Die Diskussion über den Einsatz von Kennzahlen als Instrument der Unternehmenssteuerung ist weder neuartig noch innovativ. Bereits mit dem **DuPont-System**, das im Jahr 1919 vom amerikanischen Chemiekonzern E.I. DuPont de Nemours & Co. entwickelt wurde, wurde ein wichtiger Grundstein für die heutige Performance Measurement-Forschung gelegt (Morschett 2004, 66; Staehle 1969, 69). Der zentrale Gedanke des DuPont-Systems liegt in der Erfolgskennzahl *Return on Investment*, die an der Spitze einer Kennzahlenpyramide steht. Diese Kennzahl repräsentiert das oberste Unternehmensziel, danach folgt formativ zuerst eine Aufschlüsselung in Umsatzrentabilität und Umschlagshäufigkeit und

Performance Measurement – Theoretische Verortung der Begrifflichkeit 53

dann eine Differenzierung von Erlös- und Kostentreiber (Dearden 1969, 126). Auf Basis dieses Steuerungskonzepts entwickelten sich zahlreiche Abwandlungen, die auch speziell für die Bedürfnisse von Handelsunternehmen ausgerichtet sind (Little et al. 2009, 73; McGinnis et al. 1984, 49).

Gemein ist diesen **Steuerungskonzepten**, dass sie auf Finanzkennzahlen basieren, die aus Bilanz-, Finanz-, Investitions- sowie Kosten- und Erlösrechnung generiert werden (Friedl et al. 2010, 8). Auch wenn der Einsatz von Steuerungssystemen dieser Art bis heute in der Managementpraxis zu finden ist, wird dieser seit geraumer Zeit kritisiert (Guenther 2013, 282; o.V. 1966, 18–19). „[…] traditionelle Kennzahlensysteme richten das Hauptaugenmerk auf das finanzielle Ergebnis und/oder die Liquidität des Unternehmens. Dies ist zugleich ein entscheidender systemimmanenter Nachteil, da dadurch beispielsweise die Sachzieldimension und die Markt- und Kundenorientierung unberücksichtigt bleiben" (Gleich 2001, 6). Die **Defizite**, die ihnen von Manager/innen und Wissenschaftler/innen zugesprochen werden, werden in Tabelle 7 kompakt dargestellt.[6]

Tabelle 7: Defizite finanzkennzahlenorientierter Steuerungskonzepte (Friedl et al. 2010, 9; Gleich 2001, 8; ähnlich für die Handelslandschaft; Morschett 2004, 79–81)

Dimension	Finanzkennzahlenorientierte Steuerungskonzepte	Defizit/Konsequenz
Zeitbezug	Internes Rechnungswesen: Zukunfts- und vergangenheitsorientiert (Plan- und Istrechnung); Externes Rechnungswesen: vergangenheitsorientiert (Istrechnung)	Unternehmensexterne Adressaten: Fehlen von Größen, die nicht in Jahresabschluss abgebildet werden
Ausrichtung	Interessen interner Stakeholder im Vordergrund	Suboptimale Berücksichtigung externer Prozesse im Unternehmen
Aggregationsgrad	Bilanzkennzahlen und rechnungswesensorientierte Konzepte	Hochaggregierte Unternehmens- oder Branchendaten

---

6 Anm.: Die Einteilung in „traditionelles Controlling" und „moderneres Performance Measurement" wird für die vorliegende Arbeit als theoretische Strukturierungsmöglichkeit herangezogen, jedoch in der Literatur kontrovers diskutiert. So kann die Veränderung in der Konzeption auch als Weiterentwicklung des Controlling-Konzeptes interpretiert werden und nicht als eigenständiges Performance Measurement (bspw. Friedl et al. 2010, 318).

54   Performance Measurement – Theoretische Verortung der Begrifflichkeit

Dimension	Finanzkennzahlenorientierte Steuerungskonzepte	Defizit/Konsequenz
Fristigkeit	Kurzfristiger Periodenbezug von Bilanzkennzahlen	Suboptimale Entscheidungsgrundlage für längerfristiges Denken
Dimension	Fokus: Finanzorientierung	Fehlende Berücksichtigung von Stakeholdern wie Kund/innen oder Lieferanten
Format	Schwache Signale im Sinne eines Frühwarnsystems	Fehlende Berücksichtigung von Risiken und Fehlentwicklungen
Planungsbezug	Strategische Ausrichtung und operative Ausrichtung getrennt; Budgetierungsrechnung	Keine Verknüpfung von strategischer und operativer Planung
Anreizsystem	Fokus: Minimierung von Kosten	Vernachlässigung kontinuierlicher Verbesserung von Prozessen

Die Argumente aus Tabelle 7 werden auch empirisch für den Dienstleistungssektor bestätigt. Die Studie von Eicker et al. (2005, 412) zeigt, dass Manager/innen neben mangelnder Verfügbarkeit der Kennzahlen (19 %) und deren Vergangenheitsorientierung (16 %) auch fehlende Analysemöglichkeiten (12 %) als häufigste Kritikpunkte beim Einsatz von Steuerungssystemen nennen.

Doch wie reiht sich der (internationale) Performance Measurement-Gedanke in das (deutschsprachige) **Controlling-Verständnis** ein? Die Auseinandersetzung in der Praxis zeigt, dass eine Abgrenzung dieser Begrifflichkeiten schwer fällt und die Grenzen verschwimmen, es jedoch für beide Konzepte Anknüpfungspunkte in der Betriebswirtschafts- und Managementlehre gibt (Gleich 2011, 31; Guenther 2013, 285). Horváth (2009, 564) fasst die Beziehung folgendermaßen zusammen: „Controlling und Performance Measurement entwickeln sich aufeinander zu und befruchten sich gegenseitig."

Controlling ist – wie Performance Measurement auch – in einem Unternehmen als Schnittpunkt der Unternehmensprozesse zu sehen, wird jedoch im Sinne einer systemischen Argumentation dem Performance Measurement übergeordnet (Gleich 2011, 32). So vereint Controlling Informations-, Planungs- und Steuerungssystem sowie Personalführungs- und Organisations- und Wertesystem im weitesten Sinne (Schäffer 2013, 300). Performance Measurement als Subsystem des Controllings kann einerseits als Koordination im Führungssystem oder als Rationalitätssicherung verortet werden. Ersteres beschreibt die Planung und Kontrolle und die Ausgestaltung von Informationssystemen (Horváth 2009, 561). Performance Measurement im Sinne einer Rationalitätssicherung stellt – wie vorher definiert – den Effizienz- und Effektivitätsgedanken der Führungshandlung in den Mittelpunkt der Betrachtung (Horvath/Seiter 2009, 395). Dennoch: Performance Measurement „erweitert das Controlling nicht nur in zeitlicher und adressatenbezogener Hinsicht, sondern auch bezüglich des Informationsformats (qualitative Informationen als Erweiterung der quantitativen Informationen) wie um die nicht-finanzielle Kennzahlendimension" (Gleich 2011, 32 nach Müller-Stewens 1998, 37). Die Analyse von Unternehmensprozessen im Sinne von Performance Measurement bringt mit sich, dass Controller/innen den Fokus der internen und operativ-getriebenen Orientierung, die durch Kostenrechnung geprägt ist, ablegen und um Strategiegrößen erweitern. Zusätzlich werden Koordination zwischen Hierarchieebenen und Marktbedürfnissen als auch „Vertrauenscontrolling" im Bezug auf Netzwerke immer wichtiger (Weele/Raaij 2014, 59). Diese Herausforderungen beeinflussen einerseits die Vernetzung der Controlling-Instrumente, andererseits wird eine längerfristige Perspektive angestrebt, die auch „weiche Faktoren" als Controlling-Größen implementiert (Guenther 2013, 281–282). Auf Basis dieser Ergebnisse lässt sich ableiten, dass (1) Performance Measurement als modernes Steuerungskonzept erst in den 1990er Jahren im deutschsprachigen Raum Fuß gefasst hat und dass (2) es nach wie vor als Teil der Controlling-Forschung gesehen wird.

Doch nicht nur eine Abgrenzung zwischen dem Konzept „Performance Measurement" und „Controlling" scheint für die zugrundeliegende Themenstellung wichtig. Auch der Begriff **„Rechnungswesen"** taucht immer wieder auf, wenn Handelsmanager/innen über den Einsatz von Kennzahlen sprechen. Damit wird die „systematische Aufzeichnung und Aufbereitung von numerischen Informationen im Betrieb zum Zweck der Rechenschaftslegung und Steuerung" verstanden (Lerchenmüller 2014, 462). Grund für die synonyme Verwendung liegt in der strukturellen Ausgestaltung der österreichischen Handelslandschaft, die zu über 88 % aus klein- und mittelgroßen Unternehmen besteht (Statistik Austria 2012b). Gerade in Familienunternehmen werden controllingnahe Aufgaben nicht durch Controller/innen durchgeführt, sondern unterliegen häufig Buchhalter/innen bzw. der Führungskraft (Feldbauer-Durstmüller et al. 2012, 410). Funktional gesehen übernimmt Performance Measurement Planungs- und Informationsversorgungsaufgaben und wird daher dem internen Rechnungswesen zugeschrieben. Eine Annäherung und Kombination der Arbeitsaufgaben ist daher durchaus nachvollziehbar (Weide et al. 2011, 76–77).

2.6 Kritische Reflexion und zusammenfassende Darstellung

Seit geraumer Zeit wird Performance Measurement in der wissenschaftlichen Literatur als auch in der praxisorientierten Umsetzung als bedeutendes **Instrument der Unternehmenssteuerung** eingestuft. In diesem Zusammenhang wird jedoch die Frage immer lauter, ob diese *intensivere* Leistungsüberprüfung auch mit einer *besseren* Leistungsüberprüfung gleichzusetzen ist (Merchant/Van der Stede 2012, 36). Diese Diskussion prägen unterschiedliche Faktoren, die eine einfache Ja-oder-Nein-Antwort nicht zulassen. Beispiele aus empirischen Untersuchungen zeigen, dass Performance Measurement-Ansätze wie Balanced Scorecard (vor allem in größeren Unternehmen) traditionellen Systemen überlegen sind, andererseits werden auch Problemfelder in der Umsetzung aufgezeigt, die zu suboptimalen Ergebnissen führen (Baum et al. 2007, 393–394; Harris/Ogbonna 2013; Zoltners et al. 2012).

Der positive Einfluss kann geschwächt werden, da (1) Mitarbeiter/innen Bereiche ihrer Arbeit vernachlässigen, die vom Performance Measurement nicht betroffen sind (DeHoratius/Raman 2007, 527). (2) kann eine erhöhte Transparenz durch Performance Messung zu Widerständen in der Umsetzung innerhalb des Unternehmens führen, da Mitarbeiter/innen Angst vor Veränderung der Unternehmenskultur haben. (3) werden Zeitaufwand und -bedarf unterschätzt. Als Konsequenz werden PMS häufig nachträglich wieder abgeschafft oder vernachlässigt (Baum et al. 2007, 394). (4) wird kritisiert, dass Manager/innen für die Erreichung der Unternehmensziele Kennzahlen heranziehen, die die Ursache-Wirkungszusammenhänge gar nicht abbilden (Mauboussin 2012, 49–50) (5) werden fehlende Verfügbarkeit der Kennzahlen, Übertragungsfehler oder unpräzise Berechnungen als zusätzliche Kritikpunkte im Zuge der Operationalisierung angesehen. (6) können die statistischen Qualitätskriterien der Reliabilität und Validität verletzt werden (Horvath/Seiter 2009, 396–397; Ittner/Larcker 2003, 93). All diese Kritikpunkte treffen Steuerungssysteme im Allgemeinen. Dennoch gilt die Weiterentwicklung des Performance Measurement-Verständnisses insgesamt als positiv und wertvoll für Manager/innen (Grafton et al. 2010, 692).

Zusammenfassend kann Performance Measurement in drei Subsysteme vereint werden. Abbildung 11 zeigt sowohl die institutionelle als auch funktionale und instrumentale Verortung noch einmal auf und reflektiert diese hinsichtlich der Auffassung im vorliegenden Projekt.

Performance Measurement - Theoretische Verortung der Begrifflichkeit 57

Abbildung 11: PM-Modell (Horvath/Seiter 2009, 396) und Umsetzung im Projekt

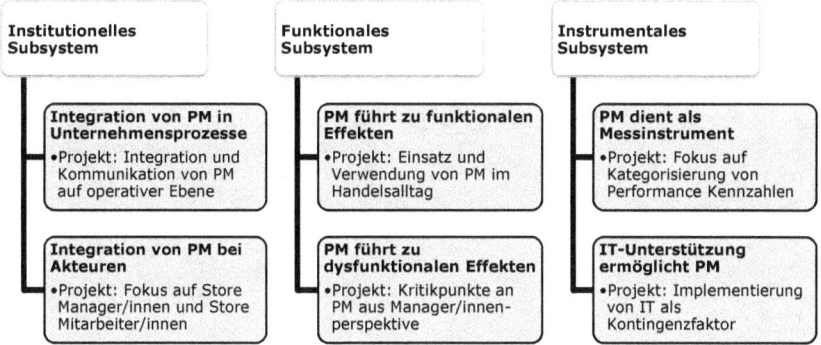

3 Zielorientierung im Handelsmanagement-Prozess

Die Ausgestaltung von Performance Measurement in einem Unternehmen hängt von dessen Zielorientierung ab. „Ziele sind vom Entscheider oder einer Gruppe von Entscheidern gewollte und gewünschte Situationen, die als Ergebnis von Entscheidungen eintreten sollen" und unterscheiden sich hinsichtlich Inhalt (bspw. ökonomische Ziele wie Gewinn), Ausmaß und zeitlichem Bezug (kurz-, mittel- oder langfristig) (Horváth 2011, 304; Liebmann/Zentes 2001, 35). Ziele müssen sich in eine hierarchische Ordnung innerhalb der Organisation einfügen und weiters muss darauf geachtet werden, dass sie vollständig, transparent, kongruent mit dem Unternehmen und widerspruchsfrei formuliert sind (Müller-Hagedorn et al. 2012, 151). Sie dienen dazu, einerseits die Richtung, in welche sich ein Unternehmen entwickeln soll, vorzugeben und andererseits Manager/innen und Mitarbeiter/innen zu motivieren, diese zu erreichen bzw. sogar zu übertreffen (Schröder 2012b, 19; Shi/Chen 2007, 752). Unter dieser Blickrichtung entscheidet sich auch, was unter „Effektivität" und „Performance" verstanden wird (Clark 2000, 7). Schon Simon (1959) diskutierte in seinem Werk „*Theory of the firm*" Gewinnmaximierung als oberstes Ziel von Unternehmen, womit Kennzahlen wie Gewinn, Marktanteil und Umsätze im Mittelpunkt stehen. Diese finanziell ausgerichtete Orientierung deckt jedoch nicht alle Ergebnisse von Unternehmensaktivitäten ab. Aus diesem Grund werden weitere Subziele formuliert, die unter dem Begriff „*psychologische Marketingziele*" zusammengefasst werden (Bruhn 2012, 26). Handelsunternehmen, deren Kernkompetenzen in der Serviceorientierung[7] liegen, unterscheiden sich in diesem Zusammenhang wesentlich von produzierenden Unternehmen. Sie fokussieren sich auf immaterielle Bestandteile wie Kund/innenorientierung oder Mitarbeiter/innenorientierung (Rudolph/Nagengast 2013, 3). Handelsmanager/innen versuchen dementsprechend nicht nur die Gewinne des Gesamtunternehmens zu maximieren, sondern auch die der einzelnen Ketten, Filialen, Sortimente und Handelsmarken (Ailawadi et al. 2009, 44). Weiters ergeben sich aus den

---

7   Kotler/Keller (2012, 377) definieren Service als „any act or performance that one party can offer to another that is essentially intangible and does not result in the ownership of anything. Its production may or may not be tied to a physical product." Gönroos (2007, vii) sehen Service als zusätzliche Unterstützung und Wertgenerierung bei den Aktivitäten und Prozessen des Alltags. Dabei kann Serviceorientierung auf der individuellen Ebene als auch auf der Unternehmensebene analysiert werden.

formulierten Subzielen Performancekennzahlen wie Umsätze/m², Marktanteile, Kund/innenfrequenz, Kund/innenzufriedenheit und Share of Wallet als zentrale Bestandteile des Performance Measurement (Bruhn 2012, 26).

3.1 Theoretische Verortung von Zielsetzungen

Im Sinne eines entscheidungstheoretischen Ansatzes wird versucht zu erklären, welche Handlungsoptionen Manager/innen zur Verfügung stehen, wie diese die nützlichste Möglichkeit auswählen und in die Realität umsetzen (Bruhn 2012, 23; Müller-Hagedorn et al. 2012, 139). Manager/innen orientieren sich bei der Entscheidungsfindung grundsätzlich an **strategischen, taktischen** und **operativen Zielsetzungen.**

Unter **strategischen Zielen** versteht man Entscheidungen, „[...] die Grundsatzcharakter besitzen und sich auf die Wahl eines Geschäftsmodells beziehen, wozu insbesondere die langfristige Festlegung des Leistungsbündels und des Zielmarkts gehören" (Müller-Hagedorn et al. 2012, 139). Durch konsistente Entscheidungen und Zielsetzungen über den Zeitverlauf wird die Kursrichtung des Unternehmens festgelegt und weiterentwickelt (Mintzberg 1978, 935). Strategische Ziele beziehen sich auf Erfolgspotenziale, die für die weitere Entwicklung des Unternehmens wesentlich sind, und geben Bandbreiten möglicher Einsatzgebiete an, ohne konkrete Umsetzungen vorzuschlagen. Die Entscheidungen werden in diesem Bereich vom Top-Management getroffen (Liebmann et al. 2008, 338–339). Unternehmen versuchen damit, Wettbewerbsvorteile gegenüber der Konkurrenz zu erreicht (Olson et al. 2005, 49).

Von **taktischer** Planung (in der Literatur auch *Management Control* genannt) spricht man dann, wenn laufend bestimmte Informationen in gleichbleibender Form bereitgestellt werden, um kurzfristige Planung und Prognosen geben zu können. Als Beispiel werden Rentabilitätsberechnungen im Zuge von Investitionen angeführt, die den Entscheidungsträger/innen Annäherungswerte kommunizieren (Horváth 2011, 304; Ramanathan et al. 2011, 861).

Unter den Begriff „Tagesgeschäft" fallen **operative Ziele**, die kurzfristig greifen und bereits vorstrukturierte, aus der strategischen Ausrichtung des Unternehmens abgeleitete Handlungsmöglichkeiten aufzeigen (Ramanathan et al. 2011, 861). Es werden unterschiedliche Aktionsparameter, sog. Handlungsinstrumente wie Mengen-, Zeit- Qualitäts- und Kapazitätsangaben, detailgenau bereitgestellt. Gerade für Handelsunternehmen sind in diesem Zusammenhang Ziele, die absatzpolitische Instrument betreffen, zentral (Müller-Hagedorn et al. 2012, 159–160).

Eine Ableitung der operativen Ziele aus der strategischen Ausrichtung hat zur Konsequenz, dass sich bspw. Kund/innenorientierung auch im operativen Bereich in Form von kund/innenorientierten Kennzahlen niederschlagen müsste (Speckbacher/Bischof 2000, 498). Homburg et al. (2008, 656) zeigen, dass der Fokus auf Kund/innenorientierung bei der operativen Planung einen signifikanten Einfluss auf den Markterfolg und wirtschaftlichen Erfolg eines Unternehmens hat. Dennoch ist anzumerken, dass dieser Faktor im Vergleich zu den restlichen untersuchten Faktoren wie „*Interaktion im Planungsprozess*" und „*wahrgenommene Qualität des Planungsinhaltes*" den schwächsten Zusammenhang aufweist. Grund dafür könnte – wie auch von den Autoren angemerkt – in der branchenübergreifenden Analyse liegen. Man kann davon ausgehen, dass die Kund/innennähe bei produzierenden Unternehmen im Gegensatz zu serviceorientierten Unternehmen nicht im Vordergrund steht. Zu einem anderen Ergebnis kommen Bouwens/Abernethy (2000), die zeigen, dass ein breites Set an Kennzahlen – also die Bereitstellung von finanziellen und nichtfinanziellen Kennzahlen – keine Auswirkungen auf die operative Entscheidungsfindung hat. Die vorliegende Dissertation setzt genau an diesem Spannungsfeld an und versucht tiefergehend zu analysieren, wie Kennzahlen in serviceorientierten Unternehmen bei operativen Entscheidungen eingesetzt werden sollen.

3.2 Rolle von Performance Kennzahlen im Informationsprozess

Wie Kennzahlen in den Informationsprozess von Unternehmen integriert werden, um dem Ziel der Marktorientierung nachzukommen (Jaworski/Kohli 1993), zeigt Abbildung 12.

Abbildung 12: Informationsverarbeitung im organisationalen Kontext (Sinkula et al. 1997, 307)

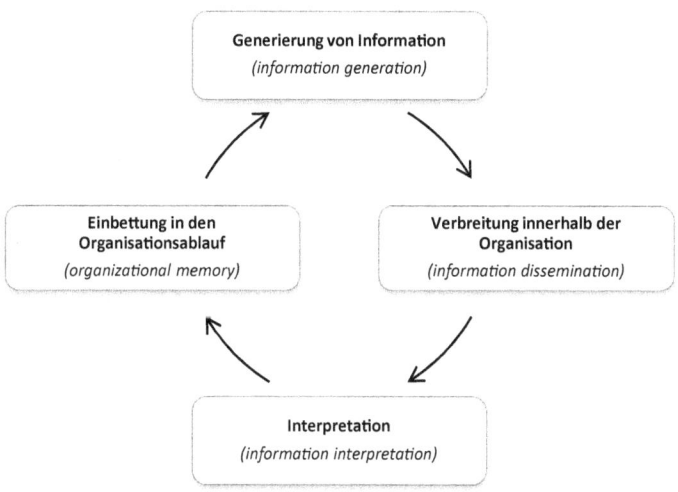

In einem ersten Schritt muss entschieden werden, welche Unternehmensbereiche durch Performance Kennzahlen abgebildet werden. Es besteht die Herausforderung, die Verantwortlichkeiten innerhalb der Organisation bzgl. der verschiedenen Stakeholder zu wahren und darauf aufbauend jene Kennzahlen zu wählen, die den Informationsbedürfnissen der jeweiligen Stakeholder-Dimension entgegenkommt. Zweitens muss auch darauf geachtet werden, dass die Umsetzung von Performance Measurement an sich präzise, objektiv, zeitgerecht, nachvollziehbar und kosteneffizient erfolgt (Merchant/Van der Stede 2012, 38–39). Die Qualität der Entscheidung als Output-Größe hängt von der Qualität der Input-Größen ab. Dies wird auch unter dem Phänomen *Garbage-In-Garbage-Out* in der Literatur diskutiert: Ausschließlich qualitativ hochwertige Daten dienen als Information. „Datenmüll" kann die Entscheidungsfindung nicht qualitativ verbessern (Little 1979, 19). Im wissenschaftlichen Kontext werden daher die Auswirkungen des Informationsausmaßes auf die (1) Entscheidungsgenauigkeit (bspw. de Souza/Pires 2010; Lilien et al. 2004) und (2) auf die Entscheidungszufriedenheit (bspw. Hirsch/Volnhals 2012; O'Sullivan/Abela 2007) untersucht. Die Ergebnisse zeigen, dass – im Sinne einer Informationsüberlastung (*Information Overloads*) – zu viel Information die Fähigkeit zur Verarbeitung bei den Verantwortlichen senkt und die Entscheidungsqualität nachteilig beeinflusst (Hirsch/Volnhals 2012, 38). Diese Punkte müssen im Zuge der **Informationsgenerierung** beachtet werden.

Die **Verbreitung von Kennzahlen** wird (1) innerhalb des Unternehmens auf gleicher Stufe, (2) innerhalb des Unternehmens auf unterschiedlichen Hierarchieebenen und (3) zwischen Unternehmen durchgeführt. Je mehr Information innerhalb des Unternehmens kommuniziert wird, desto eher kommt es auf dieser Stufe des Informationsverarbeitungsprozesses zu Informationsüberlastung (Clark et al. 2006, 193).

Die **Interpretationsleistung** wird im Zuge der Effizienz- und Effektivitätsorientierung diskutiert. Hierbei geht es vor allem darum, einzelne Teilaspekte miteinander zu verknüpfen und in eine Entscheidungslogik zu bringen. Clark et al. (2006, 201) zeigen, dass weder die Verwendung eines Dashboards (kleines Set an Kennzahlen) noch die Verwendung eines umfangreichen Sets an finanziellen und nicht-finanziellen Kennzahlen signifikante Auswirkungen auf die Zufriedenheit der Manager/innen hat. Untersucht man hingegen die empfundene Belastung von Manager/innen in Entscheidungssituationen, so ist nur bei einem begrenzten Set an Kennzahlen eine niedrige Belastung vorhanden; schon wenige Kennzahlen reichen aus, um das subjektive Belastungsempfinden zu strapazieren und die Interpretationsleistung zu minimieren (Hirsch/Volnhals 2012, 36).

Die **Einbettung von Informationen in den Organisationsablauf** des Unternehmens hat Auswirkungen auf die Ausgestaltung des Performance Measurement (Shugan/Mitra 2009, 10). Kennzahlenbasierte Informationen werden für (1) Entscheidungen generell, (2) Budgetallokation, (3) Analyse von Soll-Ist-Abweichungen und (4) Nachvollziehbarkeit des Prozessverlaufes bei vordefinierten Zielen eingesetzt (Artz et al. 2012, 452). Welche Rolle Performance Kennzahlen im Detail spielen, wird nachfolgend erläutert.

3.3 Rolle von Performance Kennzahlen in der Verwendung

Die Verwendung von Kennzahlen als Informationsgrundlage kann eine nützliche und anspruchsvolle Ressource sein, die geschickt und mit Können eingesetzt, zu beachtlichem Mehrwert führt. Ohne Expertise kann Performance Measurement jedoch zu fehlerhaften Entscheidungen führen (Demski 2008, 2). Je nach Zweckausrichtung reagieren Handelsmanager/innen mit dem Einsatz von Kennzahlen, die motivierenden Charakter haben und Entscheidungen beeinflussen können *(decision influencing)* oder zur Entscheidungserleichterung *(decision facilitating)* beitragen können (van Veen-Dirks 2010, 144).

3.3.1 Die Rolle der Entscheidungserleichterung

Die Unterstützung des gesamten Management-Prozesses umfasst mehrere Aufgaben (2010, 692): Performance Measurement kann (1) zur Problemidentifikation und (2) zur aufbauenden Implementierung von Maßnahmen dienen, (3) kritische Prozesse unterstützen, (4) als Informationsquelle für organisationales Lernen und (5) bei der Erstellung oder Änderung von Plänen und Strategien eingesetzt werden. Diese Funktionen können noch weiter hinsichtlich einer zeitlichen Perspektive unterschieden werden. Dies spiegelt Feedback- und Feed-Forward Prozesse wider (für weiterführende Diskussion vgl. Grafton et al. 2010).

Die Entscheidungserleichterung wird umso bedeutender, je komplexer und dynamischer die Unternehmensumwelt ist (Rautenstrauch/Müller 2005, 189). Dabei bleibt anzumerken, dass nicht nur Kennzahlen im Sinne von Performance Measurement zur Entscheidungsfindung dienen, sondern eine intuitive Mischung unterschiedlicher Quellen von Manager/innen herangezogen werden (Demski 2008, 7). Dennoch ist es das Ziel von Performance Measurement einen konsistenten Rahmen zu schaffen, der die Entscheidungsalternativen und deren Effekte aufzeigt und auf Basis dessen „optimale" Entscheidungen getroffen werden (Artz et al. 2012, 449). Mintz/Currim (2013, 28) zeigen in ihrer Studie für den Marketingbereich, welche Kennzahlen im Unternehmensalltag Relevanz haben und wie viele Kennzahlen in die Entscheidungsfindung einbezogen werden. Ihre Analyse bezieht sich auf Unternehmen unterschiedlicher Branchen, wobei sie hinsichtlich Finanzkennzahlen und Marketingkennzahlen unterscheiden. Sie zeigen, dass über alle untersuchten Marketingaktivitäten durchschnittlich sieben Kennzahlen einbezogen werden, das Verhältnis zwischen beiden Kategorien aber weitgehend ausgeglichen ist: Sowohl Marketing- als auch Finanzkennzahlen werden gleichermaßen für die Entscheidungsfindung einbezogen.

3.3.2 Die Rolle der Entscheidungsbeeinflussung

Unter Entscheidungsbeeinflussung versteht man die Rolle von Performance Measurement im Zuge von Incentivierung und Steuerung von Mitarbeiter/innen, die kognitive und motivierende Mechanismen bei den Verantwortlichen auslösen (Artz et al. 2012, 446). Dies spiegelt sich in erhöhter Informations-, Wissens- und Kreativitätsbereitschaft, die zuvor formulierten und kommunizierten Ziele zu erreichen, wider. Weiters erhöht sich das Engagement und die Akzeptanz hinsichtlich Veränderungen innerhalb von Unternehmen, wenn Mitarbeiter/innen in den Prozess der Zielerreichung aktiv einbezogen werden (Manzoni 2010, 35; 54–55). Aus dieser Sichtweise lässt sich die verhaltensbeeinflussende Funktion von Kennzahlen erklären.

Die Umsetzung im Handelsalltag erfolgt mittels Anreizsystem (Wieseke et al. 2010; Zoltners et al. 2012). „Incentive compensation systems are unquestionably important in many organizations because they presumably provide the primary means by which organizations elicit and reinforce desired behaviors" (Jansen et al. 2009, 59). Bereits Eisenhardt (1985, 144) zeigt für unterschiedliche strategische Ausrichtungen von Unternehmen, welche Form der Entlohnung im Handel gewählt wird, und unterscheidet zwischen verhaltens- und ergebnisorientierten Vergütungsformen. **Leistungs- oder ergebnisbezogene Vergütungssysteme** sind durch hohe Selbstverantwortung der Mitarbeiter/innen, eine geringere Überprüfung derselben durch die Managementebene und durch objektive Kennzahlen, die in die Berechnung der Vergütung einfließen, charakterisiert. Im Gegensatz dazu stehen **verhaltensbasierte Kontrollsysteme**, die durch eine strenge Überwachung, Richtungs- und Weisungsvorgaben und subjektiven Einschätzungen des Managements zur Leistungsevaluierung geprägt sind (Zoltners et al. 2012, 177).

Aufgrund der Spezifika der Handelslandschaft haben sich leistungsbezogene Entlohnungssysteme etabliert und sind gängige Praxis. Es gibt Unterschiede zwischen der Form, des Mix und der Häufigkeit der Vergütung (Zoltners et al. 2012, 173–174). Neben einem fixen Grundgehalt werden leistungsbezogene Bestandteile ausgeschüttet, deren Höhe entweder auf Basis subjektiver Einschätzungen der Personalverantwortlichen oder auf Basis objektiver Kriterien festgelegt werden (Anderson et al. 2010, 96; Casas-Arce/Martínez-Jerez 2009, 1311). „Most of the firms seemed to base their largest incentives on a performance measure deemed to be "best" (in terms of risk, distortion, and lack of potential for manipulation). Some of the firms also used smaller second, and sometimes third, formula bonuses to rebalance multitask incentives when the "best" available measure, often net or gross profit, distorts the managers' incentives" (Jansen et al. 2009, 60). Die Orientierung an finanziellen Kennzahlen wie Umsatzerlöse, Return on Investment und Einheitskosten reichen oftmals nicht aus, um die Mulitdimensionalität der Aufgaben von Mitarbeiter/innen im Handel abzudecken. Die Erweiterung von Anreizsystemen um nicht-finanzielle Komponenten berücksichtigen externe Einflussfaktoren. Dabei gelten nicht-finanzielle Kennzahlen wie Kund/innenzufriedenheit und Mitarbeiter/innenzufriedenheit als Frühwarnindikatoren und bieten die Möglichkeit, objektive Kriterien im Vergleich zu subjektiven Ratings von Manager/innen zu bilden (Banker/Mashruwala 2007, 783).

Bei der Implementierung von leistungsbezogenen Vergütungssystemen hat der Grad der Wettbewerbsintensität wesentliche Auswirkungen auf diese Kennzahlen (Banker et al. 1996, 940). Während Handelsunternehmen, die starker Konkurrenz ausgesetzt sind, von der Implementierung von nicht-finanziellen Kennzahlen profitieren, haben diese keine Auswirkungen auf die finanzielle Performance in Handelsunternehmen mit geringer Konkurrenz (Banker/Mashruwala 2007, 778). Der Grund für diesen moderierenden Effekt der Konkurrenzintensität auf die Beziehung zwischen nicht-finanziellen Kennzahlen und finanziellen Kennzahlen liegt im Kund/innenverhalten. In ländlichen Gebieten beispielsweise, in denen ein Handelsunternehmen für ein Gebiet eine „Monopolstellung" einnimmt, wird selbst bei Unzufriedenheit der Kund/innen der Aufwand in die nächste Stadt zu fahren, um die Einkäufe zu erledigen, meist nicht auf sich genommen. Daher hat die Implementierung von nicht-finanziellen Kennzahlen hier keine Auswirkungen auf die Unternehmensperformance. Die Anpassung eines Vergütungssystems kann somit wesentliche Vorteile für Handelsunternehmen bringen, wenn die Wettbewerbsintensität hoch ist (Banker et al. 1996, 940).

Anderson et al. (2010, 103) zeigen, dass Manager/innen grundsätzlich bemüht sind, die vorgegebenen Ziele zu erreichen, diese jedoch nicht zu übertreffen *("meet not beat"-Mentalität)*. Dabei spielt es eine wesentliche Rolle, wie genau diese Ziele veranschlagt werden. Die Auswahl der objektiven, zukunftsorientierten Kriterien zeigte eine wesentliche Verbesserung der Zielerreichung. Offen bleibt jedoch, wie die Zusammensetzung dieser Kriterien optimal für eine Entscheidungsfindung gebildet werden kann (Jansen et al. 2009, 81–82).

3.4 Kritische Reflexion und zusammenfassende Darstellung

Mittlerweile stellt sich für Expert/innen in Wissenschaft und Praxis nicht mehr die Frage, *ob* Kennzahlen verwendet werden sollen, sondern *welche* Kennzahlen für ein Unternehmen als zentral angesehen werden und in die Entscheidungsfindung einfließen sollen (Petersen et al. 2009, 95). Die Funktion der Entscheidungserleichterung steht daher in der vorliegenden Arbeit im Zentrum der Analyse. Dennoch darf nicht angenommen werden, dass Manager/innen bei ihren Entscheidungen eine „Tabula Rasa" vor sich haben, sondern über Vorwissen und vorgefasste Meinungen verfügen (Vera-Munoz et al. 2007, 1015). Performance Measurement ist kein „Einperiodenphänomen", das wie eine Punktbetrachtung abgehandelt wird. Vielmehr gilt es, eine mehrere Perioden zu berücksichtigen und die Auswirkung von Entscheidung langfristig zu sehen. Durch den Einsatz flexibler Abfragesysteme, sog. OLAP-Datenmodelle, die Standard- und Ad-hoc-Analysen ermöglichen, können Manager/innen im Alltag bei der Entscheidungsfindung unterstützt werden. Im „Slice and Dice"-Verfahren können sie selbst die gewünschte Informationsaufbereitung bestimmen (Paul 2014, 48). Damit wäre es beispielsweise möglich, die Performance-Entwicklung einer Warengruppe oder aber auch eines einzelnen Artikels in einem relevanten Zeitraum „auf Knopfdurck" zu evaluieren.

Daneben gibt es Manager/innen, die weniger kennzahlengestützt agieren, und sich mehr auf ihre Intuition bzw. auf ihr Bauchgefühl verlassen. Da die Qualität dieser Entscheidungen kritisiert werden (McAfee/Brynjolfsson 2012, 65–66), ist es von essentieller Wichtigkeit, Handelsmanager/innen die Vorteile von Performance Measurement aufzuzeigen, sodass sie Kennzahlen als objektive Informationsquelle auch für Entscheidungen heranziehen.

Durch die Bereitstellung von Information werden Unsicherheiten im Entscheidungsprozess reduziert, wodurch dem Verantwortlichen die Entscheidungsbildung erleichtert wird. Wird jedoch Performance Measurement von hierarchisch höher gestellten Personen dazu genutzt, die Leistung von Mitarbeiter/innen zu evaluieren, so kommt Performance Measurement eine beeinflussende Funktion zu. Mitarbeiter/innen werden ihr Verhalten verändern und an die Vorgaben anpassen (Demski/Feltham 1978, 337–338). Während ein Großteil der wissenschaftlichen Literatur sich auf eine der beiden Rollen fokussiert, versuchen Grafton et al. (2010) die Wechselwirkung und das Zusammenspiel im Detail aufzuzeigen. Sie kommen zu dem Ergebnis, dass aggregierte Finanzkennzahlen eher zur Entscheidungsbeeinflussung herangezogen werden, während Kund/innenkennzahlen oder Abweichungsanalysen eher zur Entscheidungsvereinfachung dienen (Grafton et al. 2010, 698).

Zielorientierung im Handelsmanagement-Prozess

Abbildung 13: Rolle von Performance Measurement

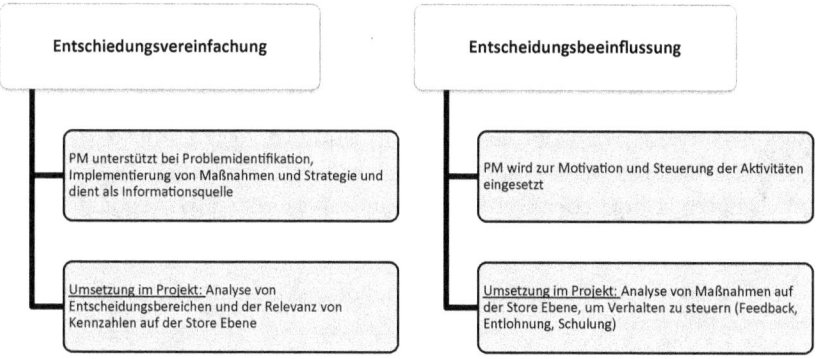

Für eine optimale Entscheidungsfindung steht die Information, die Manager/innen benötigen würden, nicht immer zu 100 % zur Verfügung. Durch die technische Weiterentwicklung der letzten Jahre ist es zwar möglich, eine große Datenmenge automationsgestützt zu generieren, jedoch gibt es noch immer technische Grenzen (McAfee/Brynjolfsson 2012, 62). Weiters ist aus Kosten-Nutzen-Überlegungen heraus eine umfassende Implementierung nicht immer sinnvoll. Unternehmen können daher die technischen Möglichkeiten nicht zur Gänze ausschöpfen. Als Konsequenz haben Manager/innen nur eine Schnittmenge aus benötigter Information, technologischen Möglichkeiten und bereitgestellten Daten zur Verfügung (Abbildung 14).

Abbildung 14: Herausforderung an die Informationsbereitstellung (Bouwens/Abernethy 2000, 225)

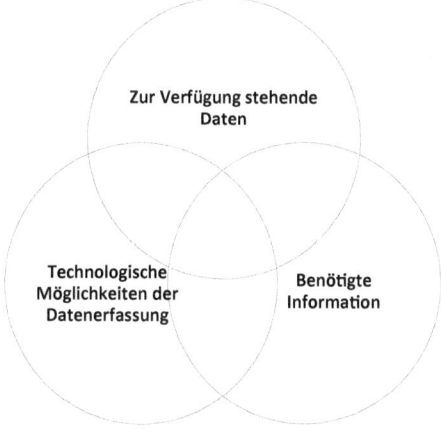

Die vorliegende Arbeit adressiert die Herausforderungen an die Informationsbereitstellung wie folgt: Die qualitative Auseinandersetzung gibt Einblicke in die generell zur Verfügung stehenden Kennzahlen im Einzelhandelskontext. Weiters zeigt die kontingenztheoretische Verortung den Einsatz von technologischen Möglichkeiten und deren Konsequenzen für die Unternehmensperformance auf. Die Frage, welche Information von Handelsmanager/innen tatsächlich benötigt werden, oder besser gesagt, welche Informationen von diesen als nützlich angesehen werden, wird im Zuge der empirisch quantitativen Erhebung (Kapitel 7) erörtert.

4 Charakteristika und Struktur der Handelsbranche in Österreich und den USA

> *„Dieser „Tausch- oder Handelsbetrieb" der Menschen hörte niemals auf zu existieren" (Zentes 2006, 6)*

Die Charakteristiken und Zielsetzungen von Handelsunternehmen bringen auch spezifische Anforderungen an die Ausgestaltung von Performance Measurement mit sich (Buttkus 2012, 16). Vor allem komplexe Organisationsstrukturen und Heterogenität der Serviceleistungen sind Grund dafür, dass sich im wissenschaftlichen Kontext ein Forschungsstrang speziell damit beschäftigt, die Unterschiede von Handels- und Industrieunternehmen im Bezug auf das Performance Measurement-Konzept zu erarbeiten und damit die Bedürfnisse und Spezifika der Handelsbranche gesondert zu analysieren (Gunjan/Rambabu 2011, 258; Oke 2007, 565).

Um die Eigenschaften, die Handelsunternehmen charakterisieren, darzustellen, werden im folgenden Kapitel zuerst Handelsfunktionen im funktionalen und institutionellen Sinne definiert. Darauf aufbauend werden die Strukturdaten der österreichischen und U.S. amerikanischen Handelslandschaft aufbereitet und kritisch diskutiert. Dies ist notwendig, um die Spezifika im nationalen und im internationalen Kontext beleuchten und vergleichen zu können. Im letzten Schritt werden die Auswirkungen der Handelsmarketinginstrumente auf die Ausgestaltung von Performance Measurement reflektiert.

4.1 Die Funktionen des Handels

Handel im **funktionellen Sinne** bedeutet, dass „Marktteilnehmer Güter, die sie in der Regel nicht selbst be- oder verarbeiten, sog. Handelsware, von anderen Marktteilnehmern beschaffen und an Dritte absetzen" (Ausschuss für Definitionen zu Handel und Distribution 2006, 27). Dabei werden jene Unternehmen, die diese Tätigkeit vorwiegend oder ausschließlich ausüben, als Handelsunternehmen oder Handelsbetriebe bezeichnet (**Handel im institutionellen Sinne**). Sie bilden demnach die Brücke zwischen Produktion und Konsumption und übernehmen die absatzwirtschaftliche Aufgabe für produzierende Unternehmen. Durch diese **logistische Funktion** verändern sie vorab produzierte Produkte in räumlicher, zeitlicher, quantitativer und qualitativer Hinsicht. Außerdem werden ihnen Kredit- und Kommunikationsfunktion zugeschrieben (Oberparleiter 1918; Schröder 2012b, 39–40). Die erbrachten Serviceleistungen der Handelsunternehmen wecken und befriedigen die Bedürfnisse von Kund/innen, die diese nachfragen (**akquisitorische Funktion**) (Goodman 1985, 77; Müller-Hagedorn/Natter 2011, 19–20). Vergleicht man die Hauptaufgaben von Industrieunternehmen mit jenen von Handelsunternehmen, so liegt der wesentliche Unterschied – vereinfacht gesagt – also darin, dass Industrieunternehmen ebendiese angebotenen Waren „lediglich" herstellen, während Handelsunternehmen diese an ihre Kund/innen vertreiben. Auch wenn die eindeutige Abgrenzung der Funktionen nicht immer gelingt, da bspw. Handelsunternehmen auch Handelsmarken *produzieren* und Industrieunternehmen ihre Produkte *direkt vertreiben*, so lassen sie sich dennoch durch diese Funktionen charakterisieren (Dawes 2013, 1806).

Der Wirtschaftszweig „Handel" wird wiederum in die Sektoren „Großhandel", „Einzelhandel" und „Handel mit KfZ; Instandhaltung und Reparatur von KfZ" unterteilt. Von **Einzelhandel** (EH) spricht man dann, wenn die Ausrichtung der Aktivitäten auf private Haushalte ausgelegt ist, während **Großhandel** den Verkauf auf Wiederverkäufer, Weiterverarbeiter, gewerbliche Verwender oder an sonstige Institutionen auslegen (Ausschuss für Definitionen zu Handel und Distribution 2006, 24 und 46). Die vorliegende Dissertation fokussiert sich auf die Besonderheiten des Performance Measurement im Einzelhandel[8]. Aus diesem Grund werden die getätigten Aussagen im Laufe der Arbeit auf diesen Bereich reflektiert, selbst wenn aus Gründen der Lesbarkeit pauschal von „Handelsunternehmen" gesprochen wird und nicht immer explizit auf „Einzelhandelsunternehmen" verwiesen wird.

4.2 Strukturdaten der Handelslandschaft in Österreich

Wie bereits eingangs erwähnt, liefert der Wirtschaftszweig „Handel" einen wesentlichen, gesamtwirtschaftlichen Beitrag zur Wertschöpfung und Beschäftigung. Insgesamt wurden in Österreich im Jahr 2011 34 % des Umsatzes der marktorientierten Wirtschaft (€ 227 Mrd. Umsatz) im Handel generiert. Damit ist er der umsatzstärkste Sektor gefolgt von produzierenden Unternehmen (25 % der Umsatzerlöse) und Finanz- und Versicherungswirtschaft (9 % der Umsatzerlöse) (K.M.U. Forschung Austria 2012, 48). Zirka 75.000 Betriebe beschäftigen 562.000 Erwerbstätige, was ihn auch zum zweitwichtigsten Arbeitsgeber der österreichischen Wirtschaft macht (Statistik Austria 2012a). Mehr als die Hälfte der Arbeitnehmer, die im Handelssektor beschäftigt sind,

---

8 Anm.: Definition laut ÖNACE 2008

Charakteristika und Struktur der Handelsbranche in Österreich und den USA 71

entfallen auf den EH, der mit 40.750 Unternehmen und 312.000 Beschäftigten der größte Arbeitgeber in diesem Bereich ist. Dabei führen die Sektoren „EH mit Lebensmitteln", „EH mit Bekleidung" und „EH mit Möbeln" die Rangliste an (Abbildung 15).

Abbildung 15: Anzahl der unselbstständigen Beschäftigten in ausgewählten EH-Sektoren (Jahr 2011) (K.M.U. Forschung Austria 2012, 34)

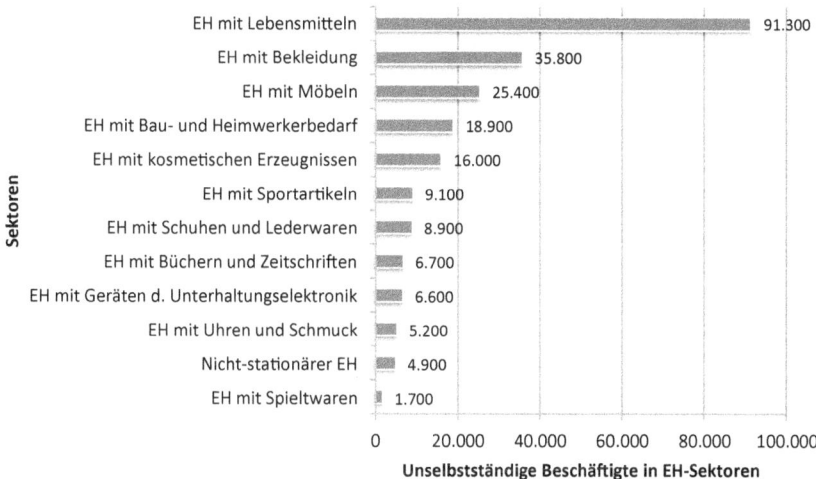

Ein ähnliches Bild zeichnet sich ab, wenn man die Umsatzverteilung innerhalb der Sektoren betrachtet. Insgesamt erwirtschaftete der Einzelhandelssektor im Jahr 2011 ca. € 56,3 Mrd. Umsatz (netto), wobei hier wiederum der Lebensmitteleinzelhandel (LEH) mit einem Umsatzanteil von 31 % die bedeutendste Branche darstellt (Abbildung 16). Daher ist es auch nicht verwunderlich, dass die marktführenden Unternehmen im Handel, nämlich die REWE International AG und SPAR Österreich, ihr „Hauptgeschäft" im Lebensmitteleinzelhandel haben (Trend 2014). Diese wirtschaftliche Bedeutung liefert auch eine Erklärung für die intensive Auseinandersetzung mit der EH-Branche im internationalen, wissenschaftlichen Kontext.

72 Charakteristika und Struktur der Handelsbranche in Österreich und den USA

Abbildung 16: Umsatz (netto) in ausgewählten EH-Sektoren (Jahr 2011) (K.M.U. Forschung Austria 2012, 51)

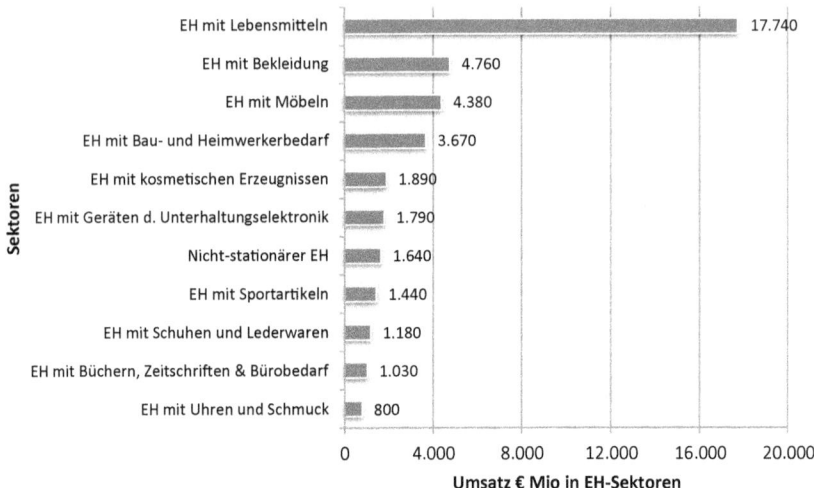

Geprägt von einer starken **Konzentrationstendenz**, dominieren Handelsunternehmen mit einem großen Filialnetz und mehreren Vertriebsschienen den Markt. Im Jahr 2011 liegt der Filialisierungsgrad im österreichischen Einzelhandel bei 37 % und der Filialflächenanteil bei 62 % (K.M.U. Forschung Austria 2011, 23). Je nach Sektor können hier signifikante Unterschiede festgestellt werden (Abbildung 17).

Charakteristika und Struktur der Handelsbranche in Österreich und den USA 73

Abbildung 17: Filialisierungsgrad und Filialflächenanteil stationärer Einzelhandelsgeschäfte in %, nach ausgewählten Branchen, I. Quartal 2011 (K.M.U. Forschung Austria 2011, 23)

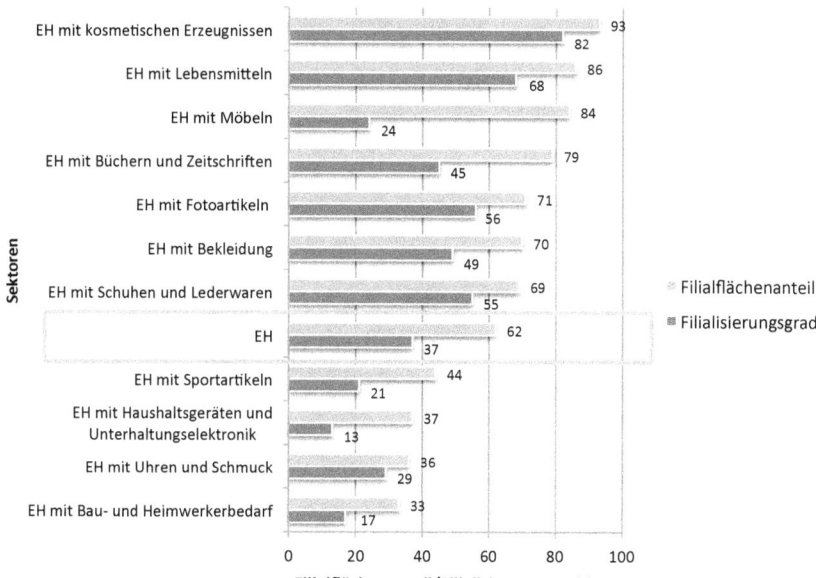

Neben dem Phänomen der starken Konzentration in gewissen Handelsbranchen, ist auch die Unternehmensgröße hinsichtlich der Anzahl der Beschäftigten interessant. Wie einleitend angesprochen, werden 88 % der Handelsunternehmen in Österreich der Größenklasse „klein- und mittelgroße Unternehmen" zugeschrieben. Eine Analyse der durchschnittlichen Beschäftigtenanzahl pro Unternehmen zeigt diese kleinbetrieblichen Strukturen im EH im Detail auf (Abbildung 18).

Abbildung 18: *Durchschnittliche Anzahl der unselbstständigen Beschäftigten pro Unternehmen in ausgewählten EH-Sektoren (K.M.U. Forschung Austria 2011, 14)*

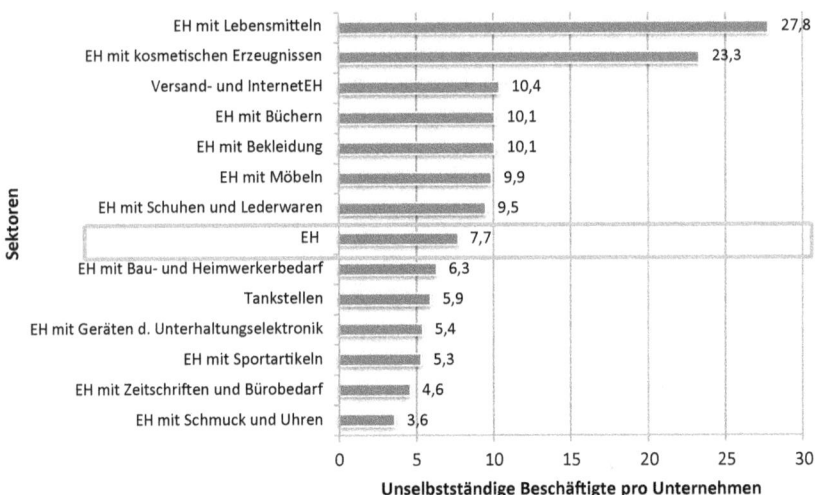

Insgesamt sind durchschnittlich weniger als 10 Personen pro EH-Unternehmen beschäftigt. Mit durchschnittlich über 20 Beschäftigten führen die Sektoren *LEH* und *EH mit kosmetischen Erzeugnissen* die Rangliste an. Dieser sprunghafte Anstieg an unselbständigen Beschäftigten in diesen Sektoren ist durch die marktdominierende Stellung von wenigen Großunternehmen begründet.

Die Arbeitsaufgaben, die in Handelsunternehmen erledigt werden müssen, gelten als personalintensiv. Dies spiegelt sich auch im Personalaufwand als wesentlichen Kostenblock und dem Bereich Personalcontrolling als Controlling-Bestandteil wider (Buttkus 2012, 6 und 12). Im deutschsprachigen Raum setzen sich Becker/Winkelmann (2006, 109) mit dieser Thematik auseinander und errechnen, dass ca. 60 % der Handlungskosten durch diesen Aufwandsposten verursacht werden. Der steigende Performancedruck zwingt Handelsmanager/innen, die Personalkosten so gering wie möglich zu halten (Ton 2012, 126). Um der interessierten Leserschaft einen Einblick zu geben, wie sich die wesentlichen Aufwendungen und Erträge von österreichischen EH-Unternehmen aufteilen, bietet Tabelle 8 eine über die gesamte Branche berechnete Gewinn- und Verlustrechnung.

Charakteristika und Struktur der Handelsbranche in Österreich und den USA   75

Tabelle 8: Aufschlüsselung der Ertrags- und Kostenstruktur im Einzelhandel im Vergleich zum Großhandel (Österreich) (WKO 2010)

Österreich (EH gesamt)	GuV
	2007/08
Betriebsleistung	100,0 %
- Handelswareneinsatz	66,6 %
= Rohertrag	33,5 %
+ Sonstige Erlöse	2,2 %
- Personalkosten	16,7 %
- Abschreibungen/GW	2,2 %
- Sonstige betriebliche Aufwendungen	13,6 %
= Betriebserfolg	3,1 %

Die angeführten Positionen gelten als Durchschnittswerte über die österreichische EH-Branche. Wenig überraschend bildet die Position *Handelswareneinsatz* mit einem Gewicht von ca. zwei Dritteln den größten Aufwandsposten im EH, gefolgt vom Kostenblock *Personal*, der mit fast 17 % das Unternehmensergebnis wesentlich beeinflusst. Im Vergleich dazu fallen im Großhandel rund 11 % an Personalkosten an (WKO 2010). Abschließend ist darauf hinzuweisen, dass es innerhalb der Sektoren wiederum bedeutende Unterschiede zwischen wirtschaftlich gut und schlecht aufgestellten Unternehmen gibt.

Die Erfolgsgrößen *Umsatz* und *Handelsspanne* dominieren die Diskussion in der Unternehmenspraxis als auch in der wissenschaftlichen Auseinandersetzung, wenn es um den Markterfolg von Einzelhandelsunternehmen geht. Im Folgenden soll der Fokus auf zwei Kennzahlen gelenkt werden, die nicht minder wichtig sind, wenn Erfolgsmessung auf Filialebene durchgeführt wird (Buttkus 2012, 11): *Umsatzrentabilität* und *Verkaufsflächenproduktivität* (Abbildung 19 und Abbildung 20).

76 Charakteristika und Struktur der Handelsbranche in Österreich und den USA

Abbildung 19: Umsatzrentabilität in Prozent der Betriebsleistung in ausgewählten EH-Branchen (Jahr 2010/11) (K.M.U. Forschung Austria 2012, 64)

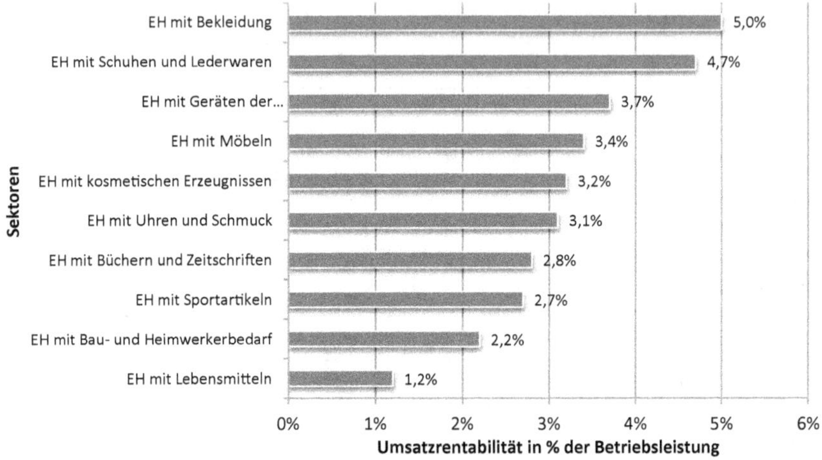

Sektoren	Umsatzrentabilität in % der Betriebsleistung
EH mit Bekleidung	5,0%
EH mit Schuhen und Lederwaren	4,7%
EH mit Geräten der…	3,7%
EH mit Möbeln	3,4%
EH mit kosmetischen Erzeugnissen	3,2%
EH mit Uhren und Schmuck	3,1%
EH mit Büchern und Zeitschriften	2,8%
EH mit Sportartikeln	2,7%
EH mit Bau- und Heimwerkerbedarf	2,2%
EH mit Lebensmitteln	1,2%

Umsatzrentabilität gibt Aufschluss über die Ertragskraft eines Unternehmens und berechnet sich aus dem Verhältnis von Betriebsergebnis zu erzielten Umsatzerlösen. Traditionell ist die Handelslandschaft geprägt von niedriger Umsatzrentabilität. Insgesamt liegen laut K.M.U. Forschung Austria (2012, 65) österreichische Handelsunternehmen mit einem Branchenschnitt von 2,4 % im unteren europäischen Mittelfeld. 64 % der Handelsunternehmen erwirtschaften zwar Gewinne, dennoch weisen vor allem Unternehmen mit Einnahmen-Ausgaben-Rechnung eine geringe Ertragskraft auf, wobei 4 % der Unternehmen sogar Verluste in Höhe von über 20 % der Betriebsleistung verzeichnen. Auch wenn die folgende Aussage wohl für andere Branchen gleichermaßen gilt, aber dennoch: Die Analyse zeigt, dass Handelsmanager/innen ihre Kostenstrukturen genau kennen und effizient arbeiten müssen, um am Markt langfristig bestehen zu können.

Charakteristika und Struktur der Handelsbranche in Österreich und den USA 77

Abbildung 20: Verkaufsflächenproduktivität (Brutto-Umsätze/m²) (K.M.U. Forschung Austria 2011, 54)

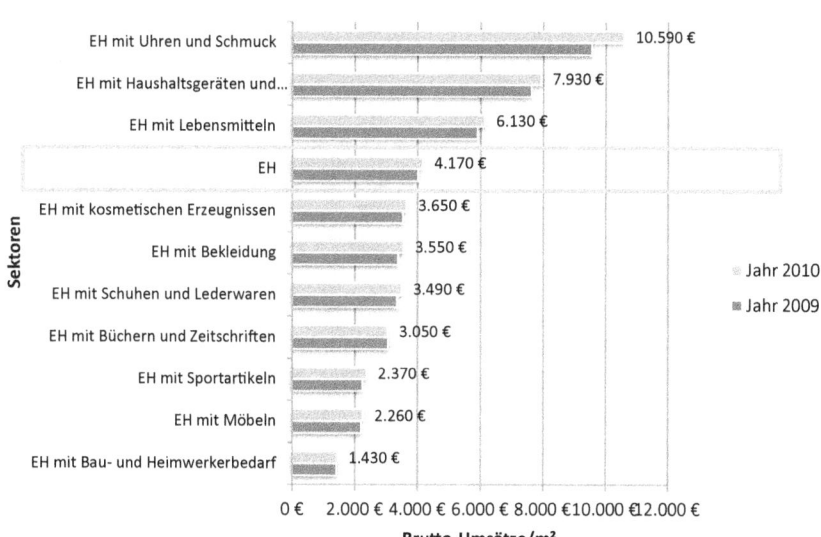

Die Produktivitätskennzahl **Verkaufsflächenproduktivität** zeigt die erzielten Umsatzerlöse pro m² Verkaufsfläche. Diese Kennzahl macht es möglich, unterschiedlich große Verkaufsstellen und Betriebsformen hinsichtlich der Umsatz-Performance zu vergleichen. Im Jahr 2010 lag der Durchschnittswert von stationären EH-Geschäften bei €4.170 pro m². Das ist eine Steigerung um 3,7 % oder €150 pro m² zum Vergleichsjahr 2009 (K.M.U. Forschung Austria 2011, 54). Es ist auffällig, dass über alle Sektoren hinweg Zuwächse verzeichnet werden konnten.

4.3 Strukturdaten der Handelslandschaft in den USA

Nachdem die vorliegende Arbeit sich nicht nur auf die österreichische Einzelhandelslandschaft beschränken soll, sondern das erklärte Ziel hat, auch internationale Einflüsse (speziell aus dem U.S. amerikanischen Raum) im Bereich Performance Measurement zu berücksichtigen, soll die Strukturanalyse nicht zu kurz greifen. Um jedoch die Erkenntnisse interpretieren zu können, ist es notwendig die Rahmen- und Strukturbedingungen zu kennen. Trotz intensiver Recherchetätigkeiten war es schwierig, vergleichbare Aufschlüsselungen für den U.S. amerikanischen

Raum zu finden. Vor allem unterschiedliche Gesetzeslagen hinsichtlich anfallender Lohnnebenkosten machen Vergleiche kritikfähig.

Insgesamt sind über 15 Mio. Personen im Handel beschäftigt, wobei ein Großteil, nämlich ca. 41 % der im Handel tätigen Personen, Teilzeitarbeitsverhältnisse aufweisen (Ton 2012, 126; U.S. Bureau of Labour Statistics 2013)[9]. Handelsangestellte arbeiten im Durchschnitt 31,4 Stunden pro Woche und verdienen durchschnittlich $16,59 pro Stunde (umgerechnet €12,43 pro Stunde). Die Stundensätze variieren jedoch je nach Beschäftigungsverhältnis, Arbeitszeitverhältnis und Mitgliedschaft bei Gewerkschaften. Um die – teilweise gravierenden – Unterschiede zu verdeutlichen, bietet Tabelle 9 einen Überblick der Gehälter nach Beschäftigungsverhältnis.

Tabelle 9: Einkommen nach Beschäftigungsverhältnis (USA) im Jahr 2012 (U.S. Bureau of Labour Statistics 2013)

Position im Unternehmen	Löhne/Gehälter *(Wages)*			
	Stundensatz *(Hourly)*		Jahreseinkommen *(Annual)*	
	Median	Mittelwert	Median	Mittelwert
Kassierer/in (Cashiers)	$9,13	$9,78	$18.980	$20.340
Kund/innenbetreuer/in (Customer service representatives)	$11,58	$12,74	$24.090	$26.500
Abteilungsleiter/in (First-line supervisors/ managers of retail sales workers)	$17,62	$19,55	$36.650	$40.660
Einzelhandelsverkäufer/in *(Retail salesperson)*	$10,09	$12,09	$20.980	$25.140
Regalnachschlichter/in (Stock clerks and order fillers)	$9,80	$10,75	$20.390	$22.370

---

9   Anm.: Der EH-Sektor wird in folgende Untersektoren unterteilt: (1) Motor Vehicle and Parts Dealers (NAICS 441), Furniture and Home Furnishings Stores (NAICS 442), Electronics and Appliance Stores (NAICS 443), Building Material and Garden Equipment and Supplies Dealers (NAICS 444), Food and Beverage Stores (NAICS 445), Health and Personal Care Stores (NAICS 446), Gasoline Stations (NAICS 447), Clothing and Clothing Accessories Stores (NAICS 448), Sporting Goods, Hobby, Book and Music Stores (NAICS 451), General Merchandise Stores (NAICS 452), Miscellaneous Store Retailers (NAICS 453), Nonstore Retailers (NAICS 454) (U.S. Bureau of Labour Statistics 2013).

Auch in U.S. amerikanischen Handelsunternehmen stellen Personalkosten den größten Kostenblock dar. Genaue Angaben zum Personalkostenanteil am Gesamtumsatz fehlen jedoch. Ton (2012, 126) führen vage an, dass Personalkosten ca. „10 % oder mehr" der erzielten Erträge ausmachen, was in Anbetracht der geringen Handelsspanne „beachtenswert" ist. Genauere Ergebnisse liefert eine Analyse für den LEH, die zeigt, dass im Durchschnitt 11,5 % der Umsatzerlöse für Gehälter *(total payroll)* und 3,6 % der Umsatzerlöse für weitere Unterstützungszahlungen *(employee benefits)* wie Versicherungen verwendet werden. Damit wird ca. die Hälfte der erzielten Handelsspanne für Personalkosten aufgebracht, wobei sich der erzielte Nettogewinn auf 1,9 % im Fiskaljahr 2006–2007 belief (Food Marketing Institute 2008).

Tabelle 10: Aufschlüsselung der Ertrags- und Kostenstruktur im LEH (USA) (Food Marketing Institute 2008)

	Betriebskosten (Operating costs)
Umsatzerlöse netto *(Total net company sales)*	100,0 %
Wareneinsatz *(Cost of goods sold)*	70,7 %
Rohertrag (Gross Margin)	29,3 %
Gehälter *(Total payroll*[10]*)*	11,5 %
Zusatzzahlungen *(Employee benefits)*	3,6 %
Mietaufwand *(Property rental)*	1,8 %
Abschreibung *(Depreciation and amortization)*	1,4 %
Nebenkosten *(Utilities)*	1,4 %
Vorräte *(Supplies)*	1,0 %
Erhaltungskosten *(Maintenance and repairs)*	0,7 %
Steuern und Lizenzen *(Taxes and licenses)*	0,4 %
Versicherung *(Insurance)*	0,3 %
so. Betriebsausgaben *(All other operating expenses)*	4,3 %
Betriebsausgaben gesamt *(Total operating costs)*	26,4 %

---

10 Anm.: "Payroll includes all forms of compensation, such as salaries, wages, commissions, dismissal pay, bonuses, vacation allowances, sick- leave pay, and employee contributions to qualified pension plans paid during the year to all employees. For corporations, payroll includes amounts paid to officers and executives. Payroll is reported before deductions for social security, income tax, insurance, union dues, etc."(United States Census Bureau 2013).

In einem nächsten Schritt wird versucht, die Unternehmenskonzentration der U.S. amerikanischen Handelslandschaft zu evaluieren. Die räumliche Größe dieses Marktes und die diversifizierten Kund/innenbedürfnisse an den Handel lassen im Vergleich zu Österreich ein weniger konzentriertes Feld an Einzelhandelsunternehmen zu. Daher finden zahlreiche Nischenanbieter und unterschiedliche Einzelhandelsformate die Möglichkeit, sich am Markt zu etablieren (Planet Retail 2015). Dennoch sind auch hier große Einzelhandelsformate zu finden, die das Marktgeschehen bestimmen. Da jedoch keine sektorspezifischen Auswertungen verfügbar waren, wird Marktkonzentration im U.S. amerikanischen Raum durch die Kombination mehrerer Informationsquellen wie folgt dargestellt: Zuerst gibt Tabelle 11 Einblicke in die umsatzstärksten Kanäle im Handelskontext. Darauf aufbauend werden dann die marktdominierenden Unternehmen in diesen Kanälen hinsichtlich der erzielten Umsatzerlöse und Filialanzahl aufgeschlüsselt. Der Fokus liegt dabei größtenteils auf dem Konsumgütermarkt.

Tabelle 11: Umsatz (in Mio €) in ausgewählten EH-Sektoren (USA) (Jahre 2010–2013) (Planet Retail 2014b)

Betriebsform/Kanal	2010	2011	2012	2013
	€ (in Mio)	€ (in Mio)	€ (in Mio)	€ (in Mio)
Lebensmitteleinzelhandel (*Grocery Stores*)	373.792	373.343	417.195	407.076
Hypermärkte (*Mass Channel*)	328.059	317.929	357.221	352.674
Drogeriefachhandel (*Drugstores*)	168.189	166.371	185.843	182.774
Nachbarschaftsmärkte (*Convenience Stores*)	143.729	140.166	156.690	154.239
Großhandel / Cash and Carry (*Warehouse Clubs*)	97.458	100.575	117.026	118.132
Diskonter (*Value Channel*)	44.026	45.550	52.189	54.570

Mit umgerechnet über 400 Milliarden Euro Umsatz stellen „Supermärkte und andere Lebensmittelläden" (*Supermarkets and grocery stores*) einen wesentlichen Bestandteil der marktorientierten U.S. amerikanischen Wirtschaft dar. Daran schließen die Umsatzergebnisse von Hypermärkten wie *Wal-Mart* oder *Target* an, die mit ihrer Kombination aus Supercentern und Diskont-Formaten als „typisch amerikanisch" gelten. Drogeriefachhandel, Convenience Stores und „Cash und Carry"-Formate wie *Costco* und *Sam's Club* erzielen jeweils Umsatzerlöse zwischen umgerechnet 100 bis 200 Milliarden Euro. Unter „*Value Channel*" wird im U.S. amerikanischen Kontext das klassische Diskontprinzip subsummiert, bei der Leistungsvereinfachung, Preis- und Kostenführerschaft im Vordergrund stehen. Unternehmen wie *Dollar General, Family Dollar* oder aber auch *Aldi* und *Save-A-Lot* konnten sich in diesem Segment marktführende Positionen erarbeiten (Planet Retail 2014b).

Im Folgenden lohnt es sich, in den einzelnen Sektoren die marktdominierenden Unternehmen näher zu betrachten, da diese zumeist nicht nur räumlichen sondern sogar globalen Durchsetzungscharakter besitzen.

Tabelle 12: U.S. Umsätze (€) und Anzahl an U.S. Filialen bei Hypermärkten (National Retail Federation 2014)

Unternehmen (Hypermärkte, „Mass Merchants")	Umsätze (in Mio €) (USA)	Filialen (USA)
Wal-Mart	277.825	4.399
Costco	63.339	447
Target	60.406	1.793

Das Unternehmen Wal-Mart, das zur Kategorie „*Mass Merchants*" gezählt wird, ist bekanntermaßen nicht nur Marktführer in den USA, sondern auch das größte Unternehmen weltweit. Damit sind die Dimensionen, die dieses Unternehmen erreicht, schwer in Relation zur direkten Konkurrenz und anderen Formaten zu sehen.

Tabelle 13: U.S. Umsätze (€) und Anzahl an U.S. Filialen im LEH (National Retail Federation 2014)

Unternehmen (LEH)	Umsätze (in Mio €) (USA)	Filialen (USA)
Kroger	72.581	3.072
Safeway	31.784	1.327
Publix	24.506	1.273
Ahold USA/Royal Ahold	22.134	767
H-E-B	16.681	311
Albertsons	16.485	1.024
Delhaize America	15.947	1.514
Wakefern/ShopRite	11.949	313

Unternehmen (LEH)	Umsätze (in Mio €) (USA)	Filialen (USA)
Whole Foods Market	10.586	347
SUPERVALU	9.294	1.544
Aldi	9.236	1.328
Bi-Lo	7.701	684

Im Bereich LEH gilt *Kroger* als Marktführer. Wie komplex sich die Kategorisierung hinsichtlich der Zuteilung zu den einzelnen Kanälen aber gestaltet, wird bei einer genaueren Analyse der Daten ersichtlich. Es wird angegeben, dass Umsatzerlöse von *Kroger* aus Tabelle 13 jene Umsätze des Supercenters *Fred Meyer*, welches auch zu *Kroger* gezählt wird, und jene der Warengruppe Schmuck nicht beinhaltet. Weiters ist auffällig, dass die Globalbewertung des Kanals „Hypermärkte" im Vergleich zur Detailaufschlüsselung (Tabelle 11 und Tabelle 12) unterschätzt wird und daher eine unplausible Differenz auftritt. Grund dafür dürfte sein, dass Tabelle 11 neben Hypermarkt-Formaten auch noch in Warehouse-Clubs unterteilt und hier Unternehmen wie Costco zu finden sind. Durch den Vergleich zweier Quellen und den dazugehörigen Fußnotenangaben wird ersichtlich, dass eine eindeutige Zuweisung zu den einzelnen Kanälen schwierig ist. Dennoch können Einschätzungen hinsichtlich der Einzelhandelskonzentration in diesen Bereichen abgeleitet werden.

Tabelle 14: U.S. Umsätze (€) und Anzahl an U.S. Filialen in den Sektoren DFH und Department Stores (National Retail Federation 2014)

Unternehmen (Drogeriefachhandel)	Umsätze (in Mio €) (USA)	Filialen (USA)	Unternehmen (Kaufhäuser; „Department Stores")	Umsätze (in Mio €) (USA)	Filialen (USA)
Walgreen	57.685	7.998	Macy's	23.536	824
CVS Caremark	55.608	7.621	Kohl's	16.128	1.158
Rite Aid	21.632	4.587	Sears Holdings	10.971	759
Health Mart Systems	6.297	3.199	J.C. Penney	9.985	1.077
Good Neighbor Pharmacy	6.162	3.155	Nordstrom	7.904	117
			Dillard`s	5.457	296
			Neiman Marcus	3.575	43
			Belk	3.422	299
			Saks	2.381	39

Charakteristika und Struktur der Handelsbranche in Österreich und den USA 83

Hart umkämpft ist auch der Markt im Drogeriefachhandel durch die Unternehmen *Walgreen* (umgerechnet 58 Mrd. Euro Umsatz) und *CVS Caremark* (umgerechnet 56 Mrd. Euro Umsatz) und im Bereich Department Stores durch *Macy's* (umgerechnet 24 Mrd. Euro) und *Kohl's* (umgerechnet 16 Mrd. Euro Umsatz) (Tabelle 14). Auch im Bereich des Bekleidungseinzelhandels sind große Filialisten marktdominierend. Dennoch scheint hier der Markt durch zahlreiche, unterschiedliche Unternehmen kleingliedriger (Tabelle 15).

Tabelle 15: U.S. Umsätze (€) und Anzahl an U.S. Filialen im Bekleidungseinzelhandel (National Retail Federation 2014)

Unternehmen (Bekleidungseinzelhandel)	Umsätze (in Mio €) (USA)	Filialen (USA)
TJX	15.151	1.996
Gap	10.908	2.432
Ross Stores	8.662	1.276
L Brands	5.853	1.089
Ascena Retail Group	3.953	3.854
Burlington Coat Factory	3.731	509
Foot Locker	3.267	1.831
Nordstrom	2.575	143
American Eagle Outfitters	2.504	957
Urban Outfitters	2.437	440
Chico's FAS	2.186	1.465
ANN INC.	2.102	1.015
Ralph Lauren	2.080	245
J.Crew	2.026	439
DSW	2.008	393
Express	1.881	621
H&M	1.836	305
Payless ShoeSource	1.834	3.810
Abercrombie & Fitch	1.831	843
Aéropostale	1.685	1.022
The Men's Warehouse	1.640	1.003
Genesco	1.625	2.308

Auch wenn die österreichische und die U.S. amerikanische Handelslandschaft durch unterschiedliche externe Einflüsse wie Gesetzeslagen oder Konsumgewohnheiten geprägt sind und sich dadurch der Markt differenziert gestaltet, so gibt es dennoch Parallelen: Sowohl die Personalkosten- als auch die Handelsspannendiskussion wird in beiden Märkten gleichermaßen geführt. Aufgrund der räumlichen Dichte im europäischen Raum, ist es zwar hierzulande für Handelsmanager/innen noch wichtiger, effiziente Strukturen zu schaffen. Durch die Internationalisierungsstrategien von Handelsunternehmen wird die Handelswelt aber zunehmend kleiner und es muss eine „gemeinsame" Sprache gefunden werden, um diese Formate zu lenken (Swoboda/Elsner 2013, 83). Aus dieser Argumentation heraus zeigt sich, dass Performance Measurement und die Funktionen, die es erfüllt, immer wichtiger werden. Der folgende Abschnitt schließt daher speziell auf die handelsspezifischen Herausforderungen an das Performance Measurement an.

4.4 Zusammenspiel von Marketing Mix und PM im Handelsalltag

Bis in die 1970er Jahre galten Handelsunternehmen als verlängerter Arm der Industrie und als bloße Absatzmittler. Die Bedeutung der Handelsbranche ist jedoch bis heute maßgeblich gestiegen, wodurch sich die viel diskutierte **Einkaufsmacht des Handels** entwickelt hat (Jauschowetz 1995, 251; Sellers-Rubio/Más-Ruiz 2009, 61). Handelsunternehmen gelten nunmehr als eigenständige Marken *(Retail Brand)*, die gezielt auf die Bedürfnisse ihrer Kund/innen reagieren und gleichzeitig das Konsument/innenverhalten beeinflussen (Netemeyer et al. 2012, 464). Aus diesem Spannungsfeld heraus bedienen sie sich eines eigenen Instrumentariums, bei dem die Aktionsparameter in den Bereichen *Sortiment, Personal, Standort, Werbung, Preise und Konditionen* als auch *Verkaufsraum* festgelegt werden (Müller-Hagedorn/Natter 2011, 25). Um im Sinne des Effizienz- und Effektivitätsgedankens auch die unterschiedlichen Handelsaktivitäten messbar zu machen, setzen sich Handelsunternehmen verstärkt mit der Erfolgsmessung dieser Marketing Mix-Instrumente mithilfe von **marketingbezogenen Kennzahlen** *(Marketing Metrics)* auseinander (Mintz/Currim 2013, 17).

4.4.1 Effizienz und Effektivität in der Sortimentspolitik

Die Bereitstellung von **Sortiment** gilt als Kernleistung jedes Handelsunternehmens, wobei je nach Betriebsform und Unternehmen die Sortimentsbreite und -tiefe variiert (Müller-Hagedorn/Natter 2011, 264–265). Der Blick auf den

Lebensmitteleinzelhandel, bei dem „Frische" durch den hohen Anteil an verderblichen Produkten als besondere Herausforderung in der Sortimentspolitik gilt, demonstriert dies auf der Filialebene: Während Diskonter mit 800 bis 1.000 Artikeln im Sortiment Wert auf Leistungsvereinfachung und Preisführerschaft legen, so müssen Supermärkte zwischen 7.000 und 12.000 und Verbrauchermärkte zwischen 21.000 und 40.000 Artikel koordinieren (Metro Group 2011, 205 bzw. 211). Im Vergleich dazu werden im U.S amerikanischen LEH in einem „konventionellen" Supermarkt ca. 31.750 Artikel gelistet, in sog. „Supercentern" sind bis zu 80.500 Artikel in den Regalen zu finden (Food Marketing Institute 2008).

Der gesamte FMCG-Markt lebt von der Umschlaggeschwindigkeit des Sortiments. Daraus resultieren tagtäglich enorme Volumen an Geschäftsvorgängen: Ein Beispiel aus Deutschland zeigt, dass die größten deutschen Handelsunternehmen bis zu 100 Millionen und durchschnittlich große Handelsunternehmen zwischen zwei und sechs Millionen Datensätze pro Tag an den Kassen erfassen (Becker/Winkelmann 2006, 113). Diese „Datenschwämme" benötigen eine entsprechende Aufarbeitung und Analyse, die das „Herzstück" eines Handelsunternehmens, nämlich Warenwirtschaftssysteme und Data Warehouse, übernehmen (Germann et al. 2013, 114). Weitere technologische Tools, die in diesem Bereich eingesetzt werden, sind Tools zur Sortimentsoptimierung, Retail Revenue Management, automatischen Disposition, Warenkorbanalyse oder CRM (für eine ausführliche Diskussion vgl. Chackelson et al. 2013; Kim/Kim 2009; Kurtuluş/Nakkas 2011).

Im operativen Handelskontext sind Sortimentsentscheidungen essentiell. „Getting product assortment right isn't easy, yet it's absolutely critical to retail success" (Fisher/Vaidyanathan 2012, 109). In diesem Bereich haben suboptimale Entscheidungen schwerwiegende Auswirkungen auf die Gesamtperformance des Unternehmens. Die Bereitstellung der sortimentsspezifischen Information ist aber nicht nur für die Distribution sondern für alle Unternehmensbereiche von essentieller Wichtigkeit. Vor allem Manager/innen des Zentraleinkaufs benötigen flexible technische Systeme und detailgenaue Information, um die unterschiedlichen Kalkulationsobjekte nebeneinander zu betrachten und zu evaluieren (Tan/Karabati 2013, 86). Ein Beispiel hierfür sind die bereits zu Beginn der Arbeit angesprochenen OLAP Modelle, die es Manager/innen ermöglichen, durch „Slice and Dice"-Aktionen, Standard- und Ad-hoc-Analysen durchzuführen. Die generierten Reports sind so aufbereitet, dass relevante Informationsbestandteile in Form einer Längsschnittanalyse zur Verfügung stehen (Paul 2014, 48). Einen Schritt weiter geht man, wenn versucht wird, die Zusammenarbeit mit vor- und nachgelagerten Stufen im Sinne von Supply Chain Management (SCM), das eine

86 Charakteristika und Struktur der Handelsbranche in Österreich und den USA

intensive Zusammenarbeit der einzelnen Partner zugrunde legt, zu optimieren. Für die Ausgestaltung von Performance Measurement bedeutet dies, dass die Leistungsobjekte nicht nur zwischen einzelnen Warengruppen, Betriebsstätten und Vertriebsschienen abgestimmt werden, sondern auch über die Unternehmensgrenzen hinweg koordiniert werden müssen (Cook et al. 2011, 109).

4.4.2 Effizienz und Effektivität beim Verkaufspersonaleinsatz

Ein weiterer Erfolgsfaktor im Handel ist die Ressource **Personal**. Wie schon in den Kapiteln 4.2 und 4.3 aufgezeigt, bezieht sich ein Großteil der Aufwendungen von Handelsunternehmen auf diesen Faktor. Gleichzeitig wird er als entscheidendes Qualitätskriterium für den Erfolg von Handelsunternehmen gesehen (Ton 2012, 128). Vertriebsmitarbeiter/innen, die die Schnittstelle zu den Endkund/innen bilden, repräsentieren das Unternehmen nach außen, wodurch sie wesentlich zur Gesamtperformance des Unternehmens beitragen. Verkäufer/innenbezogene Kennzahlen wie Umsatz pro Mitarbeiter/in, erzielter Durchschnittspreis, erzielte Handelsspanne u.v.m. helfen, Mitarbeiter/innenanalysen durchzuführen und auf höheren Managementebenen Entscheidungen zu erleichtern (Ahearne et al. 2013, 630).

Store Manager/innen, als erste Managementebene, kommen unterschiedliche Schlüsselrollen zu, die Sutherland (1971, 18) bereits in der frühen Handelsforschung folgendermaßen formulierte: „The Store Manager should maximize store profit through volume of sales and maintenance of cost budgets and at the same time he should comply with operational goals and utilize his decision responsibility to promote the long-run growth of the organization". Performance Measurement übernimmt in diesem Zusammenhang eine Koordinations- und Lenkungsfunktion, um die einzelnen Hierarchien mit Informationen zu versorgen und effektives und rationales Management der verantwortlichen Personen zu ermöglichen (Artz et al. 2012, 448).

4.4.3 Effizienz und Effektivität bei standortsspezifischen Entscheidungen

Gerade durch die dezentralen Strukturen im Handel, die bereits in Kapitel 4.2 diskutiert wurden, müssen Entscheidungskompetenzen auf unterschiedliche Ebenen und auf unterschiedliche Filialen verteilt werden, wobei gleichzeitig ein hohes Ausmaß an Konformität zwischen den Bereichen und Filialen gewahrt bleiben soll. Kennzahlen müssen auf diese dezentralisierte Unternehmensstruktur abgestimmt sein und die Abläufe koordinieren (Artz et al. 2012, 448; Homburg et al. 2012a, 66). Dabei helfen sie, Entscheidungen bspw. über die Schließung eines Stores zu erleichtern (Srinivasan et al. 2013, 136).

Weiters entwickeln sich Handelsunternehmen von lokalen zu globalen Playern. Die **Internationalisierungs- und Globalisierungstendenzen** sollen das Wachstum der großen Handelsunternehmen weiter vorantreiben (Swoboda/Elsner 2013, 81). Betrachtet man die Einzelhandelsunternehmen weltweit, so fällt auf, dass sich die Big Player im Handel, nämlich Wal Mart (vertreten in 27 Ländern), Carrefour (vertreten in 32 Ländern) und Tesco (vertreten in 14 Ländern), den Weltmarkt untereinander aufgeteilt haben (Planet Retail 2012). Mit dem Blick auf Österreich gerichtet, kann man erkennen, dass auch hier die heimischen Marktführer wie die REWE Group, die Spar-Gruppe und Hofer (Unternehmensgruppe Aldi Süd) international aktiv sind.

4.4.4 Effizienz und Effektivität in der Kommunikationspolitik

Unter Kommunikationspolitik werden alle Informationen zusammengefasst, die von Handelsunternehmen nachfrageseitig kommuniziert werden. „Als Teil des Kommunikations-Mix einer Unternehmung wird die Werbung unterschiedlich weit abgegrenzt, wobei es vor allem um die Trennlinien zur Öffentlichkeitsarbeit (Public Relations), der Verkaufsförderung (Sales Promotion), der Präsentationspolitik (insbes. Verkaufsraumgestaltung), dem persönlichen Verkauf (Einsatz von Verkaufspersonal) und den vielfältigen Formen der nonverbalen Kommunikation (insbes. Corporate Design) geht" (Müller-Hagedorn/Natter 2011, 367). Diese Definition zeigt jene Tragweite auf, die Handelsunternehmen koordinieren, um ihre Zielgruppe zu erreichen. Wie Performance Measurement beitragen kann, diese Aktivitäten zu steuern bzw. Entscheidungen in diesem Bereich zu erleichtern, wird bspw. von Mintz/Currim (2013) aufgegriffen. Weitere Beiträge aus der jüngeren Vergangenheit analysieren jeweils ein Instrument der Kommunikationspolitik und messen deren Performance.

„Klassische Werbung" und deren finanzielle Auswirkungen im Sinne einer Effektivitätsmessung wird von Lewis et al. (2013) beleuchtet. Die Ergebnisse des experimentellen Designs zeigen, dass die Darstellungsform – also textdominante Präsentation im Vergleich zu bildreicher Darstellung – unterschiedliche Effekte auf die Ertragsgenerierung hat, je nachdem, auf welcher Beziehungsstufe (im Sinne von *Relationship Marketing*) sich die Kund/innen mit dem Handelsunternehmen befinden. Dies unterstreicht die Relevanz von kund/innenbezogener Werbung und Rücksichtnahme auf unterschiedliche Beziehungsstufen innerhalb der Werbung.

Die Wichtigkeit von Beziehungsmarketing steht auch in anderen Beiträgen im Vordergrund der Diskussion. Aktuell sehen sich Handelsunternehmen mit der Herausforderung konfrontiert, neue (technologische) Möglichkeiten an „Beziehungsarbeit" im Handelsalltag auszuschöpfen bzw. mit traditionellen Methoden zu verknüpfen. Rapp et al. (2013) und Keeling et al. (2013) adressieren Social Media-Aktivitäten von Handelsunternehmen und deren Effekte für die Store Performance. Aber auch die direkte Interaktion auf der Verkaufsfläche zwischen Verkaufspersonal und Kund/innen gilt zwar als Aushängeschild für Handelsunternehmen, aber gleichzeitig auch als schwer steuerbar und kontrollierbar. Harris/Ogbonna (2013) zeigen, dass negative Mundpropaganda und Missverhalten von Verkaufspersonal nicht nur die Produktivität auf der individuellen Ebene mindert, sondern auch nachhaltige Auswirkungen auf die Store- und Unternehmensperformance hat.

Wie Kommunikation von Performance Measurement, die Interaktion zwischen Verkaufspersonal und Kund/innen als auch zwischen unterschiedlichen Hierarchieebenen stattfindet, ist zentraler Bestandteil der qualitativen Untersuchung (Kapitel 6.2).

4.4.5 Effizienz und Effektivität bei Preisen und Konditionen

Forschungsbemühungen in Bezug auf Preisstrategien im Einzelhandel und deren Auswirkungen auf die Performance sind gerade in einem preisgetriebenen Markt wie Österreich interessant. Um nicht in die Preis-Promotion-Falle zu tappen, interessieren eine detaillierte Messung von Umsatz, Lagerbestand, Gewinn, Kosten und Kund/innenfrequenz und durchschnittliche Bon-Größe je nach verfolgter Preisstrategie. Der Beitrag von Mild et al. (2006), der sich mit dem Einsatz von Retail Revenue Management beschäftigt, diskutiert die Herausforderung, diese Kennzahlen über einen längeren Beobachtungszeitraum miteinander zu verknüpfen. „Die Grundidee des Retail Revenue Managements ist es, jeweils im Einzelfall (das heißt im Idealfall für jeden einzelnen Artikel) aufgrund der strategischen Positionierung und der Wettbewerbssituation zu entscheiden, ob ein Preisspielraum vorliegt, und dann aufgrund einer empirisch abgesicherten Ermittlung der Preiselastizität eine (in der Regel dynamische) Preisoptimierung durchzuführen" (Mild et al. 2006, 126). Es ist somit möglich, Auswirkungen auf Gewinne bei unterschiedlicher Preisfestsetzung über eine Mehrperiodenbetrachtung objektiv fundiert zu berechnen und Heuristiken im Bereich Preise und Konditionen zu umgehen. Wie dieser Ansatz mit den Bemühungen auf der Store Ebene in Einklang steht, bleibt aber bisher unreflektiert.

Geht es um Preise und Konditionen, dann ist das Zusammenspiel von Industriemarken und handelseigenen Marken ein wesentlicher Diskussionspunkt für Store Manager/innen. Daraus ergibt sich nicht nur die Warengruppenperformance sondern auch ein wesentlicher Beitrag zur gesamten Store Performance. Es konnte gezeigt werden, dass die Anzahl an Handelsmarken bzw. der Anteil der Handelsmarken an der gesamten Category negative Auswirkungen auf die Category Performance haben (Olbrich/Grewe 2013, 152).

In zahlreichen informellen und formellen Gesprächen über das vorliegende Thema ist ein Wunsch immer wieder getätigt worden, nämlich eine Kennzahl zu „erfinden", die Wettereinflüsse prognostiziert. Da wetterbedingte Einflüsse nicht vorhersagbar sind, die Reaktion darauf aber so schnell wie möglich erfolgen muss, ist dieser Bereich besonders heikel für Handelsmanager/innen. Caliskan Demirag (2013) widmet sich dieser Herausforderung und diskutiert wetterbedingte Preiskonditionen auf der Store-Ebene als Verkaufsförderungsargument. Es wird versucht, Verkaufszahlen zu stimulieren und *„Early Birds"* für ihre Anstrengungen mit ansprechenden Preisen zu „entlohnen".

4.5 Kennzahlen-Sets in der Handels- und Marketingforschung

Das Zusammenspiel von Marketing-Instrumenten und Performance Measurement mündet in handelsspezifische Kennzahlen-Sets. Die wissenschaftliche Auseinandersetzung mit diesem Forschungsfeld kann grob in drei Strömungen eingeteilt werden. Erstens wird Marketingproduktivität gemessen, zweitens wird die Praxisrelevanz von Marketingkennzahlen erforscht und schlussendlich wird versucht, immaterielle Markenwerte zu operationalisieren (O'Sullivan/Abela 2007, 80).

Da in der Literatur eine unzählige Anzahl an Kennzahlen im Handelsmarketingkontext zu finden ist, macht es keinen Sinn, ein „perfektes" Set an Kennzahlen als Universallösung für Handelsunternehmen zu entwickeln (Farris et al. 2011, 3). Außerdem zeigen kontingenztheoretische Diskussionen, dass die Beziehung von Performance Measurement-Design und Unternehmenserfolg maßgeblich durch einzelne Kontextfaktoren moderiert wird. Angelehnt an den Ergebnissen von Homburg et al. (2012a, 60) und Mintz/Currim (2013, 31) wird versucht, die Verwendung von Kennzahlen in einem generischen Sinne herbeizuführen, um eine Etablierung und zukünftige Verwendung von diesen Blöcken in der Praxis zu erreichen. Zuerst werden aber ausgewählte Beiträge vorgestellt, die sich mit der Thematik *Kategorisierung von Marketingkennzahlen* in den letzten Jahren beschäftigt haben.

4.5.1 Ausgewählte Kategorisierungen von Kennzahlen-Sets im Marketingkontext

Melnyk et al. (2004, 212) diskutieren die Kennzahlen-Typologien innerhalb einer Vier-Felder-Matrix: Einerseits können Kennzahlen anhand deren Fokus kategorisiert werden, also ob sie finanzielle Daten wie Return on Assets (RoA) aufzeigen oder operationale Daten, wie Lieferzeiten, die die Ressourcenverwendung oder Outputs im Unternehmen definieren. Andererseits zeigt die Perspektive Zeit, wie Kennzahlen verwendet werden. Ergebnisorientierte Kennzahlen fokussieren sich auf die Bewertung von vergangenen Leistungen, wohingegen zukunftsorientierte Kennzahlen versuchen, die zukünftige Entwicklung aufzuzeigen.

Auch Zeithaml et al. (2006) verwenden eine vierteilige Kategorisierung von Marketingkennzahlen. Mit dem Schwerpunkt auf die Dimension Kund/innen werden Kennzahlen in den Bereichen Wahrnehmung *(perceptions)*, Einstellung *(attitudes)*, Verhalten *(behavior)* und finanzielle Kennzahlen *(financial measures)* angeführt. Neben Beispielen zu den einzelnen Kategorien, zeigen sie auch auf, welche Anspruchsgruppen diese im Unternehmen verwenden, auf Basis welcher Datenquelle diese generiert werden können und ob Kennzahlen geeignet sind, auch zukünftige Ereignisse aufzuzeigen. Einen Auszug gibt Tabelle 16.

Tabelle 16: Kategorien Kund/innenkennzahlen (Zeithaml et al. 2006, 171)

Kategorie	Beispiele von Kennzahlen	Frühwarn-indikatoren
Wahrnehmung	Kund/innenzufriedenheit, Engagement, empfundene Loyalität, Servicequalität, Verhaltensabsichten	mittelmäßig
Einstellung	Bewusstsein, Interesse, Wissen, Wunsch	gering
Verhalten	Cross Selling, akquirierte Kund/innen, Stammkund/innen	mittel
Finanzielle Kennzahlen	CLV, Kund/innenwert	mittel

Auch Petersen et al. (2009, 103) rücken in ihrer konzeptionellen Abhandlung die Zeitperspektive von Marketingkennzahlen in den Vordergrund und differenzieren zwischen **Gegenwarts- und Zukunftsorientierung** (vgl. hierzu auch Kapitel 2.1). Des Weiteren unterscheiden sie zwischen Kund/innen- und Storedimension. Daraus ergeben sich Kennzahlen, die Information über Transaktion, Marketing und Mitbewerber beinhalten. Insgesamt werden sieben Kategorien gebildet, die Entscheidungen im Marketingbereich vereinfachen sollen. Darunter fallen Markenwert *(Brand Equity)*, Kund/innenwert *(Customer Value)*, Mundpropaganda *(Word-of-Mouth)*, Kund/innenverweildauer und Kund/innenakquise *(Customer Retention/Acquisition)*, Verbundkäufe *(Cross-Buying/Up-Buying)*, Mehrkanal-Shopping *(Multi-Channel Shopping)* und Umtausch *(Product Return)* (Petersen et al. 2009, 98–102). Sie verfolgen die Zielsetzung (1) Marketingkampagnen zu unterstützen und (2) kurz- und langfristige Voraussagen zu tätigen (Petersen et al. 2009, 97). Inhaltliche Überschneidungen gibt es mit Farris et al. (2011), die in ihrem Buch *Marketing Metrics* einen noch breiteren Überblick über Kennzahlen im Marketingkontext geben (Abbildung 21).

Abbildung 21: Kennzahlen Sets im Marketing (Farris et al. 2011, 5)

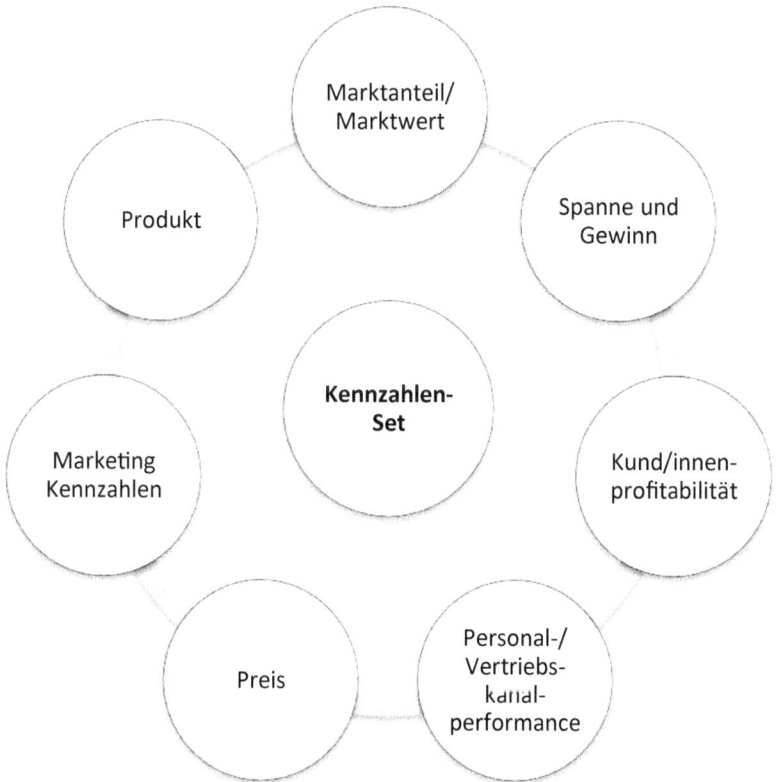

Den jüngsten und für die vorliegende Arbeit wichtigsten Beitrag liefern Mintz/ Currim (2013, 35), die zwischen Finanzkennzahlen und Marketingkennzahlen unterscheiden, wobei beide Kategorien wiederum in generelle und spezifische Kennzahlen untergliedert werden. Unter Finanzkennzahlen werden jene Kennzahlen subsummiert, die entweder auf monetären Werten basieren oder in Geldwerten ausgedrückt werden bzw. auf Basis derer man Verhältniszahlen bilden kann. Marketingkennzahlen hingegen basieren auf Kund/innen- oder Marktkennzahlen. Hierbei findet man generelle Kennzahlen wie Marktanteil oder Umsatzerlöse in allen Unternehmensbereichen, wohingegen spezifische Kennzahlen in nur für einzelne Bereiche Relevanz aufweisen.

Basierend auf diesem kurzen Einblick in das breite Feld von Marketingkennzahlen-Kategorisierungen, werden nun definitorische Grundlagen für eine generische Kategorisierung von Kennzahlen-Sets abgeleitet.

4.5.2 Generische Kategorisierung von Kennzahlen-Sets

Seit Beginn der Diskussion in den 1990er Jahren über die Integration von nichtfinanziellen Bestandteilen im Performance Measurement, wird die **Breite** von Kennzahlen-Sets in den Mittelpunkt gerückt (Eccles 1991, 131). Sowohl in der wissenschaftlichen als auch praxisorientierten Literatur finden sich Forderungen eines ausgeglichenen Sets, also einer Kombination aus finanziellen und nicht-finanziellen Bestandteilen, konsequenterweise abgeleitet aus der strategischen Ausrichtung des Unternehmens (Homburg et al. 2012a, 56). Dies soll die Perspektive von Handelsmanager/innen erweitern, zu Verbesserungen in Entscheidungsprozessen und gesteigerten Unternehmensergebnissen führen. Weiters soll dadurch das Risiko- und Unsicherheitsempfinden reduziert werden (Mintz/Currim 2013, 25). Bezogen auf die Unternehmensebene, stellen O'Sullivan/Abela (2007, 80–81) die Frage, ob die Forderung nach einem breiten Set an Kennzahlen, also die Integration von finanziellen, nicht finanziellen und Benchmarking-Kennzahlen, gerechtfertigt ist und zeigen die Auswirkungen auf die Unternehmensperformance und die Zufriedenheit von Vorstandsmitgliedern mit der Marketing-Abteilung. Sie kommen zu dem Ergebnis, dass ein breites Set an Kennzahlen die Unternehmensperformance nicht signifikant beeinflusst, die Zufriedenheit von Top Manager/innen jedoch schon. Auch Bouwens/Abernethy (2000, 235) zeigen, dass ein erweitertes Set an Kennzahlen bei operativen Entscheidungen zu keinen verbesserten Unternehmensergebnissen führt. Zu einem anderen Ergebnis kommen Homburg et al. (2012a, 66), die zeigen, dass ein umfassendes Set an Kennzahlen positiv mit dem Wissen über Marktbegebenheiten *(market knowledge)* und der Ausführung von Aufgaben im Einklang mit der strategischen Ausrichtung des Unternehmens *(marketing alignment)* korreliert. Dies hat wiederum positive Auswirkungen auf die Unternehmensperformance. Sie merken jedoch an, dass dies nur für Unternehmen mit Differenzierungsstrategie zutrifft. Die Forschungsergebnisse, die die Beziehung zwischen Kennzahlen-Sets und Entscheidungsqualität beleuchten, sind dementsprechend widersprüchlich und bedürfen weiterer Analyse (vgl. hierzu Ittner 2008).

Mintz/Currim (2013, 19) formulieren die Aussage, dass die Verwendung von Kennzahlen *immer* zu Entscheidungsverbesserungen führen. Dabei zeigen sie, dass die Ausgestaltung des Kennzahlen-Sets davon abhängt, welche Kontingenzfaktoren auf dieses wirken und nicht, welche persönlichen Eigenschaften Manager/innen mitbringen. In hoch-kompetitiven und turbulenten Märkten wird eine größere Anzahl an Kennzahlen herangezogen; Berufserfahrung oder Funktionen innerhalb des Unternehmens haben keinen signifikanten Einfluss auf die Verwendung von Kennzahlen. Im Gegensatz dazu steht aber die Theorie der kognitiven Beschränkung, die besagt, dass in Entscheidungssituationen nur eine begrenzte **Anzahl (Tiefe)** an Information herangezogen werden kann (Schroder et al. 1975). In diesem Zusammenhang zeigen Hirsch/Volnhals (2012, 25), dass ab einem gewissen Punkt Manager/innen mit Kennzahlen überwältigt sind und damit zusätzlich zur Verfügung stehende Kennzahlen die objektive Entscheidungsqualität mindern. Das bedeutet, dass der Ausspruch „*Je mehr desto besser*" bei der Bereitstellung von Kennzahlen-Sets kritisch beleuchtet werden muss.

Aktualität adressiert einerseits den Rhythmus der Berichterstattung, also wie häufig Kennzahlen kommuniziert werden, und andererseits die Zeitnähe des Reportings, das heißt, wie schnell die Kennzahlen zur Verfügung stehen (Bouwens/Abernethy 2000, 223).

Für die Ausgestaltung von Performance Measurement spielen die Dimensionen Breite, Tiefe, Aktualität und strategischer Fit zusammen. Auf einem Kontinuum können zwei unterschiedliche Sets definiert werden:

Begrenztes Set an Kennzahlen: Da zeitliche als auch monetäre Ressourcen begrenzt sind, legen Unternehmen ihren Fokus auf einige wenige Kennzahlen (Hirsch/Volnhals 2012, 35). Bei einem begrenzten Set an Kennzahlen, das vergleichbar mit dem traditionellen Controlling-Verständnis ist, werden hauptsächlich vergangenheitsorientierte Finanzkennzahlen verwendet (Abernethy/Guthrie 1994, 52) und unternehmensinterne Informationen aufgedeckt (Bouwens/Abernethy 2000, 223). Da nur die zentralen Bestandteile der Handelsaktivitäten abgebildet werden, wird darauf verzichtet, Kennzahlen mit der Unternehmensstrategie konsequent zu verknüpfen (Hall 2008, 144).

Umfangreiches Set an Kennzahlen: Sie kombinieren mehrere nicht-finanzielle und finanzielle Kennzahlen, die sowohl vergangenheits- als auch zukunftsorientiert sind und aus der Unternehmensstrategie abgeleitet werden (Homburg et al. 2012a, 59). Somit bilden umfangreiche Sets das klassische Verständnis von Performance Measurement ab. Untersuchungen auf der individuellen Ebene haben gezeigt, dass ein umfangreiches Performance Measurement zu größerer Zufriedenheit und Motivation bei Mitarbeiter/innen führt, da sie die Auswirkungen ihrer Aktivitäten besser abschätzen können und sozusagen ein *„Big Picture"* über die Prozesse, Kosten und Erträge bekommen. Des Weiteren entwickelt sich durch den Einsatz von umfangreichen Sets an Kennzahlen ein Gefühl der Ermächtigung *(psychological empowerment)* im Sinne von Kompetenzsteigerungen und Selbstbestimmtheit (Hall 2008, 145–146). Damit wird für Mitarbeiter/innen klar ersichtlich, welche Rolle sie im Unternehmen einnehmen.

4.6 Kritische Reflexion und zusammenfassende Darstellung

Das vorliegende Kapitel zeigte die Spezifika der Handelslandschaft auf und leitete daraus die Anforderungen an ein adäquates Performance Measurement ab. Neben den „klassischen" Handelsfunktionen, wurden auch strukturelle Gegebenheiten des Marktes im nationalen und internationalen Kontext beleuchtet. Schließlich wurden anhand von Forschungsergebnissen die Instrumente des Handelsmarketing-Mix mit dem Performance Measurement-Ansatz verknüpft. Die diskutierten Argumente bilden Kernaspekte der Einzelhandelsbranche; Feinheiten konnten an dieser Stelle nicht abschließend aufgegriffen werden. Dennoch kann daraus abgeleitet werden, dass die Komplexität der Handelsaufgaben in der konsequenten Verknüpfung von strategischen und operativen Prozessen besteht und Einperiodenbetrachtungen nicht zielführend sind.

Speziell wurden sortimentsspezifische Besonderheiten, die sich in der Position Handelswareneinsatz widerfinden, herausgegriffen und hinsichtlich technologischer Entscheidungsunterstützungssysteme wie Retail Revenue Management reflektiert. Auch Personalkosten, als zweiter wesentlicher Kostentreiber, wurden im Handelskontext beleuchtet und mittels Gehaltspositionen diskutiert. Tabelle 17 stellt noch einmal die Ertrags- und Kostenpositionen im österreichischen Markt im Vergleich zum U.S. amerikanischen Markt gegenüber.

Tabelle 17: *Gegenüberstellung der GuV im nationalen und internationalen Kontext*

Österreich (EH gesamt)	GuV	USA (LEH)	GuV
	2007/08		2007/08
Betriebsleistung	100,0 %	Betriebsleistung	100,0 %
- Handelswareneinsatz	66,6 %	- Handelswareneinsatz	70,7 %
= Rohertrag	33,5 %	= Rohertrag	29,3 %
+ Sonstige Erlöse	2,2 %	- Personalkosten (inkl. Benefits)	14,8 %
- Personalkosten	16,7 %	- Mietaufwendungen	1,8 %
- Abschreibungen/GW	2,2 %	- Abschreibungen/GW	1,4 %
- So. betriebl. Aufwendungen	13,6 %	- So. betriebl. Aufwendungen	8,1 %
= Betriebserfolg	3,1 %	= EBIT	3,2 %

Performance Measurement ist je nach Unternehmen unterschiedlich implementiert:

(1) Kontext und Aktivitäten von Handelsunternehmen bestimmen die Ausgestaltung der Informationsgrundlage hinsichtlich der Dimensionen Effizienz und Effektivität sowie interner und externer Orientierung (Zallocco et al. 2009, 600). Betrachtet man bspw. das Unternehmen WalMart, Weltmarktführer im Handel, so werden täglich 25 Millionen Kund/innen an den Kassen bedient und 12 Millionen Kreditkartentransaktionen durchgeführt. Jede Transaktionsinformation verbleibt zwei Jahre im Unternehmen, wird verwaltet, aufbereitet und analysiert (Planet Retail 2014a). Diese *Big Data* und die daraus entstehende Komplexität können zur Informationsüberlastung führen, die Entscheidungsfindungen negativ beeinflusst (Hirsch/Volnhals 2012, 36; Ittner/Larcker 1998, 205).

(2) Insgesamt sollen Store Manager/innen im Tagesgeschäft durch ein händelbares Set an Kennzahlen unterstützt werden. Technologische Schnittstellen wie OLAP-Modelle reduzieren „Big Data" und vermindern somit „Information Overload" (Paul 2014). Die Zielorientierung der Unternehmen und die Rolle, die Handelsmanager/innen Performance Measurement im operativen Bereich beimessen, beeinflussen die Verwendung von Performance Kennzahlen (Artz et al. 2012, 446).

(3) Die Herausforderung im Handelskontext liegt nach wie vor in der Operationalisierung von immateriellen Bereichen und von zukunftsweisenden Kennzahlen, vor allem in Bezug auf deren Validität und Reliabilität. Diese Aspekte wurden im vorliegenden Kapitel durch die generische Kategorisierung von unterschiedlichen Kennzahlensets aufgegriffen, die auch für die folgenden empirischen Forschungsansätze relevant sind.

5 Die Entwicklung von PM in der Handels- und Marketingforschung

Gibt man die Suchanfrage „Performance Measurement" in die Suchmaschine *Google* ein, so erhält man 23.200.000 Treffer. Eine Einschränkung auf die Einzelhandelsbranche *(Performance Measurement in Retailing)*, führt zu 5.680.000 Treffer. *Google Scholar*, eine Suchmaschine, die sich auf wissenschaftliche Beiträge einschränkt, liefert bei dieser Anfrage ungefiltert noch immer 126.000 Hits (Google Anfrage am 09. Juni 2014). Diese Ergebniszahlen sollen verdeutlichen, dass in einem klar abgegrenzten Forschungsfeld sowohl in der managementorientierten Diskussion als auch im wissenschaftlichen Kontext ein unüberblickbares Feld an Informationen zur Verfügung steht. Bis dato fehlt ein Überblick der Literatur, der die Erkenntnisse von Performance Measurement in dieser Forschungsdisziplin verortet. Eine kompakte Aufbereitung verdichtet bestehendes Wissen und deckt Widersprüchlichkeiten in der Konzeption und den Forschungsergebnissen auf (Strauß/Zecher 2013, 234). Weiters hilft sie, Erkenntnisse aus unterschiedlichen Forschungsströmungen miteinander zu vereinen (Eisend 2014, 1). Der vorliegende Beitrag soll daher helfen, Struktur in die einzelhandelsbezogene Performance Measurement-Diskussion zu bringen.

Die **Methodik der systematischen Inhaltsanalyse** im Zuge des Literaturüberblicks wird als beobachtende Technik eingestuft. Sie analysiert eine bereits bestehende, verschriftlichte Form der Kommunikation – in diesem Fall Journal-Artikeln (Harrison/Reilly 2011, 11). Da die Betrachtung der Beiträge in deskriptiver Art und Weise durchgeführt wird und Fragen zu Herkunft, Methodologie, Erhebungsmethode etc. beantwortet werden, reiht sich dieses Kapitel in den Bereich der qualitativen Forschungsdisziplin ein (Creswell 2014, 38). Zusätzlich dienen Häufigkeitsverteilungen dazu, Entwicklungen im Zeitablauf zu operationalisieren. Die in Kapitel 5.1 formulierten Forschungsfragen und Zielsetzungen als auch die in Kapitel 5.2 präsentierten Kriterien für die Literaturauswahl bilden die Grundlage für die Analyse und werden explizit dargestellt. Im Anschluss folgt eine Diskussion der zentralen Themen entlang eines Zeitstrahls. Das gesamte Kapitel versucht sowohl Rigour als auch Relevance-Gedanken zu kombinieren und dient als Überblicksartikel für Praktiker und Akademiker. Die Auseinandersetzung nimmt eine neutrale Position ein, die die wissenschaftlichen Erkenntnisse so vollständig und wertfrei wie möglich gegenüberstellt. Aufbauend auf den Erkenntnissen der Literaturanalyse werden explizit Forschungslücken aufgearbeitet, die in den Folgekapiteln geschlossen werden sollen. Abbildung 22

98 Die Entwicklung von PM in der Handels- und Marketingforschung

fasst die Charakteristika des Reviews angelehnt an dem Kategorienschema von Fettke (2006, 259) noch einmal kompakt zusammen.

Abbildung 22: Literaturüberblick: Charakteristische Verortung (Fettke 2006, 259; Positionen in der vorliegenden Arbeit in dunkelgrau)

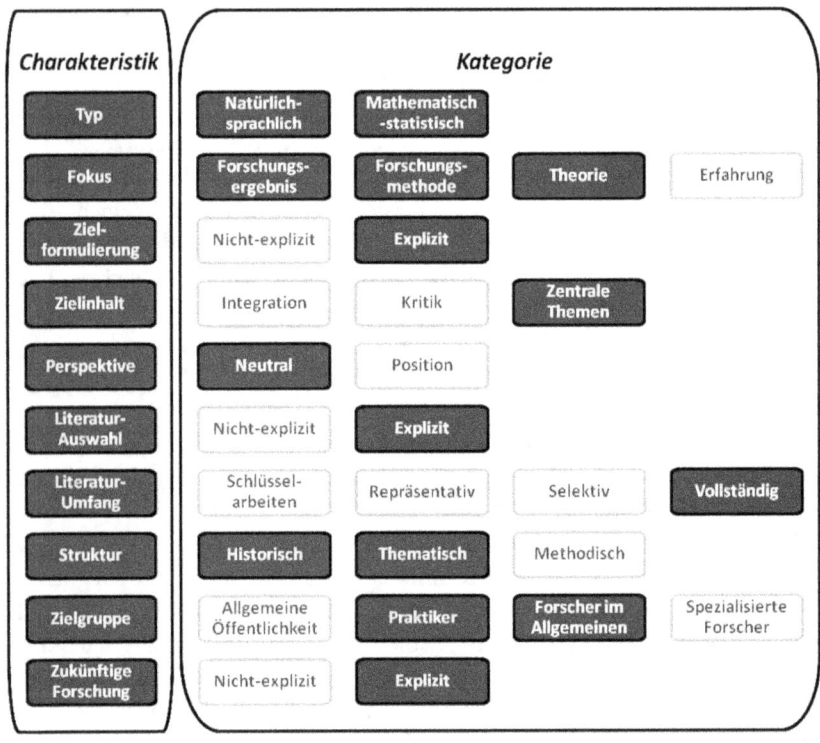

Die Entwicklung von Performance Measurement in der Handels- und Marketingforschung bildet den Kern der folgenden Diskussion. Die Basis für den Aufbau dieses Überblicks liefern veröffentlichte Literaturüberblicke mit ähnlichen Forschungsschwerpunkten (bspw. Bruhn et al. 2012; Lienbacher 2013; Strauß/Zecher 2013). In den folgenden Unterkapiteln wird angelehnt an Creswell (2014, 31–32) und Fink (2010, 4) das Vorgehen bei der Analyse vorgestellt.

5.1 Forschungsfragen und Zielsetzung der Literaturanalyse

Um die Entwicklung und zunehmende Wichtigkeit von Performance Measurement in der wissenschaftlichen Handelsdiskussion aufzuzeigen, werden die relevanten Beiträge in einem ersten Schritt hinsichtlich ihres **Erscheinungsjahres und Publikationsmediums** analysiert. Angelehnt an Binder/Schäffer (2005, 604), die branchenübergreifend die Entwicklung der Controllingforschung im deutschsprachigen Raum beleuchten, werden im vorliegenden Beitrag ähnliche Forschungsfragen formuliert (vgl. Tabelle 18; Forschungsfragen 1, 2 und 5). Die damalige Analyse zeigt, dass der Servicesektor in den Forschungsbeiträgen unterrepräsentiert war. Die vorliegende Arbeit greift diesen Kritikpunkt auf und widmet sich ausschließlich der Handels- und Marketingforschung, erweitert aber das Controllingverständnis um den Ansatz „Performance Measurement".

Wie eingangs erwähnt, werden nationale Unterschiede bei der Implementierung von Performance Measurement ersichtlich (Malmi 2013, 230). Aus diesem Grund widmet sich Forschungsfrage 3 der Fragestellung nach der **Herkunft der Autorenschaft**.

Die Anforderungen an und die Funktionen von Performance Measurement variieren je nach **hierarchischer Ebene** im Unternehmen. Da die Handelsbranche durch einen hohen Filialisierungsgrad geprägt ist, müssen dezentrale Strukturen besonders berücksichtigt werden (Forschungsfrage 4).

Übergeordnetes Forschungsziel ist es, Handelsmanager/innen durch relevante Kennzahlen-Sets zu unterstützen. Aus diesem Grund widmet sich Forschungsfrage 6 der **Kategorisierung der diskutierten Handelskennzahlen**.

Die Ausgestaltung von Performance Measurement in einem Unternehmen wird seine Vorteile im Sinne von entscheidungsvereinfachenden und -beeinflussenden Komponenten nur dann entfalten können, wenn es an die spezifischen **Kontingenzfaktoren** angepasst ist. Aus diesem Grund adressiert Forschungsfrage 7 jene Faktoren, die auf die Performance von Handelsunternehmen bzw. die Ausgestaltung von Performance Measurement wirken.

Folgende Tabelle fasst die einzelnen Forschungsfragen, deren Kategorisierung und Zielsetzung noch einmal überblicksmäßig zusammen.

Tabelle 18: Literaturüberblick: Forschungsfragen und Zielsetzung

Nr.	Forschungsfragen (Literaturüberblick)	Zielsetzung
1	Wie gestaltet sich die Publikationstätigkeit bei PM in der Handels- und Marketingforschung über die Zeit?	Zusammenfassung und Entwicklung veröffentlichter Forschungsbeiträge
2	Welche methodischen Verfahren werden bei Beiträgen, die sich mit PM im Einzelhandel beschäftigen, gewählt?	
3	In welchem nationalen Kontext werden Beiträge, die sich mit PM im Einzelhandel beschäftigen, veröffentlicht?	
4	Auf welchen Hierarchie-Ebenen wird PM im Einzelhandel untersucht?	

Nr.	Forschungsfragen (Literaturüberblick)	Zielsetzung
5	Welche Themengebiete finden sich in der internationalen Literatur in Bezug auf die Umsetzung von PM im Handel?	Identifikation relevanter Forschungsschwerpunkte
6	Welche Erfolgskennzahlen werden in der Handels- und Marketingforschung verwendet?	Identifikation relevanter Handelskennzahlen
7	Welche Einflussfaktoren wirken auf die Beziehung zwischen Ausgestaltung von PM und Performance?	Identifikation von Einflussfaktoren

5.2 Auswahlkriterien und Forschungsprotokoll

Das Objekt der Analyse sind Zeitschriftenbeiträge aus international anerkannten wissenschaftlichen Journals. Um eine wissenschaftlich fundierte Literaturauswahl vorzunehmen, werden mehrere Strategien zur Literaturrecherche miteinander kombiniert. Damit soll eine möglichst gründliche und umfassende Analyse gewährleistet werden, die jedoch keinen Anspruch auf Vollständigkeit erhebt (Eisend 2014, 8-9). Die Wirtschaftsdatenbank *EBSCO Business Source Premier*, die ihren Schwerpunkt auf praxisorientierte und wirtschaftswissenschaftliche Themenstellungen legt und Beiträge zurück bis in die 1920er Jahre gespeichert hat (EBSCO Business Source Premier 2014), liefert die Ausgangsbasis. Weiters wurde durch ein systematisches Durchsuchen aller Ausgaben relevanter deutschsprachiger Zeitschriften *(issue-by-issue search)* eine Einbindung von deutschsprachigen Beiträgen möglich (Kriterium 4 in Tabelle 19).[11]

Die Suche nach analyserelevanten Artikeln erfolgte in mehreren Wellen. Start für die Informationssuche war im Juli 2011. Weitere Suchanfragen wurden von September 2011 bis Dezember 2012 durchgeführt. Deutschsprachige Journals wurden Anfang 2013 durchforstet. Eine erneute Abfrage startete im März 2014, um die publizierten Beiträge so aktuell wie möglich zu halten und das Jahr 2013 vollständig analysieren zu können.

Eine Abfrage in *EBSCO* am 24. März 2014 lieferten 2.775 Treffer zu den Stichwörtern „Performance Measurement" und „Retail" bzw. „Marketing". Die angeführten Stichwörterkombinationen (Punkt 5 in Tabelle 19) führten zu knapp über 1.500 Artikeln, die hinsichtlich weiterer Kriterien gefiltert wurden *(practical screen)* (Fink 2010, 61). Um eine Analyse auch durchführbar zu machen, wurden folgende Qualitätskriterien und Einschränkungen getroffen (Tabelle 19).

---

11 Einbezogen wurden folgende deutschsprachige Zeitschriften: ZfbF, ZfB, DBW, JfB, ZFP, Zeitschrift für Planung und Unternehmenssteuerung, Zeitschrift für KMU und Entrepreneurship

Die Entwicklung von PM in der Handels- und Marketingforschung 101

Tabelle 19: Literaturüberblick: Auswahlkriterien für Ein- und Ausschluss der Analyseeinheiten (Reihung nach Wichtigkeit)

Nr.	Kriterium	Definition	
1	Qualitätskriterium	Inkludiert werden Beiträge, die im VHB Journal-Ranking A+, A, B und C gerankt sind	
2	Einschlusskriterium	Inkludiert werden Beiträge, deren Zusammenfassung (Abstract AB) oder Stichwörter (Keywords KW) Bezug zu Performance Measurement bzw. Controlling UND Handel bzw. Marketing haben	
3	Ausschlusskriterium	Exkludiert werden Artikel mit Fokus auf Supply Chain Management, Retail Banking, B2B Beziehungen, Online Retailing, Industrie, Real Estate	
4	Datenbasis	Elektronische Datenbank: EBSCO Issue-by-Issue Suche in deutschsprachigen Journals, die im VHB Ranking gerankt sind; Schneeballsystem, um relevante Artikel, die häufig zitiert sind, aber nicht den Qualitätskriterien entsprechen hineinzunehmen	
5	Stichwörter/Keywords	Financial performance (AB) Marketing performance (AB) Metric* (all) & performance* (AB/KW) Measure* (all) & performance (AB) Performance measure* (AB) Performance eval* (AB) Controlling	Retail* (AB), Handel*, Händler, Marketing* (AB)
6	Sprache	Inkludiert werden Beiträge in englischer und deutscher Sprache	

Als Qualitätskriterium dient das Referenzinstrument VHB-JOURQUAL Ranking (VHB JOURQUAL 2011). Dieses ist ein befragungsbasiertes Zeitschriftenranking des Verbands der Hochschullehrer für Betriebswirtschaft e.V. (VHB) mit Rating-Kategorien von A+ bis E. In dieses Ranking wurden nur jene Journals integriert, die „von mindestens zehn Mitgliedern des Verbands bewertet wurden und die sich in eine der Teildisziplinen des VHB einordnen lassen bzw. mindestens fünf Einschätzungen zu den Review-Anforderungen aufweisen. [...] Von den 832 unterschiedlichen, im Zeitschriftenranking JOURQUAL 2.1 enthaltenen Zeitschriften sind 17 der Kategorie A+, 57 der Kategorie A, 183 der Kategorie B, 270 der Kategorie C, 174 der Kategorie D und 131 der Kategorie E zugeordnet worden" (Voeth et al. 2011, 443). Das Qualitätskriterium VHB-Ranking wurde im Zuge der Analyse weiter verschärft, um qualitativ hochwertige Publikationen herauszufiltern (*Methodischer Filter* nach Fink 2010). Aus diesem Grund werden nur jene Artikel in die Analyse einbezogen, die in den Rankings A+, A, B und C einzuordnen sind. Jene Artikel, die in der Performance Measurement-Literatur dennoch als zentral angesehen werden und als „Top-Artikel" gelten, aber nicht diesem Kriterium entsprechen, werden nachträglich aufgenommen. Dieses Vorgehen entspricht der Kritik von Kieser (2012, 102) und erscheint sinnvoll, da ansonsten zahlreiche deutschsprachige Beiträge keine Relevanz in der Analyse gehabt hätten, diese jedoch für einen internationalen Vergleich wichtig sind (Voeth et al. 2011, 443).

Die Stichwortsuche kombiniert zwar bereits die Bereiche *Handel* und *Performance Measurement*, dennoch war es notwendig, die Zusammenfassungen hinsichtlich der Themenschwerpunkte zu sichten, um relevante Beiträge zu identifizieren und irrelevante auszuschließen (Kriterien 2 und 3 in Tabelle 19). Der Analysezeitraum unterlag keiner Einschränkung, um die Entwicklung der Forschungsdisziplin über den Zeitverlauf darzustellen. Er endet jedoch mit dem Jahr 2013. Kritisch anzumerken bleibt, dass die elektronische Speicherung der wissenschaftlichen Zeitschriften zeitlich variiert und daher Verzerrungen bei der Analyse hinsichtlich der Publikationshäufigkeit entstehen können. Dieser Effekt tritt verstärkt bei den deutschsprachigen Zeitschriftenbeiträgen auf, da die Speicherung der Zeitschriften teilweise erst um die Jahrtausendwende begann.

5.3 Kodierung der Studien

Das Kategorienschema leitet sich aus der Zielsetzung und den Forschungsfragen der Literaturanalyse ab (Auer-Srnka/Koeszegi 2007, 36). Tabelle 20 stellt die eingangs formulierten Forschungsfragen und die verwendete Kategorisierung gegenüber. Im Anschluss daran folgen die einzelnen Definitionen des Kategorienschemas.

Tabelle 20: Literaturüberblick: Übersicht Kodierung der Analyseeinheiten

Nr.	Forschungsfragen (Literaturüberblick)	Kategorisierung
1	Wie gestaltet sich die Publikationstätigkeit bei PM in der Handels- und Marketingforschung über die Zeit?	Publikationsverhalten (Häufigkeit und Journal-Ranking)
2	Welche methodischen Verfahren werden bei Beiträgen, die sich mit PM im Einzelhandel beschäftigen, gewählt?	Methodisches Vorgehen
3	In welchem nationalen Kontext werden Beiträge, die sich mit PM im Einzelhandel beschäftigen, veröffentlicht?	Herkunft der Autorenschaft

Nr.	Forschungsfragen (Literaturüberblick)	Kategorisierung
4	Auf welchen Hierarchie-Ebenen wird PM im Einzelhandel untersucht?	Analyse-Kategorien
5	Welche Themengebiete finden sich in der internationalen Literatur in Bezug auf die Umsetzung von PM im Handel?	Stakeholder-Kategorien
6	Welche Erfolgskennzahlen werden in der Handels- und Marketingforschung verwendet?	Kennzahlen-Kategorien
7	Welche Einflussfaktoren wirken auf die Beziehung zwischen Ausgestaltung von PM und Performance?	Kontingenz-Kategorien

Die **methodische Annäherung** an eine Problemstellung lässt sich in (a) explorative Designs, (b) deskriptive Designs und (c) kausalanalytische Designs einteilen (Silver 2013, 17). Werden mehrere Methoden kombiniert, spricht man von gemischten Verfahren (*Mixed Methods*) (Creswell 2014, 3). Die angewendeten Verfahren gelten als Kriterium für die Ausgereiftheit einer Disziplin (Homburg 2007, 28–29; Kieser 2012, 104). Während Binder/Schäffer (2005, 614) vor zehn Jahren noch die Einseitigkeit der Methode in der Controllingforschung bemängeln, so wird eine Weiterentwicklung der angewendeten Forschungsdesigns erwartet.

Tabelle 21: Literaturüberblick: Methodologie – Kategorisierung (Bruhn et al. 2012–43; Creswell 2014, 4; Silver 2013–18)

Untersuchungsdesign	Definition	Techniken
Explorativer Ansatz	Entdeckender und verstehender Ansatz, um Bedeutung für Individuen bzw. Gruppen zu einem sozialen Problem zu erfahren.	Desk-Research, Tiefeninterview, Fallstudie, Literaturüberblick, Fokusgruppen, etc.
Deskriptiver Ansatz	Beschreibender Ansatz, der die Verteilung in der Stichprobe analysiert und die Korrelation von Variablen misst.	Analyse von Häufigkeiten, Mittelwertberechnungen, Korrelationsanalysen, etc.
Kausalanalytischer Ansatz (ex post facto)	Theorietestender Ansatz, der den Einfluss von unabhängigen Variablen auf abhängige Variablen nachträglich untersucht.	Face-to-Face-Befragung, Online Befragung, Telefoninterviews, etc.

Untersuchungs-design	Definition	Techniken
Kausalanalytischer Ansatz (Experiment)	Theorietestender Ansatz, der Kausalzusammenhänge in kontrollierten Gruppenvergleichen (Experimentalgruppe vs. Kontrollgruppe) durchführt.	Feldexperiment, quasi-experimentelle Versuchsanordnung, Laborexperiment
Kausalanalytischer Ansatz (analytisch)	Theorietestender Ansatz, der Kausalzusammenhänge mathematisch herleitet und testet.	DEA, Simulationen, etc.
Mixed Methods Design	Kombination von qualitativen und quantitativen Forschungsmethoden. Dieser Ansatz zielt auf umfangreichere Erkenntnisse ab.	Kombination aus explorativen und kausalanalytischen Ansätzen

Für die Kategorie „**Herkunft der Autorenschaft**" wird die Nation der akademischen Einheit der Autor/innen zum Zeitpunkt der Publikation herangezogen und damit die Internationalität der Forschungsbeiträge aufgeschlüsselt (Bruhn et al. 2012, 44). Es werden acht Kategorien gebildet, um einerseits Übersichtlichkeit zu gewährleisten und andererseits die konzeptionellen Unterschiede von Performance Measurement herauszuarbeiten. Erstens werden USA und Kanada als nordamerikanische Länder zusammengefasst, innerhalb von Europa wird englischsprachig und deutschsprachig unterschieden. Die Kategorien „Europa – Rest", Australien/Neuseeland, Asien und Südamerika bilden weitere Kategorienausprägungen. Liegt Ko-Autorenschaft aus unterschiedlichen Ländern vor, wurde die Kategorie „Gemischt" gewählt.

Tabelle 22 zeigt kompakt das verwendete **Kontingenz-Kategorienschema** auf und gibt Referenzen, wann ein Artikel einer Kategorieausprägung zugeordnet wird. Für die detaillierte, theoriegeleitete Herleitung wird auf Kapitel 6.3 verwiesen.

Tabelle 22: Literaturüberblick: Kontingenz-Kategorie

Kontingenz-Kategorie	Artikel enthält Referenz auf
Umwelt	Turbulenz, feindliche Umgebung, Diversität, Komplexität
Strategie	Langfristige Ausrichtung des Unternehmens, Zielgestaltung; Kund/innen-, Kosten-, Innovations-, Wettbewerbsorientierung
Struktur	Grad der Formalisierung, hierarchische Anordnung, horizontale Integration

Kontingenz-Kategorie	Artikel enthält Referenz auf
Technologie	Informationssammlung, -generierung, -austausch
Größe	Anzahl der Mitarbeiter/innen bzw. Geschäfte, Umsatz
Kultur	Unterschiede hinsichtlich der Nationalität

Die Kategorisierung der **Leistungsebene** zeigt, wie Performance Measurement auf einzelnen Analyseebenen angewendet und deren Leistung gemessen wird. Zumeist entspricht dies der Stichprobenbeschreibung und zeigt, auf welcher Ebene befragt wurde.

Tabelle 23: Literaturüberblick: Leistungsebene-Kategorie

Leistungsebene	Definition	Beispiele
Individuelle Ebene	PM zeigt Performance von Einzelpersonen	Manager/in, Mitarbeiter/in, Kunde bzw. Kundin
Unternehmensbereich/ Filialebene	PM zeigt Performance innerhalb des Geschäftslokals bzw. innerhalb eines Geschäftsbereiches (Marketing-Abteilung)	Filialen (Stores), Marketingabteilungen
Unternehmensebene	PM zeigt Performance im Gesamtunternehmen	Unternehmen
Unternehmens-übergreifende Analyse	PM zeigt Performance über Unternehmensgrenzen hinweg	Lieferanten, Branchenüberblick, Marktanalyse
Gemischt	Kombination von mehreren Ebenen	Individuelle Ebene und Gesamtunternehmen
Generell	Keine Ebene wird explizit angesprochen	Kommentar, konzeptionelles Paper

Entsprechend den Balanced-Scorecard-Einteilungen von Kaplan/Norton (1996) werden **handelsrelevante Kennzahlen** in die Bereiche Kennzahlen auf Unternehmensebene, Sortiment, Kund/innen und Mitarbeiter/innen zusammengefasst. Finanzkennzahlen entsprechen auf Unternehmensebene der buchhalterischen Sichtweise. Die restlichen Bereiche werden noch in finanziell- und nicht-finanzielorientierte Kennzahlen unterteilt, womit Breite und Tiefe von Performance Measurement ersichtlich wird (Homburg et al. 2012a, 59).

Tabelle 24: Literaturüberblick: PM-Kennzahlen-Kategorie (Clark 1999, 713; Kaplan/Norton 1996)

PM-Kennzahlen	Definition	Beispiele
Gesamtunter-nehmen (FK)	Zeigt finanziellen oder mengenmäßigen Output/ Ertrag der Gesamtunternehmung	Kennzahlen der Jahresabschlussanalyse (RoA, Cash flow, etc.)
Sortiment (FK)	Zeigt finanziellen oder mengenmäßigen Output/ Ertrag im Bereich Sortiment	Umsatz/Absatz
Sortiment (NFK)	Zeigt beeinflussende/ moderierende Faktoren für Unternehmenserfolg im Bereich Sortiment; nicht direkt aus Jahresabschluss ableitbar	Produktverfügbarkeit
Kund/innen (FK)	Zeigt finanziellen oder mengenmäßigen Output/ Ertrag im Bereich Kund/innen	Wert des Warenkorbs
Kund/innen (NFK)	Zeigt beeinflussende/ moderierende Faktoren für Unternehmenserfolg im Bereich Kund/innen; nicht direkt aus Jahresabschluss ableitbar	Kund/innen-zufriedenheit
Mitarbeiter/innen (FK)	Zeigt finanziellen oder mengenmäßigen Output/ Ertrag im Bereich Mitarbeiter/innen	Umsatz/Absatz pro Mitarbeiter/innen
Mitarbeiter/innen (NFK)	Zeigt beeinflussende/ moderierende Faktoren für Unternehmenserfolg bei Mitarbeiter/innen; nicht direkt aus Jahresabschluss ableitbar	Mystery-Shopper Evaluierung

Eine Zielsetzung von Performance Measurement ist es, die Dimensionen und damit die Interessen und Ansprüche von unterschiedlichen **Stakeholder-Gruppen** abzudecken. Gleichzeitig beziehen sich Performance Kennzahlen auf die Stakeholder-Gruppen und machen deren Einfluss auf die Gesamtperformance transparent (Merchant/Van der Stede 2012, 33). Die Analyse der thematischen Schwerpunkte zeigt, welche Performance Kennzahlen welche Stakeholder-Gruppen adressieren. Dementsprechend werden die folgenden Kategorien gebildet.

Tabelle 25: *Literaturüberblick: Stakeholder-Kategorie (Merchant/Van der Stede 2012, 33)*

Stakeholder	Definition
Mitarbeiter/innen	PM beleuchtet mitarbeiter/innenorientierte Bereiche wie Mitarbeiter/innenevaluierung, Mitarbeiter/innenzufriedenheit etc.
Kund/innen	PM beleuchtet kund/innenorientierte Bereiche wie Serviceorientierung, Kund/innenzufriedenheit etc.
Lieferanten	PM beleuchtet die Zusammenarbeit von Lieferanten und Einzelhandel
Kapitalgeber	PM beleuchtet den Einfluss von externen Investoren
Eigentümer	PM beleuchtet den Einfluss von Eigentümerverhältnissen
Umweltschützer	PM beleuchtet den Einfluss von Umweltfaktoren (CSR Bestrebungen)
Regierung	PM beleuchtet politische Interessen
Gesellschaft	PM beleuchtet gesellschaftspolitische Interessen
Gemischt	Mehrere Stakeholder-Gruppen werden angesprochen
Generell	Keine direkte Zuordnung

5.4 Ergebnisse der Literaturanalyse

Die Literaturanalyse basiert auf 270 Artikeln, die aus unterschiedlichen Forschungsrichtungen stammen und den Bereichen Handel, Marketing, Accounting, Finance, Strategie und Verhalten in Organisationen (*organisational behavior*) zugeordnet werden können. Ziel ist es, eine Entwicklung der Performance Measurement-Forschung nachzuzeichnen und damit dem Anspruch einer Mehrperiodenbetrachtung nachzukommen. Dies hilft, jene Erkenntnisse, die durch die vorliegende Arbeit geliefert werden, in holistischer Weise mit bereits existierenden, theoretischen Erkenntnissen abzugleichen und sich somit der Kritik eines „Schnappschusses" zu entziehen. Im Folgenden werden daher in einem ersten Schritt Publikationstätigkeit und –verhalten analysiert.

5.4.1 Entwicklung der Publikationstätigkeit

Mitte der 1960er Jahre beschäftigen sich die ersten Beiträge mit dem Konstrukt „Performance" im Einzelhandelskontext. Wie in Abbildung 23 dargestellt, gibt es seither einen exponentiellen Anstieg hinsichtlich der **Publikationstätigkeit**.

Um die Übersichtlichkeit entlang des Zeitstrahls zu gewährleisten, werden die Beiträge in Fünf-Jahresperioden zusammengefasst und analysiert. Anzumerken bleibt, dass der letzte Beobachtungszeitraum nur vier Jahre beinhaltet, was auch den Publikationsrückgang in der letzten Periode erklärt.

Abbildung 23: Literaturüberblick: Publikationstätigkeiten in 5-Jahres-Schritten (*Zeitraum: 4 Jahre) (absolut) (n=270)

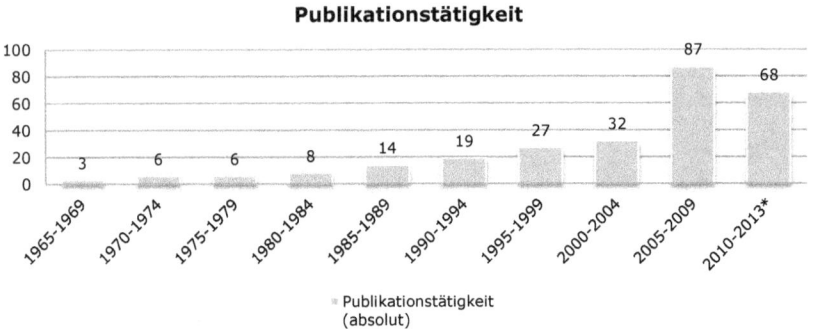

Das **VHB Journal-Ranking** bildet ein wesentliches Qualitätskriterium bei der Auswahl der Artikel. Insgesamt sind 15 % der analysierten Beiträge in A+-Journals publiziert, 23 % der analysierten Beiträge in A, 28 % der analysierten Beiträge in B und 30 % der analysierten Beiträge in C. Weitere 4 % der analysierten Beiträge fallen unter die Kategorie D. Diese Verteilung zeigt, dass das Forschungsgebiet Potenzial für hoch gerankte Beiträge hat. Im Detail ist in Abbildung 24 ersichtlich, welche **Publikationsmedien** als zentral angesehen werden können. Aus Gründen der Übersichtlichkeit werden nur jene wissenschaftliche Zeitschriften herangezogen, die zumindest fünfmal Beiträge zum Thema Performance Measurement im Handel betrachten.

Abbildung 24: Literaturüberblick: Verteilung in wissenschaftlichen Journals; Häufigkeit n>5; (absolut) (n=131)

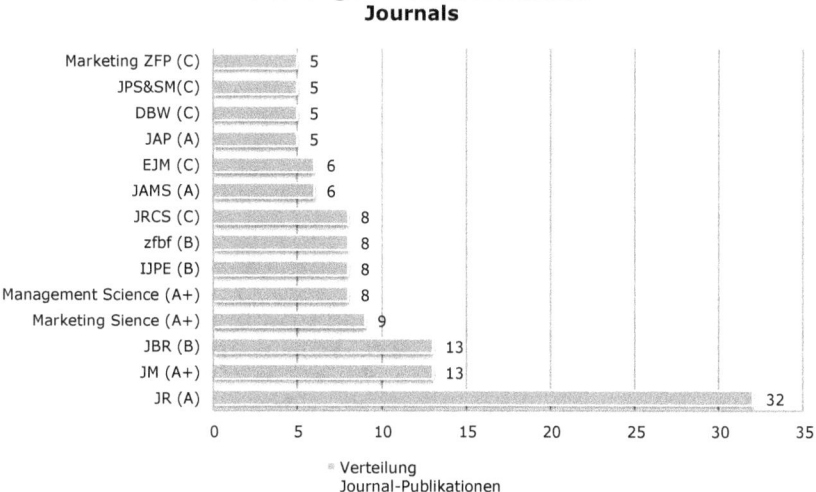

Mit 32 Beiträgen stellt das *Journal of Retailing (A)* die wichtigste Zeitschrift in diesem Forschungsbereich dar. Danach folgen das *Journal of Marketing (A+)* und *Journal of Business Research (B)* mit jeweils 13 Publikationen.[12]

Eng verbunden mit dem Zeitschriftenmedium wird auch der **nationale Kontext** gesehen, in dem wissenschaftliche Autor/innen publizieren. Die Länge der Balken in Abbildung 25 zeigt die Publikationshäufigkeit in den jeweiligen Kontinenten; die Grauschattierung in den Balken gibt Aufschluss darüber, wie sich die Herkunft der Autorenschaft in den Beobachtungsperioden anteilsmäßig verhält.

---

12 Abkürzungen: JR (Journal of Retailing), JM (Journal of Marketing), JBR (Journal of Business Research), IJPE (International Journal of Production Economics), zfbf (Schmalenbachs Zeitschrift für betriebswirtschaftliche Forschung), JRCS (Journal of Retailing and Consumer Services), JAMS (Journal of the Academy of Marketing Science), EJM (European Journal of Marketing), JAP (Journal of Applied Psychology), DBW (Die Betriebswirtschaft), JPS&SM (Journal of Personal Selling and Sales Management), Marketing ZFP (Marketing. Zeitschrift für Forschung und Praxis)

110   Die Entwicklung von PM in der Handels- und Marketingforschung

Abbildung 25: Literaturüberblick: Herkunft der Autorenschaft (absolut) (n=270)

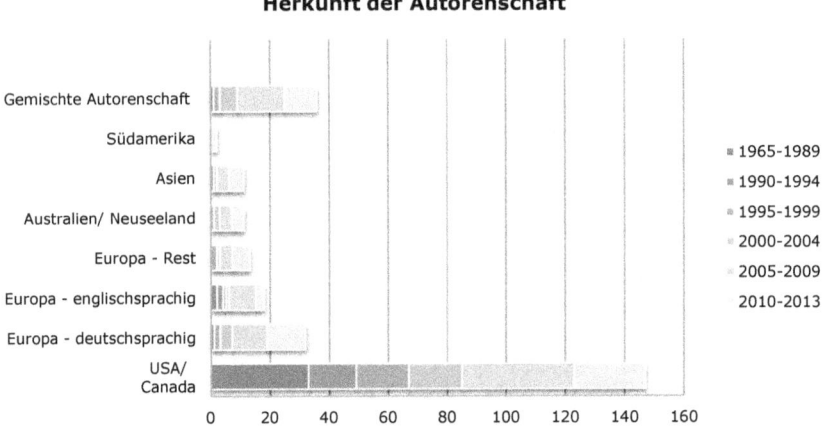

Zu Beginn der Performance Measurement-Forschung dominieren Beiträge aus englischsprachigen Ländern. Von 37 publizierten Artikeln erschienen 33 Artikel im U.S. amerikanischen Raum und zwei weitere stammen aus Großbritannien. Der einzige Beitrag aus dem Beobachtungszeitraum 1965 bis 1989, dessen Autor dem deutschsprachigen Raum zuzuordnen ist, stammt von Hildebrandt (1988), ein weiterer wurde von mehreren Autoren aus unterschiedlichen Ländern publiziert. An dieser prozentuellen Verteilung ändert sich in den Jahren 1990 bis 1994 nichts Wesentliches: 85 % der Beiträge stammen aus dem U.S. amerikanischen Raum. Auch in den Jahren 1995 bis 1999 ist Performance Measurement nach wie vor stark auf den U.S. amerikanischen Raum fokussiert, dennoch lässt sich ein Start in die Internationalisierung erkennen. Im Zeitraum 2000 bis 2004 erlangt Performance Measurement vollends internationale Anerkennung. Obwohl in den Jahren 2005 bis 2009 noch immer über 40 % der Beiträge aus dem U.S. amerikanischen Raum stammen, so hat der europäische Raum mit fast 30 % der Beiträge im Vergleich zu den Vorperioden aufgeholt. Auch eine gemischte Autorenschaft mit einem Anteil von ca. 20 % reflektiert die Internationalität der Thematik. In der letzten Beobachtungsperiode „konkurrieren" U.S. amerikanische Paper mit 35 % der Beiträge mit weltweiten Forschungsbemühungen. Hier stehen deutschsprachige Beiträge weder inhaltlich noch forscherisch den internationalen Beiträgen nach.

Wie sich der Einsatz unterschiedlicher **Forschungsdesigns** im Detail verhält, zeigt Abbildung 26. Theorietestende Verfahren werden bei einem überwiegenden

Die Entwicklung von PM in der Handels- und Marketingforschung 111

Teil der analysierten Beiträge angewendet. Vor allem „ex post facto"-Designs sind über den gesamten Analysezeitraum dominierend. Anspruchsvollere experimentelle Designs werden erst in der jüngeren Forschervergangenheit verstärkt eingesetzt.

Abbildung 26: Literaturüberblick: Angewendete Forschungsdesigns (absolut) (n=270)

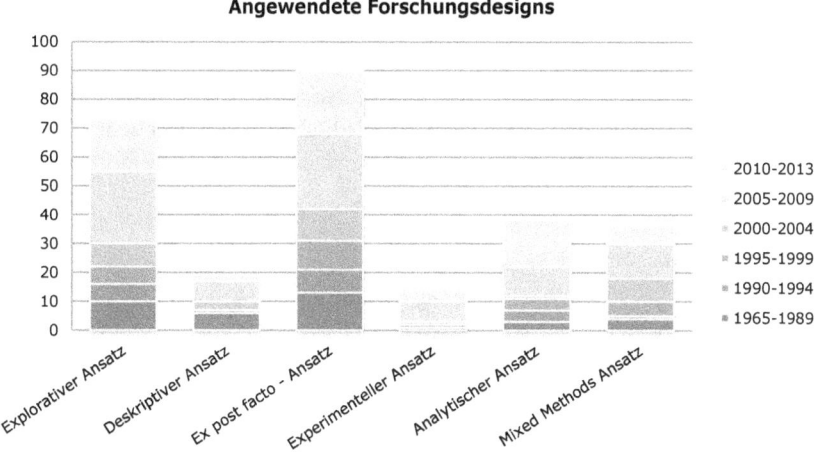

Obwohl im Beobachtungszeitraum 1965 bis 1989 die Forschungsdesigns mit 17 Beiträgen überwiegend Ursache-Wirkungszusammenhänge herstellen, so ist auffällig, dass bis zu Beginn der 1980er Jahre explorative Ansätze dominieren und damit Theoriewissen generiert wird. Erst danach werden verstärkt Hypothesen mittels induktiven Verfahren getestet. Weiters fällt – geprägt von Case-Study-Designs und beispielhaften Diskussionen – die geringe Stichprobengröße auf (n=1 oder n=2). Der Beitrag von Eccles, der den Startschuss für die Performance Measurement-Forschung gab, erschien im Jahre 1991 und zeigt basierend auf kontingenztheoretischen Überlegungen auf, welche Gründe für die verstärkte Auseinandersetzung mit nicht-finanziellen Kennzahlen sprechen. Bhargava et al. (1994) greifen drei Jahre später fast zynisch die „Tautologie von Performance Measurement" auf und meinen damit Forschungsbemühungen, die den Erfolg der Erfolgsmessung zu messen versuchen. Gekennzeichnet von generellen Diskussionen und Faktorenanalysen sind von 1991 bis 1994 dementsprechend explorative Ansätze verstärkt vorzufinden. Ziel ist es, nicht-finanzielle Ansätze und deren Relevanz prominent zu gestalten und deren Vorzüge zu präsentieren. Dies setzt sich auch in den Jahren 1995 bis 1999 fort. Auch wenn explorative Untersuchungsdesigns in Form von generellen Reviews, Kommentaren und Beobachtungen noch immer einen vergleichsweise hohen Anteil einnehmen, so erkennt man in den Jahren 2000 bis 2004 einen Anstieg bei Mixed Methods Ansätzen (Periode 1990-1994: 5 %; 1995-1999: 18 %, 2000-2004: 22 %). Forscher/innen versuchen verstärkt, die Multidimensionalität von Performance Measurement durch vorgelagerte qualitative Studien zu erfassen und danach mittels Befragungen quantitativ zu testen. Experimentelle Designs bzw. formal-analytische Herangehensweisen jeweils nur einmal vorzufinden. In den letzten zwei Beobachtungsperioden erlangen diese Versuchsanordnungen größere Relevanz.

Performance Kennzahlen werden auf unterschiedlichen Ebenen eingesetzt und bilden die Erfolgsleistung von unterschiedlichen **Leistungsebenen** ab. Im Folgenden wird diskutiert, welche Ebene Performance Measurement in den Beobachtungszeiträumen evaluiert (Abbildung 27).

Abbildung 27: Literaturüberblick: Leistungsebene (absolut) (n=270)

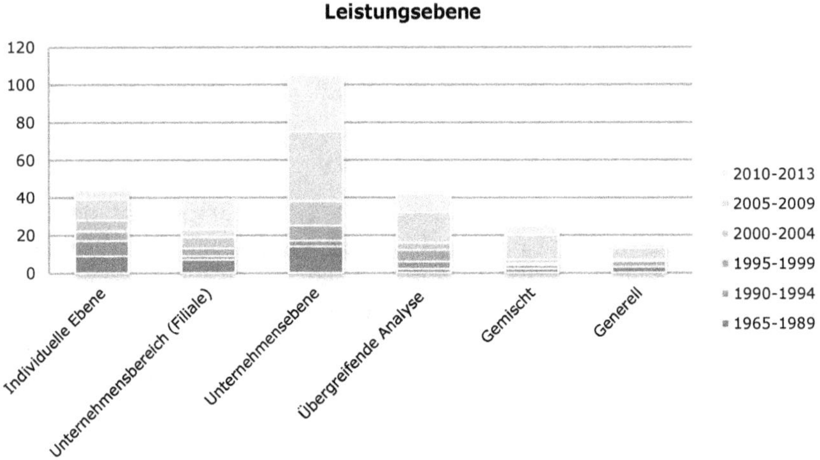

In der ersten Beobachtungsperiode fokussieren sich die Beiträge jeweils auf eine Perspektive, wobei hier die Schwerpunkte auf der gesamtunternehmerischen Betrachtung und der individuellen Perspektive liegen. Zu Beginn der 1990er Jahre rückt die Forschung die Individualebene noch mehr in den Vordergrund und deckt sowohl die Kund/innen- als auch Mitarbeiter/innenperspektive ab. Interessant ist, dass die publizierten Beiträge inhaltlich dazu übergehen, mehrere Ebenen zu berücksichtigen und so bspw. die Individualperspektive mit der Unternehmensperspektive kombiniert betrachtet wird. Analysiert man die Forschungsschwerpunkte dieser Periode (Kapitel 5.4.2), so ist dies auch nachvollziehbar. Die Performance Measurement-Forschung versucht kontinuierlich, die Auswirkungen von Serviceorientierung auf der Individualebene und deren Effekte auf der Unternehmensebene bzw. Filialebene zu untersuchen. Seit Beginn der 2000er-Jahre hält der Trend, gesamtunternehmerische und unternehmensübergreifende Analysen durchzuführen, an.

5.4.2 Themenschwerpunkte in der kennzahlenorientierten Handels- und Marketingforschung

Die Entwicklung der Publikationstätigkeit geht Hand in Hand mit einer Weiterentwicklung der Forschungsinteressen. Forscher/innen spiegeln die Bedürfnisse der Zeit wider, versuchen stets Forschungslücken zu schließen und Theoriewissen voranzutreiben. Im nächsten Schritt werden die Themenschwerpunkte in den analysierten Beiträgen zusammengefasst und gegenübergestellt.

- **Beobachtungszeitraum: 1965 bis 1989**

Zu Beginn der handelsbezogenen Performance Measurement-Forschung stehen die Erfassung und Überprüfung unterschiedlicher **Arbeitsaufgaben** auf der Store-Ebene im Vordergrund. Damit ist die individuelle Mitarbeiter/innenperspektive wesentlich für diese Forschungsperiode. Die Beiträge versuchen einerseits die verschiedenen Leistungsdimensionen durch Arbeitsaufzeichnungen transparent zu machen und produktive von nicht-produktiven Zeiten zu unterscheiden (bspw. Paul/Bell 1967). Gleichzeitig wird die Übereinstimmung von unternehmensweiten Zielsetzungen mit passenden Kennzahlen analysiert, wobei ergebnisorientierte Kennzahlen von verhaltensorientierten Evaluierungen unterschieden werden (bspw. Campbell et al. 1973).

Ein Großteil der Beiträge aus diesem ersten Beobachtungseitraum verbleibt in der finanzorientierten Diskussion und geht bspw. der Frage nach, wie einzelne **handelsspezifische Finanzkennzahlen** miteinander verknüpft werden können (Sweeney 1973). Dennoch bemängeln Cundiff et al. (1969) bereits Ende der 1960er Jahre das Fehlen bzw. Nicht-Erfassen von nicht-finanziellen Kennzahlen wie Shopper-Verweildauer (*Shopper Retention*). Kennzahlen dieser Art etablieren sich aber erst ab den 1980er Jahren in der Forschung. Dies fällt mit dem Beitrag von Porter (1980) zusammen, der die strategische Ausrichtung von Handelsunternehmen auch in die U.S. amerikanische Performance Measurement-Literatur einführt. Seit diesem Zeitpunkt wird neben Umweltfaktoren auch verstärkt die strategische Ausrichtung beleuchtet.

Service- und Kund/innenorientierung wird das erste Mal von Landon (1980) und danach von Goodman (1985) im Zusammenhang mit Performance Measurement diskutiert. Landon (1980) meint in einem konzeptionellen Paper, dass die Verwendung und Integration von Kund/innenkennzahlen „möglicherweise gut" wäre *("may be potentially good")*. Hildebrandt (1988) der als einziger Deutscher in diesem Zeitraum im *Journal of Retailing* zu einem Performance-relevanten Thema publiziert, ist hier schon weiter. Er rückt das Store Image bei Shopper/innen in den Mittelpunkt der Betrachtung und zeigt, dass Preis-Image signifikanten Einfluss auf die Store Performance hat. Den wohl wichtigsten Beitrag aus dieser Periode liefern Ende der 1980er Jahre Parasuraman et al. (1988), die die SERVQUAL Skala entwickeln und somit Kund/innen- und Mitarbeiter/innenorientierung in serviceorientierten Unternehmen messbar machen.

- **Beobachtungszeitraum: 1990 bis 1994**

Basierend auf den Erkenntnissen der 1980er Jahre werden SERVQUAL-Skala (Parasuraman et al. 1991) und SOCO Skala (Saxe/Weitz 1982) herangezogen, um die **Serviceorientierung** und deren Effekte auf die Unternehmensperformance zu operationalisieren. In diesem Zusammenhang ist eine Etablierung von **Zufriedenheitskennzahlen** nicht zu übersehen. Darunter fallen die Konstrukte Kund/innenzufriedenheit, Mitarbeiter/innenzufriedenheit und „Channel-Member"-Zufriedenheit. Die exklusive Beleuchtung der Mitarbeiter/innenperspektive (siehe Beobachtungszeitraum 1965 bis 1989) wird um die Kund/innenperspektive erweitert, wobei eine gemeinsame Betrachtung der Konstrukte Kund/innenzufriedenheit und Mitarbeiter/innen-Serviceorientierung und Mitarbeiter/innenperformance stattfindet. Ziel ist es, die Komplexität der Serviceorientierung, die von Mitarbeiter/innen bewerkstelligt wird, transparent zu machen und in das **Vergütungssystem** aufzunehmen. Baker (1992) bedient sich einer agencytheoretischen Herangehensweise und diskutiert optimale Vertragsausgestaltungen im Handelskontext. Dabei gelten vor allem Leistungsbeurteilungen von Handelsmanager/innen bedingt durch externe Umweltfaktoren als äußerst komplex (Adams et al. 1993). Beispielsweise führt eine Optimierung des Lagerbestandes zu Leistungssteigerungen im Geschäftslokal und somit zu einer verbesserten Zielerreichung beim Store Management; diese hängt jedoch von externen Faktoren wie Nachfrage, Produktkategorie und technischen Möglichkeiten ab (bspw. Bonney 1994; Hill 1992). In diesem Sinne wird der **Effizienzgedanke** als Forschungsschwerpunkt erkannt.

Die folgende Abbildung fasst die Themenschwerpunkte der ersten beiden Beobachtungszeiträume noch einmal zusammen. Die Visualisierung mit Hilfe eines Flussdiagramms dient dazu, den eigenen Beitrag für die Forschung herzuleiten

(Creswell 2014, 36-37). Der Fokus liegt auf der übergeordneten Forschungsfrage der vorliegenden Arbeit und beschränkt sich auf operative Handelsbereiche und die Ausgestaltung von entscheidungsvereinfachenden und –beeinflussenden Komponenten von Performance Measurement. Aus diesem Grund wird neben dem Design von Kennzahlensets auch die Vergütung von Mitarbeiter/innen beleuchtet. Auf der Store-Ebene sind die Interaktion von Mitarbeiter/innen und Kund/innen als auch Instore-logistische Aufgaben zentral.

Abbildung 28: Themenschwerpunkte in den Jahren 1965-1994

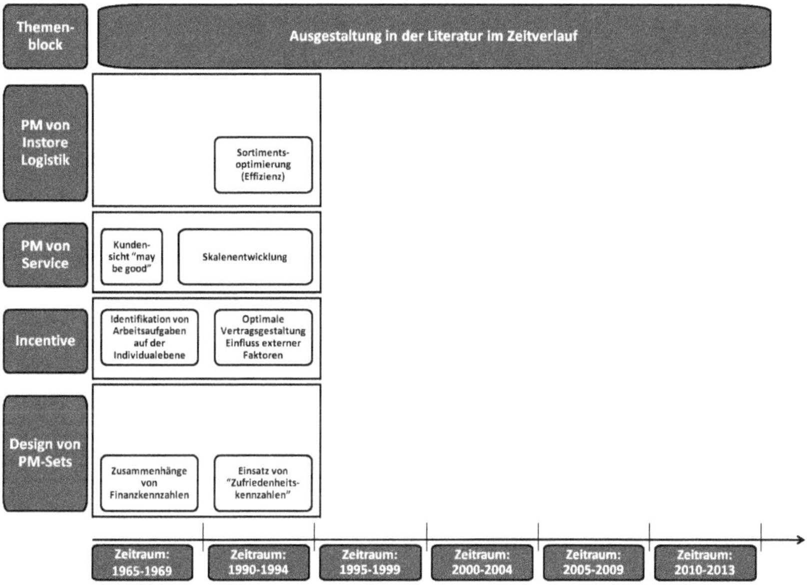

Themenblock	Ausgestaltung in der Literatur im Zeitverlauf					
PM von Instore Logistik		Sortimentsoptimierung (Effizienz)				
PM von Service	Kundensicht "may be good"	Skalenentwicklung				
Incentive	Identifikation von Arbeitsaufgaben auf der Individualebene	Optimale Vertragsgestaltung Einfluss externer Faktoren				
Design von PM-Sets	Zusammenhänge von Finanzkennzahlen	Einsatz von "Zufriedenheitskennzahlen"				
Zeitraum:	1965-1969	1990-1994	1995-1999	2000-2004	2005-2009	2010-2013

- **Beobachtungszeitraum: 1995 bis 1999**

Der Faktor „Umwelt", dessen Einfluss auf die Ausgestaltung von Performance Measurement in den vorangehenden Analyseperioden größtenteils für sich analysiert wurde, wird häufiger mit anderen Kontingenzfaktoren in Verbindung gebracht, wobei in den Beiträgen Umweltfaktoren mit strategischer Ausrichtung den Schwerpunkt in der Handelsforschung bilden. Auch Stakeholder-Kategorien werden miteinander kombiniert betrachtet. Verantwortlich dafür ist der Trend, der sich schon in der vorangegangenen Beobachtungsperiode abgezeichnet hat, nämlich die Mitarbeiter/innen- und Kund/innenperspektive gemeinsam zu beleuchten. Dabei ist vor allem die Dominanz der Mitarbeiter/innenperspektive in einem Drittel der Beiträge auffällig. Im Detail verhalten sich die Themenschwerpunkte wie folgt:

(1) **Handelsmacht *("Power of Retail"):*** Ein Schwerpunkt ist die Verschiebung der Marktmacht zwischen Industrie und Handel. Die Beiträge untersuchen die Gründe aber auch das Ausmaß der Verschiebung. Weiters rücken sie Handelsunternehmen in den Mittelpunkt der Betrachtung und versuchen die Zufriedenheit mit Zulieferern zu evaluieren (Ailawadi et al. 1995; Messinger/ Narasimhan 1995; Reijnders/Verhallen 1996).

(2) **Einfluss von Kontingenzfaktoren auf die Unternehmensperformance:** Es wird untersucht, wie externe Faktoren wie Wetter, Standort oder aber auch neue Informationstechnologien auf die Gesamtperformance und Effizienz von Einzelhandelsunternehmen wirken (Donthu/Yoo 1998; Grover/Maihotra 1999; Kean et al. 1998; Powell/Dent-Micallef 1997; Teo/Wong 1998).

(3) **Ganzheitliches Performance Measurement:** Die Entwicklung hin zu Performance Measurement, dessen Wichtigkeit und neue Instrumente wie die BSC werden vorgestellt (Kaplan 1998; Kaplan/Norton 1996; Neely 1999).

(4) **Operationalisierung von Marketing Programmen:** Die Auswirkungen von Promotion-Aktivitäten oder Eigenmarken auf die Gesamtperformance finden zunehmend Berücksichtigung (Bronnenberg/Wathieu 1996; Conant/ White 1999; Dhar/Hoch 1997). Es wird versucht, Marketing-Performance messbar zu machen und nicht wie zuvor über Accounting-Ansätze Performance zu evaluieren (Yuxin et al. 1999). Weiters zeigt Little (1998) auf, wie die Kennzahl „Umsatz" in unterschiedliche Marketingdimensionen zerlegt werden kann.

Das **Ausmaß an Serviceorientierung** unterscheidet sich je nach Branche und hat unterschiedliche Auswirkungen auf die Gesamtperformance (für eine Analyse von Antezedentsbedingungen vgl. Borucki/Burke 1999). Anderson et al. (1997) zeigen, dass Kund/innenzufriedenheit und Mitarbeiter/innenperformance in serviceintensiven Bereichen *(high productivity)* wie Bekleidungseinzelhandel zur Maximierung des Return on Investment führt, wohingegen die Kombination Kund/innenzufriedenheit und Service Orientierung im Konsumgütermarkt (bspw. bei Supermärkten) keine Gewinnmaximierung mit sich bringt. 20 Jahre nach dieser Publikation hat sich auch in der Einzelhandelslandschaft einiges getan. Beispielsweise hat sich das Verständnis von Serviceorientierung im Bekleidungseinzelhandel nach Unternehmenserfolgskonzepten wie *Zara* oder *Uniqlo* grundlegend geändert. Andererseits versuchen Lebensmitteleinzelhändler, sich von der Konkurrenz gerade durch Serviceorientierung abzuheben. Dennoch bietet diese traditionelle Unterscheidung zwischen Service- und Produktorientierung und daraus resultierenden Erkenntnisse von Anderson et al. (1997) die Basis für die vorliegende quantitative Erhebung (Kapitel 7.1).

Neben der Serviceorientierung als strategische Ausrichtung des Gesamtunternehmens wird auch das **Verhalten von Mitarbeiter/innen** und deren „gelebte" Serviceorientierung, Job Performance und Fähigkeiten, auf die Kund/innenzufriedenheit einzugehen sowie langfristige Loyalität zu zeigen, beleuchtet (Banker et al. 1996; Lemmink/Mattsson 1998). Dabei kommt die Diskussion hinsichtlich der Operationalisierung dieser Konstrukte und Evaluierung in der Praxis bspw. durch Mystery Shopper nicht zu kurz (Finn/Kayande 1999; Hurley/Estelami 1998; Pilling et al. 1999).

- **Beobachtungszeitraum: 2000 bis 2004**

Mit der Zunahme an internationaler Forschungsliteratur werden auch **kulturelle Einflüsse** in der Forschung berücksichtigt. Neben kulturellen Spezifika von Performance Measurement (Gleason et al. 2000) werden auch kulturell-unabhängige Handelskennzahlen diskutiert (Fraser/Zarkada-Fraser 2000; Fraser/Zarkada-Fraser 2001). Reinecke/Reibstein (2002) liefern für die vorliegende Arbeit eine wesentliche Diskussionsbasis. Sie untersuchen die Unterschiede in der Performance Messung spezifisch für deutschsprachige und U.S. amerikanische Unternehmen. Die vorliegende Arbeit versucht – mehr als zehn Jahre später – zu zeigen, ob es hier weitere Entwicklungen gegeben hat. Weiter fort setzt sich auch die Auseinandersetzung mit dem Faktor „Strategie", der in neun Beiträgen alleine, und in weiteren vier Beiträgen gemischt mit anderen Faktoren untersucht wird.

Während sich die Forschungsbeiträge bis in die 1990er Jahre auf die Mitarbeiter/innen-Perspektive fokussierte und – wie zuvor angesprochen – vor allem die adäquate Evaluierung der Performance zum Ziel hatten, so rückte Anfang der 2000er Jahre die exklusive Betrachtung der **Kund/innenperspektive** in den Fokus. Homburg et al. (2002) bspw. untersuchen den Zusammenhang zwischen Serviceorientierung und Unternehmensstrategie. Die Ergebnisse zeigen, dass folgende Faktoren signifikant positiv mit einer serviceorientierten Unternehmensstrategie korrelieren: (1) der Umweltfaktor lokale Innovationskraft von Handelsmanager/innen, (2) Kund/innenorientierung auf der Store-Ebene, (3) Qualität der Verkaufsförderungsaktivitäten und (4) Anzahl an Vollzeitbeschäftigten auf der Store-Ebene. Preisbewusste Kundschaft hingegen mindert eine serviceorientierte Unternehmensstrategie. Weiters kommen sie zu dem Schluss, dass eine hohe Serviceorientierung zu einer verbesserten Performance führt, was wiederum in einer erhöhten Profitabilität mündet. Insgesamt widmen sich zehn Beträge dieser Periode exklusiv Shoppern, weitere drei Beiträge kombinieren Kund/innenorientierung mit Mitarbeiter/innen- bzw. Lieferantenperspektive. Auch die verwendeten Kennzahlen spiegeln dies wider: 34 Mal werden nicht-finanzielle und 17 Mal finanzielle Kund/innenkennzahlen in den Beiträgen angeführt, was insgesamt ein Drittel der diskutierten Kennzahlen im Beobachtungszeitraum ausmacht. Die publizierten Beiträge von Rust et al. (2004a; 2004b) rücken die **Operationalisierung von Marketing-Aktivitäten** in den Vordergrund. Ein konzeptionelles Paper zerlegt die einzelnen Glieder der Marketingkette in die Bestandteile Marketingaktivitäten, den Einfluss auf Shopper und Gesamtmarkt und langfristige, finanzielle Effekte auf RoI und EVA. Der zweite Artikel bezieht sich auf die Evaluierung von langfristigen finanziellen Effekten und zeigt, wie strategische Änderungen der Marketingaktivitäten in erhöhtem Return on Marketing Investment durch geänderte Kund/innenwahrnehmung mündet.

Morgan et al. (2002), Piercy et al. (2002) und Clark (2000) beleuchten die **Wahrnehmung von Manager/innen** in Bezug auf Performance Measurement. Bis zu diesem Zeitpunkt werden konzeptionell die Vorteile einer holistischen Erfolgsmessung diskutiert bzw. versucht, nicht-finanzielle Kennzahlen im Marketingalltag zu etablieren. Doch entscheidungstheoretische Aspekte werden vernachlässigt. Es drängen sich folgende Fragen auf: Wie wird die Bereitstellung von Kennzahlen im Unternehmensalltag wahrgenommen bzw. integriert? Wie effizient empfinden dies die Manager/innen? Wie zufrieden sind diese mit der Bereitstellung? Die zuvor genannten Beiträge versuchen einige dieser Fragen zu beantworten; auch die vorliegende Arbeit knüpft an diesen Forschungsstrom an.

Banker et al. (2004; 2001) widmen sich der **variablen Vergütungsthematik** und rücken die strategische Ausrichtung der zur Verfügung gestellten Kennzahlen für die Evaluierung der Mitarbeiter/innenperformance in den Vordergrund. Die Ergebnisse zeigen Folgendes:

- Eine visuelle Darstellung der Unternehmensstrategie trägt zum besseren Verständnis bei Mitarbeiter/innen bei.
- Mitarbeiter/innen und Manager/innen ziehen generelle Kennzahlen bereichsspezifischen Kennzahlen bei der Performance-Evaluierung vor.
- Manager/innen ziehen jene Kennzahlen für die Evaluierung heran, die aus der Unternehmensstrategie abgeleitet werden.

Die ethischen Aspekte von Performance Measurement für unterschiedliche Stakeholder-Gruppen und damit eine weiterführende Betrachtung von Performance Measurement beleuchten die Beiträge von Kerssens-van Drongelen/Fisscher (2003), Bryant et al. (2004) und Melnyk et al. (2004). Eine konsequente Ableitung und Verknüpfung einzelner Kennzahlen aus der Unternehmensstrategie ist notwendig, um eine „**ausbalancierte Sichtweise**" zu bekommen (Kerssens-van Drongelen/Fisscher 2003). Doch Forschung und Praxis gehen hier teilweise un-

Die Entwicklung von PM in der Handels- und Marketingforschung 119

terschiedliche Wege: So wird das Instrument der BSC, das sich diese Denkweise zu Nutzen macht, im deutschsprachigen Handelskontext in abgewandelter Form in der Praxis implementiert (Speckbacher/Bischof 2000).

Abbildung 29: Themenschwerpunkte in den Jahren 1995–2004

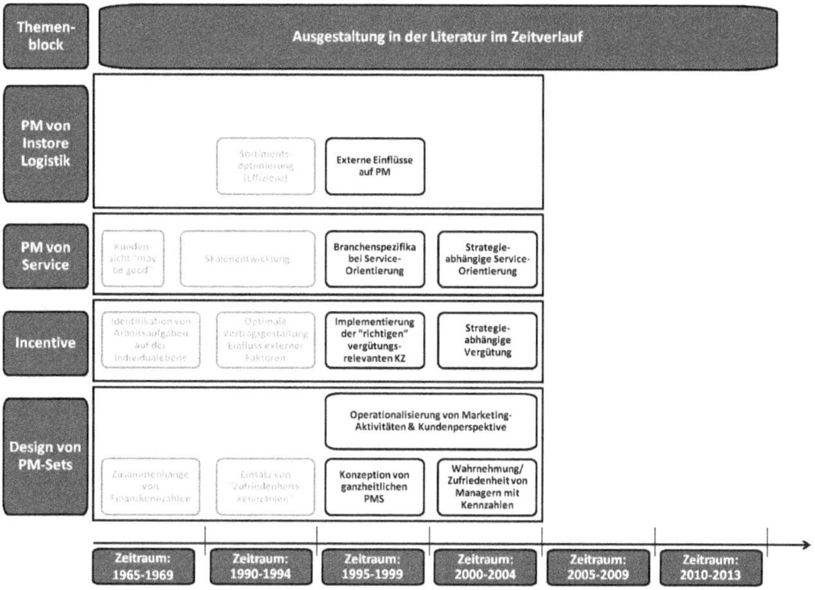

- **Beobachtungszeitraum: 2005 bis 2009**

Während sich wissenschaftliche Beiträge zum Thema „Performance Measurement" spätestens seit Eccles „Manifesto" im Jahr 1991 in vielen Disziplinen und Branchen häufen, so kommt die Etablierung in der Handelsforschung vergleichsweise spät. Reynolds et al. (2005) führen dies darauf zurück, dass die Handelsbranche durch ihre Serviceorientierung größeren Herausforderungen in der Festlegung von Input und Output-Faktoren und damit Verzerrungen bei der Erfolgsmessung unterliegt. Dennoch weisen sie darauf hin, dass gerade für interne als auch externe Stakeholder eine transparente Erfolgsrechnung zentral ist. In ihrem Beitrag versuchen sie die Wichtigkeit der Handelsbranche durch die generierte **Produktivität dieses Wirtschaftszweiges** im internationalen Kontext zu unterstreichen. Gekennzeichnet durch unterschiedliche gesetzliche und umweltbedingte Rahmenbedingungen wie bspw. Öffnungszeiten oder Personalkosten, die die Input-Faktoren maßgeblich beeinflussen, ist die Vergleichbarkeit über nationale Grenzen hinweg kritisch zu beleuchten (vgl. hierzu auch die Kritik von Dobson 2005, die noch im selben Jahr veröffentlicht wurde). Sellers-Rubio/ Mas-Ruiz (2007; 2009) beschränken sich auf den spanischen LEH und versuchen mittels DEA Best-Practice Beispiele zu evaluieren. Nachdem die Inputfaktoren Produktivität, Profitabilität und Effizienz aber derart unterschiedliche Strategien von Unternehmen darstellen, lässt sich keine optimale Lösung präsentieren. Großes Interesse wird auch dem Weltmarktführer WalMart in der Forschung zu Teil. Gielens et al. (2008) beleuchten die Auswirkungen des Markteintritts des Unternehmens in die europäische Handelslandschaft. Basierend auf Marktdaten wird gezeigt, dass Unternehmen, die finanziell erfolgreich am Heimatmarkt aufgestellt sind, durch den Markteintritt keine signifikanten Einbußen erfahren. Straucheln Unternehmen aber bereits bzw. haben sie große Überschneidungen im angebotenen Sortiment und in der strategischen Ausrichtung, so werden signifikante Einschnitte ersichtlich. Cascio (2006a; 2006b) beleuchtet die „Every Day Low Price"-Strategie von WalMart und vergleicht sie mit dem Mitbewerber Costco. Der explorative Ansatz zeigt auf kritische Art und Weise, wie WalMart die EDLP-Strategie umsetzt und so auch arbeitsrechtlich bedenkliche Strategien verfolgt.

Auf der Mikroebene interessiert im Beobachtungszeitraum zunehmend die **Zusammenarbeit von Industrie und Handel.** Während Ailawadi et al. (2009) und Baldauf et al. (2009) versuchen, Trends, Ziele und Entwicklungen in der Verkaufsförderung und als auch die Vorteile von starken Herstellermarken für Handelsunternehmen herauszuarbeiten, so widmet sich ein Forschungsstrang unternehmensübergreifenden Zusammenarbeit im Sinne eines Supply Chain Management (SCM). Diese Management-Disziplin macht einen unternehmensübergreifenden Informationsaustausch notwendig, der sich wesentlich auf die Ausgestaltung von Performance Measurement auswirkt. Nachdem bereits über 60 Artikel für die vorliegende Literaturanalyse kategorisiert waren, die den Schwerpunkt auf SCM legten, entschloss sich die Autorin, diesen Bereich als eigene Forschungsrichtung anzusehen und exkludierte die damit in Verbindung stehenden Artikel. Artikel, die den Fokus eindeutig auf Handelsunternehmen bzw. auf Entscheidungen im Handelsunternehmen legen, verbleiben in der Analyse. Aus diesem Grund wird auch der Beitrag von Ganesan et al. (2009) als wichtig erachtet, der die Multi-Channel-Strategie von Händlern als auch die zunehmende Technologisierung als Anlass nehmen, Performance Measurement unternehmensübergreifend durchzuführen. Lado et al. (2008), Morgan/ Dewhurst (2007) und Naesens et al. (2007) diskutieren aus Handelsperspektive die Wichtigkeit der Zusammenarbeit mit Industrieunternehmen und sehen

Kooperationen als erfolgreich an, wenn gleiche strategische Ausrichtung und Vertrauen vorliegen bzw. Opportunismus vermieden wird.

Im Bereich der **Instore-Logistik** werden die zu Grunde liegenden Prozesse operationalisiert und der Einfluss von **Technologie** auf die Store Performance evaluiert. Neben einem Feldexperiment mit der Metro AG, die die Einführung von CPFR untersucht, werden auch RFID-Implementierungen diskutiert (Thiesse et al. 2009; Wicht et al. 2008; Yao et al. 2009). Um Out-of-Stock Situationen bzw. Lagerbestandskosten zu vermeiden oder zumindest zu minimieren, wird versucht, Bestellmengen zu optimieren. In der Handelspraxis stehen Manager/innen häufig automatisch generierte Bestellmengenvorschläge zur Verfügung, die vom integrierten Warenwirtschaftssystem berechnet werden. Diese Vorschläge werden von Manager/innen bzw. Mitarbeiter/innen auf Basis von Erfahrungswerten und Einschätzungen in aller Regel noch adaptiert. Syntetos (2009) zeigt die Auswirkungen solcher Bauchentscheidungen im Handelsalltag. Während die Einschätzung von Manager/innen über die Zeit stabil bleibt, lernen implementierte statistische Hilfsprogramme im Zeitverlauf hinzu und verbessern somit die Urteilseinschätzungen. Obwohl die positiven Effekte auf die Performance erst nach anfänglichen Defiziten sichtbar werden, können durch technologische Extrem-Lernmaschinen *(Extreme Learning Machines)* Prognosegenauigkeiten im Sortimentsbereich ermöglicht und fehleranfällige menschliche Beurteilungen umgangen werden (Sun et al. 2008). Diese Ergebnisse sprechen für die kritische Beleuchtung der Selbsteinschätzung von Manager/innen bei der Entscheidungsfindung und vor allem auch dafür, dass Entscheidungsträger/innen die Nützlichkeit objektiver Hilfsmittel (wie Computersoftware bzw. Performance Kennzahlen), nahegelegt werden müssen, damit diese auch für die Entscheidungssituation herangezogen werden und somit unterstützend wirken können. Wie wichtig der Bereich der Instore-Logistik ist, zeigen auch Hofer et al. (2009) und Kotzab et al. (2007). Durch den hohen Filialisierungsgrad im Handel wird die Überwachung der Produktverfügbarkeit auf der Store-Ebene als zentral angesehen. Insgesamt werden 90 % der Out-of-Stock Situationen in die Verantwortung des Stores gerechnet. Neben den oben angeführten technologischen Möglichkeiten, muss aber auch Rücksicht auf das Know-How der Mitarbeiter/innen und der Ausgestaltung der Prozesse im Geschäft gelegt werden. Die vorliegende Arbeit vertieft diese Erkenntnisse im Zuge der problemzentrierten Interviews (Kapitel 6.2).

Der Fokus auf Logistikthemen wird durch Diskussionen über **Lagerbestand und -drehung** abgeschlossen: Erfolg und Frische gehen im Handel Hand in Hand. Dies unterstreicht auch der Beitrag von Chen et al. (2007), die in ihrer Analyse des Lagerbestands von Einzel- und Großhändler über 20 Jahre zeigen, dass Lagerbestände insgesamt zurückgehen und erfolgreiche, am Finanzmarkt angeführte Unternehmen auch geringere Lagerbestände aufweisen. Gaur et al. (2005) widmen sich der Fragestellung, wie ausgewählte Handelskennzahlen und Lagerdrehung zusammenhängen: Lagerdrehung korreliert negativ mit Handelsspanne, beeinflusst aber die Investition in Kapital positiv. Auffallend ist, dass im Analysezeitraum von 13 Jahren, die Kapitalintensität von Handelsunternehmen signifikant zugenommen hat. Um Lagerbestandskennzahlen überhaupt generieren zu können, müssen regelmäßig Inventarisierungen durchgeführt werden. Diese zählen zu den mitunter arbeitsintensivsten Arbeitstätigkeiten auf der Store-Ebene. Je öfter diese durchgeführt werden, desto eher sinken auch die Bestandskosten. Die Kombination aus Category – und Marktnachfrageschwankungen sind dafür verantwortlich, ob Out-of-Stock Situationen auftreten oder nicht (Sezen 2006).

Die bisher vorgestellte Literatur legt den Schwerpunkt auf Bilanz- bzw. Marktkennzahlen. Die Definition von Performance Measurement adressiert aber unterschiedliche Stakeholder-Gruppen, wobei auch nicht-finanzielle Bestandteile einfließen sollen (Hu/Fatima Wang 2009; Kim/Kim 2009; Minami/Dawson 2008; Murphy et al. 2005). Doch welche Kennzahlen tatsächlich „die Richtigen" sind, um Shareholder Value und Gewinne zu maximieren, bleibt offen bzw. wird weiter intensiv diskutiert (Lautman/Pauwels 2009; Petersen et al. 2009). Während in den 1990er Jahren noch die Auseinandersetzung von Finanzkennzahlen dominierte und die Forderung nach nicht-finanziellen Kennzahlen als gleichwertige Bestandteile integriert werden sollten, so geht nun die Kritik in Richtung zeitlicher Dimension. Die Forscher/innengruppe rund um Zeithaml beschäftigt sich bspw. damit, **zukunftsorientierte Kennzahlen** zu etablieren, die Trends und Entwicklungen aufzeigen sollen *(Adaptive Foresight)* (Gupta/Zeithaml 2006; Zeithaml et al. 2006). Kund/innenkennzahlen werden in beobachtbare, nicht-beobachtbare und finanzielle Bestandteile zerlegt, um zu zeigen, was Shopper/innen denken und tun und wie sich das wiederum in finanzieller Hinsicht niederschlägt.

Die uneingeschränkte Diskussion bezüglich **„weicher" Kennzahlen** und deren Vorteile in der Handelspraxis bekommt gegen Ende dieser Beobachtungsperiode neuen Auftrieb. Ittner (2008) zeigt in einem systematischen Literaturüberblick, in welchem Fall positive Effekte für Unternehmen durch die Integration von nicht-finanziellen Kennzahlen entstehen können und untersucht wahrgenommene Performance, tatsächliche Unternehmensergebnisse und quasi-experimentelle Designs, die Performance Measurement Instrumente neu eingeführt haben. Eine Studie, die die Performance von 800 Einzelhandelsgeschäften untersucht, zeigt, dass es je nach Kontext unterschiedliche Effekte bei der Verbindung von finanziellen und nicht-finanziellen Bestandteilen gibt. Filialen in wettbewerbsintensivem Umfeld weisen – im Gegensatz zu wettbewerbsarmen Gegenden – bei hoher Kund/innenzufriedenheit und Mitarbeiter/innenzufriedenheit auch eine gesteigerte Flächenproduktivität auf. Der Grund dafür ist naheliegend: In Regionen, in denen Quasimonopolstellung von Einzelhandelsgeschäften besteht, bringt eine zusätzliche Berücksichtigung von Zufriedenheitskennzahlen keinen wesentlichen Mehrwert für Unternehmen, da unzufriedene Kund/innen bzw. Mitarbeiter/innen nur erschwert zu Konkurrenzunternehmen abwandern. Dies unterstreicht einmal mehr die Berücksichtigung von kontingenztheoretischen Überlegungen im Handelskontext (Banker/Mashruwala 2007). Auch der Faktor „Strategie" wird in der wissenschaftlichen Diskussion in dieser Beobachtungsperiode immer bedeutender: Mit 20 % exklusiver Diskussion und mit weiteren 10 % an Beiträgen, die Kombination aus Kontingenzfaktoren vereinen, dominiert dieser Faktor die Analyse.

Neben den kontextspezifischen Rahmenbedingungen, die die Ausgestaltung von Performance Measurement beeinflussen, rückt auch die Ressource Mensch immer mehr in den Fokus der Betrachtung (Homburg et al. 2008; Wind 2005). Ob Performance Measurement tatsächlich unterstützend wirken kann, kommt auf die **Wahrnehmung, empfundene Nützlichkeit und Verarbeitungsprozesse von Informationen** auf der Manager/innenebene an. Beispielsweise erhalten Rayonsmanager/innen automatisch Performance Kennzahlen und Store Evaluierungen (bspw. über Mystery Shopper oder Selbsteinschätzungen) über alle in ihren Bereich fallenden Stores. Dennoch ziehen sie als Informationsquelle hauptsächlich Profit- und Marktanteilszahlen heran, was zeigt, dass verhaltensorientierte Kennzahlen in der Managementpraxis eine untergeordnete Rolle spielen (O'Sullivan/Abela 2007). Wie die menschliche Verarbeitung von Information, und im Speziellen die Verarbeitung von Kennzahlen aussieht, erarbeiten Clark et al. (2005; 2006). Das Konstrukt Informationsverarbeitung besteht aus den Variablen Informationsgenerierung, Informationsverbreitung und Informationsinterpretation (Kapitel 3.2). Je nach Komplexität der Managementaufgabe und Turbulenz im Handelsalltag werden unterschiedliche Ausmaße an Zufriedenheit unterstellt. Zentral für die vorliegende Arbeit ist die Erkenntnis, dass die Verbreitung von Information und die damit einhergehende Zufriedenheit von Manager/innen umgedreht U-förmig ist. Das bedeutet, dass ab einem gewissen Punkt zusätzlich zur Verfügung gestellte Kennzahlen genauso viel Zufriedenheit hervorrufen, wie wenn gar keine Kennzahlen kommuniziert würden. Dies spricht für das Konstrukt *mentale Überforderung*. Schließlich wirken auch kontextspezifische Rahmenbedingungen wie Wettbewerb, Zielorientierung, Effizienzkontext, Effektivitätskontext signifikant darauf, ob Manager/innen mit dem implementierten Marketing Performance Measurement zufrieden sind.

Nicht nur die empfundene Nützlichkeit sondern auch das tatsächliche **Treffen von Managemententscheidungen** und deren Auswirkungen im Handels- bzw. Marketingkontext nehmen eine immer größer werdende Rolle in der Forschung ein. Gerade im FMCG-Bereich, der durch einen hohen Filialisierungsgrad geprägt ist, gilt, das Verhalten von Store Manager/innen gezielt zu steuern, um die Ergebnisse für die Gesamtunternehmung positiv zu beeinflussen. Store Manager/innen und ihre Mitarbeiter/innen auf der Filialebene haben gemeinsam die Letztverantwortung für den Erfolg des Unternehmens. Die Bemühungen, die sie an den Tag legen, werden durch eine klare Zielformulierung von der Unternehmenszentrale begünstigt. Es muss aber angemerkt werden, dass eine ständige Überprüfung auf Rayonsmanagementebene zu negativen Ergebnissen führen kann, da sich Store Manager/innen in diesem Fall überwacht fühlen (Arnold et al. 2009). Wie wichtig eine klare, aber dennoch diversifizierte Rollenverteilung auf der Store-Ebene ist, zeigen McKay et al. (2009), die positive Store Umsätze in Stores feststellen, wo das Betriebsklima zwischen den Mitarbeiter/innen und den Store Manager/innen „anregend" ist. Die Zufriedenheit der Mitarbeiter/innen auf der Store-Ebene wird – wie auch später noch diskutiert – mit positiven Performance-Entwicklungen auf der Unternehmensebene gleichgesetzt. Daher versuchen Unternehmen, diese hoch zu halten und Fluktuation zu vermeiden. Zu groß sind die finanziellen Einbußen, die durch Neuakquise, Einschulung und Verlust des Know How anfallen.

Weiters werden unterschiedliche **Incentivierungsmöglichkeiten** auf der Store-Ebene diskutiert. Contest-Situationen und dynamische Vergütungssysteme können unter den Mitarbeiter/innen kurzfristig zur Erhöhung der Motivation beitragen. Dies hängt aber auch stark davon ab, wie die „Gewinnchance" eingeschätzt wird. Je mehr Mitarbeiter/innen sich um einen Preis in Wettbewerb befinden oder je länger der Wettbewerb dauert, desto geringer fällt die Motivation aus, sich mehr anzustrengen. Ein Nebeneffekt von umsatzorientierten Contests ist außerdem, dass Mitarbeiter/innen versuchen, ausschließlich hochpreisige Artikel zu verkaufen, um Ziele schneller erreichen zu können. Dies kann längerfristig aber zu negativen Effekten in Bezug auf Kund/innenzufriedenheit bzw. Mitarbeiter/innenzufriedenheit auf Grund von aggressivem Verkaufsverhalten führen (Casas-Arce/Martínez-Jerez 2009). Zu ähnlichen Ergebnissen kommen DeHoratius/Raman (2007), die zeigen, dass sich je nach vorgegebener Zielorientierung (bspw. Umsatzmaximierung vs. Lagerbestandsminimierung), das Verhalten von Manager/innen maßgeblich verändert. Doch welche Kennzahlen sollen herangezogen werden, um Manager/innen zu vergüten? Diese Frage tauchte bereits in den vorangegangenen Beobachtungszeiträumen immer wieder auf. Mithilfe eines agencytheoretischen Ansatzes versucht Merchant (2006) eine Antwort darauf zu finden. Kongruenz mit den Unternehmenszielen, Beeinflussbarkeit durch den Manager/die Managerin selbst, Aktualität, Genauigkeit und Kosteneffektivität werden als Lösungen genannt. Bezogen auf die Implementierung von nicht-finanziellen Kennzahlen weist Campbell (2008) darauf hin, dass diese zwar in die Analyse einbezogen werden und Frühwarnfunktion übernehmen, Kündigungen und Beendigungen des Dienstverhältnisses werden jedoch auf Basis von finanziellen Kennzahlen getätigt. Ein Kritikpunkt, der in diesem Zusammenhang untersucht wird, ist, welche Auswirkungen der sog. *„Outcome-Effekt"* hat, also jener Effekt, der dadurch entsteht, dass Manager/innen die Performance von Mitarbeiter/innen selbst evaluieren. Die Ergebnisse bestätigen, dass die Steuerbarkeit von nicht-finanziellen Kennzahlen signifikant größer ist (Ghosh 2005, 63).

Der Einfluss von Kennzahlen auf das Mitarbeiter/innenverhalten und die Möglichkeit, diese durch Vergütungssysteme und Mitarbeiter/innenevaluierungen zu steuern, leitet zum nächsten Forschungsschwerpunkt über: Die Untersuchung der **Einzelhandelswert-Kette** (*Retail Value Chain* oder *Service Profit Chain*) (Maxham Iii et al. 2008; Pritchard/Silvestro 2005). In groß angelegten Mixed Methods-Designs werden sowohl Kund/innen- als auch Mitarbeiter/innenwahrnehmung in Bezug auf deren Zufriedenheit und Loyalität erhoben und diese im nächsten Schritt mit Mitarbeiter/innenperformance als auch Kund/innenwert (Durchschnittsausgaben pro Transaktion pro Kunde/Kundin und kund/innenbezogenes Umsatzwachstum) hierarchisch modelliert. Während Pritchard/Silvestro (2005) keinen Zusammenhang zwischen den untersuchten nicht-finanziellen Mitarbeiter/innenkennzahlen und Gewinnen auf der Store-Ebene feststellen, so zeigen Keiningham et al. (2006) in einer Longitudinalstudie, dass Mitarbeiter/innenzufriedenheit positiv auf Umsatzwachstum wirkt, wobei dieser Zusammenhang nicht linear ist. Außerdem korreliert eine globale Kund/innenzufriedenheit nicht mit Umsatzveränderungen. Dies ist verwunderlich, zeigen doch die Ergebnisse von Chen/Quester (2006; 2009) und Lings/Greenley (2009), dass sich Service- bzw. Marktorientierung in erhöhter Kund/innenzufriedenheit und Loyalität niederschlägt, was langfristig in verbesserte finanzielle Ergebnisse münden sollte. Gerade diese Langfristigkeit und Zukunftsorientierung kommen bei Diskussionen zu Kund/innenwertberechnungen zu tragen, die zum Ziel haben, „richtige" Kennzahlen zu entwickeln, um bspw. Kund/innenprogramme besser managen zu können (Kumar et al. 2006; Kumar et al. 2008).

- **Beobachtungszeitraum: 2010 bis 2013**

Im letzten Beobachtungszeitraum werden die zentralen Stakeholder-Gruppen in einem ausgewogenen Verhältnis adressiert. Der hohe Anteil der Kategorie „Gemischt" zeigt, dass die Multidimensionalität von Performance Measurement auch in der Forschungskonzeption angekommen ist. Auffallend ist, dass ein überwiegender Anteil (über 40 %) auf die Kategorie „Generell" entfallen. Grund dafür sind Themenschwerpunkte wie Sortimentspolitik, Internationalisierungstendenzen, Neuerungen in der Berichterstattung etc., bei denen Stakeholder nicht direkt in der Diskussion über Performance Messung berücksichtigt werden. Auch bei den Kontingenzfaktoren werden alle Ebenen angesprochen und teilweise miteinander gemischt. Auch wenn externe Umwelteinflüsse noch immer die Handelsforschung in Bezug auf Performance Measurement dominieren und einmal mehr darauf hinweisen, dass Umweltfaktoren bei der Erfolgsmessung von Einzelhandelsunternehmen berücksichtigt werden müssen, so sind die Faktoren Struktur und Technologie in den letzten Jahren vergleichsweise stark vertreten.

(1) **Internationalisierung:** Globalisierungstendenzen stellen auch Top Manager/innen von Handelsunternehmen vor die Herausforderung, strategische Entscheidungen über standortpolitische Themen zu treffen. Aus diesem Grund ist es naheliegend, dass sich ein Forschungsstrom damit auseinandersetzt, Potenziale unter Berücksichtigung von externen Faktoren wie kulturellen Unterschieden aufzuzeigen und Internationalisierungsstrategien und deren Auswirkungen auf die Unternehmensperformance zu beleuchten (Chan et al. 2011; Reinartz et al. 2011; Swoboda/Elsner 2013).

(2) **Unternehmensversagen und Finanzmärkte:** Gerade in Zeiten von weltweiten wirtschaftlichen Krisen, stellen sich Wissenschaft als auch Handelspraxis die Frage, wie sich die Finanzstärke von Handelsunternehmen darstellt. Im wissenschaftlichen Kontext beleuchtet Pal (2011) basierend auf Sekundärdaten und Tiefeninterviews die Fragestellung, ob Manager/innen Unternehmensversagen vorhersehen hätten können. Der explorative Ansatz zeigt, dass KPIs in der Vergangenheit zwar Verdachtsmomente gezeigt haben, gleichzeitig aber Interpretationsspielraum ließen. Hier haben Aufsichtsräte – teilweise aufgrund mangelnder Erfahrungen oder Druck von außen – fragwürdige Entscheidungen getroffen, was schließlich in die Konkurssituation führte. Corstjens et al. (2010) zeigen für einen Zeitraum von 50 Jahren, wie Risiko und Wettbewerb die Stock Performance britischer Lebensmitteleinzelhändler beeinflussen. Der Bedarf nach liquiden Mitteln bei KMUs analysiert Ebben (2011) und zeigt, wie wichtig ein proaktiver Zugang zu Cash-Flow-Orientierung als Kleinunternehmen ist.

(3) **Berichterstattung:** Ein Forschungsstrom verbindet „Internationalisierung" und „Unternehmensversagen" miteinander und diskutiert je nach nationalem Kontext unterschiedliche Berichterstattungsvorgaben (Aerts/Tarca 2010; Engelen et al. 2010; Parnell 2011). Gerade durch die zunehmende Internationalisierung (Punkt 1) und Bestrebungen, Finanzmärkte transparent zu halten

(Punkt 2), wird eine länderübergreifende Analyse notwendig. Änderungen in der personellen Ausgestaltung von Accounting-Abteilungen und unternehmensstrukturelle Veränderungen werden diskutiert (Feldbauer-Durstmüller et al. 2012; Nur Haiza Muhammad/Hoque 2010; Weide et al. 2011).

(4) **Social Media:** Ein Forschungsgebiet, das in der vorliegenden Beobachtungsperiode neu entstanden ist, widmet sich dem Bereich Social Media. So versuchen Forscher/innen, die Einflüsse des „digitalen Zeitalters" *(Digital Age)* auf den stationären Einzelhandel zu untersuchen. Keeling et al. (2013) beleuchten in einem explorativen Ansatz persönliche und handelsunternehmensbezogene Beziehungsstrukturen, deren Verortung wichtig für weitere CRM-Aktivitäten sind. Rapp et al. (2013) zeigen, dass mit steigender Social-Media Nutzung von Kund/innen, auch die Kund/innen-Handelsunternehmen-Loyalität steigt. Weiters beeinflusst eine steigende Social Media Nutzung sowohl die Marken- als auch die Store Performance.

(5) **Technologie:** Das digitale Zeitalter wird auch in anderen Bereichen des Einzelhandels angesprochen. Zwei Beiträge widmen sich der Einführung von RFID und dessen Erfolgsauswirkungen auf der Store-Ebene (Inaba/Miyazaki 2010; Metzger et al. 2013). Auch die Einführung und Erfolgswirkung auf Unternehmens- und Mitarbeiter/innenebene eines ERP-Systems wird in unterschiedlichen Phasen beleuchtet (Jones et al. 2011). Durch technologische Unterstützung können einerseits Service-Leistungen erhöht werden, andererseits auch Fehlerquellen bspw. bei der Bestellung vermieden werden. Der Neuwert der angeführten Beiträge liegt in der kritischen Betrachtung hinsichtlich der Nutzung dieser bereits seit längerem bekannten Technologien wie RFID und ERP. Metzger et al. (2013) bspw. untersuchen das falschnegative Lesen *(False-Negative Reads)* von RFID-Tags im Alltag und stellen erneut die Genauigkeits- und Kostenfrage.

(6) **(Un)zufriedenheit:** Während sich seit der Einführung der SERVQUAL-Skala die Forschung auf Kund/innenzufriedenheit, Mitarbeiter/innen-Serviceorientierung und Mitarbeiter/innenzufriedenheit konzentriert hat, so rückt im letzten Beobachtungszeitraum das Konstrukt „Unzufriedenheit" in den Fokus der Betrachtung (Trocchia/Luckett 2013). Folgende Forschungsfragen werden in diesem Zusammenhang aufgeworfen: Wie wirkt sich negative Word-of-Mouth von Store Mitarbeiter/innen auf die Store Performance aus (Harris/Ogbonna 2013)? Wie wirken sich hochfrequente Zeiten im Geschäft auf die Zufriedenheit von Mitarbeiter/innen und Kund/innen und die Store Performance aus (Grandey et al. 2011; Murray/Evans 2013; Perdikaki et al. 2012)? Und wie sieht die Motivation von Mitarbeiter/

innen aus, Eigenmarkenkäufe voranzutreiben (Samu et al. 2012; Wieseke et al. 2012)? Die Motivation von Mitarbeiter/innen als Aspekt der Mitarbeiter/innenbeeinflussung wird durch vertragliche Ausgestaltungen, Identifikation mit dem Unternehmen und Klarheit in der Rollenverteilung gesehen (Anderson et al. 2010; Johlke/Iyer 2013; Lichtenstein et al. 2010; O'Neill et al. 2011; Zoltners et al. 2012). Auf die Erkenntnisse aus diesem Bereich wird im Detail noch in Kapitel 6.2 eingegangen. Kund/innenzufriedenheit wird mittlerweile als etwas gesehen, dass nicht uneingeschränkt erreicht, sondern „serviceeffizient" angeboten werden muss (Beitelspacher et al. 2011; Lee et al. 2011).

(7) **Instore-Logistik:** Die Fragestellungen konzentrieren sich auf die Prognosegenauigkeit bei Bestellungen und die anfallenden Kosten von Sicherheitsbeständen (Beutel/Minner 2012; Kurtuluş/Nakkas 2011; Ton 2012) als auch Lagerbestandskostenentwicklungen (Kolias et al. 2011; Siepermann 2010). Auch die Performance von Eigenmarken, die Performance-Unterschiede zwischen unterschiedlichen Eigenmarken (Dawes 2013; Olbrich/Grewe 2013) und die Performance von Herstellermarken (Glynn et al. 2012) werden untersucht. Optimierung der Storeversorgung werden in formalanalytischen Beiträgen berechnet (bspw. Assaf et al. 2012; Hamzadayi et al. 2013; Lau 2013).

(8) **Umfassende Kennzahlensysteme:** Die konzeptionellen Überlegungen von Performance Measurement als auch die technologischen Weiterentwicklungen lassen Forscher/innen in den Bereich „Marketing Analytics" (Germann et al. 2013; Srinivasan et al. 2010) eintauchen. Hier stellen sie die Frage, ob eine Integration aller Kennzahlen, die zur Verfügung stehen, „bessere" Ergebnisse liefern. Gerade der Beitrag von Srinivasan et al. (2010) zeigt mit Hilfe eines VAR-X-Modells, dass die Kombination aus Marketingkennzahlen und Mind-Set Kennzahlen frühzeitig Warnsignale kommunizieren können. Homburg et al. (2012a) und Mintz/Currim (2013) gehen hier einen anderen Weg. Sie untersuchen basierend auf kontingenztheoretischen Überlegungen, wie Einflüsse auf die Ausgestaltung von Kennzahlensystemen wirken und wie diese dann auch genutzt werden. Diese beiden Beiträge liefern zentrale Erkenntnisse für die vorliegende Arbeit und fließen somit an zahlreichen Stellen ein.

Die Entwicklung von PM in der Handels- und Marketingforschung 129

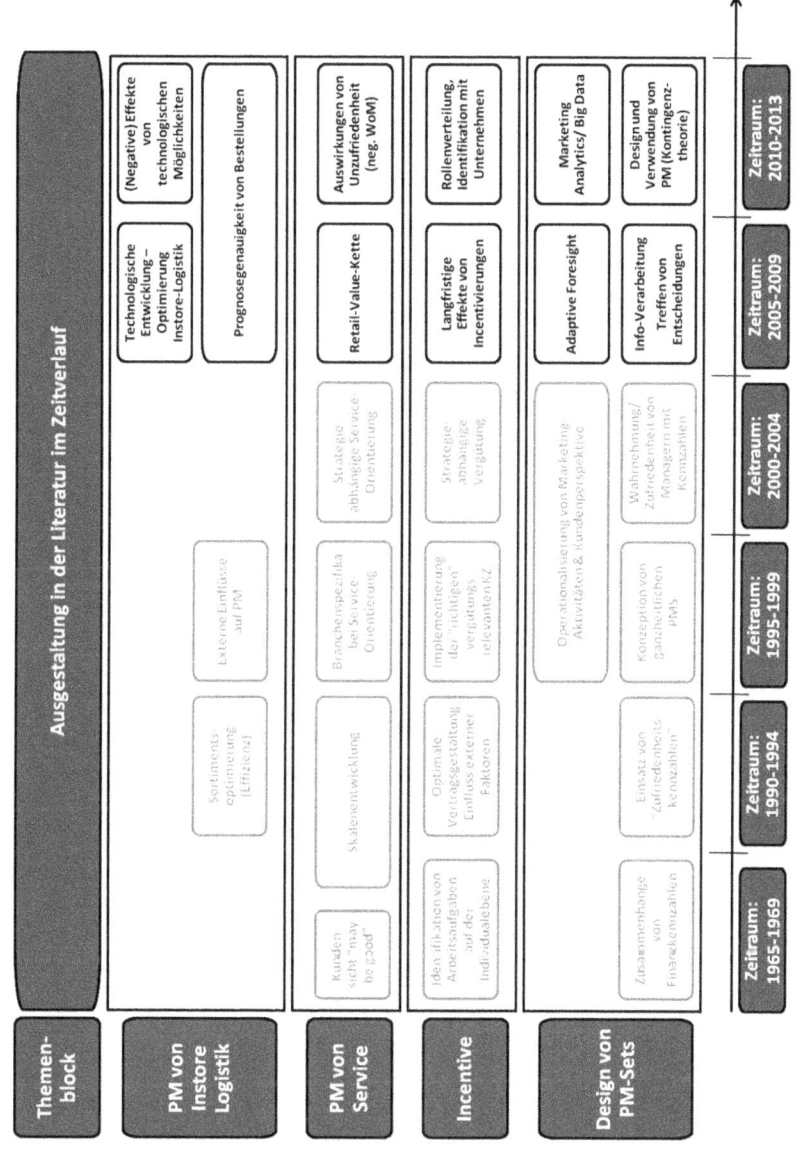

Abbildung 30: Themenschwerpunkte in den Jahren 2005–2013

5.4.3 Kategorisierung von Handelskennzahlen

So unterschiedlich die Themenstellungen der analysierten Beiträge sind, so unterschiedlich gestaltet sich auch die Messung des Konstrukts „Performance". Abbildung 31 zeigt das Verhältnis von finanziell-orientierten Kennzahlen zu nicht-finanziellen Kennzahlen in den analysierten Beiträgen, aufgeteilt nach den Beiträgen in Jahren.

Abbildung 31: Literaturüberblick: Verhältnis Finanzkennzahlen – Nicht-finanzielle Kennzahlen (absolut) (n=270)

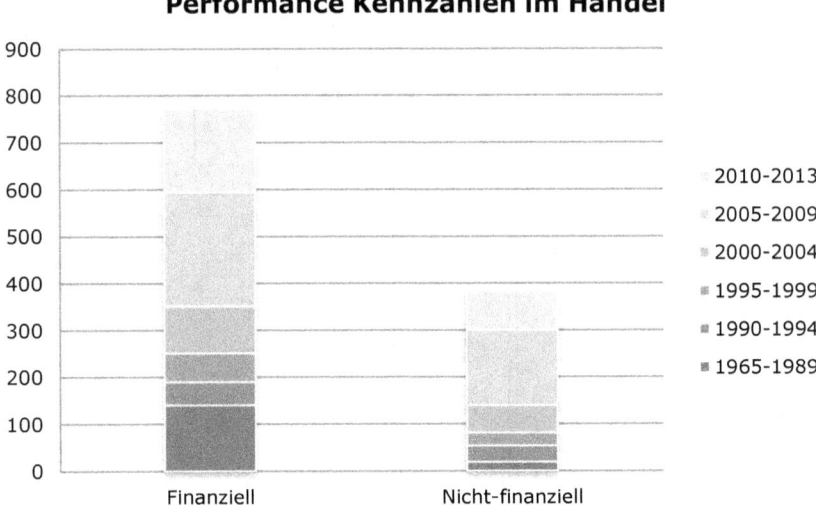

In den Anfangsjahren dominieren finanziell-orientierte Kennzahlen, wobei anzumerken bleibt, dass sich das heutige Verständnis hinsichtlich der Performance Measurement-Konzeption und dessen Multiperspektivität erst Ende der 1980er bzw. Anfänge der 1990er Jahren entwickelte. Bei all der Diskussion im Beobachtungszeitraum 1990 bis 1994 ist es daher nicht weiter verwunderlich, dass die angeführten Kennzahlen in einem ausgeglichenen Verhältnis finanzielle und nicht-finanzielle Bestandteile widerspiegeln. In den Jahren 1995 bis 1999 fließen vor allem die Stakeholder-Gruppen Kund/innen und Mitarbeiter/innen in Form von nicht-finanziellen Kennzahlen in die Erfolgsrechnung ein. Insgesamt erhöht sich aber – trotz steigender Publikationszahl (19 Artikel im Vergleich zu 27 Artikel, Steigerung um 42 Prozent), die Anzahl der angeführten

Kennzahlen nur geringfügig (von 83 Kennzahlen zu 90 Kennzahlen, Steigerung von 8 Prozent). Nach dem anfänglichen „Hoch" im Bereich Performance Measurement, scheint die Euphorie verflogen. In den Jahren 2005 bis 2009 ist ein steigender Anteil an nicht-finanziellen Kennzahlen im Bereich Sortiment zu verzeichnen. Dennoch bleibt in dieser Kategorie der Fokus auf Finanzkennzahlen. In der letzten Beobachtungsperiode gilt der Beitrag von Mintz/Currim (2013) als zentral. Dieser, der ähnlich wie die vorliegende Arbeit versucht, „alle" Marketingkennzahlen in einem ersten Schritt aufzuzeigen, lässt die Anzahl an Kennzahlen in die Höhe schnellen. Mit insgesamt 260 Nennungen (für lediglich 4 Jahre!) werden hier anteilsmäßig bei weitem mehr Kennzahlen diskutiert als zuvor. Die Kund/innenperspektive hat sich erfolgreich in die Performance Measurement-Forschung als nicht-finanzielle Dimension etabliert. Sortiment ist und bleibt eine finanzielle Dimension, Mitarbeiter/innen werden hier eher ausgeglichen mit finanziellen und nicht-finanziellen Kennzahlen evaluiert. Insgesamt wird aber auch die rein finanzielle Dimension mit ca. 100 Kennzahlen-Nennungen in diesem Zeitraum als besonders stark erachtet. Abbildung 32 zeigt die Verteilung und Entwicklung der Performance Kennzahlen in den analysierten Beiträgen im Detail.

Abbildung 32: Literaturüberblick: Performance Kennzahlen im Handel – Detailentwicklung (n=270)

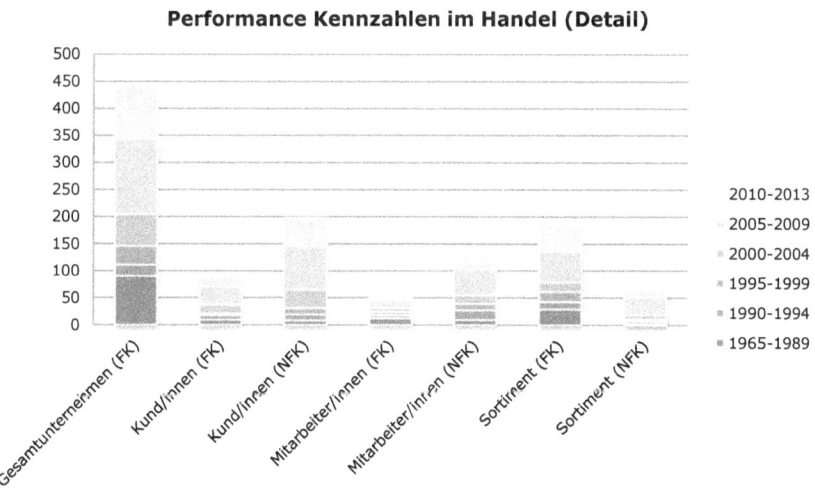

Die Entwicklung der Kennzahlen-Kategorien zeigt die zunehmende Wichtigkeit der Performance Messung in serviceorientierten Unternehmen. Was sind nun aber die Top-Kennzahlen, die sich in der Handels- und Marketingforschung etabliert haben?

- **Gesamtunternehmen (FK):** Unter die unangefochtenen Top-Kennzahlen zählen Umsatz- bzw. Absatzkennzahlen, Rentabilitätskennzahlen, Produktivitätskennzahlen, Liquiditätskennzahlen und Kostenaufschlüsselungen. Eine Auswahl bzw. Kombination aus diesen Kennzahlen findet sich in jedem Beitrag.
- **Kund/innen (FK):** Kund/innenwertentwicklung *(Customer Lifetime Value)*, Transaktionskennzahlen und Marktanteile zählen zu den finanziellen Kund/innenkennzahlen. Diese werden häufig in Kombination mit nicht-finanziellen Kennzahlen beleuchtet.
- **Kund/innen (NFK):** Kund/innenzufriedenheit, Kund/innenloyalität Kund/innengewinnung, Konversionsrate und Kund/innenverweildauer im Geschäft zählen zu den wichtigsten Kennzahlen im Handelskontext und werden über Befragungen bzw. Tracking-Instrumente erhoben.
- **Mitarbeiter/innen (FK):** Produktivitätskennzahlen wie Umsatz oder Gewinn pro Mitarbeiter/in fallen unter die Kategorie mitarbeiter/innenbezogene Finanzkennzahlen. Aber auch das Verhältnis von vorgegebenen Umsatzzielen zu erreichten Zielen wird gemessen.
- **Mitarbeiter/innen (NFK):** Hierunter fallen alle subjektiven Bewertungen der Manager/innen und Mystery-Shopper zur Mitarbeiter/innenperformance, Service Qualität, Kompetenz, Mitarbeiter/innenzufriedenheit aber auch Mitarbeiter/innenfluktuation.
- **Sortiment (FK):** Werden direkt Sortimentsbestandteile in der Analyse adressiert, so fallen diese unter die Kategorie finanzorientierte Sortimentskennzahlen. Neben Marken- und Category-Umsätzen bzw. Absätze und Handelsspanne, werden hier auch Warenumschlag, Wachstumsraten, Lift-Effekte bei Promotion und Kostenaspekte diskutiert.
- **Sortiment (NFK):** Warenverfügbarkeit bzw. Fehlbestände im Regal sind die zentralen nicht-finanziellen Sortimentskennzahlen. Markenimage und Anteil an neuartigen Produkten gelten als Indikatoren für zusätzlichen Schwung am Markt.

Für die interessierte Leserschaft wird im Anhang noch einmal eine Liste aller Kennzahlen, die in den Beiträgen diskutiert wurden, zusammengefasst dargestellt. Anzumerken bleibt, dass die Zuordnung der Kennzahlen zu einer Kategorie aus dem jeweiligen Kontext interpretiert werden musste und daher kritikfähig bleibt. Beispielsweise könnte „Markenbekanntheit" als Kund/innenkennzahl aber auch als Sortimentskennzahl interpretiert werden. Des Weiteren werden die Top-Kennzahlen, die dem operativen Bereich zugeschrieben werden, in den empirischen Erhebungen hinsichtlich Verwendung und Nützlichkeit in der österreichischen Handelslandschaft getestet.

5.5 Zusammenfassung und Beantwortung der Forschungsfragen (Literaturüberblick)

Unterschiedliche Konzeptionalisierungen, Interpretationen und nationale Einflüsse verändern die Sichtweise auf Performance Measurement im Laufe der Zeit (Malmi 2013, 231). Hinzu kommen die Funktionen und Spezifika des Handelssektors, die weitere Besonderheiten in der Leistungsmessung mit sich bringen. Ziel der intensiven Auseinandersetzung mit der bestehenden Literatur war es, die zugrunde liegende Multiperspektivität der Kontroll- und Steuerungssysteme, die im wissenschaftlichen Kontext beleuchtet werden, gegenüberzustellen und entsprechend den Handelsaktivitäten zu reflektieren. Kompakt zusammengefasst, sind folgende Erkenntnisse aus der Literaturanalyse abzuleiten.

Publikationstätigkeit: Die kennzahlenorientierte Handels- und Marketingforschung hat ihre Ursprünge – wie auch die „generelle" Controlling – in den 1960er bis 1970er Jahren. Der „Boom", der in der Controllingforschung bereits in den 1980er und 1990er Jahren zu verzeichnen war, setzte in der Handelsforschung jedoch mit Ende der 1990er Jahre vergleichsweise spät ein (Schäffer 2013, 293). Bis dato findet sie in hochgerankten Journals aus verschiedenen Bereichen Resonanz und weitere Forschungsbestrebungen zeichnen sich ab. Daraus kann man schließen, dass auch in Zukunft mit einer intensiven Auseinandersetzung der Thematik zu rechnen ist.

Die Analyse der Nationalitäten zeigt, dass englischsprachige Beiträge immer die Vorherrschaft in der Performance Measurement Forschung hatten. Verändert hat sich aber die Herkunft der Autorenschaft, die sich zu Beginn auf den U.S. amerikanischen Raum fokussierte und nunmehr international ist. Das Streben nach internationaler Anerkennung in der Forschung trägt dazu bei, dass die Publikationszahl steigt und das Verständnis der Performance Measurement-Konzeption global verwendet wird (Schäffer 2013, 305). Das deutschsprachige Controllingverständnis war lange Zeit von der englischsprachigen Management Control-Diskussion getrennt geführt (Guenther 2013, 285). Trotz einer Parallelität in der Forschungsentwicklung kam es inhaltlich im Laufe der Zeit zu einer Fusion, die schließlich in einer Harmonisierung der Konzeption mündet. Wie sich die Kommunikation und Verwendung von Performance Measurement im Handelsalltag manifestiert, wird im Zuge dieser Arbeit noch weiter untersucht. Dies ist bis dato nicht ausreichend erforscht (Guenther 2013, 286).

Forschungsdesign und Analyseebene: Von der methodischen Seite betrachtet, bilden Regressionsanalysen, Varianzanalysen und Strukturgleichungsmodelle jene Instrumente, die Ursache-Wirkungszusammenhänge testen und seit Beginn der Analyse am häufigsten eingesetzt werden. Daneben widmet sich ein großer Forschungsstorm der konzeptionellen und theoretischen Weiterentwicklung von Performance Measurement, wobei in diesem Zusammenhang explorative Designs verwendet werden. Die Analyse zeigt, dass die Mischung im Sinne von Mixed Methods-Designs in der jüngeren Vergangenheit State-of-the-Art ist und somit als erstrebenswert anzusehen ist. Dies stellt eindeutig eine Weiterentwicklung der Forschungsdisziplin dar. Während Binder/Schäffer (2005, 614) noch die empirische Forschung im deutschsprachigen Controllingbereich als unterrepräsentiert sieht, so kann zehn Jahre später eine Methodenvielfalt aufgezeigt werden, die das Theoriewissen weiter vorantreibt.

Auf welcher Ebene die Performance Measurement evaluiert wird, war ein weiterer Forschungsschwerpunkt der Arbeit. Die Analyse zeigt, dass zu einem überwiegenden Teil die Unternehmensebene abgebildet wird. In der Beobachtungsperiode 2010 bis 2013 zeichnet sich jedoch ein Trend hin zur Analyse der Unternehmensbereichsebene wie bspw. Filialebene ab. Dies zeigt das Bestreben, operative Tätigkeiten wieder stärker im Forschungsdesign zu berücksichtigen. Die individuelle Ebene wird zwar immer wieder als Referenzpunkt herangezogen, gilt aber noch als zu wenig erforscht. Darauf aufbauend wird die Lücke ersichtlich, die verhaltensorientierte Perspektive stärker in die Analyse mit aufzunehmen und individuelle Verarbeitungsprozesse in den Mittelpunkt der Betrachtung zu rücken. Darauf wird auch im nächsten Punkt noch einmal eingegangen.

Themengebiete: Womit sich die analysierten Beiträge inhaltlich beschäftigen, wurde in Kapitel 5.4.2 erörtert und entlang eines Zeitstrahls dargestellt. Auf der nächsten Seite zeigt Abbildung 33 noch einmal alle Bereiche, die für die vorliegende Themenstellung als wichtig erachtet werden auf.

Wie die Analyse zeigt, entwickelt sich die kennzahlenorientierten Forschung aus einer finanzorientierten Welt seit den 1990er Jahren in Richtung nicht-finanzielle Orientierung, wobei die Stakeholder-Gruppe Kund/innen den Schwerpunkt in der Forschung einnehmen. Dennoch wird nicht kompromisslos versucht, nicht-finanzielle Aspekte in den Alltag aufzunehmen.

Die Entwicklung von PM in der Handels- und Marketingforschung 135

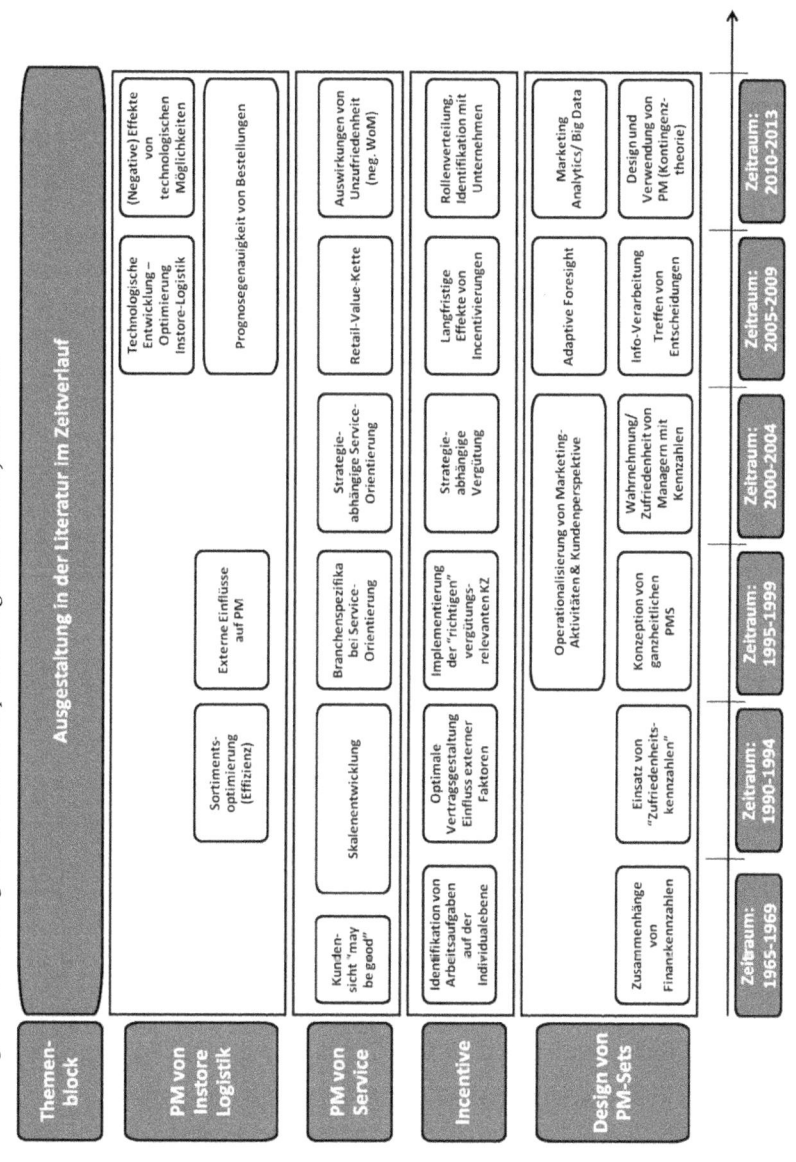

Abbildung 33: Entwicklung der Themenschwerpunkte im gesamten Analysezeitraum

Die Unternehmenskultur spielt historisch gesehen in der englischsprachigen Forschung eine wesentliche Rolle, was sich auch in der besonderen Berücksichtigung der Kontingenzfaktoren Unternehmensstrategie und -struktur widerspiegelt (Guenther 2013, 285–286). Die Diskrepanz zwischen Kontextfaktoren, Unternehmensstrategie und individuellem Empfinden findet zunehmend Resonanz in den Forschungsbemühungen. In diesem Zusammenhang werden vor allem Verarbeitungs- und Verwendungsprozesse bei den Anwender/innen, also jenen Personen, die im Alltag mit Kennzahlen konfrontiert sind, als Forschungslücken gesehen. Dies wird in Kapitel 6.3 in der vorliegenden Arbeit noch einmal aufgegriffen.

Forschungsbeiträge, die sich mit unternehmensübergreifenden Bereichen auseinandersetzen und SCM-Themen diskutieren, fanden keine Berücksichtigung in der Analyse. In diesem Bereich liegt noch Potenzial für weitere Forschung. Auch der Bereich *Social Media* und dessen Auswirkung auf die Performance des stationären Handels sind in der letzten Beobachtungsperiode als Themenschwerpunkt neu hinzugekommen. In diesem Kontext wird zunehmend eine Vermischung von Online-Handel und stationärem Handel in der Zukunft vermutet, was eine weitere Forschungslücke darstellt.

Erfolgskennzahlen: U.S. amerikanische Beiträge fokussieren sich stark auf die unterschiedlichen Anwendungs- und Verwendungsformen (Guenther 2013, 286). Die zugrunde gelegten Kontext- und Stakeholder-Kategorien bilden Referenzpunkte in der Analyse, um diese auch zu beleuchten. Welche Kennzahlen aber in der Praxis tatsächlich implementiert sind, steht in diesen Beiträgen nicht im Vordergrund. Um aber den Relevance-Gedanken nicht aus den Augen zu verlieren und diese Forschungslücke zu schließen, versucht die empirische Untersuchung die in der Unternehmenspraxis relevanten Kennzahlen als Analyse- und Steuerungsinstrument zu erforschen.

5.6 Limitationen des Literaturüberblicks

Die Grundlage des systematischen Literaturüberblicks bilden internationale Journal-Beiträge, die nach vorher definierten Kriterien ausgewählt wurden. Dabei stellt sich die Frage, ob die Reduktion der Analyse auf publizierte Journal-Beiträge gerechtfertigt ist. Erstens werden durch dieses Vorgehen Buchveröffentlichungen nicht einbezogen, zweitens werden Beiträge, die Work-in-Progress darstellen und damit noch aktuellere Ergebnisse präsentieren, ausgeschlossen. Dennoch wird diese Einschränkung in der wissenschaftlichen Diskussion anerkannt, da publizierte Beiträge als „intensiv begutachtet" gelten und damit einem hohen Qualitätsstandard entsprechen (Kieser 2012, 97). Die Abgrenzung wurde notwendig, um den generischen Begriff „Performance" fassen zu können. Veröffentlichte

Buchbeiträge fließen nicht in den Literaturüberblick ein, diese werden jedoch sehr wohl in die theoretische Verortung der Thematik einbezogen und finden somit an einer anderen Stelle in diesem Werk Beachtung.

Ein weiterer Punkt, der in diesem Zusammenhang immer öfter in den Fokus der Aufmerksamkeit rückt, ist das „Phänomen" Journal-*Rankings* an sich. Einerseits sind diese für die Scientific Communities von großer Relevanz, da Forscher/innen bspw. verstärkt der Frage nachgehen, in welchem Journal sie ihre Forschungsergebnisse publizieren sollen. Weiters beurteilen Forschungseinrichtungen die Reputation von Forscher/innen in Berufungsverfahren daran, in welchen Journals diese publiziert haben (Schrader/Henning-Thurau 2009, 185). Auf der anderen Seite wird vermehrt Kritik bezüglich deren Objektivität und Transparenz bei der Erstellung laut (Voeth et al. 2011, 440). Dabei wird zwischen bibliometrischen Zeitschriftenrankings, die die Referenzhäufigkeit einer wissenschaftlichen Arbeit als Methodik verwendet, und befragungsbasierten Zeitschriftenrankings, die subjektive Qualitätseinschätzungen zu einem Gesamtranking zusammenfassen, unterschieden. Im Beitrag von Voeth et al. (2011) werden diese zwei Methoden einander gegenübergestellt und die Objektivität für die in der deutschsprachige Marketing-Forschung relevanten Rankings überprüft (VHB JOURQUAL und Handelsblatt-Zeitschriftenranking BWL). Sie kamen zu dem Ergebnis, dass beide Journal-Rankings, die befragungsbasiert zustande kamen, durch eine bibliometrische Methodik nicht stand halten könnten und hier ein schwacher Zusammenhang zwischen den Ergebnissen beider Methoden vorherrscht. Aus diesem Grund fordern die Autoren ein Umdenken bei der Erstellung von Journal-Rankings. Sie zeigten außerdem den Tatbestand auf, dass viele Journals, die für deutschsprachige Marketing-Forscher/innen von Relevanz sind, in den Rankings keinen Eingang finden. Die derzeitig verbreitete „Ranking-Gläubigkeit" soll mit diesem kritischen Beitrag überdacht werden und eine inhaltliche Auseinandersetzung mit der Qualität von Journals kann diese weiterhin nicht ersetzen (Voeth et al. 2011, 454–456). Den Ergebnissen von Voeth et al. (2011) steht die Position von Baum (2011) gegenüber, der die bibliometrische Methodik stark kritisiert. Dieser vertritt folgenden Standpunkt: „Critically, its expanding use has the potential to distort researcher and editorial behavior in ways that are highly detrimental to the field" (Baum 2011, 464). Je nachdem, welche Methodik angewendet wird, entstehen also Vor- und Nachteile. Einig sind sich die Wissenschafter/innen jedoch, dass die Relevanz von Journal-Rankings zunimmt. Entsprechend dieser Argumentation stützte sich der vorliegende Literaturüberblick (1) auf aktuelle Journalbeiträge, die (2) im VHB-JOURQUAL gerankt sind.

6 Qualitatives Design: Problemzentrierte Interviews

Das vorliegende Kapitel untersucht die praktische und gesellschaftliche Relevanz von Performance Measurement im Handelsalltag. Qualitative Interviews, die mit Personen im Einzelhandel durchgeführt wurden, liefern umfassende Einblicke hinsichtlich Vollständigkeit des Themengebiets und zusätzliches Verständnis über die operativen Prozesse auf Store-Ebene. Dieser Teil der Arbeit gliedert sich als zweite Forschungsstufe ein und schließt an die gewonnenen theoretischen Erkenntnisse aus der systematischen Literaturanalyse an (Abbildung 34).

Abbildung 34: PZI: Einordnung in den Forschungsprozess

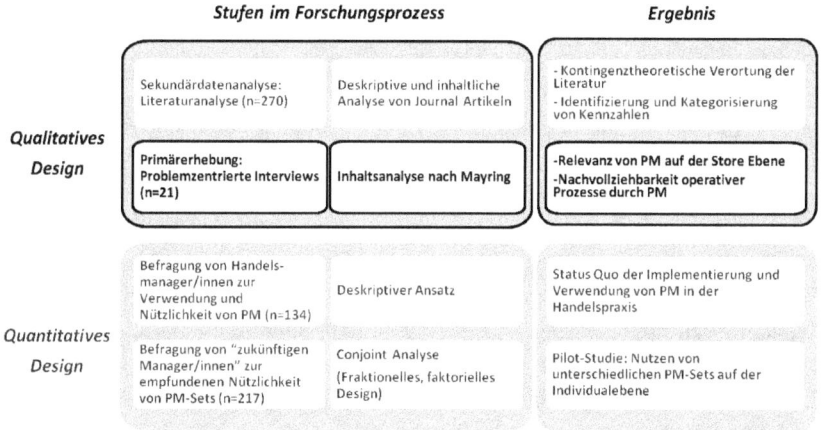

Der Aufbau des Kapitels ist wie folgt: In einem ersten Schritt wird die methodische Herangehensweise im Detail erörtert und für die vorliegende Themenstellung reflektiert. Danach werden die Ergebnisse der Interviews hinsichtlich zweier theoretischer Ströme, nämlich einer kontingenztheoretischen als auch einer praxistheoretischen Diskussion, gezeigt, um abschließend die theoretischen Implikationen für die nächste Stufe des Projekts, nämlich die quantitative Erhebung, abzuleiten. Die nachfolgende Tabelle 26 zeigt kompakt die zentralen Ecksteine des qualitativen Designs.

Tabelle 26: PZI: Methodischer Steckbrief

Charakterisierungsmerkmal	Designspezifische Ausprägung
Untersuchungsgegenstand	Implementierung von Kennzahlen im Handelsalltag
Forschungsinstrument	Problemzentriertes Interview (Witzel 1982)
Datenanalyse	Zusammenfassende Inhaltsanalyse (Mayring 2010)
Datenaufbereitung	Analysesoftware Atlas.ti
Befragungsregion	Kalifornien (USA) Wien/NÖ (AUT)
Erhebungsperiode	März – August 2013
Grundgesamtheit	Personen des Einzelhandels (Fokus: Store Manager/innen)
Stichprobenauswahlverfahren	Theoretisches Sample (Glaser/Strauss 1965)
Stichprobengröße	n=23 (inkl. 2 Pretests)

Jede Form von empirischer Sozialforschung versucht, theoretische Erkenntnisse aus Alltagswissen zu erwerben (Witzel/Reiter 2012, 40). Dabei hat qualitative Sozialforschung das Ziel, tiefgehende Einblicke in Sachverhalte zu erlangen, die „unter der Oberfläche" liegen (Holzmüller/Buber 2009, 7). Die Entscheidung, wie das Forschungsproblem methodisch bearbeitet wird, richtet sich nach der zugrunde liegenden Zielsetzung und Forschungsfrage. Um diese noch einmal ins Gedächtnis zu rufen, werden in Tabelle 27 und Tabelle 28 die Forschungsfragen des Projekts kurz zusammengefasst dargestellt. Der Untersuchungsgegenstand für die qualitative Untersuchung fokussiert sich dabei auf die praktische Seite der Implementierung von Kennzahlen im Handelsalltag.

Tabelle 27: Hauptforschungsfrage

Hauptforschungsfrage:
Wie soll Performance Measurement ausgestaltet sein, um operative Entscheidungen von Einzelhandelsmanager/innen auf der Store-Ebene zu unterstützen?

Daraus leiten sich folgende Subfragen ab:

Tabelle 28: PZI: Unterforschungsfragen

Unterforschungsfragen (qualitatives Design):
Wie beeinflussen ausgewählte kontingenztheoretische Faktoren die Ausgestaltung von Performance Measurement im Einzelhandel? Welche Kennzahlen im Sinne von Performance Measurement sind für entscheidungsvereinfachende und entscheidungsbeeinflussende Prozesse auf der Store-Ebene des Einzelhandelsalltags relevant?

6.1 Problemzentrierte Interviews: Methodische Annäherung

6.1.1 Problemzentrierte Interviewführung

Das problemzentrierte Interview (PZI) geht auf Witzel (1982) zurück und wird in der qualitativen Forschung als Forschungsinstrument gesehen, dass – wie auch andere qualitative Designs – eine kommunikative Strategie verfolgt. Sprache bildet im Sinne des interpretativen Paradigmas eine Möglichkeit, Wahrnehmungen und Empfindungen mit tatsächlichen Handlungen von Personen zu verknüpfen. „If men define situations as real, they are real in their consequences" (Thomas & Thomas 1928, 571, zitiert nach Merton 1995, 380). Dieses Zitat, das als **„Thomas Theorem"** in die Literatur eingegangen ist, bildet die Grundposition in der qualitativen Sozialforschung (Hitzler 2009, 89).

Witzel/Reiter (2012, 4) definieren PZI als qualitative diskursiv-dialogische Methode zur Rekonstruktion von Wissen über gesellschaftsrelevante Probleme. Sprache wird als Möglichkeit gesehen, eine Problemstellung zu erörtern, aber auch zu hinterfragen (Witzel 1982, 66). Die Besonderheit dieser Methodik liegt in der Gegenstands- und Situationsorientierung. Es wird versucht, „individuelle und kollektive Handlungsstrukturen und Verarbeitungsmuster gesellschaftlicher Realität" zu identifizieren (Witzel 1982, 67). Dabei kann „Problemzentrierung" zweideutig verstanden werden: Einerseits richtet sie sich auf ein gesellschaftliches Problem, das sich für den Forscher bzw. die Forscherin aufgetan hat. Andererseits sollen die interviewten Personen ihre Problemsicht – unabhängig von bereits etablierten Theorien – freilegen (Witzel 1982, 69). Abbildung 2 stellt die Positionen von Forscher/in und Respondent/in gegenüber und zeigt damit die epistemologische Verortung für dieses Instrument.

Abbildung 35: PZI: Epistemologische Verortung (Witzel/Reiter 2012, 18)

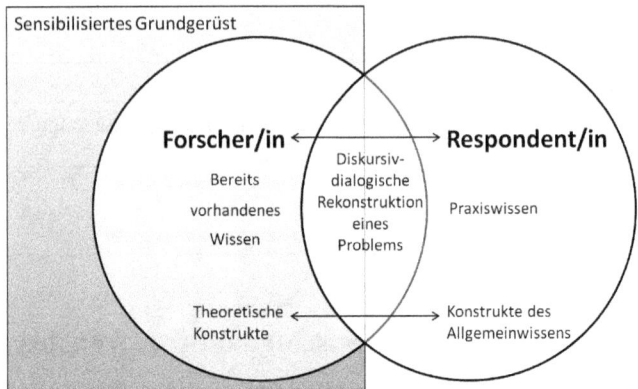

PZIs werden mehrere Positionen zugeschrieben: Im Vordergrund der Diskussion steht die schon angesprochene **Problemorientierung**. Es wird ein gesellschaftlich relevantes Problem zum Anlass genommen, weitere Erkenntnisse über die Rahmenbedingungen zu erhalten. Man geht davon aus, dass bereits Vorwissen vorhanden ist, das vom Forschenden vorinterpretiert wird. Dies bedeutet, dass auf Erkenntnissen aufgesetzt wird und sich daraus die Fragen in der Erhebungsphase ergeben, was einer eher deduktiven Annäherung gleichkommt. Durch die systematische Analyse der Literatur als ersten Analyseschritt und der eingangs intensiven Diskussion über Rigour und Relevance der vorliegenden Arbeit kann das theoretische Vorwissen für dieses Projekt bestätigt werden. Daher wird für die folgende Untersuchung das problemzentrierte Interview als adäquates methodisches Instrument gesehen.

In der Interviewsituation nimmt die Forscherin wieder eine distanzierte Rolle ein, wobei die Interviews dazu genutzt werden, präzise auf das Forschungsproblem hinzuarbeiten. Im Sinne des Offenheitsprinzips sollen neue Erkenntnisse entdeckt werden, die den Erzählcharakter bei den Interviews in den Mittelpunkt rücken (induktive Annäherung) (Kurz et al. 2009, 465; Witzel/Reiter 2012, 40). Die kommunikative Strategie dieses Verfahrens erlaubt es, bewusst auf Unklarheiten und Widersprüchlichkeiten einzugehen und kritisch während der Interviewsituation zu hinterfragen bzw. zurück zu spiegeln. Damit wird das Verständnis in dem jeweiligen Kontext erhöht (Witzel/Reiter 2012, 81).

Die instrumentelle Annäherung an den **Forschungsgegenstand** bildet die zweite Grundposition. Sie ist flexibel zu gestalten, wobei mehrere Möglichkeiten, wie Einzelinterviews, Postskripte, Kurzfragebögen etc. kombiniert werden können. Dem klassischen Interview wird die wichtigste Rolle zugeschrieben. Auch Einblicke in Filialberichte wurden vereinzelt während der Interviews gewährt und in die Analyse mit einbezogen. Das Ziel ist es, den zugrundeliegenden Gegenstand umfassend zu beleuchten (Kurz et al. 2009, 466; Witzel 2000). In Kapitel 6.1.3 werden die verwendeten Instrumente wie Leitfaden oder Feldnotizen im Detail erklärt.

Die letzte Position des PZI bezieht sich auf die **Prozessorientierung.** Darunter wird die schrittweise Generierung der Information verstanden. Witzel (1982) erkennt, dass die Interpretationsleistung direkt beim Erheben beginnt und die gewonnenen Erkenntnisse den weiteren Forschungsverlauf beeinflussen. Zusammengefasst bietet Abbildung 36 einen Überblick über die jeweiligen Positionen von PZIs und zusätzlich die Relevanz für das vorliegende Projekt.

Abbildung 36: Problemzentrierung der qualitativen Studie (Witzel 1982; Witzel/Reiter 2012) und Umsetzung im Projekt

---

Problemzentrierte Interviews

- Problemorientierung
- Gegenstandsorientierung
- Prozessorientierung

Relevanz für das Projekt

- Problemorientierung durch Berücksichtigung von Rigour und Relevance des Forschungsproblems
- Gegenstandsorientierung durch Berücksichtigung von theoretischem Vorwissen aus Literaturüberblick
- Gegenstandsorientierung durch Kontext, der ökonomische, soziale und organisatorische Charakteristika beleuchtet
- Prozessorientierung durch Einblicke in sensible Unternehmensbereiche, die Aufschluss über Prozesse und Interaktionen geben

---

6.1.2 Theoretisches Sampling

Im vorliegenden Herangehen stand die Interviewerin vor der Herausforderung, an die „passende" Quelle heranzukommen. Ziel war es systeminterne Handlungsexpertise zu explizieren (Froschauer/Lueger 2003, 37) und ein „aufgabenbezogenes, relativ genau umrissenes Teil-Wissen" zu erwerben (Pfadenhauer 2009, 151). Dabei ist die Auswahl der Expert/innen als kritisch für den weiteren Forschungsverlauf zu sehen (Witzel/Reiter 2012, 61).

Beim theoretischen Sampling, ein Begriff aus der Grounded Theory (Glaser/Strauss 1965), wird jene Auswahl an Untersuchungssubjekten verstanden, die (1) Relevanz für die theoretische Weiterentwicklung haben (Glaser/Strauss

2012, 46) und (2) sowohl ähnliche Fälle mit minimalen Unterschieden als auch (3) maximal unterschiedliche Fälle inkludiert (Glaser/Strauss 2012, 58). Damit ist es nicht Ziel des theoretischen Samplings, Aussagen über die Grundgesamtheit zu treffen (im Gegensatz zum statistischen Sample), sondern die Besonderheiten weniger Analyseeinheiten herauszuarbeiten (Meyer/Reutterer 2009, 233).

Abbildung 37: Theoretisches Sampling – Grundpositionen (Glaser/Strauss 2012; Sinkovics/ Penz 2009) und Umsetzung im Projekt

Grundannahmen
- Position 1: Relevanz für die theoretische Weiterentwicklung
- Position 2: Inklusion ähnlicher Fälle
- Position 3: Inklusion maximal unterschiedlicher Fälle

Umsetzung im Projekt
- Homogenität durch Inklusion großer Einzelhandelsunternehmen
- Heterogenität durch Inklusion unterschiedlicher Handelsbranchen
- Heterogenität durch Berücksichtigung unterschiedlicher nationaler Kontexte
- Heterogenität durch unterschiedliche hierarchische Positionen

Für die vorliegende Problemstellung erschien es sinnvoll, hauptsächlich große Handelsunternehmen auszuwählen, um informationsreiche Fälle zu beleuchten und Einblicke in den „typischen" Alltag des Performance Measurement zu erhalten. Gleichzeitig wurde durch diese Auswahl auch eine gewisse Heterogenität provoziert, da unterschiedliche Handelsbranchen einbezogen wurden. Die vorangegangene Literaturanalyse zeigte, dass das Verständnis des Performance Measurement-Konzeptes durch den nationalen Kontext beeinflusst wird. Um die überwiegend amerikanische Sichtweise in der Literatur vom deutschsprachigen Verständnis abzugrenzen bzw. Gemeinsamkeiten zu identifizieren, wurden beide nationale Kontexte in das Design integriert (Sinkovics/Penz 2009, 986). Daraus ergibt sich jedoch für die Interviewsituation und der anschließenden Analyse des Datenmaterials die Herausforderung, unterschiedliche Sprachen miteinander in Einklang zu bringen. Wie damit umgegangen wurde, wird später noch im Detail diskutiert. Abschließend wurde darauf geachtet, unterschiedliche Positionen innerhalb der Einzelhandelsunternehmen zu erreichen: Auch wenn es vorrangig das Ziel war, den Arbeitsalltag von Store Manager/innen zu untersuchen, so runden im Sinne der theoretischen Weiterentwicklung nach Glaser/Strauss (2012, 46) Interviews mit Personen, die keine Store Management-Funktion erfüllen (bspw. Top Management oder Verkaufspersonal), die Diskussion ab.

Qualitatives Design: Problemzentrierte Interviews 145

Tabelle 29: Theoretisches Sampling – Umsetzung im Projekt (* zeigt die Zugehörigkeit der Person zum selben Unternehmen im jeweiligen Land)

USA				Österreich			
Nr.	Sektor	Filialen	Position	Nr.	Sektor	Filialen	Position
1	LEH	~400	Store Manager	#	2 Pretests: Manager im LEH und Bau-&Heimwerkerbedarf		
2	LEH	>400	Store Manager	1	EH mit kosmet. Erzeug.	>600	Store Manager
3	EH mit Bekleidung	>30	Store Manager	2	EH mit Bürobedarf	>100	Store Manager
4	EH mit Bekleidung	>200	Store Manager	3	EH mit Schuhen & Lederwaren	>200	Store Manager
5	EH mit Bekleidung	~800	Verkäuferin	4	EH mit kosmet. Erzeug.	~400	Store Manager
6	EH mit kosmet. Erzeug.	>8.000	Store Manager	5	EH mit Bekleidung*	>100	Store Manager
7	EH mit Bürobedarf*	>1.000	Store Manager	6	EH mit Bekleidung*	>100	Stellvertreter
8	EH mit Bürobedarf*	>1.000	Store Manager	7	EH mit Bau- & Heimwerkerbedarf	>50	Store Manager
9	EH mit Bürobedarf	>1.000	Store Manager	8	LEH	>2.000	Store Manager
10	Fachhandel mit Schmuck	= 2	Eigentümer	9	EH mit Sportartikeln	= 2	Selbstst. Kauffrau
11	Dienstleistungsunternehmen		Top Management	10	LEH	>1.000	Selbstst. Kauffrau

Tabelle 29 zeigt die Reihenfolge der geführten Interviews aufgeteilt nach Ländern. Kalifornien wurde als idealer Markt für die Befragung im U.S. amerikanischen Raum identifiziert, da dieser Bundesstaat hinsichtlich Umsatz, Anzahl der Unternehmen und Beschäftigten im Einzelhandel in den USA führend ist (U.S. Census 2012). Durch das *NEURUS* Stipendium war es möglich, insgesamt 11 Expert/inneninterviews im Zeitraum März bis Juni 2013 durchzuführen. Die befragten Personen arbeiteten in unterschiedlichen Sektoren des Einzelhandels. Es wurde auch darauf geachtet, Personen aus demselben Unternehmen zu befragen, um interne Besonderheiten herausarbeiten zu können (Tabelle 29, Spalte Sektor). Die Aufschlüsselung hinsichtlich der Filialen, die es von dem jeweiligen Unternehmen in den USA gibt, zeigt die Relation der Unternehmensgröße (Tabelle 29; Spalte Filialen). Dieselbe Aufgliederung wurde auch für die österreichischen Interviews, die im Zeitraum Juli bis August 2013 durchgeführt wurden, herangezogen. Ende 2012 gaben zwei Probeläufe in Österreich den Startschuss für die Befragung (Tabelle 29, Spalte Österreich, Kennzeichnung #). Diese zwei Pretests wurden genutzt, um den Leitfaden zu verfeinern und den Fokus der Befragung zu schärfen. Aus Mangel an Vergleichbarkeit zu den restlichen Interviews wurden diese nicht in die Analyse mit einbezogen.

6.1.3 Instrumente und Ablauf der problemzentrierten Interviews

Forscher/innen stehen während der Feldphase vor der Herausforderung, nur begrenzt Einblicke in das Forschungsphänomen zu erhalten; begrenzt, da nur spezielle Erhebungsorte, Personen und Themengebiete abgedeckt werden können. Dabei haben sie durch ihre Aktivitäten und engen Kontakt zu ausgewählten Personen die Möglichkeit, bestimmte Teile des Forschungsphänomens zu untersuchen, zu verstehen und Einblicke zu erhalten (Ahrens/Chapman 2006, 827–828). Um dem Prinzip der Offenheit und Transparenz der Marktforschung gerecht zu werden, wird diese Kontaktzone, die gleichzeitig die Grenzen der Erhebung bildet, im Folgenden für das vorliegende Projekt näher beleuchtet und der Aufbau der Erhebung und die Instrumente aufgezeigt.

Im Zuge der Datenerhebung wurde der Prozess, also Auswahl und Kontaktaufnahme der Interviewpartner/innen oder aber auch die Interviewsituation per se, in beiden Ländern in vergleichbarer Form durchgeführt. Im vorliegenden Fall ist der zentrale Bestandteil der empirisch-qualitativen Untersuchung ein vorab festgelegter **Leitfadenkatalog**, der an die jeweilige Landessprache angepasst wurde (Version Deutsch -Tabelle 30). Damit erhöht sich insgesamt die Reliabilität des Projekts (Yin 2014, 48). Außerdem dient er als thematische Organisation und wird als „wichtigste Brücke zwischen Forscher/in und Interviewten" gesehen (Witzel/Reiter 2012, 51). Die Inhalte wurden so gewählt, dass die jeweils relevanten Themenblöcke zwar vorgegeben waren, aber die Erzählgenerierung dennoch im Vordergrund stand.

Die Interviews wurden mittels Tonband aufgezeichnet und im Nachhinein transkribiert. Während der Interviews wurden Notizen und im Anschluss an die Interviewsituation Postskripte angefertigt. Damit konnte nicht nur das Gesagte im Detail analysiert werden, sondern auch situationsspezifische Gegebenheiten wie nonverbale Äußerungen, Kommentare und Kontexte nachgezeichnet werden (Witzel 2000). Auf Basis des Leitfadens baut auch die Analysephase auf, bei der auf ein induktiv-deduktives Verfahren, nämlich der qualitativen Inhaltsanalyse, zurückgegriffen wurde. Damit wird ein Bearbeiten von umfangreichem Datenmaterial in unterschiedlichen Bereichen möglich. Die Datenanalyse wurde durch die Anwendung der Analysesoftware *Atlas.ti* unterstützt.

Tabelle 30: PZI: Leitfaden

Themenblock	Ausformulierung der Fragestellung	Theoretischer Bezugsrahmen (wissenschaftliche Verortung)
Aufgaben im Arbeitsalltag	Erzählen Sie mir bitte, welche Tätigkeiten an einem typischen Arbeitsalltag bei Ihnen anfallen.	Routineaufgaben (DeHoratius/Raman 2007; Kaplan/Orlikowski 2013; Ton 2009)
Entscheidungsunterstützung	Welche Informationen stehen Ihnen zur Verfügung, die Ihnen die alltäglichen Entscheidungen erleichtern?	Entscheidungsvereinfachung im operativen Bereich (Artz et al. 2012; Grafton et al. 2010)
Erfolgsmessung	Welche Rolle spielt Erfolgsmessung für Sie in Ihrem Arbeitsalltag? Welche Rolle spielt Erfolgsmessung für Ihr Unternehmen?	Breite von PM Tiefe von PM Aktualität der Reports (Homburg et al. 2012a; Sandt 2005)
Relevanz von Kennzahlen	Welche Kennzahlen sind für Sie besonders wichtig, wenn Sie an Mitarbeiter/innenevaluierung denken?	Finanzkennzahlen Nicht-finanzielle Kennzahlen (Clark 1999; Reinecke/Reibstein 2002; Sandt 2005)
Evaluation	Welche Arbeitsaufgaben sind für die Evaluierung von den Mitarbeiter/innen relevant? Was ist die Grundlage für Ihre Entscheidungsfindung? Wie läuft der Prozess der Mitarbeiter/innenevaluierung ab?	Entscheidungsbeeinflussung; PM-Anknüpfung an Anreizsystem (Gibbs 2008; Merchant/Van der Stede 2012)
Zeit	In welchem Zeitraum werden Mitarbeiter/innen bewertet?	Operative Entscheidungen Strategische Entscheidungen (Olson et al. 2005; Schäfer 2013)
Zukunft	Wenn Sie sich etwas wünschen könnten: Was würden Sie ändern, um sich fair evaluiert zu fühlen?	Veränderungen über Zeitablauf (Baum et al. 2007)
Abschluss	Gibt es aus Ihrer Sicht noch offene Punkte, die wir in unserem bisherigen Gespräch nicht diskutiert haben, die Sie aber noch erwähnen möchten?	Raum für offene Punkte (keine Literaturangabe)

6.1.4 Zusammenfassende Inhaltsanalyse nach Mayring

Die methodische Annäherung in Form von problemzentriertem Interviews hilft, einen weiteren Baustein für die Beantwortung der zugrunde liegende Fragestellung zu erhalten. Diese eher forschergeleitete Herangehensweise steht im Widerspruch zu hermeneutischen Zugängen, deren Fokus im Erkennen von Tiefenstrukturen liegt (Aghamanoukjan et al. 2009, 417). Weit verbreitet und etabliert sind die Erkenntnisse von Glaser/Strauss (1965), die mit dem Forschungsansatz der *Grounded Theory*, bei der „rein induktiv durch strukturierte Analyse eine in den Daten begründete Theorie entwickelt wird", die qualitative Forschung prägen (Srnka 2007, 256). In der Grounded Theory wird versucht, systematische Muster im Datenmaterial herauszufiltern und dadurch das Forschungsproblem inhaltlich aufzubrechen. Die Relevanz dieses Ansatzes in der qualitativen Forschung ist so weitreichend, dass sich auch andere Forscher/innen mit den Erkenntnissen von Glaser/Strauss (1965) auseinandersetzten und für sich selbst adaptierten. Auch in der vorliegenden Arbeit wird – obwohl die Methode der Inhaltsanalyse nach Mayring (2010) angewendet wird – immer wieder auf die Grounded Theory verwiesen.

Sowohl bei der Inhaltsanalyse nach Mayring (2010) als auch beim Ansatz der Grounded Theory nach Glaser/Strauss (1965) ist die tiefgehende Analyse des menschlichen Verhaltens in dessen natürlichen Umgebung Gegenstand der Forschung. Die Betrachtung des Kontextes durch ökonomische, soziale und organisatorische Charakteristika ist dabei unerlässlich. Gerade durch qualitativ empirische Forschung können Einblicke in sensible Unternehmensbereiche gewonnen werden, die Aufschluss über Prozesse und Interaktionen geben. Unterschiedlich gestaltet sich jedoch die Zielsetzung beider Ansätze: Grounded Theory hat das erklärte Ziel, Theorie zu konstruieren, Konstrukte zu liefern und Hypothesen abzuleiten. Der Prozess der Datengewinnung, Datenanalyse und Theoriebildung ist rekursiv und findet in iterativen Schritten statt. Dieser iterative Prozess ist zwar auch Bestandteil bei der methodischen Annäherung mittels Inhaltsanalyse; im Gegensatz zur rein induktiven Herangehensweise der Grounded Theory bedient sie sich jedoch einer Mischform aus Induktion und Deduktion. Im Analyseprozess stützt sich die Forscherin auf bereits etablierte theoretische Bausteine, nämlich auf Erkenntnisse der Kontingenz- als auch Praxistheorie, die im Zuge der Analyse zwar erweitert werden können; die zusammenfassende und strukturierende Komponente steht jedoch im Vordergrund.

Welche Rolle Grounded Theory in der empirischen Controlling- und Rechnungswesenforschung hat, beleuchten Brühl et al. (2008). Durch eine systematische Literaturanalyse zeigen sie, dass die Möglichkeiten, die diese methodische Annäherung bietet, für diese Disziplin bisher weitestgehend ungenutzt bleiben. Als Forschungslücke führen sie die Untersuchung des tatsächlichen menschlichen Verhaltens zwischen Controller/innen und Manager/innen an. Basierend auf diesen Überlegungen entwickelte sich für die vorliegende Analyse die Zielsetzung, die Kommunikation bzw. Interaktion von Store Manager/innen im Handelsalltag im Detail zu untersuchen und die Rolle von Kennzahlen zu beleuchten.

Die Grundprinzipien der qualitativen Inhaltsanalyse bilden somit (1) die Reflexion des Datenmaterials hinsichtlich des Kontextes, in dem es entstanden ist, (2) ein systematisches Vorgehen anhand eines Ablaufmodells bei der Analyse, (3) die Bildung der Kategorien während des Analyseprozesses, (4) der Gegenstandsbezug und (5) die Zugrundelegung von theoretischem Vorwissen für die Analyse. Mayring (2010) kombiniert in seiner Methodik somit quantitative und qualitative Ansätze (Tabelle 31). Des Weiteren sollen Pilot-Studien durchgeführt werden, die die Forschungsprozess zyklisch vorantreiben und sukzessive verbessern.

Tabelle 31: Zusammenfassende Inhaltsanalyse – Umsetzung im Projekt (Mayring 2010, 52; 67)

Schrittweiser Ablauf	Designspezifische Ausprägung	Ausführung im Projekt
Festlegung der Datenbasis	Festlegung des Materials Analyse der Entstehungssituation Formale Charakterisierung	Transkripte Feldnotizen und Postskripte Unternehmenshomepages
Fragestellung der Analyse	Festlegung der Richtung der Analyse Theoriegeleitete Differenzierung der Fragestellung	Kontingenztheoretische Diskussion Praxistheoretische Diskussion
Ablaufmodell der Analyse	Bestimmung der Analysetechnik Festlegung des konkreten Ablaufmodells	Zusammenfassung und Einblicke im Handelsalltag
Fokus im Projekt: Zusammenfassende Inhaltsanalyse (Ablauf)	Bestimmung der Analyseeinheiten Paraphrasierung von Inhalt tragender Textstellen Abstraktionsniveau und Generalisierung der Paraphrasen Reduktion durch Selektion, Streichung bedeutungsgleicher Paraphrasen Reduktion durch Bündelung, Konstruktion Zusammenstellung der neuen Aussagen	Analysesoftware Atlas.ti zeigt Prozess: Paraphrasen: P Generalisierung: G Kategorien: K
Interpretation und Rücküberprüfung der Ergebnisse	Rücküberprüfung der Kategoriensystems an Theorie Interpretation in Richtung Fragestellung Inhaltsanalytische Gütekriterien	Forschungstagebuch Zyklischer Forschungsprozess Interpretation in Memoformat mit Datumsangabe

Larcher (2010) diskutiert die methodische Annäherung von Mayring (2010) unter Berücksichtigung von computerunterstützenden Auswertungsprogrammen wie *Atlas.ti*. Damit verbindet sie die Erkenntnisse von Mayring (2010) mit jenen von Kuckartz (2010), der auf Computerunterstützung bei qualitativen Designs setzt, und reflektiert sie hinsichtlich der zusammenfassenden Inhaltsanalyse. Speziell für qualitative Forschungsanalysen konzipierte Computerprogramme unterstützen den Forschungsprozess sowohl auf der Text- als auch auf der konzeptionellen Ebene. Dadurch kann das zugrundeliegende Datenmaterial einerseits segmentiert, codiert und kommentiert werden. Andererseits kann es im Anschluss auch visualisiert, interpretiert und zu theoretischen Konzepten verdichtet werden (Friese 2012, 4; Larcher 2010, 7). Hierbei werden die zuvor angesprochenen Elemente der quantitativen und qualitativen Inhaltsanalyse ideal ergänzt (Srnka 2007, 256). In der Abhandlung von Larcher (2010) wird deutlich, wie eine Inhaltsanalyse nach Mayring (2010) durch Atlas.ti durchgeführt werden kann. Darauf stützt sich auch die vorliegende Arbeit.

Nach der Diskussion des methodischen Steckbriefes werden im nächsten Abschnitt theoretische Grundlagen und die Erkenntnisse aus den qualitativen Interviews präsentiert.

6.2 Theoretische Verortung und Erkenntnisse der qualitativen Erhebung

Zahlreiche Handelsforscher/innen beginnen ihre Argumentationslinie mit weit gefassten Aussagen zu externen Einflussfaktoren wie zunehmender Komplexität, Kurzlebigkeit und Unberechenbarkeit der Märkte und den vorherrschenden Dynamiken innerhalb der Handelslandschaft, um die Charakteristiken der Branche kompakt zu beschreiben (bspw. Cook et al. 2011; Ganesan et al. 2009; Grewal et al. 2009; Homburg et al. 2012a). Eine nähere Spezifikation, wie sich diese Kontingenzfaktoren im operativen Handelsalltag manifestieren und von den beteiligten Personen wahrgenommen werden und welche Herausforderungen daraus für die Ausgestaltung des Performance Measurement entstehen, bleibt bis dato unreflektiert.

Qualitatives Design: Problemzentrierte Interviews 151

Tabelle 32: Kontingenzfaktoren und Ausgestaltung von PM in der Handelsforschung

Jahr	Autor	Titel	Untersuchungsfokus	Kontingenzfaktor expliziert	Operativ	PM - Design
1973	Cottrell	An Environmental Model for Performance Measurement in a Chain of Supermarkets	Management-Fähigkeiten, externe und interne Umweltfaktoren werden gemeinsam betrachtet und deren Effekte auf die Store Performance diskutiert.	Umwelt		
1996	Banker/ Lee/ Potter/ Srinivasan	Contextual Analysis of Performance Impacts of Outcome-Based Incentive Compensation	Untersucht die Wirkung der Kontingenzfaktoren „Wettbewerbsintensität", „Kund/innenprofil" und „verhaltensorientiertes Kontrollsystem" auf die Effektivität von ergebnisorientierten Vergütungssystemen bei kund/innen-orientierten Unternehmensstrategie.	Umwelt Strategie Struktur		x
2000	Kumar/ Karande	The Effect of Retail Store Environment on Retailer Performance	Entwickelt zwei Modelle, die die Effekte von store-internen und -externen Umweltfaktoren (1) auf Umsatz und (2) Produktivität untersucht.	Umwelt	x	
2002	Homburg/ Hoyer/ Fassnacht	Service Orientation of a Retailer's Business Strategy: Dimensions, Antecedents, and Performance Outcomes	Untersucht das Ausmaß von Serviceorientierung auf der Unternehmensbereichsebene je nach Kontextfaktor (Umwelt, Strategie, Größe).	Größe Strategie Umwelt	x	

152 Qualitatives Design: Problemzentrierte Interviews

Jahr	Autor	Titel	Untersuchungsfokus	Kontingenzfaktor expliziert	Operativ	PM - Design
2002	Morgan/ Clark/ Gooner	Marketing Productivity, Marketing Audits, and Systems for Marketing Performance Assessment – Integrating Multiple Perspectives	(1) Entwickelt ein theoretisch verankertes, ganzheitliches Model (normativ) (2) Entwickelt einen ersten Versuch einer Konzeption unter Berücksichtigung von Kontextfaktoren.	Umwelt		
2007	Banker/ Mashruwala	The Moderating Role of Competition in the Relationship between Nonfinancial Measures and Future Financial Performance	Untersucht, ob und unter welchen Wettbewerbsvoraussetzungen das Reporten von nicht-finanziellen Kennzahlen nützlich für die Store Performance ist.	Umwelt	x	x
2007	Naesens/ Gelders/ Pintelon	A Swift Response Tool for Measuring the Strategic Fit for Resource Pooling: A Case Study	Untersucht den strategischen Fit von Unternehmen innerhalb einer Supply Chain.	Umwelt Strategie Struktur		
2008	Ittner	Does Measuring Intangibles for Management Purposes Improve Performance? A Review of the Evidence	Untersucht kontextspezifische Auswirkungen und Effekte der Implementierung von nicht-finanziellen Kennzahlen in der Erfolgsrechnung.	nicht expliziert		x

Qualitatives Design: Problemzentrierte Interviews   153

Jahr	Autor	Titel	Untersuchungsfokus	Kontingenzfaktor expliziert	Operativ	PM-Design
2008	Ton/ Huckman	Managing the Impact of Employee Turnover on Performance: The Role of Process Conformance	Untersucht die Auswirkungen von Mitarbeiter/innenfluktuation auf die operative Performance in wissensintensiven und wissensschwachen Kontexten.	Strategie	x	
2009	Flaherty/ Mowen/ Brown/ Marshall	Leadership Prospensity and Sales Performance Among Sales Personnel and Managers in a Specialty Retail Store Setting	Untersucht, ob formale Organisationsstrukturen die Freude am Führen (PTL) und Selbsteinschätzungen bei der Performance-Evaluierung moderiert.	Umwelt Strategie		x
2009	Sellers-Rubio/ Más-Ruiz	Efficiency vs. Market Power in Retailing: Analysis of Supermarket Chains	Untersucht die Zusammenhänge zwischen Marktstrukturen und Profitabilität im spanischen LEH.	Umwelt		
2011	Reinartz/ Dellaert/ Krafft/ Kumar/ Varadarajan	Retailing Innovations in a Globalizing Retail Market Environment	Untersucht den Einfluss von Globalisierung auf Innovationen im Handel.	Umwelt		
2012	Homburg/ Artz/ Wieseke	Marketing Performance Measurement Systems: Does Comprehensiveness Really Improve Performance?	Untersucht, ob und unter welchen Umständen umfangreiches Marketing Performance Measurement Unternehmensperformance beeinflusst.	Umwelt Strategie		x

154   Qualitatives Design: Problemzentrierte Interviews

Jahr	Autor	Titel	Untersuchungsfokus	Kontingenzfaktor expliziert	Operativ	PM - Design
2013	Mintz/ Currim	What Drives Managerial Use of Marketing and Financial Metrics and Does Metric Use Affect Performance of Marketing-Mix Activities?	(1) Entwickelt und testet ein konzeptionelles Modell, das Kontingenzfaktoren und manager/innenbasierte Charakteristika und deren Auswirkungen auf die Verwendung von Marketing- und Finanzkennzahlen bei Marketingentscheidungen untersucht. (2) Verknüpft Marketing- und Finanzkennzahlen und deren Verwendung mit empfundener Performance bei Marketing-Aktivitäten.	Umwelt Strategie Struktur	x	x
2013	Srinivasan/ Sridhar/ Narayanan/ Sihi	Effects of Opening and Closing Stores on Chain Retailer Performance	Untersucht die Auswirkungen von Filialeröffnungen und -schließungen auf die Gesamtunternehmensperformance.	Umwelt Größe		

Basierend auf den Erkenntnissen aus Kapitel 5 gibt Tabelle 32 einen Überblick über jene Artikel, die kontingenztheoretisch verortet sind. Neben dem Forschungsziel und den explizit untersuchten Kontingenzfaktoren, wird analysiert, ob die Beiträge operativ fokussiert sind und ob bzw. wie die Ausgestaltung von Performance Measurement adressiert wird. Banker/Mashruwala (2007) und Mintz/Currim (2013) erfüllen zwar alle drei Dimensionen, ersterer beleuchtet aber lediglich die Ausgestaltung von Performance-Evaluierung, letzterer untersucht die Umsetzung von Marketingentscheidungen auf der Ebene „mittleres Management" und hat somit keinen Bezug zur Filialperformance. Aus diesem Grund setzt sich die vorliegende Arbeit zum Ziel, die Ausgestaltung von Performance Measurement unter dem Einfluss von Kontingenzfaktoren im operativen Einzelhandelskontext zu beleuchten.

Der kontingenztheoretische Ansatz knüpft die Ausgestaltung von Performance Measurement an einzelne Kontextfaktoren. Dieser „Fit" führt insgesamt zu einer effizienten Verteilung der Ressourcen und erhöhten Unternehmensperformance (Homburg et al. 2012a, 67; Lee/Yang 2011, 84). Ein Zustand, in dem Unternehmenscharakteristika nicht an die Kontextfaktoren angepasst sind, führt zu Ineffizienzen und verminderter Performance. Aus diesem Grund versuchen Unternehmen, dieses Ungleichgewicht wieder auszugleichen und Strategie als auch Strukturen an die Gegebenheiten anzupassen (Olson et al. 2005, 50). Nach einer Analyse des gesamtorganisatorischen Settings können generalisierbare Rückschlüsse auf ähnliche Situationen gegeben werden. Der kontingenztheoretische Ansatz grenzt sich sowohl vom situationsspezifischen Ansatz, der davon ausgeht, dass jedes Unternehmen für sich individuelle Systeme ausgestalten muss und keine Generalisierungen getroffen werden können (Fisher 1995, 29), als auch von einem universellen Ansatz im Sinne von „One-Size-Fits-All"- Systemen ab (Morgan et al. 2002, 368).

Eine kontingenztheoretische Verortung kann in unterschiedlichen Unternehmensbereichen stattfinden. Formal gesehen stehen beim kontingenztheoretischen Ansatz aber immer drei Variablen im Kausalzusammenhang: Die Wirkung der unabhängigen Variable X auf die abhängige Variable Y wird durch die moderierende Variable W, dem Kontingenzfaktor, beeinflusst. So kann die unabhängige Variable X beispielsweise die Ausgestaltung und Zusammensetzung von Performance Measurement umfassen. Die abhängige Variable Y ist immer eine Effektivitätsgröße, wie finanzieller Erfolg im Sinne von Unternehmensgewinn aber auch nicht-finanzielle Größen wie Marktanteile oder nachhaltige Bildung von Kund/innenzufriedenheit (Homburg et al. 2012a, 63–64). Der Effekt der unabhängigen Variable X auf die abhängige Variable Y hängt von der Ausprägung des Kontingenzfaktors W ab. Donaldson (2001, 7) bringt dies noch einmal auf den Punkt: „A contingency is any variable that moderates the effect of an organizational characteristic on organizational performance".

Für die vorliegende Arbeit wurde der konzeptionelle Artikel von Chenhall (2003, 127) als Grundlage herangezogen, der die Einflussfaktoren Umwelt, strategische Ausrichtung des Unternehmens, Einsatz von Technologie, Struktur, Größe des Unternehmens und Unternehmenskultur in Hinblick auf die Ausgestaltung von MCS im Detail diskutiert. Eine systematische Auseinandersetzung im Sinne von Kausalzusammenhängen ist bisher nur vereinzelt vorzufinden und scheitert an der Komplexität solcher Systeme (Fisher 1995, 43; Homburg et al. 2012a, 57). Dennoch prägt vor allem das Zusammenspiel zwischen den einzelnen Einflussfaktoren die Ausgestaltung des Performance Measurement nachhaltig (Abernethy/

Lillis 2001, 111). Die Erkenntnisse der Kontingenztheorie werden dadurch erweitert, dass der Fokus auf die Ausgestaltung von Performance Measurement in Bezug zu den angeführten Kontextfaktoren analysiert wird, wobei explizit auf die Bedürfnisse des serviceorientierten Handelssektors Rücksicht genommen wird (Tabelle 32).

Während kontingenztheoretische Herangehensweisen versuchen Kontext und Subsysteme miteinander in Bezug zu bringen und aggregiert zu analysieren, fokussiert sich **Praxistheorie** auf die Funktionsweisen dieser Subsysteme und die Beziehungssysteme, die dahinter liegen (Ahrens/Chapman 2007, 3). Aus dem heraus bildet eine praxistheoretische Annäherung, die sich auf Dynamiken, Beziehungen und Ermächtigung fokussiert, eine Möglichkeit, das vorliegende Forschungsphänomen zu beleuchten (Feldman/Orlikowski 2011, 1240). Durch diese theoretische Perspektive wird versucht Beziehungs- und Arbeitsstrukturen in einem Unternehmen zu analysieren. Es werden Dynamiken im Handelsalltag auf Store-Ebene aufgedeckt, gezeigt, wie Handelsmarketingaufgaben auf Store-Ebene umgesetzt werden und wie Performance Measurement in diesem Zusammenhang dazu beiträgt, ein Gerüst zu bilden (Hagberg/Kjellberg 2010, 1028). Praxistheorie nach Feldman/Orlikowski (2011, 1241-1242) stützt sich auf drei Prinzipien: (1) Die gesetzten Aktivitäten ergeben sich aus der sozialen Interaktion der beteiligten Personen. Damit steht nicht die formale Organisationsstruktur oder gewählte Unternehmensstrategie im Vordergrund. Postuliert wird, dass die agierenden Menschen diese Faktoren formen und beeinflussen. (2) Dualität bewirkt, dass ein Nebeneinander von Konzepten möglich ist. Durch dieses Prinzip wird es möglich, Dynamiken besser abbilden zu können und gegensätzliche Konzepte wie „Objektivität" und „Subjektivität" miteinander in Verbindung zu setzen. (3) Beziehungen bedingen sich gegenseitig und führen dazu, dass Phänomene nicht mehr individuell beleuchtet werden, sondern zueinander in Bezug gesetzt werden.

Anknüpfungspunkte findet Praxistheorie in vielen Bereichen. Feldman/Orlikowski (2011) setzen sich bspw. mit der Implementierung von IT innerhalb eines Unternehmens auseinander. Sie zeigen, dass die objektive Bereitstellung von IT in einem Unternehmen nicht mit der individuellen Auseinandersetzung von Mitarbeiter/innen im Unternehmensalltag übereinstimmt und damit die Bereitstellung per se noch nicht konsequenterweise zur Performancesteigerung führt. Diese wird erst durch menschliche Interaktion abgeleitet. Bezugnehmend auf Performance Measurement erörtern Ahrens/Mollona (2007, 305-306) unterschiedliche organisatorische Effekte von Informations- und Planungssystemen, die in einem Unternehmen implementiert sind. Damit rücken auch sie die gelebte, organisatorische Praxis in den Mittelpunkt der Betrachtung. Mitarbeiter/innen sind dafür verantwortlich, diese Informationssysteme weiterzuentwickeln und zu verstehen (Ahrens/Chapman 2007, 3).

Aus diesem Interpretationsgerüst entstehen für die vorliegende Arbeit unterschiedliche Perspektiven: Während die kontingenztheoretische Diskussion den Handelskontext von außen reflektiert, liefert die praxistheoretische Anlehnung eine Innensicht.

6.3 Ein Blick von außen – Kontingenztheoretische Perspektive

Wie einleitend erläutert, liegt die Annahme zu Grunde, dass die Ausgestaltung von Performance Measurement Auswirkungen auf die Unternehmensperformance hat. Dieser Effekt wird durch die Kontingenzfaktoren Umwelt, Strategie, Technologie, Struktur und Größe moderiert (Chenhall 2003, 128). Im Zuge der Kategorisierung der Interviews bedient sich die Autorin dieser Kontingenzfaktoren. Basierend auf dem theoretischen Samplingverfahen wurden ausschließlich erfolgreiche Handelsunternehmen in die Stichprobe aufgenommen. Dadurch wurde die Effektivitätsgröße „Unternehmenserfolg" konstant gehalten. Die Analyse zeigt die Auswirkungen der Kontingenzfaktoren auf das Design von Performance Measurement im Handelsalltag. Abbildung 38 gibt hierzu das Kategorien- und Generalisierungsschema wider. Ziel dieser Abbildung ist es nicht, ein Kausalmodell aufzustellen, das im Zuge der qualitativen Diskussion validiert werden soll, sondern Einflussfaktoren auf die Ausgestaltung von Performance Measurement als erste Brücke zu präsentieren. Die Erkenntnisse werden im Weiteren genutzt, um ein quantitatives Design herzuleiten.

Die Ergebnisdarstellung basiert auf dem Kategorienschema, welches in Abbildung 38 ersichtlich ist. Um die Erkenntnisse nachvollziehbar zu machen und die eigenen Interpretationen zu stützen, werden Teile des Datenmaterials in Form von direkten Zitaten angeführt und die Interpretationen durch bereits bestehende theoretische Erkenntnisse reflektiert. Weiters werden kulturspezifische Charakteristika separat gekennzeichnet, wenn diese auffällig sind. Ziel der nachfolgenden Analyse ist es, an theoretisches Basiswissen anzuknüpfen und dieses um die Komponente „kultureller Kontext" zu erweitern.

Abbildung 38: PZI: Kategorienschema – Kontingenztheoretische Diskussion

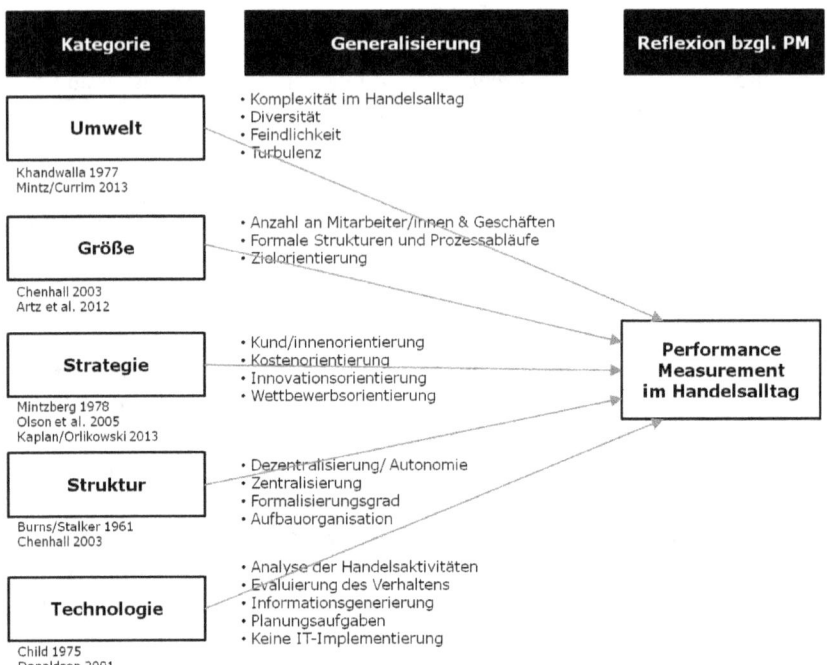

6.3.1 Umwelt

Eingebettet in ein Marktumfeld, das durch den Kontingenzfaktor „Umwelt" beschrieben wird, sehen sich Einzelhandelsunternehmen mit äußeren Veränderungen konfrontiert, die schwierig oder nicht vorhersagbar sind (Homburg et al. 2012a, 59). Nicht nur die in der Handelsforschung prominente kund/innengetriebenen Veränderung *(customer empowerment)*, sondern auch branchenspezifische und rechtlich-regulatorische Veränderungen fallen in diese Kategorie (Reinartz et al. 2011, 56). In diesem Zusammenhang kann Performance Measurement als Informationsquelle Handelsmanager/innen unterstützen, sich ein Bild von Marktentwicklungen zu machen und dadurch die Effizienz des Unternehmens zu steigern (Waterhouse/Tiessen 1978, 74). Je turbulenter ein Markt ist, desto mehr versuchen Manager/innen Finanzkennzahlen durch Marketingkennzahlen zu ergänzen und in Richtung „ausgewogenes Set" an Kennzahlen heranzuziehen (Homburg et al. 2012a, 70; Mintz/Currim 2013, 28). Die Studien, die in diesem Bereich veröffentlicht sind, untersuchen hauptsächlich höhere Managementebenen. Unklar bleibt jedoch, wie die Implementierung von Kennzahlen im turbulenten operativen Store-Alltag aussieht. Dieser Fragestellung widmeten sich Harrauer/Schnedlitz (2016), deren Erkenntnisse auf Basis des vorliegenden Datenmaterials gewonnen wurden und folgendermaßen ergänzt werden können.

Tabelle 33: PZI: Kategoriendefinition – Umwelt

Kategorie	Definition
Umwelt	• Vorhandensein von Veränderungen, die schwierig vorsehbar sind und Unsicherheit generieren (Child 1975, 17) • Bezieht sich auf die Einschätzung, wie schnell sich Produkte oder Serviceleistungen verändern und wie schnell diese veraltet sind; wie einfach, Kund/innenbedürfnisse vorherzusagen sind; wie häufig ein Unternehmen Marketing und Servicetechnologie adaptieren muss, um mit den Mitbewerbern und Kund/innenpräferenzen mithalten zu können (Mintz/Currim 2013, 36) • Bezieht sich auf interne Umwelt (Gesamtunternehmen) und externe Umwelteinflüsse (außerhalb des Unternehmens) (Waterhouse/Tiessen 1978, 67)

Aufbauend auf der theoretischen Basis von Khandawalla (1977) wird der Kontingenzfaktor „Umwelt" auf die Konstrukte **Komplexität** *(complexity)*, **Diversität** *(diversity)*, **feindliche Umgebung** *(hostility)* und **Turbulenz** *(turbulence)* aufgeteilt. Die Diskussion gibt Aufschluss, wie externe Faktoren den Handelsalltag und in weiterer Folge die Ausgestaltung von Performance Measurement beeinflussen. Dabei kann „Umwelt" auf einem Kontinuum von sicher bis unsicher, von statisch bis dynamisch, von simple bis komplex und turbulent bis ruhig eingeordnet werden (Fisher 1995, 30; Waterhouse/Tiessen 1978, 67).

Tabelle 34: PZI: Generalisierungen Kontingenzfaktor „Umwelt" (Chenhall 2003, 137; Child 1975; Khandwalla 1977; Mintz/Currim 2013; Waterhouse/Tiessen 1978)

Kategorie: Umwelt	Generalisierung der Dimensionen
Komplexität	Komplexität durch schnelle technologische Weiterentwicklung Komplexe Entscheidungen
Diversität	Varietät von Kund/innen Varietät durch saisonale Bedürfnisse Varietät von Performance Measurement Varietät der Alltagsaufgaben
Feindlichkeit	Hoher Level an Stress Marktvorgaben Unterdrückung Gegensatz: Angenehme Atmosphäre
Turbulenz	Hohes Risiko Unvorhersehbare Ereignisse

Komplexität im Handelsalltag resultiert aus den Veränderungen in der Handelslandschaft und den daraus entstehenden Herausforderungen für Einzelhandelsunternehmen. Komplexität auf der Store-Ebene per se beschreibt eine U.S. amerikanische Store Managerin des LEH folgendermaßen (Harrauer/ Schnedlitz 2016): *„Eine Managerin eines Lebensmittelgeschäftes zu sein bedeutet mehr, als viele Leute glauben würden. Menschen könnten glauben, ich leite bloß einen Supermarkt. Aber das heißt nicht nur das Geschäft am Laufen zu halten, das bedeutet sich mit Kennzahlen und Kund/innen gleichermaßen auseinanderzusetzen"* (Ref 31:86). Auch wenn sich die Aufgaben von Handelsmanager/innen in allen Handelssektoren ähneln (Kapitel 6.4.1), so wird das Berufsfeld des „Händlers" als komplex eingestuft und der Wunsch nach Vereinfachung der Prozesse geäußert.

Komplexität liegt u.a. darin, externe Veränderungen innerhalb der Unternehmung auf allen Ebenen umzusetzen, sämtliche Storeaktivitäten hinsichtlich Performancekennzahlen zu analysieren und diese im Zuge der Mitarbeiter/innenevaluierung entsprechend zu reflektieren. Konkret wird der Trend hin zur **technologischen Weiterentwicklung** auf der Store-Ebene angesprochen. Durch verbesserte unternehmensweite Systeme setzen Einzelhandelsunternehmen vor allem auf Verbesserungen der Gesamtperformance. Aus diesem Grund erkennen Store Manager/innen die Wichtigkeit, technologische Veränderungen an ihre Mitarbeiter/innen zu kommunizieren, diese einzuschulen und damit komplexitätsreduzierend zu agieren. Im Gegensatz dazu steht aber die Aussage eines Store Managers, der technologische Veränderungen bisher aus Zeitgründen nicht mitgemacht hat. *„Ich mache das nicht [referenziert auf computergestützte Analysen]. Und aus Gesprächen habe ich für mich beschlossen, dass ich das mehr machen möchte. Alles ist theoretisch im System vorhanden und vielleicht ist heute der Tag gekommen, an dem ich das ändere und keine Listen mehr mit der Hand schreibe"* (Eigentümer, Fachhandel für Schmuck, U.S., Ref 9:36).

Wesentlich zur Store Performance trägt die Grundsatzentscheidung der **Standortwahl** bei. Store Manager/innen kritisieren in dieser Diskussion, dass eine Vergleichbarkeit über die Geschäftslokale hinweg durch die Komplexität der externen Einflussfaktoren unmöglich gemacht wird (Harrauer/Schnedlitz 2016). Eine U.S. amerikanische Store Managerin des Bekleidungseinzelhandels sagt: *„Hätte sich die Unternehmenszentrale damals entschieden, an einen anderen Standort zu wechseln, wären wir heute viel erfolgreicher. Standort. Standort. Standort. Daran glaube ich!"* (Ref 3:85).

Im Gegensatz dazu stehen vereinzelt Aussagen, die zeigen, dass **Zeitdruck** tiefgreifende, als komplex geltende Veränderungen verhindert bzw. verzögert: *„Ich habe zu wenig Zeit. Ich habe jemanden einmal erzählt, ich wünschte, ich könnte* *die Welt auf Pause stellen und meine Aufgaben erledigen und die Pause nutzen, um zurückzugehen und alle meine Dinge umzusetzen"* (Eigentümer, Fachhandel für Schmuck, U.S., Ref 9:38).

„Diversität" fasst die Ausgestaltung der Handelsaktivitäten zusammen, die sich mit (1) unterschiedlichen Kund/innenbedürfnissen, (2) saisonalen Unterschieden, (3) unterschiedlichen Bedürfnissen an das Performance Measurement und (4) unterschiedlichen Handelsaktivitäten per se beschäftigen (Harrauer/Schnedlitz 2016).

(1) Die **Kund/innenorientierung** der Unternehmen veranlasst Store Manager/innen, auf unterschiedliche Charakteristiken wie sprachliche Barrieren Rücksicht zu nehmen. Im Bewusstsein, dass Kund/innenverhalten nicht prognostizierbar ist und der tägliche Einkauf „überall" erledigt werden kann, ist es das erklärte Ziel, loyale Kund/innenbeziehungen zu haben. Insgesamt stehen Handelsmanager/innen vor der Herausforderung auf die unterschiedlichsten Bedürfnisse von Shoppern einzugehen und diese in ihren Arbeitsalltag zu integrieren. Kund/innenorientierte Unternehmen versuchen durch die Implementierung von kund/innenbezogenen Kennzahlen auf der Store-Ebene diese Diversität auch für Store Manager/innen transparent zu machen und damit bewusst kund/innengerichtete Aktivitäten auszulösen.

(2) **Saisonale Umweltfaktoren** spiegeln sich im Arbeitsalltag wider und haben Auswirkungen auf Produktentscheidungen, auf den Analysefokus bei Auswertungen hinsichtlich saisonaler Categories, auf das Store Design oder aber auch auf die Arbeitszeiten von Store Mitarbeiter/innen (Harrauer/Schnedlitz 2016). *„In der Orderzeit, so im Juli und August, bin ich ein bis maximal zwei Tage in der Woche im Geschäft. Dazwischen, im Dezember, wenn wirklich Hochsaison ist, dann bin ich meistens vier Tage in dem einen Geschäft und zwei Tage in dem anderen Geschäft"* (Selbstständige Kauffrau im Sportfacheinzelhandel, AUT, Ref 49:8).

(3) Diversität bezieht sich auch auf den **Einsatz von Performance Measurement** im Handelsalltag. Reports variieren je nach Uhrzeit bzw. Tag und kommunizierter Unternehmenspriorität. Die Vielfalt an Reports soll insgesamt zu einem größeren Bild über die Store Performance verhelfen (Harrauer/Schnedlitz 2016). Die Analyse zeigt, dass die kommunizierten Kennzahlen innerhalb der Handelsunternehmen sehr wohl vergleichbar sind. Eine U.S. amerikanische Store Managerin im Bekleidungseinzelhandel bringt es auf den Punkt: *„Ich denke jeder Händler funktioniert gleich. Ich glaube nicht, dass ich jemals für ein Handelsunternehmen gearbeitet habe, das nicht dieselben Kennzahlen verwendet. Das sind immer dieselben Kennzahlen, die verwendet werden, wo immer ich auch war. Da gibt es keine Unterschiede"* (Ref 3:77). Diese Aussage

stützt die Argumentation, dass die Nutzung von Performance Measurement in der Handelsbranche generalisiert werden kann.

(4) **„Diversität im Handelsalltag"** schlägt sich in zahlreichen, unterschiedlichen Arbeitsaufgaben nieder, die Store Manager/innen übernehmen und als nicht prognostizierbar eingestuft werden. Flexibilität und zeitnahe Reaktion auf Marktveränderung und Prioritäten stehen daher im Fokus von Store Manager/innen. *„Also teilweise sind die Aufgaben Routineaufgaben, andere wiederum sind ein „Kommen und Gehen", das kommt ganz auf die Bedürfnisse an"* (Store Manager, EH mit Büroartikeln, U.S., Ref 7:6).

„Feindlichkeit" beschreibt nicht eine arbeitsfeindliche Atmosphäre per se. Viel mehr wurden jene Aussagen in dieser Kategorie zusammengefasst, die **Stresssituationen** oder **Spannungsfelder** im Handelsalltag aufzeigen. Gleichsam wurden aber auch jene Statements integriert, die genau das Gegenteil, also eine angenehme Arbeitsatmosphäre, zeigen. Insgesamt kommt dieser Generalisierung große Relevanz zu, da vor allem österreichische Handelsmanager/innen auf den enormen Arbeitsdruck hinweisen, der auf ihnen lastet. Auf der Mitarbeiter/innenebene zeigt sich, dass die Erfüllung von unterschiedlichen Arbeitsaufgaben und Zielen aber auch die Rivalität und Konkurrenzsituationen zwischen den Kolleg/innen zu erhöhtem Stressempfinden führen. Auf der Store Manager/innenseite wird angegeben, dass die restriktiven Vorgaben hinsichtlich der Höhe des Personalbudgets zur Konsequenz haben, dass die Aufgaben nicht vollständig erledigt werden können (Harrauer/Schnedlitz 2016). Eine Managerin aus dem DFH äußert in diesem Zusammenhang harte Kritik: *„Natürlich die Schreibtischhengste und -stuten, die dort sitzen, die schicken im August ein Mail raus: `Jetzt beginnen wieder die Vollzählungen. Schauen Sie, dass Sie genügend Mitarbeiter zur Verfügung haben.' Ich meine, da kann ich mich nur am Bauch legen und kringeln. Ich habe nicht genug Mitarbeiter. Ich darf nicht mehr Stunden brauchen, also was soll das? Oder dann kommt unverhofft ein Mail im August oder im September über einen eingeschobenen Umbau von der Haarpflege. Das sind ungefähr sechs Regalmeter. `Es tut uns leid, dass wir das erst so spät mitteilen können, schauen Sie halt, dass Sie genug Personal da haben. Ja?' Ich meine, ja?"* (Ref 45:110). Dieser Arbeitsdruck resultiert aus der Effizienz- und Kostenorientierung von österreichischen Handelsunternehmen, die in Kapitel 6.4.1 im Detail diskutiert werden.

Insgesamt richten Store Manager/innen ihre Aktivitäten auf die Marktbedürfnisse aus, um wettbewerbsfähig zu bleiben. Die Angst vor der **Schließung des Geschäftslokals** bei unterdurchschnittlichen Ergebnissen motiviert zusätzlich. *„Es ist so, dass manche Filialen wirklich kämpfen müssen, weil sie auch schon jahrelang bestehen und kein Zuwachs neben der Filiale besteht. Bei uns ist da die*

Möglichkeit noch, da wir jetzt das vollendete fünfte Jahr bestehen und noch rundherum Infrastruktur gebaut wird." (Store Manager, LEH, AUT, Ref 47:78). Daher legen Store Manager/innen besondere Anstrengungen darauf, die vorgegebenen Performanceziele des Unternehmens zu erreichen.

Jene Interviewpartner, die in kleineren Unternehmensgrößen arbeiten, zeigen, dass der Druck der Zielerreichung minimiert wird. Daraus entsteht eine **angenehme und entspannte Arbeitsatmosphäre**. Gleichzeitig nimmt Performance Measurement aber eine untergeordnete Rolle im Handelsalltag ein.

Der Arbeitsalltag von Store Manager/innen kann insgesamt als **turbulent** eingestuft werden. Geprägt durch unvorhergesehene, externe Ereignisse wie Wetterkapriolen, ständige Veränderungen innerhalb der Unternehmensstrukturen und Trends am Markt bilden sich die Aufgabenfelder von Store Manager/innen heraus und beeinflussen dabei die zur Verfügung stehende Information und in weiterer Folge die Store Performance. Fällt diese schwächer als erwartet aus, versuchen Store Manager/innen durch kurzfristige Aktivitäten wie Änderung der Personaleinsatzplanung (PEP) oder Änderungen der Produktplatzierung, negative Entwicklungen abzufangen und auszugleichen (Harrauer/Schnedlitz 2016).

Interpretation und theoretische Rückschleife:

Hohe Dynamik, unvorhersehbare Ereignisse und Komplexität der Unternehmensumwelt beeinflussen die Ausgestaltung der Arbeitsprozesse von Store Manager/innen (Harrauer/Schnedlitz 2016). Wie dies von den „Betroffenen" im Handelsalltag wahrgenommen wird, zeigt zusammenfassend Tabelle 35. Store Mitarbeiter/innen stehen vor der Herausforderung die Grenzen zwischen Unternehmensvorgaben und den Bedürfnissen der Kund/innen, die situationsbedingt variieren, und den eigenen Grenzen und Rollenverständnis auszubalancieren (Johlke/Iyer 2013, 59).

Zur Konsequenz hat dies zweierlei: Sowohl die Aktivitäten als auch die Informationsversorgung sollte auf diese Dynamik mit adaptiven Prozessen reagieren (Artz et al. 2012, 445). Laut kontingenztheoretischen Überlegungen bedarf es daher auch auf der Store Ebene einem umfangreichen Set an unterschiedlichen Kennzahlen, das zeitnahe zur Verfügung steht, um optimal bei der Entscheidungsfindung zu unterstützen und die zugrunde liegenden Finanzziele zu erreichen. Weiters sollen Kennzahlen durch subjektive Einschätzung und formale Kontrollen der Prozesse ergänzt werden (Chenhall 2003, 138). Dies wurde schon von Peter Drucker (1969) angesprochen, wenn dieser von der Entwicklungsfähigkeit von Unternehmen *(Age of Discontinuity)* spricht. Manager/innen sind angewiesen, komplexitätsreduzierende Stabilisierung (Fremdgestaltung) aber auch komplexitätserhöhende Veränderung (Selbstorganisation) zu betreiben (Horváth 2011, 6). Beides wird durch die Analyse im Einzelhandelskontext aufgedeckt und diskutiert.

Tabelle 35: PZI: Umwelt – Zusammenfassung qualitative Analyse (in Anlehnung an Harrauer/Schnedlitz 2016)

Kategorie: Umwelt	Erkenntnisse für den Einzelhandel	Konsequenz für PM-Design
Komplexität	• Hoch empfundene Komplexität aufgrund von Handelsaufgaben, Prozessen, steten Veränderungen der IT und Standortwahl • Standort beeinflusst Store Performance; Nachteil für Geschäfte in schlechteren Lagen • Forcierung des Einsatzes von PM, um Komplexität zu reduzieren	• Spricht für umfangreiche Sets von PM, um alle Prozesse abzudecken
Diversität	• Nicht prognostizierbares Einkaufsverhalten – Fokus auf Kund/innenkennzahlen • Je nach Jahreszeit/Saison wird der Fokus auf Categories (auch in Kennzahlen) geändert; auch Prozesse ändern sich • PM und Aufgaben: Ändern sich je nach Tageszeit bzw. Wochentag (PM reflektiert die Aufgabensetzung)	• Spricht für Einsatz von nicht-finanziellen Kennzahlen, um externe Gegebenheiten wie Kund/innen- und Saisonbedürfnisse zu reflektieren • Spricht für das flexible Abrufen von KZ • Systemen, um auf die jeweiligen Prozesse Rücksicht zu nehmen
Feindlichkeit	• AUT: Kostenorientierung im Vordergrund; geht mit Nichtberücksichtigung von Kund/innen und Nichterfüllung von Arbeitsaufgaben einher • Hoher Stress und Arbeitsdruck wirkt demotivierend und führt zu Fluktuation	• Spricht für Einsatz von Finanzkennzahlen • Spricht für Einsatz von formalen Steuerungssystemen
Turbulenz	• Wettereinflüsse: Nicht prognostizierbar • Marktlandschaft nach Wirtschaftskrise – keine Planbarkeit von Aktivitäten	• Spricht für flexible Systeme, hohe Expertise und Autorität des Store Managements

6.3.2 Unternehmensgröße

Der Kontingenzfaktor „Unternehmensgröße" wird durch die Anzahl der Mitarbeiter/innen, die Anzahl der Filialen oder aber auch durch die Höhe des Jahresumsatzes definiert. In den vorliegenden Expert/inneninterviews wurden zusätzlich Aussagen getroffen, die die Unternehmensgröße für Gegebenheiten im Alltagsleben verantwortlich macht, wobei vor allem ein starker Bezug zur Unternehmensstruktur hergestellt wurde. Daher wird Unternehmensgröße in der Diskussion noch einmal eine Rolle spielen, wenn es um die Ausgestaltung der strukturellen Beschaffenheit von Handelsunternehmen geht.

Tabelle 36: PZI: Kategoriendefinition – Unternehmensgröße (Artz et al. 2012, 458; Chenhall 2003, 148)

Kategorie	Definition
Unternehmensgröße	• Anzahl der (Vollzeit)Beschäftigten in einem Unternehmen • Anzahl der Geschäftsstätten • Höhe des Jahresumsatzes

Abgeleitet von der Kategoriendefinition wurden auch induktive Generalisierungen gebildet. Einen Gesamtüberblick liefert Tabelle 37.

Tabelle 37: PZI: Generalisierung Kontingenzfaktor „Unternehmensgröße"

Kategorie: Unternehmensgröße	Generalisierung der Dimensionen
Generelle Aussagen	Anzahl der Beschäftigten Anzahl der Geschäftsstätten und Größe der Verkaufsfläche
Große Handelsunternehmen	Formale Prozesse, Struktur und Hierarchie Zielorientierung auf quantitative Ergebnisse ausgerichtet Konkurrenz zwischen Geschäftsstätten
Kleine Handelsunternehmen	Zielorientierung an qualitativen Faktoren ausgerichtet

Im Zuge der Inhaltsanalyse konnten jene Aussagen, die sich direkt auf den Faktor „Unternehmensgröße" beziehen, angelehnt an Chenhall (2003, 149), in drei Kategorien eingeteilt werden: **Generelle Aussagen** betreffen Aussagen zur Unternehmensgröße und Anzahl der Mitarbeiter/innen, die im Verantwortungsbereich der interviewten Store Manager/innen stehen. Um ein vollständiges Bild über die Gesamtunternehmenssituation zu erhalten, wurden zusätzlich zu den Interviews extern verfügbare Unternehmensdaten analysiert und hinsichtlich *„Anzahl der Angestellten", „Anzahl* *der Stores*", "*Umsatz*" und "*Marktanteil*" analysiert (vgl. hierzu auch Tabelle 29). Anzumerken bleibt jedoch, dass für die Beantwortung der vorliegenden Fragestellung eine bewusste Auswahl von großen Handelsunternehmen durchgeführt wurde. Daher ist die Kategorie "Generelle Aussagen" als Ergänzung zur Sample-Beschreibung zu sehen und spiegelt die Umsetzung des theoretischen Samplings wider.

Manager/innen, die in **großen Handelsunternehmen** arbeiten, erkennen **formale Strukturen und Prozessabläufe** als sinnvoll an, wissen aber auch, dass sog. "Mikro-Management" notwendig ist, um die Unternehmensziele zu erreichen. *"Wenn du für ein großes Unternehmen arbeitest, das über 260 Filialen hat, dann musst du mikro-managen"* (Store Managerin, LEH, US, Ref 31:76). Dabei müssen sie den Spagat zwischen Vorgaben und Richtlinien der Unternehmenszentrale und eigenen Entscheidungskompetenzen abwägen. Sie sind gefordert, Aktivitäten und Entscheidungen zeitlich und inhaltlich über die Bereiche hinweg aufeinander abzustimmen. Für große Handelsunternehmen entsteht ein besonderes Bedürfnis, Informationen unternehmensweit zu verteilen. Performance Measurement übernimmt in diesem Zusammenhang eine Delegations- und Koordinationsfunktion und stellt standardisiert Informationen zur Verfügung.

Konkurrenz zwischen den Geschäftsstätten wird sichtbar, wenn es um die **Vergleichbarkeit von Stores und deren Performance** geht. Geschäftslokale in schlechteren Lagen bzw. mit kleinerer Verkaufsfläche werden gegenüber anderen Filialen benachteiligt, wenn es um Bonus-Verteilungen geht. *"Ich finde es schade, dass wir so wie wir sind, nämlich eine kleine Filiale, eigentlich immer sehr gut sind mit den Nebenartikeln. Das war schon immer so. Aber das wird nicht gewürdigt. Wenn es irgendwelche unternehmensweiten Wettbewerbe gibt, dann wird das immer nur auf die Steigerung gemacht [...] Und auf sechs Prozent noch einmal sechs Prozent steigern, das geht fast nicht. Ein Ding der Unmöglichkeit"* (Store Managerin, EH mit Schuhen, AUT, Ref 35:106).

Weiters zeigen die Ergebnisse, dass die Unternehmensgröße Auswirkungen auf die **Zielorientierung** hat, wobei **große Handelsunternehmen** stärker finanziell ausgerichtet sind und kosteneffizient arbeiten. Aus diesem Grund optimieren sie ihre Aktivitäten hinsichtlich der Unternehmensergebnisse. Die **Zielorientierung kleiner Handelsunternehmen** liegt hingegen verstärkt auf der individuellen Ebene. Mit dem Fokus auf "den Menschen" – hier sind sowohl Mitarbeiter/innen als auch Shopper/innen gemeint – entstehen für Store Manager/innen tiefe Einblicke in Kund/innenbedürfnisse und Trendentwicklungen auf informelle Art und Weise. Ein Handelsmanagers weist darauf hin, dass Kleinunternehmer zwar die Herausforderung annehmen, mit knappen Ressourcen und finanziellen Mitteln am hart umkämpften Markt bestehen zu bleiben. Diese legen jedoch den Fokus auf innovative Ideen und Nischenpositionen. Dies zeigt, dass auch in diesem Kontext die Orientierung an finanziellen Größen nicht gänzlich außer Acht gelassen wird.

Interpretation und theoretische Rückschleife:
Je größer die Verkaufsfläche ist, desto mehr Personal muss zur Verfügung stehen, um die handelsspezifischen Aufgaben zu erfüllen. Dadurch entsteht für Store Manager/innen aber auch ein erhöhter Bedarf an Information in Form von Kennzahlen, die die Store Prozesse und Grad der Zielerreichung abbilden. Performance Measurement übernimmt in großen Einzelhandelsunternehmen neben einer entscheidungsbeeinflussenden auch eine entscheidungsvereinfachende Komponente und liefert Informationen entlang der hierarchischen Ebenen. Dies stimmt mit den Positionen von Zoltners et al. (2012, 172) und Brettel et al. (2006, 205) überein, die Anpassung von Performance Measurement in Bezug auf Inhalt und Umfang je nach Größe des Teams fordern.

Tabelle 38: PZI: Unternehmensgröße – Zusammenfassung qualitative Analyse

Kategorie: Unternehmensgröße	Erkenntnisse für den Einzelhandel	Konsequenz für PM-Design
Generelle Aussagen	Anzahl der (Vollzeit-)Beschäftigten im Geschäftslokal variiert nach nationalem Kontext	Basis für theoretisches Sample
Große Handelsunternehmen	Hoher Grad an Strukturierung und Kommunikation über Kennzahlen ist wichtig, um „micro-managen" zu können. Finanzziele und Kosteneffizienz werden mit großen Unternehmen assoziiert. Kritik: Mangelnde Vergleichbarkeit von Filial-Performance-Ergebnissen wegen Größe und Lage der Filialen	Hohe Akzeptanz von PM auf der Store-Ebene in großen Einzelhandelsunternehmen. Hohe Relevanz an Transparenz und Einbeziehung von externen Faktoren bei PM, um Fairness zu erhöhen
Kleine Handelsunternehmen	Berücksichtigung von Mitarbeiter/innen- und Kund/innenbedürfnisse bei kleinen Unternehmen	Individuelle Ebene wichtig, um Nischenposition zu besetzen

6.3.3 Unternehmensstrategie

Führt man sich noch einmal die Funktion von Handelsunternehmen im institutionellen Sinne vor Augen, so setzen diese in der Regel nicht selbst produzierte Güter an Endkonsument/innen ab (vgl. Kapitel "Funktionen des Handels"; Ausschuss für Definitionen zu Handel und Distribution 2006, 27). Aus dieser Basisdefinition ergibt sich die strategische Ausrichtung der Aktivitäten hinsichtlich der Ansprache von Kund/innen, aber auch die Fokussierung auf kosteneffiziente Bereitstellung dieser Serviceleistungen. Eine getrennte Betrachtung von strategischer und operativer Steuerung gilt in der wissenschaftlichen Diskussion als überholt, da auch im Tagesgeschäft strategische Aktivitäten durchgeführt werden (Strauß/Zecher 2013, 237). Aus diesem Grund stützt sich die folgende Definition auf das strategische Verhalten *(strategic behavior)* im Handelsalltag von Einzelhandelsunternehmen.

Tabelle 39: PZI: Kategoriendefinition – Unternehmensstrategie (Mintzberg 1978; Olson et al. 2005)

Kategorie	Definition
Unternehmensstrategie	• Festlegung von Langzeitzielen und Kursrichtung auf Unternehmensebene, wobei Entscheidungen über den Zeitverlauf konsistent in diese Richtung gefällt werden (Mintzberg 1978, 935). Durch die jeweilige strategische Ausrichtung werden Wettbewerbsvorteile gegenüber der Konkurrenz erzielt (Olson et al. 2005, 49)

Unternehmensstrategien werden nicht als alleinstehende Entscheidungen von Unternehmenszentralen gesehen, sondern gelten als immerwährende Interpretation und Interaktion von Organisationsmitgliedern, sichtbar und geformt durch tägliche Routinen und gelebte Unternehmenspraxis (Kaplan/Orlikowski 2013, 965).

Tabelle 40: PZI: Generalisierung Kontingenzfaktor „Unternehmensstrategie" (Mintz/Currim 2013, 21; Olson et al. 2005, 52)

Kategorie: Unternehmensstrategie	Generalisierung der Dimensionen
Kund/innenorientierung	Adressiert und priorisiert klare Wettbewerbsvorteile aus der Bereitstellung, dem Erhalten und Neubilden von Kund/innenwert
Kostenorientierung	Adressiert und priorisiert klare Wettbewerbsvorteile aus interner Orientierung, Kosteneffizienz und operativer Exzellenz
Innovationsorientierung	Adressiert und priorisiert klare Wettbewerbsvorteile aus radikalen und unstetigen Innovationen

Kategorie: Unternehmensstrategie	Generalisierung der Dimensionen
Wettbewerbsorientierung	Adressiert und priorisiert klare Wettbewerbsvorteile aus dem konsequenten Vergleich mit Mitbewerbern
Generelle Aussagen	Unternehmensmission, Unternehmenswerte Strategische Ausrichtung basiert auf kontinuierlichen Verbesserungen

- **Kund/innenorientierung als strategische Ausrichtung**

Das Konstrukt Marktorientierung wird durch kund/innenzentriertes Denken und Handeln spezifiziert und gilt als ausschlaggebend für langfristigen Erfolg (Beitelspacher et al. 2011, 221; Chen/Quester 2009, 197). Kund/innenorientierung wird dann angenommen, wenn Unternehmen klare Wettbewerbsvorteile aus der Bereitstellung, dem Erhalten und Neubilden von Kund/innenwert generieren wollen und daher diesem Bereich eindeutige Priorität einräumen (Olson et al. 2005, 52). Hinsichtlich dieser definitorischen Grundlage wurden zahlreiche Statements subsummiert, die aus Gründen der Übersichtlichkeit noch einmal in die Dimensionen „Shopper/innen", „Mitarbeiter/innen", „Store Manager/innen", „Mitarbeiter/innen in Zusammenarbeit mit Store Manager/innen" und „Top Management" unterteilt wurden.

Gerade in den U.S. amerikanischen Interviews ist die gelebte Kund/innenorientierung in den Geschäften nicht zu übersehen. Ein Beispiel ist die aktive „Komfortbetreuung" bei einem Lebensmitteleinzelhändler, bei dem einzelne Store Mitarbeiter/innen rollierend ausschließlich dafür zuständig sind, Shopper/innen aktiv anzusprechen, sie willkommen zu heißen, nach dem Befinden zu fragen und aufmerksam zu sein, ob diese auch alles im Store finden. Hat ein/e Mitarbeiter/in diese Funktion inne, trägt diese eine auffällige Muschelkette[13] um den Hals, die für alle auf der Verkaufsfläche sichtbar ist.

Handelsunternehmen, die Kund/innenorientierung in den Fokus ihrer Bemühungen stellen, stehen vor der Herausforderung, Shoppingerlebnis, Kund/innenzufriedenheit und -loyalität messbar zu machen und damit die Effekte der **kund/innenorientierten Aktivitäten zu evaluieren.** U.S. amerikanische Handelsunternehmen verwenden sog. „*Receipt Tracker*", die Kund/innenreaktionen auf individueller Basis direkt nach dem Einkauf auffangen sollen. Kund/innen erhalten Anreize in Form von Gutscheinen oder Vergünstigungen auf den darauffolgenden Einkauf, wenn sie sich nach dem Besuch der Einkaufsstätte bereit

---

13 Anm.: In diesem Geschäft war das Geschäftslokal im Hawaii-Strand-Design ausgestaltet.

erklären, online ihre Meinung zum Einkaufserlebnis abzugeben. Informationen dafür finden sie auf jeder Rechnung nach dem Bezahlvorgang. Dieses Instrument ermöglicht Handelsunternehmen eine Messung der Kund/innenzufriedenheit sowohl auf Mitarbeiter/innen- als auch auf Filialebene und hilft, eventuelle Schwachstellen aufzudecken. Die Analyse zeigt, dass Mitarbeiter/innen auch explizit darauf hinarbeiten müssen, positiv bei den Auswertungen abzuschneiden, da diese Bewertung Teil ihrer Leistungsevaluierung ist. Die Auseinandersetzung mit Kund/innenkennzahlen zählt somit zum Arbeitsalltag und rückt in den operativen Bereich auf Store-Ebene.

Im Gegensatz dazu wird im deutschsprachigen Raum ein anderer Zugang bei der Evaluierung der Shopper-Perspektive gewählt: Die Analyse zeigt, dass die Messung der Kund/innenzufriedenheit vom Top Management mittels globaler Kund/innenzufriedenheitsstudien durchgeführt wird. Weiters werden vereinzelt unternehmensinterne Mystery Shopper eingesetzt, die die Kund/innenorientierung auf Store-Ebene regelmäßig bewerten. Die Ergebnisse dieser Befragungen und Bewertungen haben laut Store Manager/innen für die Mitarbeiter/innen jedoch kaum bis gar keine Auswirkungen. Auf der Filialebene gilt, das Shoppingerlebnis positiv zu gestalten und damit Kund/innenbeschwerden zu vermeiden und ein Fernbleiben der Shopper zu eliminieren. Von „loyalen Kund/innen" sprechen Store Manager/innen dann, wenn sie dieselben Kund/innen immer wieder im Geschäft sehen und im besten Fall zu einem bestimmten Mitarbeiter bzw. einer bestimmten Mitarbeiter/in eine persönliche Beziehung aufbauen. Dieses informellen Zeichen übertreffen laut einer Interviewpartnerin sogar den Nutzen von Kund/innenkarten, da letztere nichts über die Zufriedenheit der Kund/innnen aussagen, persönliche Gespräche hingegen tiefere Einblicke geben. *„Ja, also das mit den Kundenkarten das schaut man sich schon immer an, vor allem beim Bonuslauf [Anm.: Bonusausschüttzungen]. Das ist immer im Herbst, aber das sagt jetzt meiner Meinung noch nicht so viel über die Kundenzufriedenheit aus. Also Kundenzufriedenheit glaube ich, kann man nur mit einer Befragung machen. Und natürlich ist der Umsatz auch irgendwie mein Thema, wenn die [Kund/innen] unzufrieden sind und sich nichts finden, dann kaufen sie nichts, dann mache ich keinen Umsatz"* (Selbstständige Kauffrau, EH mit Sportartikeln, AUT, Ref 49:75). Diese Aussage zeigt aber auch, dass Store Manager/innen Kund/innenzufriedenheit nach wie vor auf Basis von Umsatzzahlen ableiten.

Die interviewten Store Manager/innen erkennen die **Wichtigkeit der Mitarbeiter/innen** und deren Rolle, die sie einnehmen, wenn es um Kund/innenorientierung geht. Um optimale Voraussetzungen für Kund/innenorientierung zu schaffen und damit die Store Performance positiv zu beeinflussen, werden Store Mitarbeiter/innen – vor allem in U.S. amerikanischen Handelsunternehmen – auf den direkten Kund/innenkontakt vorbereitet und vom Store Management bspw. durch Rollenspiele trainiert. Augenkontakt, Grüßen, Vermeiden von Tunnelblick und das Unterbrechen der alltäglichen organisatorischen Aufgaben, um auf Kund/innen pro-aktiv einzugehen, werden hier großgeschrieben. Im Gegensatz dazu wird in Geschäften, in denen Personalmangel herrscht, oft auf Kund/innenkontakt mangels Zeit verzichtet.

Auch die interviewten **Store Manager/innen** tragen wesentlich zur Umsetzung der Kund/innenorientierung bei. Neben dem direkten Kund/innenkontakt, der auch auf dieser Ebene als wesentliche Arbeitsaufgabe eingegliedert ist, soll vor allem auf die **Analyse der Kund/innenkennzahlen** eingegangen werden. Während diese in den U.S. amerikanischen Unternehmen in den Arbeitsalltag eingegliedert ist, so spricht ein österreichischer Manager, dessen Verantwortungsbereich im Vergleich zu anderen Interviewpartner/innen als umfangreich einzustufen ist, an, dass die Analyse der Kund/innenkennzahlen nicht zur täglichen Routine zählt. *„Vom Kunden her ist der Beratungsanteil sehr wichtig. Wie viele Kunden werden bei mir begrüßt beziehungsweise nachher aktiv vom Mitarbeiter beraten und dann einmal im Jahr gibt es eine Auswertung bezüglich einer Kundenzufriedenheit. [...] Aber das ist jetzt nicht mein tägliches Geschäft, sage ich jetzt, anhand von Kennzahlen, den Kunden zu analysieren"* (Store Manager, EH mit Bau- und Heimwerkerbedarf, AUT, Ref 39:39).

Kund/innenorientierung wird auch in der Zusammenarbeit und direkten **Interaktion von Store Manager/innen und Store Mitarbeiter/innen** sichtbar. Dabei geht es darum, sich nach außen einheitlich zu präsentieren und dementsprechend zu koordinieren. Im Bezug auf Performance Measurement erörtern vor allem U.S. amerikanische Store Manager/innen, dass sie täglich Geschäftsergebnisse in kurzen Meetings *(„Huddle Meetings")* mit allen Store Mitarbeiter/innen diskutieren und hinsichtlich Kund/innenorientierung reflektieren. Ziel ist es, durchgängig auf Kund/innenbedürfnisse zu reagieren und bei Bedarf, Feedback zu geben und Änderungen durchzuführen. U.S. amerikanische Store Manager/innen evaluieren daher regelmäßig Mitarbeiter/innenperformance, auch wenn eine Interviewpartnerin anführt, dass Kund/innenorientierung nicht trainiert werden kann, sondern Grundvoraussetzung für den Job im Einzelhandel ist. *„Es gibt Kundenservice und es gibt Kundenservice. Weil alles andere kann trainiert werden wie zum Beispiel Disziplin. Kundenservice ist aber gesunder Menschenverstand. Wenn die Mitarbeiter die Kunden nicht ordentlich behandeln, dann können sie wirklich nicht in diesem Business arbeiten"* (Store Managerin, DFH, U.S., Ref 17:15).

Vereinzelt wurden auch Aussagen getätigt, die die **strategische Ausrichtung des Gesamtunternehmens** widerspiegeln und damit zentrale Ausrichtungen auf der Store-Ebene vorgeben. Beispielsweise werden zielgruppenspezifische Vorgaben des Top Managements angeführt oder aber die unternehmensweite, einheitliche Umsetzung des Store Designs hinsichtlich der Bedürfnisse der Shopper. Weiters werden Kernkompetenzen *(Core Values)* wie Integrität angesprochen, deren Umsetzung die oberste Priorität im Arbeitsalltag bildet. Hierzu meint ein Store Manager: *„Integrität ist unsere oberste Priorität im Unternehmen. Wenn Mitarbeiter mit Integrität behandelt werden, dann werden wir bestehen bleiben, da sie am Arbeitsplatz engagiert sind. [...] Und ich denke, dass ist der Grund, warum unser Unternehmen so erfolgreich ist, wohingegen andere Unternehmen anfangen, zurück zu rudern"* (Store Manager, LEH, U.S., Ref 27:47). Ein österreichischer Manager sieht zwar, dass Kund/innenorientierung zentral sei, dennoch werden nicht alle Prozesse darauf ausgerichtet. Diese kontroversielle Darstellung lässt vermuten, dass der Zugang zu Kund/innenorientierung unterschiedliche Wichtigkeit je nach nationalem Kontext genießt. Im Gegensatz zu den österreichischen Interviews zeigt die Analyse, dass U.S. amerikanische Handelsunternehmen die explizite Kund/innenorientierung bis auf die Store-Ebene in die Prozesse mit einbezogen haben und somit zum Entscheidungsfeld des Store Managements wird. Abbildung 39 fasst diese Positionen noch einmal kompakt zusammen.

Abbildung 39: PZI: Kund/innenorientierung als strategische Ausrichtung – Zusammenfassung

Kund/innen-perspektive reflektiert durch	Ergebnisse USA	Ergebnisse Österreich
Kund/innen	Kund/innenkennzahlen durch direkte Kund/innenbefragungen nach dem Einkauf Loyalitätskennzahlen durch unternehmenseigene Kreditkarten steigern	Kund/innenkennzahlen durch globale Kund/innenzufriedenheitsanalysen/ Mystery Shopper Loyalitätskennzahlen durch Kund/innenkarten steigern
Mitarbeiter/innen	Persönlichkeit (Auftreten, Freundlichkeit,...) steigert Kund/innenorientierung Expertise erhöht Kund/innenzufriedenheit	
	Ausrichten der Arbeitsaufgaben auf Kund/innen	Ausrichten der Arbeitsaufgaben auf Instore-Logistik – Keine Zeit für Shopper

Kund/innen-perspektive reflektiert durch	Ergebnisse USA	Ergebnisse Österreich
Manager/innen	Direkter Kund/innenkontakt	
	Regelmäßige Analyse und Evaluierung von Kund/innenkennzahlen Wunsch nach mehr Kompetenz, um Kund/innenbedürfnisse befriedigen zu können	
Verkaufsfläche	Koordination von Aufgaben für einheitliches Auftreten nach außen	
	Serviceorientierung wird gecoached (Kontrast: „Kund/innenorientierung kann nicht trainiert werden"); SM diskutiert und evaluiert Mitarbeiter/innen hinsichtlich derer Kund/innenperformance auf individueller Ebene	
Gesamtunternehmen	Unternehmenswerte auf Kund/innenexzellenz ausgelegt	Kund/innenorientierung wichtig aber nicht oberste Priorität

- **Kostenorientierung als strategische Ausrichtung**

Gelenkt vom Effizienzgedanken rücken Handelsunternehmen Kostenorientierung in den Fokus der strategischen Ausrichtung. Der **Personalkostenblock** gilt als wichtigster Diskussionspunkt. Ein U.S. amerikanischer Manager des Bürofachhandels meint: *„Jeden, den Sie im Einzelhandel interviewen werden, wird Ihnen sagen, dass es immer nur um Gehälter geht. Das wird immer so sein. Personalkosten sind am besten steuerbar"* (Ref 19:91). Nachdem die Verantwortlichkeit von Personalentscheidungen den Store Manager/innen obliegt, gelten Personalkosten auf Filialebene bspw. durch effiziente Personaleinsatzplanung als beeinflussbar. Auch wenn es das erklärte Ziel von Handelsunternehmen ist, diesen Kostenblock auf Filialebene so gering wie möglich zu halten, so wird Personalengpass nur in den österreichischen Interviews stark kritisiert. Filialmitarbeiter/innen sehen sich bei außergewöhnlichem Arbeitsaufwand nicht im Stande, ein Erfüllen der Arbeitsaufgaben qualitativ hochwertig zu gewährleisten. Daher wird in mehreren Interviews der explizite Wunsch geäußert, mehr Personal zur Verfügung zu haben und den anhaltenden Trend zur Verknappung der Ressource „Personal" zu entschärfen. Zurzeit ist die Besetzung des Geschäftslokals während der Geschäftszeiten minimal – teilweise ist eine alleinige Besetzung des Geschäftslokals in den Morgenstunden üblich –, was dazu führt, dass die Handelsangestellten mit den Basisaufgaben ausgelastet sind. Ein vager Versuch österreichische und U.S. amerikanische Einzelhandelsunternehmen und deren Rahmenbedingungen gegenüber zu stellen, zeigt, dass – selbst wenn Branche und Betriebsform vergleichbar sind und auch die Größe der Geschäftsfläche annähernd gleich ist – österreichische Store Manager/innen weniger Personal zur Verfügung haben.

Dadurch entstehen prekäre Arbeitsverhältnisse, die sich in unbezahlten Überstunden, nicht aufgebrauchten Urlaubstagen oder Vernachlässigung der gesetzlich vorgeschriebenen Pausenzeiten niederschlagen. Offen angesprochen wird auch die Beschäftigung von Teilzeitkräften oder Lehrlingen, die flexibler und billiger sind als ausgebildete Vollzeitkräfte. *„Ich habe mir das durchgerechnet und ich habe gesehen, dass ich mit einem Lehrling von der Stundenanzahl eigentlich besser aussteige. Weil selbst wenn ich Berufsschule und Urlaub und Krankenstand abrechne, ist der Lehrling im Durchschnitt 27,5 Stunden in der Woche da. Und kosten würde er mir das Gleiche [wie eine 15 Stunden-Kraft]. Und deswegen habe ich mich entschieden, einen Lehrling zu nehmen. Wobei ich mir jetzt gerade wieder nicht sicher bin, weil sie ist jetzt sechs Wochen da und manchmal hat sie Tage, da tut sie so, als wäre sie den ersten Tag hier. [...] In den nächsten zwei Wochen werde ich mich entscheiden. Ich habe mir zwei Damen in Evidenz gehalten, die für 15 Stunden wären"* (Store Managerin, EH mit Schuhen, AUT, Ref 35:27).

Weiters meint eine Handelsmanager/in des LEH nach dem Interview, dass der Branchenschnitt im Bereich der Personalkosten bei 13,5 % gemessen am Umsatz liegt und sie mit knapp 15 % in ihrer Filiale ineffiziente Strukturen aufweist. Eigentlich, meinte sie weiter, müsse sie Personal abbauen oder Langzeitmitarbeiter/innen entlassen, um mithalten zu können. Aber davon wolle sie nichts wissen. Kund/innenorientierung rückt in dieser strategischen Ausrichtung in den Hintergrund und wird – obwohl von den Store Mitarbeiter/innen als wichtig angesehen – aus Zeitgründen vernachlässigt. *„Nur hast du halt für den Kunden sehr wenig Zeit. Dafür, dass ich Schuhhandel gelernt habe und eigentlich der Kunde immer das Wichtigste war, dafür habe ich keine Zeit. Und auch nicht für das Büro. Das heißt, das rennt immer irgendwie so in der Früh vor Arbeitsbeginn oder am Abend. Aber*

dass ich im Büro was mache, dazu komme ich nicht wirklich" (Store Managerin, EH mit Schuhen, AUT, Ref 35:15).
Weiters schlägt sich Kostenorientierung auch in den alltäglichen Prozessen auf der Store-Ebene nieder. Eine Managerin führt an, dass die unternehmensweite **Cash-Flow-Strategie** dazu führt, dass Kassa bedienen, Regale bestücken und Produkte arrangieren die Prioritäten auf Store-Ebene sind. Durch die Verfolgung einer Kostenführerschaftstrategie wird explizit auf Serviceorientierung verzichtet, wobei es ihrer Meinung nach besser wäre, auch auf die Kund/innenbedürfnisse Rücksicht zu nehmen. *„Also ich kann mir dann zum Beispiel anschauen, ok, die Kunden empfinden, dass zu wenig Mitarbeiter auf der Etage zu finden sind. Ok, und dann hab ich diese Ergebnisse und ich könnte es ändern und ich wüsste auch wie, nur da sind mir die Hände gebunden. Weil das Unternehmen, also die Unternehmensphilosophie – nicht einmal mein Chef, sondern sein Chef – das gar nicht möchte, dass sich das ändert"* (Store Managerin, EH mit Bekleidung, AUT, Ref 41:57).
Die Analyse zeigt, dass Store Manager/innen bei Kostenorientierung den Fokus auf die Analyse von **Handelsspanne** legen. Kritisch wird die Forcierung von Handelsmarken gesehen, die das Unternehmensergebnis insgesamt negativ beeinflussen. *„Die Ware ist okay, davon rede ich gar nicht, aber da ist nichts zum Erwirtschaften. Und das wird aber leider natürlich gekauft, das verstehe ich ja"* (Selbstständige Kauffrau, LEH, AUT, Ref 51:137). Damit wird die finanzielle Seite von Performance Measurement unweigerlich zum zentralen Bestandteil der Aufgaben von Store Manager/innen.

- **Innovationsorientierung als strategische Ausrichtung:**

Weit geringere Bedeutung kommt jener strategischen Orientierung zu, die sich mit neuartigen, radikalen und unkonventionellen Aktivitäten, Wettbewerbsvorteile verschaffen will. Dies kann damit begründet werden, dass die Fragestellung der vorliegenden Arbeit bereits etablierte, marktführende Einzelhandelsunternehmen adressiert, die Innovation nicht im Fokus ihrer Arbeitsaufgaben sehen. Jene Aussagen, die in dieser Ausrichtung zu verorten sind, wurden von einem selbstständigen Kaufmann getätigt, der ein Kleinunternehmen führt und sich am Markt durch seine innovativen Ansätze eine Nischenposition erfolgreich erkämpft hat. Gleichzeitig kommt bei dieser Orientierung Performance Measurement keine Bedeutung zu, was jedoch auch als Kritikpunkt vom Interviewpartner geäußert wurde. *„Ich denke, wir haben zu wenig Struktur, in dem was wir tun. Und das sollte mehr sein, dann wären wir auch effizienter"* (Eigentümer, EH mit Schmuck, U.S., Ref 9:30).

- **Wettbewerbsorientierung als strategische Ausrichtung:**

Der Kategorie „Wettbewerbsvorteile auf Basis von Konkurrenzbeobachtung" kommt geringe Bedeutung auf der Store-Ebene zu. Jene Statements, die direkte Vergleiche mit Mitbewerbern adressieren, beziehen sich auf die Exzellenz in der Serviceorientierung bei der Kund/innenansprache und können somit auch unter den Punkt „kund/innenorientierte Strategie" subsummiert werden. Vergleiche in Form von „Benchmarking" stehen dem Store Management zur Verfügung, in dem die Store-Performance bspw. mit umliegenden Filialen desselben Unternehmens oder Vergleiche im Unternehmensschnitt gezogen werden. Ob auf einer höheren Managementebene Wettbewerbsorientierung vorliegt, kann mit dem vorliegenden Datenmaterial nicht abschließend analysiert werden.

- **Generelle Aussagen zur strategischen Ausrichtung:**

Jene Aussagen, die keiner speziellen Orientierung zugeordnet werden konnten, wurde in der Sammelkategorie zusammengefasst. Dabei steht das Bilden einer Unternehmensidentität im Vordergrund, das sich in einheitlichen Store Designs, im Teamgedanken und „High-Performance"-Ergebnissen niederschlagen soll. Strategie, so wird von einem Interviewpartner angeführt, wird in Form von Reports auf Store-Ebene kommuniziert und vom Store Management an die Mitarbeiter/innen weitergegeben. Dadurch wird eine einheitliche Ausrichtung der Aktivitäten gewährleistet.

- **Interpretation und theoretische Rückschleife:**

Durch die Erfüllung der Arbeitsaufgaben auf der Store-Ebene wird die strategische Ausrichtung der Handelsunternehmen geformt und kontinuierlich weiterentwickelt (Kaplan/Orlikowski 2013, 990). Dabei gelten Store Mitarbeiter/innen als Erfolgsfaktor, in dem sie die Schnittstelle zu Kund/innen bilden (Wieseke et al. 2012, 3). Die strategische Umsetzung passiert aber nicht nur auf dieser Ebene. Vielmehr müssen alle Bereiche im Geschäftslokal auf die Kund/innenbedürfnisse und Bereitstellung des Sortiments ausgerichtet sein und dementsprechend Informationen über diese Prozesse zur Verfügung stehen. Dennoch darf der Kontext, in dem sich Unternehmen befinden, nicht vergessen werden (Gauri et al. 2009, 502). Denn je nach Branche variiert der Bedarf an Qualitätsfaktoren wie Serviceorientierung und wird von Kund/innenseite erwartet oder eben nicht (Ton 2009, 22). Dementsprechend rücken Finanzkennzahlen und nicht-finanzielle Kennzahlen in den Beobachtungsbereich von Store Manager/innen und deren Store Mitarbeiter/innen (Anderson et al. 1997, 140).

Qualitatives Design: Problemzentrierte Interviews   177

Tabelle 41: PZI: Unternehmensstrategie – Zusammenfassung qualitative Analyse

Kategorie: Unternehmensstrategie	Erkenntnisse für den Einzelhandel	Konsequenz für PM-Design
Kund/innenorientierung (Fokus U.S.)	Diskussion unterteilt in Stakeholder-Gruppen Objektive Kriterien: Kund/innenkennzahlen reflektieren strategische Ausrichtung Subjektive Kriterien: Kund/innenorientierung durch Expertise, Coaching, Training, Persönlichkeit,…	Integration von Finanzkennzahlen und nicht-finanzielle Kennzahlen in operative Prozesse
Kostenorientierung (Fokus: AUT)	Personalkosten – Kurzfristige Steuerung der Ergebnisse möglich, Unterbesetzung resultiert in niedriger Kund/innenorientierung und mangelhafter Ausführung der Arbeitsaufgaben Cash Flow-Orientierung (Effizienz und Produktivität im Vordergrund)	Schwerpunkt der Analyse auf Finanzkennzahlen
Innovationsorientierung (Nischenposition)	Geringe Relevanz in Interviews 1 Interviewpartner: Nischenposition	Potenzial: Mehr Effizienz und Struktur gewünscht – Performance Measurement relevant aber nicht eingesetzt
Wettbewerbsorientierung (kaum Relevanz)	Geringe Relevanz in Interviews Wettbewerbsorientierung bei Service-Exzellenz	Marktkennzahlen auf Store-Ebene von geringer Relevanz
Generelle Aussagen	Bilden von Unternehmensidentität (Team, Store Design) Strategische Ausrichtung durch kommunizierte Kennzahlen	Spricht für umfangreiche Sets an Kennzahlen

Kund/innenorientierung als klarer Wettbewerbsfaktor wird verstärkt in den U.S. amerikanischen Interviews angeführt. Es gilt, Kund/innen-Service-Exzellenz anzubieten, um sich von den Mitbewerbern abzuheben. Aus diesem Grund werden sämtliche Aktivitäten auf die Erfüllung der Kund/innenbedürfnisse ausgerichtet, speziell Personal eingeplant, das nur für die Ansprache der Kund/innen zuständig ist, und Zielsetzung wie auch Kennzahlen bis auf Mitarbeiter/innenebene hinsichtlich Kund/innenperspektive abgebildet. Die Frage bleibt offen, ob dieser Wettbewerbsvorteil von den Kund/innen mittlerweile nicht als Hygienefaktor wahrgenommen wird.

Im Gegensatz dazu wird Kostenorientierung in den österreichischen Interviews im Sinne einer Effizienzexzellenz in den Vordergrund gerückt, gleichzeitig aber auch stark von den Store Manager/innen kritisiert. Kund/innenservice wird bewusst vernachlässigt und die Konsequenzen dafür in Kauf genommen. Eine Erklärung für diesen länderspezifischen Unterschied liegt in der Personalkostenstruktur und den daraus resultierenden höheren Kosten pro Mitarbeiter/in im österreichischen Markt. Ähnlich verhält es sich mit den Raumkosten. Nachdem in Österreich die Handelslandschaft dichtgedrängt um jeden Filialstandort kämpft, sind Effizienzgedanken in diesem Bereich ein wesentlicher Erfolgsfaktor (K.M.U. Forschung Austria 2012, 21–22). Bezugnehmend auf den Faktor Personalkosten liefert Ton (2012) einen kritischen Beitrag im Harvard Business Review zu den Einsparungsmaßnahmen von U.S. amerikanischen Handelsunternehmen und zeigt die langfristig negativen Auswirkungen auf die Unternehmensperformance. Als Best Practice Unternehmen führt er das Unternehmen *Trader Joe's* an, das mit herausragenden Trainingsmaßnahmen, überdurchschnittlichen Gehältern und Zusatzzahlungen und besserer Personaleinsatzplanung die Mitarbeiter/innenzufriedenheit am Markt dominieren.

6.3.4 Unternehmensstruktur

Um die formulierte Unternehmensstrategie umzusetzen und Zielsetzungen zu erreichen, bedarf es einer Aufteilung in einzelne kleinere Arbeitsschritte und einer anschließenden Koordination, gegeben durch die implementierte Unternehmensstruktur (Olson et al. 2005, 51). Konkret bedeutet dies, dass Unternehmen den Grad an **Formalisierung, Zentralisierung** und **Spezialisierung** festlegen müssen (Mintzberg 1979; nach Olson et al. 2005, 51). Die strukturelle Ausgestaltung beeinflusst nicht nur die Effizienz der Arbeitsabläufe, sondern wirkt sich auf die Motivation der Mitarbeiter/innen, die Informationsflüsse und implementierten Kontrollsysteme aus. Daher widmet sich die folgende Analyse dem Kontingenzfaktor „Unternehmensstruktur" im Detail.

Qualitatives Design: Problemzentrierte Interviews 179

Tabelle 42: PZI: Kategoriendefinition „Unternehmensstruktur" (Chenhall 2003, 144)

Kategorie	Definition
Unternehmensstruktur	• „Organizational structure is about the formal specification of different roles for organizational members, or tasks for groups, to ensure that the activities of the organization are carried out"

Diese Definition spiegelt den Unternehmenskontext wider, in dem sich Store Manager/innen befinden. Formale Steuerungssysteme wirken koordinierend und tragen zu Entscheidungserleichterung bei. Informelle Steuerung ergänzen diese Systeme um strategische Bereiche (Strauß/Zecher 2013, 237). Aus diesem Spannungsfeld ergeben sich folgende Kategorien:

Tabelle 43: PZI: Generalisierung Kontingenzfaktor „Unternehmensstruktur"

Kategorie: Unternehmensstruktur	Generalisierung der Dimensionen
Aufbauorganisation	Unternehmensstruktur Departmentstruktur
Formalisierungsgrad	Prozesse auf der Store-Ebene sind formalisiert, standardisiert und dokumentiert (Waterhouse/Tiessen 1978, 70)
Zentralisierung	Entscheidungsautorität ist im Top-Management angesiedelt. Kommunikationsströme und Verantwortlichkeiten sind klar vorgegeben (Olson et al. 2005, 51)
Dezentralisierung/ Autonomie	Entscheidungsautorität ist auf die Store-Ebene übertragen (Olson et al. 2005, 51)

Ein zentrales Merkmal der Einzelhandelslandschaft ist der **hohe Filialisierungsgrad und Filialflächenanteil** der Branche (K.M.U. Forschung Austria 2012, 23). Das Top Management von filialisierten Einzelhandelsunternehmen ist gefordert, einen gewissen Grad an Eigeninitiative auf der Store-Ebene zuzulassen. Dieses „*Mikro-Management*" ist wichtig, um Prozesse überschaubar zu gestalten und damit auf die Bedürfnisse der jeweiligen Adressatengruppe optimal eingehen zu können.

Die **Aufbauorganisation** ist nicht über alle untersuchten Einzelhandelsunternehmen gleich ausgestaltet. Je nachdem, wie groß die Verkaufsfläche ist und wie viele Mitarbeiter/innen im Geschäftslokal arbeiten, wird eine **Departmentstruktur** innerhalb des Stores eingezogen. Das bedeutet, dass Store Manager/

innen in diesem Fall durch Department-Manager/innen unterstützt werden und gleichzeitig zusätzlich eine Koordinierungsfunktion zwischen den einzelnen Bereichen übernehmen müssen. In den U.S. Interviews wurde in fast allen Geschäftslokalen – nämlich in neun von elf Stores – Bereichsleiter/innen eingesetzt, die unterschiedliche Verantwortungsbereiche innehaben. Einzig in zwei Fashion-Stores, deren Verkaufsfläche mit ca. 500 m² als überschaubar eingestuft werden konnte, wurde darauf verzichtet und der Kontakt zu allen Mitarbeiter/innen gleichermaßen gepflegt. Anders gestaltet sich die Situation in österreichischen Handelsgeschäften. Hier wurden in großflächigen Formaten Bereichsleiter/innenpositionen vergeben. In den restlichen untersuchten Unternehmen wurde zumindest von Stellvertreter/innen gesprochen.

Rayonsleiter/innen stellen die übergeordnete Managementposition dar, zu denen die interviewten Personen allesamt eine enge Beziehung pflegen. In einem Fall wird diese als sehr positiv und unterstützend empfunden. In einem anderen Fall hingegen wird der Austausch mit Konflikten behaftet als mühselig beschrieben, da es einen Widerspruch zwischen kommunizierten Unternehmenswerten und tatsächlich gelebtem Umgang gibt. Dieses Konfliktpotenzial schlägt sich auch in der Gesamtzufriedenheit der Store Managerin nieder. Generell wird der Austausch zwischen Store Manager/innen und Rayonsleiter/innen als persönlich, intensiv und informell dargestellt. Schriftliche Kommunikation in Form von Notizen und Email-Verkehr garantieren, dass Informationen zwischen den Hierarchieebenen dokumentiert kommuniziert wird.

In einem nächsten Schritt wird gezeigt, wie die untersuchten Einzelhandelsunternehmen hinsichtlich Ausmaß an Formalisierung von Store-Prozessen bzw. Grad an Dezentralisierung und Autonomie eingeordnet werden können (Burns/Stalker 1961, 94; Olson et al. 2005, 51).

All jene Prozesse, die über die gesamte Unternehmensstruktur standardisiert ablaufen, fallen unter die Generalisierung „**Formalisierung**". Ein hoher Grad an Formalisierung geht mit Effizienzsteigerungen durch Senkung von administrativen Kosten einher (Olson et al. 2005, 51). Auch die Interviewpartner/innen erkennen, dass durch formalisierte Abläufe, Fehlerquellen unternehmensweit reduziert bzw. gänzlich eliminiert werden können. Dezentral organisierte Einzelhandelsunternehmen müssen gleichzeitig ihre Kommunikation darauf ausrichten, Prozesse unternehmensweit transparent zu gestalten, was für den Einsatz von Performance Measurement als standardisiertes Kommunikationsmittel spricht. Im Zuge der Analyse wurde in einer eigenen Generalisierungskategorie herausgearbeitet, wie Information von der Unternehmenszentrale an die Store-Ebene herangetragen wird. Es zeigt sich, dass die **Kommunikationslinie** von der Unternehmenszentrale zur Store-Ebene formalisiert und strukturiert, vor allem aber unpersönlich, durchgeführt wird. Das Medium „E-Mail" wurde – wenig überraschend – als wichtigste Kommunikationsplattform genutzt, wobei sich Store Manager/innen nicht nur mit der Unternehmenszentrale austauschen, sondern auch andere Stakeholder-Gruppen adressiert werden. Vorrangig werden aber Reports, Checklisten oder Prioritätslisten an Store Manager/innen gesendet, um die Store Performance und Unternehmensprioritäten zu spezifizieren und die Aufgabengebiete zu delegieren. Die Verantwortlichen kanalisieren diese Information und leiten sie am „schwarzen Brett" im Mitarbeiter/innenbereich an die restlichen Mitarbeiter/innen weiter.

Informationstransparenz wird auf der Sortimentsebene geschaffen, indem Warenflüsse wie Bestellabläufe und Anlieferungskontrollen zeitnah durchgeführt werden und durch Kontrolllisten, Inventurlisten und Unterschriftenlisten mit dokumentiert und kontrolliert werden. Kommt es zu Inventurabweichungen, müssen diese entweder aktiv ans Top Management kommuniziert werden. In weiter technologisierten Unternehmen werden Frühwarnsysteme implementiert, die die Priorität und den Verlauf der erfüllten Tätigkeiten automatisch aufzeigen und Abweichungen auf Store-Ebene sichtbar machen. Ähnlich verhält es sich bei der Transparenz der Mitarbeiter/innenperformance. Im Zuge der Mitarbeiter/innenevaluierungen werden mittels Fragebogen unternehmensweit alle Mitarbeiter/innen auf dieselbe Art und Weise bewertet. Im Widerspruch dazu stehen Aussagen, die zeigen, dass Handelsunternehmen je nach strategischer Ausrichtung, auch Mitarbeiter/innenevaluierung informell durchführen.

Um gewährleisten zu können, dass die Prozesse bis zur Store-Ebene einheitlich durchgeführt werden und damit auch einheitliche Standards landesweit vorherrschen, verbleiben strategische Ausrichtung, größtenteils produktbezogene Entscheidungen und Formulierung von Prioritäten beim Top Management. Dies wird in der Generalisierung **„Zentralisierung"** zusammengefasst. Unternehmensweite Richtlinien bilden die Grundlage der Kommunikation, die eingehalten werden müssen. Folgende inhaltliche Schwerpunkte in der Top-Down-Kommunikation wurden herausgearbeitet:

(1) Store Manager/innen erhalten genaue Anweisungen betreffend **produktspezifischen Informationen** wie Produktpräsentation in Form von Planogrammen, um einheitliche Store Designs zu gewährleisten. Außerdem werden Änderungen im Sortiment von der Zentrale aus bekanntgegeben, als auch Preisänderungen und Promotionaktivitäten kommuniziert. Auch Lagerbestandslisten und Vorgaben, wie mit Lieferungen umzugehen ist, wird von der Zentrale vorgegeben.

(2) Eng mit dieser Kategorie verbunden ist die Kategorie „**Berichte**". Die Unternehmenszentrale versucht durch die Bereitstellung von Reports, die formulierte Unternehmensstrategie und Prioritäten zu unterstreichen und die Aktivitäten zu lenken. Sie versorgt die Store-Ebene mit Informationen, die die Ist-Performance in unterschiedlichen Bereichen in Form von Kennzahlen aufbereitet. Dabei stehen Auswertungen hinsichtlich Absatz- und Umsatzgenerierung im Vordergrund. Auf die Frage, welche Reports von Store Manager/innen zur Analyse herangezogen werden, zeigte sich bspw. bei einem Interview, dass die Vorgabe, welche Reports als wichtig angesehen werden sollen, von der Zentrale festgelegt wird.

(3) Handelsunternehmen steuern zentral jene **Aufgabenfelder**, die auf Store-Ebene umgesetzt werden müssen. Die Analyse zeigt, dass es über alle Interviews hinweg den Verantwortlichen der Store-Ebene obliegt, über die terminliche Einteilung der Mitarbeiter/innen zu entscheiden. Über die Inhalte der täglichen Aufgaben wird jedoch auf unterschiedlichen Ebenen entschieden: Vor allem U.S. amerikanische Handelsmanager/innen spielen auf die Einflussnahme der Unternehmenszentrale in diesem Bereich an. Entsprechend der Unternehmensprioritäten werden die zentralen Aufgabengebiete festgelegt und teilweise mehrmals täglich „von oben herab" kommuniziert. Beispielsweise meint ein Store Manager, dass er mehrmals täglich kontrolliert, wie die Vorgaben der Unternehmenszentrale im Geschäft umgesetzt werden. Die Ergebnisse berichtet er wiederum an den Verantwortlichen und leitet bei unterdurchschnittlicher Performance sofort Gegenmaßnahmen ein. Im Gegensatz dazu zeigen die Interviews mit österreichischen Handelsmanager/innen, dass weniger Aufgaben von der Unternehmenszentrale delegiert werden, nicht aber, weil Store Manager/innen selbst über Prioritäten entscheiden dürfen. Vielmehr sind die Aufgaben klarer formuliert und werden routinemäßig abgehandelt.

(4) Neben den täglichen Aufgaben werden vor allem auch **Zielsetzungen** in Form von kurzfristigen Umsatzzielen (teilweise tagesgenau), Mitarbeiter/innenzielen und strategischen Zielen in Form von Kennzahlen an die Store-Ebene kommuniziert. Diese Planungs- und Prognosefunktion, die Performance Measurement übernimmt, gilt als zentraler Bestandteil des Handelsalltags.

(5) Neben der Delegierung von Aufgaben und die Vorgabe von Planwerten, die Store Manager/innen erfüllen sollen, werden von der Unternehmenszentrale auch **Vorgaben** kommuniziert, an die sich Store Manager/innen halten müssen. Explizit wurden die Vorgabe von Gehältern bzw. Stundenanzahl auf Mitarbeiter/innenebene angeführt.

Abschließend wurden noch (6) generelle **Marktentwicklungen** (bspw. Entwicklung von Ladendiebstahl) und (7) Änderungen im **Store Design** (bspw. saisonale Veränderungen der Ladengestaltung) von der Unternehmenszentrale an die Store Manager/innen kommuniziert.

Unter der **Autonomie von Store Manager/innen im Tagesgeschäft** wird die Legitimation von Store Manager/in verstanden, Entscheidungen in einem Bereich zu treffen und damit Eigeninitiative und -verantwortung zu zeigen (Olson et al. 2005, 51). Store Manager/innen werden Teil von allen Prozessen auf der Store-Ebene und gehen je nach persönlichen Merkmalen, wie Berufserfahrung, und unternehmerischer Vorgaben, wie Unternehmensrestriktionen, unterschiedlich mit Entscheidungen um. Vor allem der Bereich „Mitarbeiter/innen" wird als prioritäre Verantwortung angesehen. *„Der wichtigste Bereich sind die Mitarbeiter. Das Wichtigste ist, die richtigen Leute zu akquirieren. Wenn du das nicht tust, dann musst du das schnell ändern, damit es nicht zu Lasten des Teams oder der Kund/ innen geht"* (Store Manager, EH mit Büroartikel, U.S., Ref 19:77). Store Manager/ innen steuern operative Geschäftsprozesse, in dem sie laufend Zeiteinteilungen und Zuteilung der Arbeitsaufgaben durchführen. Mehrere Interviewpartner führen an, dass sie auf Basis von Auswertungen der Kund/innenströme und Umsatzzahlen nach Tageszeiten, Pauseneinteilungen durchführen. Ein Beispiel: *„Wir sind verantwortlich dafür, die Pausen der Mitarbeiter zu steuern. […] Was wir machen ist, wir identifizieren über die ganze Woche hindurch die stressigsten Stunden mit den meisten Kunden. Da generieren wir einen Report. Wir drucken den Report aus und die gelbmarkierten Stellen hier zeigen uns die stärksten Zeiten während der Öffnungszeiten. Was wir also machen ist, wir machen die Personaleinsatzplanung mit diesen Reports. Und dabei berücksichtigen wir auch Zeiten von vier bis fünf Stunden, wo wir ausschließlich für die Kundenbetreuung da sind und keine anderen Tätigkeiten am Plan stehen"* (Store Manager, EH mit Büroartikel, U.S., Ref 19:10). Neben diesem objektiven Entscheidungskriterium werden Entscheidungen aber auch auf Basis von Erfahrungswerten getroffen. Entscheidungen zu Gehaltsvorstellungen, Mitarbeiter/innenakquise oder Entlassung fallen nicht immer in den Verantwortungsbereich von Store Manager/innen. Diese müssen vereinzelt mit höher angesiedeltem Management koordiniert werden.

Aber auch operative Entscheidungen über Produktdarstellung, Preisreduktionen bei Abverkäufen und Höhe von Bestellvolumen liegen größtenteils im Bereich des Store Managements. Selbst bei Vorgaben der Unternehmenszentrale, räumen sich Store Manager/innen mit längerer Berufserfahrung mehr Freiräume ein und setzen sich über Unternehmensvorgaben – im Rahmen des Möglichen – hinweg, um das Store Ergebnis zu optimieren. Dem gegenüber stehen zentral geregelte Vorgaben wie bspw. unternehmensweit vereinheitlichte Schlichtpläne. Gleichzeitig führen Store Manager/innen an, dass sie sich **mehr Kompetenzen wünschen**, wenn es um die Höhe des Mitarbeiter/innenbudgets geht, aber auch, was die Listung von Produkten angeht. Hier wünschen sich die Verantwortlichen, die tagtäglich mit den Herausforderungen des Einzelhandels konfrontiert sind, dass sie lokale Kompetenz hätten, um die Store Performance zu optimieren.

Interpretation und theoretische Rückschleife:
In einem komplexen Marktumfeld, wie es bereits in Kapitel 6.3.1 diskutiert wurde, wird der Grad an Autonomie auf Store-Ebene erhöht (Olson et al. 2005, 51). Der hohe Filialisierungsgrad macht es notwendig, die Balance zwischen Eigenverantwortung von Store Manager/innen und zentrale Vorgaben zu finden. Entscheidet die Zentrale, welche Kennzahlen als wesentlich angesehen werden und daher kommuniziert werden, so wird laut Töpfer (2007, 1174) Informationsentlastung durch Selektion verfolgt.

Tabelle 44: PZI: Unternehmensstruktur – Zusammenfassung qualitative Analyse

Kategorie: Unternehmensstruktur	Erkenntnisse für den Einzelhandel	Konsequenz für PM-Design
Aufbauorganisation	Branchencharakteristika: Hoher Filialisierungsgrad, Department-Strukturen innerhalb der Filialen (U.S., AUT), Store Manager/in und Stellvertreter/in-Position (AUT), Rayonsleiter als Schnittstelle zu Top-Management	Dezentralisierung führt zu Kommunikation basierend auf Kennzahlen über alle Ebenen Spricht für hohe Relevanz von PM auf der Store-Ebene
Formalisierungsgrad	Hoher Grad an Formalisierung in der Abwicklung der Arbeitsaufgaben und Kommunikation mit höheren Managementebenen (Informationstransparenz) Kostensenkung und Effizienzsteigerung	Spricht für Informationstransparenz durch Kennzahlen: Notwendigkeit, alle Prozesse adäquat abzubilden (Umfangreiches Set an Kennzahlen aus konsequenter strategischen Ableitung)

Kategorie: Unternehmensstruktur	Erkenntnisse für den Einzelhandel	Konsequenz für PM-Design
Zentralisierung	Hoher Grad an Zentralisierung bei produktspezifischen Informationen, Bereitstellung von Performance-Berichten, Aufgabenfelder im Generellen, Zielsetzungen, Vorgaben an Budget	Spricht für spezifische und transparente Information für einzelne Stores
Dezentralisierung Autonomie	Aufbauorganisation führt zu operativer Autorität in den Bereichen Personal und Sortiment Kommunikation mit höheren Managementebenen als Austausch der Information und Expertise Prozesse und Aktivitäten sind nicht geplant und programmierbar durch komplexes Marktumfeld	Spricht für umfangreiche Sets an Kennzahlen, um Informationsbasis zu schaffen

6.3.5 Informationstechnologie

Unter Informationstechnologie (IT) versteht man die Bereitstellung, Verarbeitung, Übermittlung und Verwendung von Information, die wiederum zur Gestaltung und Nutzung von Informationssystemen (IS) genutzt wird. Ein IS entwickelt sich aus dem Zusammenwirken von personellen, technologischen und organisatorischen Elementen.

Tabelle 45: PZI: Kategoriendefinition „Technologie" (Orlikowski/Barley 2001, 153)

Kategorie	Definition
Informationstechnologie	• „The material aspects of an IT infrastructure including configurations of hardware and software, the use of common standards and tools across an entire organization, and the maintenance of legacy systems."

IT unterstützt Manager/innen bei der Umsetzung von Performance Measurement auf unterschiedlichen Ebenen. Hierzu meinen Becker/Winkelmann (2006, 96): „Die Erfüllung der Controllingaufgaben ist ohne geeignete IT-Unterstützung im Handel nicht mehr möglich". Daher wurden die Funktionen des Performance Measurement herangezogen, um folgendes Generalisierungsschema zu entwickeln.

Tabelle 46: PZI: Generalisierung Kontingenzfaktor „Technologie"

Kategorie: Technologie	Generalisierung der Dimensionen
Analyse der Store-Performance	IT sammelt Informationen über Performance und kreiert Berichte (Warenwirtschaftssystem)
Evaluierung des Verhaltens	IT führt zu Verhaltensänderungen von Store Mitarbeiter/innen
Informationsaustausch über Businessprozesse	IT wird zum Austausch der Informationen über Einkauf, Verkauf, Lagerhaltung genutzt (Warenwirtschaftssystem)
Planungsaufgaben	IT erleichtert Planungs- und Prognoseaufgaben
Keine IT-Implementierung	Alle Statements, die Prozesse adressieren, die IT nicht nutzt, obwohl diese im Unternehmen vorhanden wäre

Durch die hierarchische Berichtsstruktur, die in großen Einzelhandelsunternehmen implementiert ist und zur Informationsbereitstellung dient, wird Technologie auf allen Ebenen standardisiert eingesetzt. Das technologische Kernstück im Handel bildet das Warenwirtschaftssystem (WWS), worunter „die warenorientierten, dispositiven, logistischen und abrechnungsbezogenen Prozesse für die Durchführung der Geschäftsprozesse des Handels" subsummiert werden (Becker/ Winkelmann 2006, 101). Ein WWS gewährleistet einen Informationsstandard, der Store Manager/innen im Arbeitsalltag unterstützt und Arbeitsabläufe und deren Performance für diese transparent macht. In den Interviews führen die Mehrheit der Befragten an, dass ihnen Reports automatisch „vom System" zur Verfügung gestellt werden. Haben Store Manager/innen umfangreichere Kompetenzen und Entscheidungsgewalt, können diese in aller Regel auch selbst Reports auf Anfrage „im System" generieren. Einfach und unkompliziert werden Store Manager/innen auch über Unternehmensaktivitäten wie Promotions, Produktplatzierungen oder Preisänderungen über das implementierte WWS oder Email, das durchwegs als etabliertes Kommunikationstool genutzt wird, informiert. Außerdem zeigen implementierte Frühwarnsysteme *(„Alert-Systeme")* an, wenn es zu verdächtigen Abweichungen in der Store Performance kommt, oder weisen auf etwaige abge-

Qualitatives Design: Problemzentrierte Interviews 187

laufene Produkte hin. Im Sortimentsbereich wird noch eine weitere Erleichterung durch die Implementierung von IT genannt, nämlich die **Planungsfunktion**, die sie erfüllen kann: Österreichische Handelsmanager/innen nutzen die Möglichkeit der automatisch generierten Bestellvorschläge durch das WWS. Im Widerspruch dazu steht eine Aussage einer Managerin, die darauf hinweist, dass die *„blinde Nutzung"* von Bestellvorschlägen durch IT kontraproduktiv sei, da es keine genaue Registrierung aller Lieferungen im System gebe und auch externe Faktoren wie Wetterkapriolen vom System nicht mitberücksichtigt werden könnten.

Der Einsatz von IT macht auch eine **Analyse der Store Performance** und damit ein Performance Measurement im operativen Bereich möglich. Einzelhandelsunternehmen können durch das WWS Informationen auf allen Ebenen sammeln und verwerten. Gerade durch den Einsatz von Scannerkassen werden Informationen zusammengetragen, die in Form von Kennzahlen ausgewertet werden können. Umsätze, Anzahl an Kund/innen, Lagerumschlag und Lagerbestand sind dementsprechend auf der Store-Ebene verfügbar. Handscanner unterstützen die Store Mitarbeiter/innen bei Preisberichtigungen und Inventur. Außerdem nutzen U.S. amerikanische Store Manager/innen von großen Handelsunternehmen Überwachungssysteme, um Kund/innenströme zu analysieren, Überblicke über die Konversionsrate zu bekommen und die Personaleinsatzplanung zu den stärksten Business-Zeiten zu optimieren. Diese Anwendungsbereiche wurden im österreichischen Kontext nicht diskutiert. Kontrollfunktion übernimmt Technologie dann, wenn sie Performance-Aktivitäten aufzeichnet und Abfragen ermöglich.

Neben dieser Entscheidungsvereinfachung, die die Nutzung von IT mit sich bringt, können auch **entscheidungsbeeinflussende Anreize** gesetzt werden. Beispielsweise führt ein Store Manager an, dass er Feedback über Headsets verteilt. Damit kann er jederzeit und direkt auf seine Mitarbeiter/innen zugreifen. *„Das Tolle ist, dass wir tagtäglich Feedback über Headsets geben können. Wenn wir etwas sehen, was jemand gut gemacht hat, dann loben wir ihn über die Headsets"* (Store Manager, EH mit Büroartikeln, U.S., Ref 19:55). Neben Unternehmensprioritäten, die *top-down* im Tagesablauf einfach und schnell durch die implementierte Technologie kommuniziert werden können, wurde im Zuge eines Interviews auch eine Software erwähnt, die als Mitarbeiter/innen-Trainings-Tool eingesetzt wird. *„Wenn etwas Neues auf den Markt kommt, muss das jeder im Unternehmen wissen. Die Mitarbeiter loggen sich ein im System und erhalten alle Produktfeatures und Informationen, warum das neu ist. Das ist computerbasiertes Lernen"* (Store Manager, EH mit Büroartikeln, U.S., Ref 7:21). Schließlich wird den Mitarbeiter/innen zweier großer Handelsunternehmen eine Software zur Verfügung gestellt, die aufzeigt, welche vorgegebenen Ziele sie bereits erreicht haben.

Dennoch führen Handelsmanager/innen zweier Unternehmen an, dass es nach wie vor Bereiche gibt, in denen Technologie nicht eingesetzt wird, obwohl diese verfügbar wäre. Dies betrifft einerseits die ständige Überprüfung der Out-of-Stock-Situationen, andererseits wird versucht, einen **„individuellen Touch"** innerhalb des Stores zu vermitteln. Umgesetzt wird dies bspw. bei Preisauszeichnungen, die manuell durchgeführt werden. *„Die Preisauszeichnung, die wir im Geschäft haben, ist nicht computergeneriert. Wir haben jemandem im Geschäft, der das alles für uns macht"* (Store Manager, LEH, U.S., Ref 25:32).

Interpretation und theoretische Rückschleife:

Im Vordergrund der Analyse stand, ein tieferes Verständnis über den Einsatz von IT am Arbeitsplatz von Store Manager/innen zu bekommen und diese hinsichtlich Performance Measurement zu reflektieren. Technologie gestützte Informationssysteme sollen eine „effiziente und effektive Bereitstellung von Informationen und zu verarbeitenden Daten in geeigneter Form" gewährleisten, wobei diese in einem gesamtunternehmerischen Setting eingebettet sind und dadurch Informationen über alle Hierarchieebenen zur Verfügung stehen (Becker/Winkelmann 2006, 97).

In der Handelsliteratur werden Lager-, Regal- und Sortimentsoptimierung in Verbindung mit Out-of-Stock-Vermeidung bis hin zur Kund/innenansprache als Anwendungsbereiche von IT angeführt (bspw. Metzger et al. 2013). Die Analyse zeigt, dass diese Bereiche auch von den Store Mitarbeiter/innen dementsprechend genutzt werden. Vor allem der Austausch mit höheren Managementebenen wird durch den Einsatz von IT erleichtert. Dennoch werden Lücken aufgezeigt, die nach wie vor auf der Store-Ebene bestehen. So ist die Ressource „Mensch" unerlässlich in Hinblick auf In-Store-Prozesse wie Lagerbestandsanalysen oder Wareneingangskontrollen, die größtenteils noch immer mittels Listen manuell durchgeführt werden. Handscanner unterstützen Store Mitarbeiter/innen zwar, der Zeitaufwand, der für die Bewerkstelligung dieser Aufgaben aufgebracht werden muss, ist jedoch ein wesentlicher Kostentreiber. Kritisch stehen Store Manager/innen auch automatischen Bestellprozessen gegenüber. Da im FMCG-Bereich Know-How und Berufserfahrung als unerlässlich angesehen wird, bleibt der Einsatz von Technologie in diesen Bereichen im Hintergrund. Aber nicht nur die entscheidungsvereinfachende Funktion wird in Bezug auf den Einsatz von IT bei Performance Measurement-Prozessen adressiert. Auch entscheidungsbeeinflussende Komponenten werden sichtbar, wenn die Performance der Mitarbeiter/innen über implementierte Videosysteme überwacht wird und so Feedback zeitnah erfolgt. Während dies im U.S. amerikanischen Setting als Chance gesehen wird, die Expertise im Kund/

innenkontakt und die Performance der Mitarbeiter/innen zu verbessern, so wird diese Funktion in den österreichischen Interviews nicht angeführt und negativ gesehen.

Tabelle 47: PZI: Technologie – Zusammenfassung qualitative Analyse

Kategorie: Technologie	Erkenntnisse für den Einzelhandel
Analyse der Store-Performance	Scannerkassen liefern lückenlose Information über Transaktionen (U.S./AUT) Analyse der Kund/innenströme/Konversionsrate/PEP (U.S.) Analyse der Mitarbeiter/innenperformance durch Aufzeichnungen (U.S./AUT)
Evaluierung des Verhaltens	Steuerung des Verhaltens durch Headsets, Training-Tools (U.S.)
Informationsaustausch über Businessprozesse	Reports, Email, Frühwarnsysteme (U.S./AUT)
Planungsaufgaben	Automatisch generierte Bestellvorschläge (U.S./AUT) Personaleinsatzplanung (PEP) (U.S./AUT)
Keine IT-Implementierung	Personen ermöglichen „individuellen Touch" (U.S.) Manuelle Ausführung der Inventur und OoS-Bestandsaufnahme (U.S./AUT)

Kritisch anzumerken bleibt, dass die Implementierung von IT hauptsächlich bei Manager/innen von großen Unternehmen ein Thema war. Dies zeigt, dass Kleinunternehmer durch ihre kleingliedrige Strukturen auf ein ausgeprägtes Technologiesystem verzichten. Weiters ist auffällig, dass die Diskussion über den Einsatz von IT vorrangig im deutschsprachigen Raum stattgefunden hat. Ein Grund dafür könnte sein, dass in den amerikanischen Interviews die Interaktion von Store Manager/innen sowohl mit den Kund/innen als auch mit den Mitarbeiter/innen stark im Vordergrund steht. Durch die effiziente Arbeitsweise in den österreichischen Interviews rückt auch die Implementierung von technologischen Hilfsmitteln in den Vordergrund, die es erleichtern, Arbeitsprozesse durchzuführen, Fehlerquellen zu minimieren und gleichzeitig mit unterschiedlichen Hierarchieebenen formalisiert zu kommunizieren. Der Einsatz von IT führt aber nicht per se zu besserem Verständnis oder gesteigerter Unternehmensperformance. Vielmehr bedarf es einer Analyse der tatsächlichen Verwendung von IT von den Personen, die damit tagtäglich arbeiten, um verstehen zu lernen, wie dieser Einsatz Unternehmensergebnisse formt und beeinflusst (Feldman/Orlikowski 2011, 1247). Hier liefert Kapitel 6.4 tiefere Einblicke.

Die Analyse der Kontingenzfaktoren zeigte den Kontext, in dem sich Handelsmanager/innen tagtäglich bewegen und wie dieser von äußeren Einflüssen oder unternehmensinternen Vorgaben geformt wird. Damit wird die Verwendung von Kennzahlen im Handelsalltag näher betrachtet und jene Forschungslücke adressiert, die die Verwendung von zur Verfügung gestellter Information im Handelsalltag beleuchtet (Artz et al. 2012, 457).

6.4 Ein Blick von innen – Praxistheoretische Perspektive

Alltagsaufgaben zeigen Routinen, die als wiederkehrende, strukturierte Verhaltensmuster von Organisationsmitgliedern in der Durchführung von Organisationsaufgaben definiert sind (Feldman/Rafaeli 2002, 311; Schatzki 2006, 1864). Durch die Vergangenheitserfahrung und wiederholte Aufgabenerfüllung treten Lerneffekte auf, die sich im positiven Fall in erhöhter Expertise der Mitarbeiter/innen niederschlagen, die die Genauigkeit der zur Verfügung gestellten Information im Zeitablauf verbessern und dadurch insgesamt zu Effektivitätssteigerungen führen (Harrauer/Schnedlitz 2016; Schäfer 2013, 129). Problematisch werden Routinen jedoch gesehen, wenn diese in Entscheidungssituationen Umweltveränderungen oder -einflüsse ausblenden und damit zu „Kompetenzfallen" mutieren (Kaplan/Orlikowski 2013, 991).

Routinen führen zu sozialer Interaktion zwischen den Agenten – im vorliegenden Fall den Mitarbeiter/innen auf der Filialebene – in einem geregelten zeitlichen Ablauf. Mitarbeiter/innen formen und gestalten die Unternehmensstruktur, indem sie täglich gelebte Routinen durchführen. Die Rollen der Agenten werden durch Machtbeziehungen beschrieben, die sich in unterschiedlichen Fähigkeiten, Zugängen und Zielen aber auch Zielkonflikten manifestieren (Feldman/Orlikowski 2011, 1242). „Management control is grounded in the power of senior managers to set agendas, the management control systems through which they seek to structure organisational practices, and the responses of organisational members. As a structure of intentionality, management control is constituted in cognitive processes that are distributed over people, practices, arrangements, and contexts" (Ahrens/Chapman 2007, 22). Die unterschiedlichen Befugnisse auf der Store-Ebene spiegeln sich in Form von vorbereitenden bzw. unterstützenden Kompetenzen für höhere Managementebenen wider, gleichzeitig verfügen Store Manager/innen über Entscheidungs- und Kontrollkompetenzen. Neben direkt beobachtbaren und damit klar messbaren Effekten wie bspw. erzielte Umsatzerlöse auf der Store-Ebene, erfüllen Store Manager/innen somit auch eine Reihe an nicht direkt beobachtbaren Aufgaben wie bspw. Teamführungsaufgaben (DeHoratius/Raman 2007, 518; Töpfer 2007, 1227).

Praxistheorie fokussiert sich nicht auf einzelne Routinen, sondern auf die Analyse von direkten Verbindungen und Zusammenhängen zwischen den Phänomenen. Diese werden als „soziale Unterstützung" gewertet, die zu einer erleichterten Informationsübermittlung zwischen den Personen als auch zu verbessertem Verständnis der zugrunde liegenden unternehmerischen Zielsetzungen führen. Weiters bilden sie die Basis für Entscheidungsfindungen im Alltag (Feldman/Rafaeli 2002, 312). Gerade durch die Aufbauorganisation von filialisierten Einzelhandelsunternehmen ist eine nähere Diskussion der Verknüpfungen entlang der Hierarchieebene und auf gleicher Ebene von Interesse. Hier gilt: Durch einheitliche und routinemäßig aufbereitete Berichte auf Filialebene soll gewährleistet werden, dass Unternehmenstätigkeiten von allen Filialen gleich getragen, umgesetzt und unterstützt werden (Schatzki 2006, 1865). Gleichzeitig bedarf es einer Austauschbeziehung zwischen den Organisationseinheiten sowohl in Form von „Bottom-Up" als auch „Top-Down"-Prozessen, wobei die Frage nach der Spezifität im Sinne einer vereinheitlichten, aggregierten Information oder einer individualisierten, situationsspezifischen Informationsbereitstellung kritisch zu betrachten ist (Lipe/Salterio 2000, 283). Welches Ausmaß an Spezifität „optimal" ist, führt zu widersprüchlichen empirischen Ergebnissen (Artz et al. 2012, 456). In der Handelspraxis wird mit dieser Herausforderung folgendermaßen umgegangen:

„Wie bereits im Allgemeinen Teil erwähnt, ist es für den Controller unerlässlich, Berichte in Form, Sprache und Detaillierungsgrad dem jeweiligen Empfänger anzupassen, um diesem den bestmöglichen Nutzen zu bieten. Verschiedene Hierarchieebenen haben unterschiedlichen Bedarf an Auswertungen. Die untenstehende Grafik zeigt, wie sich die Auswertungen für den Vertrieb nach Empfängern aufschlüsseln:

Tabelle 48: Berichtswesen entlang der Hierarchieebenen (o.V. 2010, 14)

Empfänger	Gesamt
Marktmanager	8
Frischebetreuer	8
Regionalmanager	33
Vertriebsmanager	34
Vertriebsdirektor	26

Die unterschiedlichen Bedürfnisse lassen sich leicht anhand des Filial-DBs aufzeigen: Der Marktmanager erhält den Filial-DB seiner eigenen Filiale. Den Filial-DB auf Filialebene bekommen außerdem der Regionalmanager und der Vertriebsmanager, wobei hier zusätzlich die jeweilige Ebene (Region/ Vertriebsgebiet) dazukommt. An die Vertriebsdirektoren werden jedoch nur die Vertriebsgebietssummen sowie die Firmensumme verteilt, da die filialgenaue Analyse bereits in den Ebenen darunter stattfindet" (o.V. 2010, 14).

Dieser kurze Auszug aus der Einschulungsmappe für Führungskräfte eines österreichischen Lebensmitteleinzelhändlers zeigt, dass Handelsunternehmen bemüht sind, die jeweiligen Hierarchieebenen mit jenen Kennzahlen als Information zu versorgen, die für diese Ebene relevant sind. Die Frage, wie die Informationsgrundlage jedoch tatsächlich im Store-Alltag genutzt wird, bleibt offen.

In Anlehnung an Töpfer (2007, 1200) wird folgende Vorgehensweise für die weitere Analyse definiert: Ein Überblick über alltägliche Routinebereiche von Store Manager/innen bildet den Startpunkt (Kapitel 6.4.1). Danach werden operative Zielsetzungen innerhalb der Einzelhandelsunternehmen untersucht (Kapitel 6.4.2), wobei, stets der Fokus auf die Unterstützung der Aktivitäten durch Kennzahlen gerichtet ist (Kapitel 6.4.3). Gleichzeitig wird die Verhaltensbeeinflussung durch Evaluierung auf der Store-Ebene diskutiert (Kapitel 6.4.4).

Abbildung 40: Praxistheoretischer Weg der Analyse

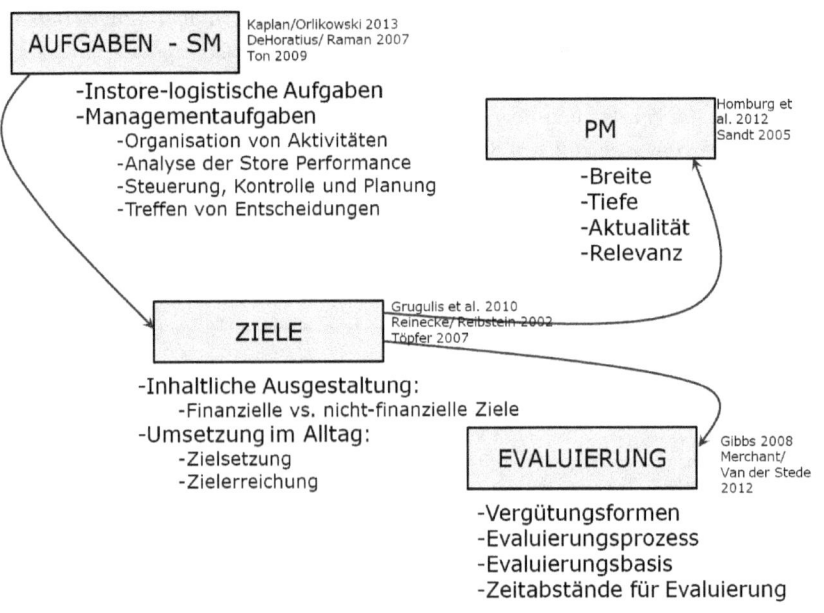

Zielorientierung und strukturelle Ausgestaltung greifen ineinander und folgen der Diskussion über „*Structure follows Strategy*" von Chandler (1970). Dabei werden sowohl Aufbauorganisation, auch Unternehmensstruktur oder Strukturorganisation bezeichnet, als auch Ablauforganisation, oder Prozessorganisation genannt, analysiert (Schröder 2012a, 529). Die Aufbauorganisation wird sozusagen von der Basis aufwärts beleuchtet. Auf der Store-Ebene werden Aussagen von Handelsmanager/innen herangezogen, die einerseits den direkten Kontakt mit Mitarbeiter/innen im Geschäft (Verkaufsmitarbeiter/innen, Bereichsleiter/innen etc.) und andererseits mit übergeordneten Instanzen (Rayonsmanager/innen) beschreiben. *„Das ist quasi die Routine, die ich jeden Tag habe. Egal was kommt. Konsistent. Und ein Vielfaches davon ist einfach nur Kommunikation"* (Store Managerin, LEH, U.S., Ref 31:21). Aus diesem Grund wurden in einem weiteren Analyseschritt alle Aussagen, die die direkte Kommunikation von Store Manager/innen betreffen hinsichtlich Stakeholdergruppen und Machtstrukturen kategorisiert (Feldman/Orlikowski 2011, 1242; Yates/Orlikowski 2002, 16–17).

Wie schwer es für Store Manager/innen tatsächlich ist, täglich implementierte Routinen in der Interviewsituation abzurufen, zeigt folgende Aussage einer österreichischen Store Managerin im LEH: *„Ich weiß auch nicht, was ich alles mache. Das geht so laufend dahin"* (Selbstständige Kauffrau, LEH, AUT, Ref 51:58). Dieses Zitat weist darauf hin, dass Routinen durch Interviewführung niemals vollständig expliziert werden; gleichzeitig sind diese in ihren Abläufen nicht starr und unterliegen in ihren Bestandteilen Variationen (Ahrens/Chapman 2007, 23). *„Es gibt Routinen, die eingebaut sind in den Alltag. Aber der Rest kommt und geht, je nach Bedarf"* (Store Manager, EH mit Büroartikel, U.S., Ref 7:6). Dennoch führen Store Manager/innen an, dass sie nachhaltige, wiederkehrende Aktivitäten durchführen, die ihren Alltag formen, die sie aber auch immer wieder neu für sich selbst interpretieren und im Rahmen des Möglichen auslegen. Dies stimmt mit der Position der Wissenschaftstheoretiker Wittgenstein und Bourdieu überein, die die Unterschiedlichkeiten von immer wiederkehrenden Aktivitäten diskutieren und daraus Strukturen ableitet. Routine bedeutet in dieser Sichtweise nicht, Aktivitäten als gleichbleibende, starr ablaufende Wiederholung zu sehen, sondern vielmehr als ein Regelwerk anzunehmen, das Hintertüren offen lässt (Schulz-Schaeffer 2000, 183).

6.4.1 Arbeitsaufgaben von Store Manager/innen

Um den Einstieg für die interviewten Personen zu erleichtern, adressierte die Eisbrecherfrage des Gesprächsleitfadens die „**Arbeitsaufgaben an einem typischen Arbeitstag**" von Store Manager/innen. Es standen zwei Überlegungen im Vordergrund: Einerseits sollten die Interviewpartner/innen genug Gesprächsstoff haben, um „frei von der Leber" erzählen zu können und Vertrauen in die Interviewsituation zu erlangen. Andererseits wurde bewusst eine Lenkung von Seiten der Interviewerin hin zum Thema „Performance Measurement" von Beginn an vermieden, um beobachten zu können, ob dieses Themengebiet spontan von den Interviewten selbst genannt wird (siehe hierzu auch Diskussion zum Thomas Theorem in Kapitel 6.1).

Wie die Analyse zeigt, sehen Store Manager/innen und deren Mitarbeiter/innen die Implementierung von Kennzahlen als wesentlichen Bereich ihrer täglichen Routine und führen diesen daher aktiv in den Interviews an. Daher wird Performance Measurement in Bezug zu operativen Arbeitsaufgaben auf Store-Ebene gesetzt und diskutiert, welche Verpflichtungen Store Mitarbeiter/innen haben, welche Regeln auf der Store-Ebene implementiert sind und welche Rolle Leistungsmessung in diesem Zusammenhang im Alltag spielt. Die Arbeitsaufgaben von Store Manager/innen decken sich mit jenen ihrer Mitarbeiter/innen, werden jedoch um Managementverantwortlichkeiten erweitert. Arbeitsaufgaben von Store Manager/innen können demnach in folgende Bereiche aufgeteilt werden: Erstens werden **operative Basisaufgaben** erfüllt, die sowohl von Store Manager/innen als auch von deren Mitarbeiter/innen ausgeführt werden und unter Instore-Logistikaufgaben und kund/innenbezogene Aktivitäten zusammengefasst werden können (Abbildung 41). Zweitens nehmen Store Manager/innen **Führungsaufgaben** wahr, die die Steuerung ihres Verantwortungsbereichs zum Ziel haben und je nach Untersuchungsobjekt hinsichtlich der Kompetenzverteilung variieren können. Drittens erfüllen sie durch intensive Interaktion mit unterschiedlichen Stakeholder-Gruppen **Serviceaufgaben**, die in weiterer Folge durch eine Analyse der Kommunikationsstrukturen näher beleuchtet wird.

Qualitatives Design: Problemzentrierte Interviews 195

Abbildung 41: Beschreibung der Instore Logistikprozesse (Kotzab et al. 2007, 1138)

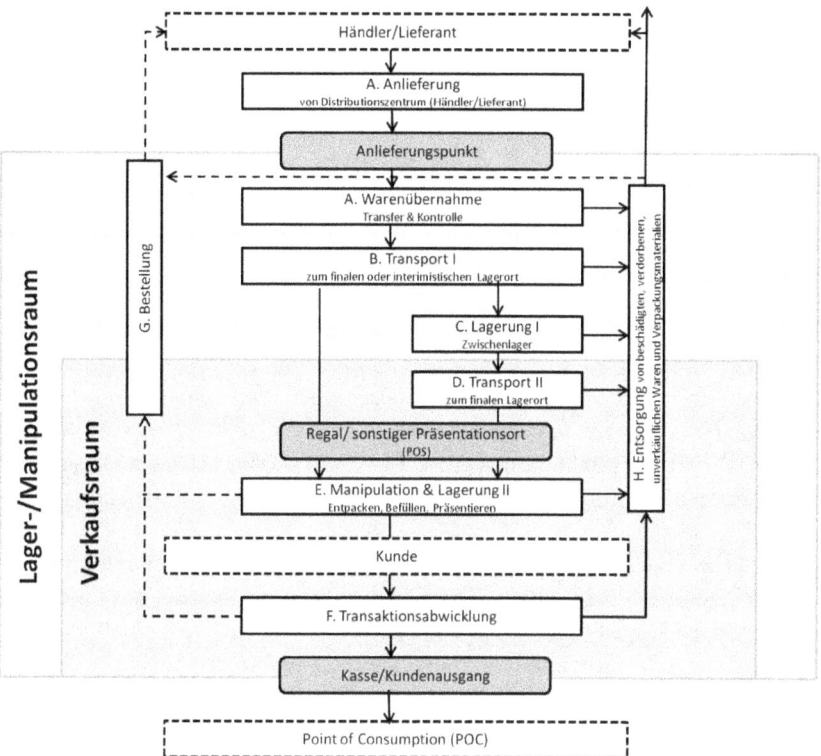

6.4.1.1 Instore-logistische Aufgaben auf der Store-Ebene

Als oberste Priorität eines jeden Handelsunternehmens steht der Verkauf von Produkten an Endkund/innen. Daher genießen Shopper im täglichen Handelsgeschäft besondere Aufmerksamkeit. Die Interaktion zwischen Kund/innen und Store Mitarbeiter/innen sollte neben dem turbulenten Arbeitsalltag und der Erfüllung organisatorischer Tätigkeiten wie Einschlichten so oft wie möglich durchgeführt werden. Andernfalls spricht ein Store Manager von verpassten Möglichkeiten in der Kund/innenansprache: *„Wenn 20 Kunden vorbeigehen und dieser Mitarbeiter nur auf seine Arbeitsaufgabe fokussiert ist, nicht lächelt, nicht einmal „Hallo" sagt, keinen Augenkontakt hat – dann haben wir da ein Problem. Weil das sind 20 verpasste Chancen von jemandem, der nicht einmal ein „Hallo" bekommt, keine Begrüßung. Wir erwarten nicht, dass sie bei* *jedem Kunden engagiert sind. Das ist einfach nicht möglich. Aber du kannst einen Großteil der Kunden, die vorbei kommen, ansprechen"* (Store Manager, LEH, U.S., Ref 27:33). Bei einer kund/innenorientierten Strategie richten Handelsangestellte den direkten Kontakt auf die Bedürfnisse der Kund/innen aus. Damit soll **Kund/innenloyalität** zum Geschäft – im Idealfall sogar bis hin zu einem bestimmten Mitarbeiter bzw. einer bestimmten Mitarbeiterin – aufgebaut werden.

Neben der aktiven Verkaufsfunktion, die als Basisfunktion des Handels gilt und von den Interviewteilnehmer/innen auch an anderen Stellen in Form von kund/innenorientierten Geschäftsprozessen immer wieder angesprochen wird, nimmt vor allem die **Organisation des Sortiments** eine wesentliche Position ein. Folgende Aussage zeigt eine Position einer Store Managerin aus dem Fashionbereich: *„Es ist halt schon manchmal relativ stressig, eben bei Reduzierungen oder wenn viel Ware geliefert wird. Weil man glaubt gar nicht, dass das Handling schon sehr aufwendig und sehr, sehr intensiv ist"* (Store Managerin, EH mit Bekleidung, AUT, Ref 43:76). Store Manager/innen sind gefordert, zeitlich und personell begrenzte Ressourcen im Arbeitsalltag effizient einzusetzen.

Der Prozess der **physischen Warenübernahme und Einlagerung** im dafür vorgesehenen Lagerbereich des Geschäftslokals ist hochgradig standardisiert und muss auf Store-Ebene genau dokumentiert werden. Trifft eine Lieferung ein, sind Store Mitarbeiter/innen angewiesen, die Liefermenge mit der Bestellmenge abzugleichen, Fehler zu beanstanden, zu dokumentieren und zu melden. Diese Informationen bilden die Ausgangsbasis für zahlreiche warenbezogene Kennzahlen, wodurch dieser Kontrollfunktion noch mehr Bedeutung zu Teil wird. Dennoch werden – als Konsequenz von straffen Personalstrukturen – die Wareneingangskontrolle vernachlässigt oder mangelhaft ausgeführt. *„Wenn wir Lieferungen bekommen und mir fehlt was, dann komme ich nicht gleich drauf, weil ich kann nicht fünf Euro-Paletten durch kontrollieren. Sicher nicht. Und jetzt komme ich nach einer Woche oder nach einem Monat drauf, was weiß denn ich wann, dass ich damals am 10. Juli sechs Stück von dem nicht mitgekriegt habe, nachweislich. Die Sprungmenge ist sechs Stück und die sechs Stück fehlen mir, die hätte ich kriegen sollen. Das fällt auf meine Inventur in meiner Filiale. Und das kann ich auch nicht geltend machen. [...] Aber in der Inventur habe ich ein Minus, so steigt meine Inventur hoch. Und das habe ich mit zwölf Windelpackungen und mit sechs Aptamilpackungen und das ist verdammt viel Geld und das muss aber ich alles als Fehlmenge haben. Und das fresse ich dann mit meiner Inventur in meiner Filiale* (Store Managerin, DFH, AUT, Ref 45:112).

Die **Abwicklung von Retouren** wird ähnlich der Warenanlieferung streng formalisiert durchgeführt, vermerkt und dokumentiert. Neben der Herausforderung der akkuraten Warenübernahme werden auch räumliche Engpässe in den Interviews angesprochen. In einem informellen Zweitgespräch mit einer Store Managerin kritisierte diese, dass sie sich gerade in der Weihnachtszeit durch permanente Lieferungen nicht mehr im Stande sieht, diese im Verkaufsraum zu platzieren. Store Manager/innen stehen demnach vor der Herausforderung die gelieferte Ware im begrenzt zur Verfügung stehenden Verkaufsraum überhaupt unterzubringen.

Dies führt auch zum nächsten Punkt, nämlich der Regalbestückung. Vor allem in Einzelhandelsunternehmen des FCMG-Marktes wurde auf den hohen Formalisierungsgrad bei der **Regalgestaltung** hingewiesen. Von der Zentrale bereitgestellte Schlichtpläne, sog. „Planogramme", beschleunigen und erleichtern nicht nur das Wiederfinden von Produkten für Store Mitarbeiter/innen; etablierte Sortimentsgestaltungskonzepte wie Category Management sollen auch zur Umsatzmaximierung durch optimale Produktbestückung auf Kund/innenseite beitragen. Im Widerspruch dazu zeigt die Analyse der Interviews, dass besonders umsatzorientierte Store Manager/innen diese strengen Vorgaben – auch wenn deren Einhaltung regelmäßig von Rayonsleiter/innen kontrolliert wird – umgehen und durch zusätzliche Anstrengungen versuchen, Impulskäufe zu erhöhen und damit Filialumsätze *(incremental sales)* zu steigern. Store Manager/innen, die mit weniger strengen Vorgaben von der Unternehmenszentrale konfrontiert sind, führen an, dass sie rasch Änderungen bei Zweitplatzierungen durchführen, wenn es bspw. zu nicht vorherbestimmbaren Wettereinflüssen kommt. Als Beispiel wird die Sortimentsänderung im LEH bei Hitzeperioden erwähnt, die eine verstärkte Bereitstellung von Salaten, Getränken oder der weißen Palette mit sich bringen.

Um Out-of-Stock-Raten zu vermeiden, gilt, eine uneingeschränkten **Verfügbarkeit der Ware** im Regal zu gewährleisten. Daher ist es eine zentrale Aufgabe auf der Store-Ebene, Produkte in den Regalen regelmäßig nach zu schlichten, Kontrollen über Produktverfügbarkeit durchzuführen und manuell Out-of-Stock-Berichte zu kreieren. Die Sichtkontrolle bildet vereinzelt auch die Entscheidungsbasis für daran angeknüpfte Bestellungen. Eine Interviewpartnerin führt an, 900 bis 1000 Produkten täglich zu „*durchforsten*". Weiters werden Store Mitarbeiter/innen über Preisänderungen oder Änderungen in der Produktbezeichnung von der Unternehmenszentrale in Kenntnis gesetzt. In einem Fall spricht eine Store Managerin von 300 bis 400 Preisschildern, die täglich ausgetauscht und kontrolliert werden müssen. Dabei ist es wiederum Aufgabe der

Store Manager/innen, die akkurate Preisauszeichnung nachzuprüfen. Falsch ausgezeichnete Produkte fließen negativ in die Performance Evaluierung der Store Manager/innen ein. Verderbliche Produkte prüfen Store Mitarbeiter/innen regelmäßig hinsichtlich des Ablaufdatums. Identifizieren sie Produkte, die nahe dem Ablaufdatums liegen, müssen sie diese elektronisch markieren und preislich reduzieren, um die Frische des Sortiments zu gewährleisten, Abverkäufe zu maximieren und damit Totalabschreibungen zu minimieren. Insgesamt liegt es aber im Verantwortungsbereich der Store Manager/innen, diese Abschreibungsrate so gering wie möglich zu halten und damit die Store Performance zu optimieren. Um Lücken im Warenwirtschaftssystem aufzudecken und Lagerbestandskennzahlen aktuell zu halten, sind Store Mitarbeiter/innen zusätzlich angewiesen permanent Sortimentsteile zu inventarisieren. Dies ist ein weiteres Sicherheitsnetz im Bereich Performance Measurement auf der Store-Ebene und ermöglicht Out-of-Stock Situationen zu vermeiden.

Zusammenfassend zeigen die Ergebnisse, dass die Prozesse rund um die Bereitstellung, Verfügbarkeit und Kontrolltätigkeiten des Sortiments sehr zeitintensiv sind, aber gleichzeitig wesentlich zur Umsatzgenerierung beitragen. Diese Erkenntnis steht im Einklang mit den Ergebnissen von Ton (2009, 18), der zeigt, dass die präzise Ausführung von Arbeitsaufgaben durch die Store Mitarbeiter/innen auch zu einer erhöhten Servicequalität führt. Abbildung 42 fasst die einzelnen instore-logistischen Arbeitsprozesse zusammen und reflektiert diese hinsichtlich implementierter Kenzahlen und Performance Measurement Prozessen. Darauf wird auch noch im nächsten Abschnitt, wenn es um die Führungsaufgaben von Store Manager/innen geht, verwiesen.

Qualitatives Design: Problemzentrierte Interviews 199

Abbildung 42: PZI: Instore-Logistik reflektiert durch PM (in Anlehnung an Kotzab et al. 2007, 1138)

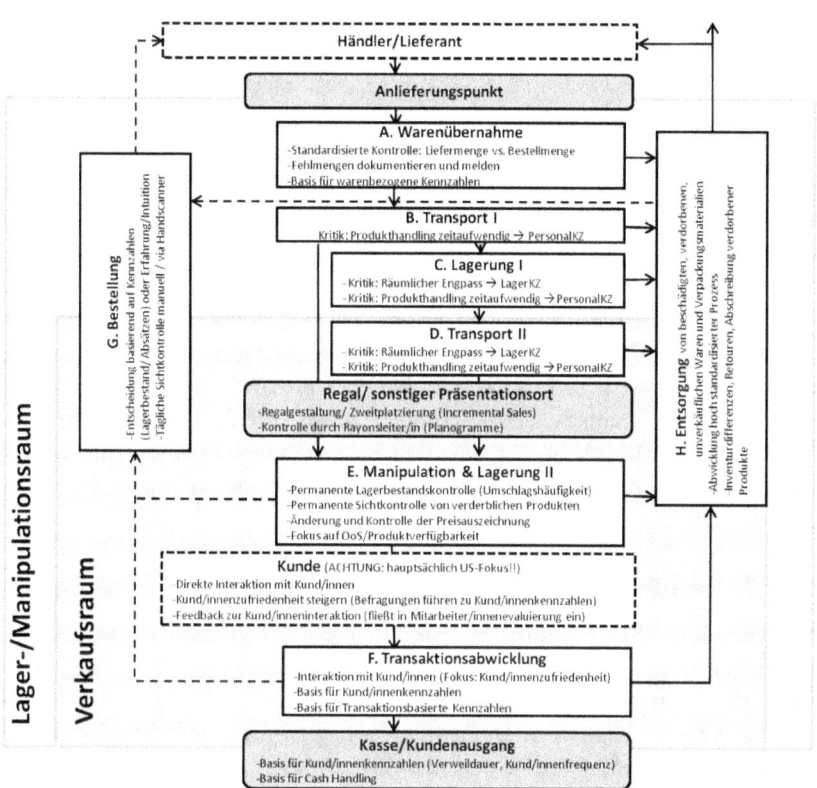

6.4.1.2 Managementaufgabe: Organisation von Aktivitäten

Store Manager/innen erweitern ihre Basisaufgaben im Handel um organisatorische und administrative Tätigkeiten. Damit die Arbeitsbereiche einzelner Hierarchieebenen aufeinander abgestimmt sind, bedarf es eines intensiven Austausches mit den verantwortlichen Personen. In einem Fall, bei der die Store Managerin nicht immer vor Ort ist, werden „Bürotage" reserviert, bei denen Stellvertreterin und Managerin filialspezifische Inhalte besprechen. Außerdem bilden Store Manager/innen die Schnittstelle zwischen Unternehmenszentrale, zumeist personifiziert durch Rayonsleiter/innen, und ihren Mitarbeiter/innen auf der Verkaufsfläche. Ständige Erreichbarkeit durch Telefon oder Email ist daher tägliche Routine. Auch die Vorbereitungen von Meetings und Bearbeitung von Rechnungen, Lieferscheinen oder Retouren werden in der „Bürozeit" verrichtet. Weiters werden auch nicht-regelmäßig stattfindende Aktivitäten wie Merchandising oder Fashionshows organisiert. Dieser Bereich hat aber kaum Relevanz in den Interviews und wurde in den österreichischen Interviews nicht angeführt, da die Entscheidungskompetenz zumeist nicht auf Store-Ebene liegt.

Was aber sehr wohl in den Verantwortungsbereich der Store Manager/innen fällt, ist die Organisation und Koordination der täglichen Arbeitsaufgaben im Generellen. Einerseits werden diese persönlich vom Store Management an die Mitarbeiter/innen kommuniziert, wobei dann die Möglichkeit besteht, auch die dahinterliegende Zielsetzung und Prioritäten des Unternehmens zu erklären und zu unterstreichen. Ein anderer Zugang wird verfolgt, wenn Arbeitsaufgaben auf dem „schwarzen Brett" ersichtlich sind. Diese Herangehensweise ist notwendig, um alle Mitarbeiter/innen – auch Teilzeitkräfte – gleichermaßen zu erreichen. In großen U.S. amerikanischen Handelsunternehmen werden Store Manager/innen durch IT unterstützt, die die Arbeitsaufgaben hinsichtlich ihrer Priorität farblich kennzeichnen und unterschiedliche Erledigungsstufen und Verantwortlichkeiten transparent machen.

6.4.1.3 Managementaufgabe: Analyse von Performance

Die **Analyse der Store Performance** liegt im ständigen Blickfeld der verantwortlichen Handelsmanager/innen über alle Interviews hinweg. Sie integrieren die von der Unternehmenszentrale bereitgestellten **Reports** häufig bereits in ihre *„Morgenroutine"*. Filialen, in denen Store Manager/innen umfangreiche Verantwortungskompetenzen innehaben, analysieren die Performance-Ergebnisse sogar mehrmals täglich. Im Gegensatz dazu finden (österreichische) Store Manager/innen aber nur in ihrer Freizeit die nötige Konzentration, um diese zu analysieren. *„Normalerweise muss ich das während unserer Arbeitszeit machen. Aber für diese Sachen brauche ich mehr Konzentration und dafür komme ich dann ein bisschen früher oder bleibe ein paar Minuten länger oder ich mache es in der Mittagspause, weil hier zu sitzen ohne etwas zu machen, das ist nichts für mich. Dann sitze ich mit meinem Kaffee in meiner Pause am Schreibtisch und schaue mir dann die ganzen Zetteln an"* (Store Managerin, DFH, AUT, Ref 33:26). Weiters zeigt sich, dass bei größerem Verantwortungsbereich auch mehr Wert darauf gelegt wird, zusätzliche Reports, die zur Entscheidungsvereinfachung notwendig sind, selbst zu erstellen bzw. erstellen zu lassen. Store Manager/innen von kleineren Formaten oder streng zentralisierten Unternehmen steht die Selbstbeschaffung von Kennzahlenauswertungen nicht zur Verfügung. Die bereitgestellten Ergebnisse werden hinsichtlich vergangener Perioden, Zielerreichungsgrad oder auch mit Performance von anderen Filialen verglichen. Im Anschluss daran versuchen Store Manager/innen die vorliegenden Performancekennzahlen zu interpretieren, wobei sie teilweise die Einblicke der Mitarbeiter/innen nutzen und Store Ergebnisse diskutieren. Ziel ist es, sich Überblicke und tiefere Einblicke in den Verantwortungsbereichen zu verschaffen, Schwächen aufzudecken, Potenziale zu erkennen und daraus auch konkrete Aktivitäten abzuleiten. Als „Sprachrohr zur Unternehmenszentrale" leiten Store Manager/innen für Mitarbeiter/innen wichtige Informationen über Veränderungen im Unternehmensumfeld weiter. Außerdem haben sie die Möglichkeit, ihr Wissen an Mitarbeiter/innen weiter zu geben und Kennzahlen, deren Bedeutung und Wichtigkeit für die Geschäftsprozesse zu erklären.

Neben diesen Kurz-Meetings wird noch die **Routine der Geschäftsbegehung** („*Walk the Store*") als Analysetool der Store Performance angeführt. Store Manager/innen gehen gemeinsam mit den verantwortlichen Mitarbeiter/innen einzelne Bereiche der Verkaufsfläche ab, besprechen die laufenden Filialaktivitäten und verschaffen sich Einblicke in Warenpräsentation, offene Aufgabenbereiche und Mitarbeiter/innenperformance. Vor allem, wenn die Zuständigkeit der Store Manager/innen mehrere Geschäftslokale adressiert, nutzen sie die Geschäftsbegehung, um für Mitarbeiter/innen greifbar zu sein und verdeckte Information über Geschäftsprozesse zu erhalten. Mitarbeiter/innen können ungeplant und informell mit ihren Anliegen in Interaktion treten.

6.4.1.4 Managementaufgabe: Steuerung, Kontrolle und Planung

Neben der Analyse der Store Performance müssen Store Manager/innen auch Kontrolltätigkeiten durchführen, Steuerungsmaßnahmen ergreifen und Planungstätigkeiten übernehmen, um Mitarbeiter/innen und Unternehmensvorgaben in Einklang zu bringen (Olson et al. 2005, 52). Auf die Frage, was er unter Routine versteht, antwortet dieser Store Manager knapp: „*Eigentlich sehr viele Sachen zu kontrollieren*" (Store Manager, EH mit Bau- und Heimwerkerbedarf, AUT, Ref 39:1). Und auf die Frage, in welchen Bereichen dies Relevanz hat, antwortet eine Store Managerin des LEH: „*Kontrolle ist wichtig bezüglich Einkauf, Verkauf, also Spanne und Mitarbeiter. Da ist es wichtig*" (Store Managerin, LEH, AUT, Ref 51:77). Werden **Unternehmensprioritäten** wie bspw. Verkauf von bestimmten Warengruppen oder Loyalitätsprogrammen an die Store-Ebene kommuniziert, liegen diese besonders in der Aufmerksamkeit der Store Manager/innen und werden regelmäßig hinsichtlich der Store Performance kontrolliert. Weitere Kontrollen betreffen den Bereich der Warenübernahme, der schon zuvor kritisch diskutiert wurde (Abbildung 42). Auf der Mitarbeiter/innenebene wird die Performance hinsichtlich Genauigkeit im Bereich Bargeld *("Cash Handling")* und Aufgabenerfüllung, Pünktlichkeit oder Produktivität mittels Checklisten, Stichproben oder Zeitplänen kontrolliert.

Neben der Kontrolle der Mitarbeiter/innenperformance fällt eine umfangreiche und detaillierte **Personaleinsatzplanung** in den Verantwortungsbereich von Store Manager/innen. Teilweise beziehen U.S. amerikanische Manager/innen Auswertungen hinsichtlich Kund/innenauslastung oder Produktivitätsziele in ihre Entscheidungsfindung mit ein, um Mitarbeiter/innen effizient einsetzen zu können. Wie die Analyse der österreichischen Interviews zeigt, ist in diesem Setting nicht die Frage vorherrschend, welche Person bei welcher Arbeitsaufgabe das beste Ergebnis liefert und somit eingesetzt werden sollte, sondern welche Mitarbeiter/innen auf Grund des Personalengpasses überhaupt zur Verfügung stehen und aus arbeitsrechtlichen Gesichtspunkten eingesetzt werden dürfen. **Sortimentsspezifische Planung** wird schlagend, wenn es um Bestellungen geht. Dabei ist der Umfang des Verantwortungsbereiches je nach Branche unterschiedlich weit gefasst. Während im LEH oder DFH auch Store Mitarbeiter/innen Bestellkompetenz inne haben und hinsichtlich der Bestellgenauigkeit evaluiert werden, wird in anderen Bereichen nur die Kompetenz der Erfüllung der logistischen Basisaufgaben in der Filiale genannt. Je größer der Verantwortungsbereich ist, desto mehr Kennzahlen beziehen Store Manager/innen in ihre Entscheidungsfindung mit ein. Store Manager/innen im Fashionbereich führen bspw. an, dass sie bei der Jahresplanung von Sortimentsteilen auch Kennzahlen wie Umschlagshäufigkeit, Warenbestand oder Brand-Performance analysieren, bevor sie die Bestellung für die nächste Saison fixieren.

6.4.1.5 Managementaufgabe: Treffen von Entscheidungen

Eng mit der Steuerungs- und Planungsfunktion verbunden ist der Bereich „Entscheidung". Wie bereits zuvor diskutiert, liegt es in der Verantwortung von Store Manager/innen den zeitlichen und inhaltlichen Einsatz des Personals auf Store-Ebene zu planen. Teilweise können aber auch weitreichendere Personalentscheidungen wie Rekrutierung von neuem Personal, Kündigungen oder die Verteilung von Vergütungen getroffen werden. Interaktion mit Herstellern ist für Handelsmanager/innen auf der Filialebene dann notwendig, wenn sie Entscheidungskompetenz im Sortimentsbereich haben. Ist dies der Fall, dann informieren sie sich über Produktlinien, geben regelmäßig Bestellungen durch und treten in Verhandlungen über Preise und Promotionaktivitäten.

Entscheidungen auf Store-Ebene zu treffen, wird auf Basis unterschiedlicher Informationsquellen durchgeführt. Store Manager/innen ziehen eine **objekti-**

ve **Entscheidungsgrundlage** in Form von Bestellhistorie heran, wenn sie über Bestellmengen entscheiden müssen. Des Weiteren entscheiden sie über Änderungen in den Store Aktivitäten, wenn Umsatzzahlen unterdurchschnittlich ausfallen. Teilweise werden objektive Kriterien bei der Personaleinsatzplanung und bei Feedbackgesprächen von Mitarbeiter/innen herangezogen. Eine **subjektive Entscheidungsbasis** in Form von Einschätzungen der Store Manager/innen bildet die zweite Position. Laufende Beobachtung und langjährige Berufserfahrung werden als Grund genannt, Entscheidungen ohne Heranziehen von Kennzahlen oder Richtlinien als Entscheidungsgrundlage zu tätigen. Intuition bei Entscheidungen wird genauso angeführt, wie informelle Empfehlungen von Mitarbeiter/innen. Store Manager/innen und Store Mitarbeiter/innen diskutieren über produktbezogene Entscheidungsfelder wie Bestellvolumen oder Promotionaktivitäten. Befindet sich ein Store Manager oder eine Store Managerin nicht tagtäglich auf der Verkaufsfläche, werden verstärkt Bereichsleiter/innen oder Stellvertreter/innen und deren Know-How herangezogen, um die Prozesse ganzheitlich zu verstehen. Gerade bei der Mitarbeiter/innenevaluierung, bei der über die Performance der Store Mitarbeiter/innen beratschlagt wird, ist dies von hoher Relevanz. Weiters nutzen Store Manager/innen Meetings mit Rayonsleiter/innen, um Expertise zwischen den unterschiedlichen Hierarchieebenen auszutauschen. Dabei werden Rayonsleiter/innen über Entscheidungen auf der Store-Ebene wie bspw. Personalentscheidungen in Kenntnis gesetzt. Rayonsleiter/innen unterstützen Store Manager/innen in der Interpretation von Kennzahlen und der Analyse von Unternehmensergebnissen.

Interpretation und theoretische Rückschleife:
Bereits seit Ende der 1960er Jahre stellen Forschungsbeiträge, die sich mit Performance Measurement im Einzelhandel beschäftigen, die Analyse von Arbeitsaufgaben im Einzelhandel und deren Produktivität in den Vordergrund (Paul/Schooler 1970; Paul/Bell 1967). Während damals Arbeitsaufzeichnungen und Performance-Evaluierung in seinen Grundzügen diskutiert wurden, steht gegenwärtig das Zusammenspiel aus Rollenverständnis der Mitarbeiter/innen, Feedback und Varietät an Arbeitsaufgaben im Vordergrund (Murray/Evans 2013; O'Neill et al. 2011). Performance Measurement bildet eine Möglichkeit, Informationen in Form von Kennzahlen unterschiedlichen Stakeholdergruppen zu kommunizieren aber auch auf kognitiver Ebene Routinen auf der im Handelsalltag zu strukturieren (Ahrens/Chapman 2007, 5). Spezialisierung betrifft einerseits das Ausmaß, in dem Arbeitsaufgaben und Aktivitäten in einem Unternehmen aufgeteilt werden, und andererseits bezieht sie sich auf das Ausmaß, in dem Mitarbeiter/innen die Erfüllung dieser Aufgaben steuern können (Olson et al. 2005, 52).

Neben der Erfüllung der Basisaufgaben im Handel wurden auch Führungsaufgaben von Store Manager/innen beschrieben, die noch einmal in Abbildung 43 zusammengefasst dargestellt sind. Die Analyse zeigt, dass sich Alltagsroutinen über die Einzelhandelsbranchen ähneln. Dennoch wird durchgängig jene Flexibilität betont, die notwendig ist, um als Store Manager/in in unvorhersehbaren Situationen gerecht zu werden und daraus notwendige Aktivitäten zu priorisieren.

Abbildung 43: PZI: Führungsaufgaben von Store Manager/innen

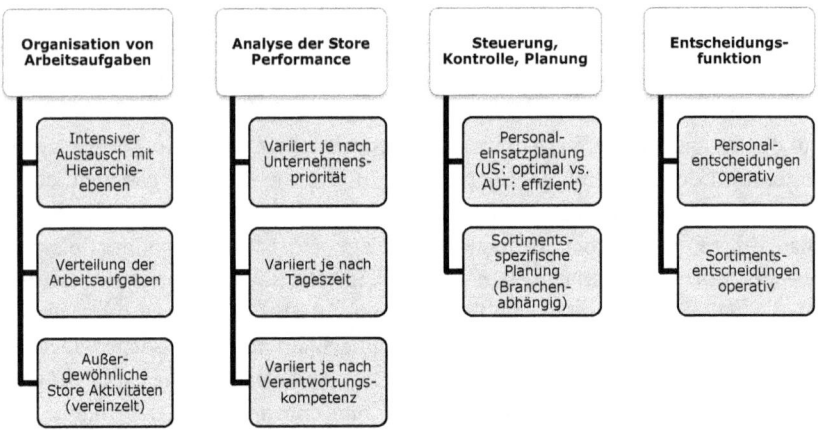

Operative Basisaufgaben und Führungsaufgaben: Insgesamt können bis zu 40 % der Tätigkeiten von Store Mitarbeiter/innen logistischen Aufgaben zugeschrieben werden. (Kotzab et al. 2007, 1138). Auch Store Manager/innen müssen in aller Regel diese operativen Basisaufgaben erfüllen. Daneben werden ihnen Führungsaktivitäten zu Teil. Dementsprechend sind sie für die Organisation der Arbeitsaufgaben und das erfolgreiche Abschneiden ihrer Filiale verantwortlich.

Steuerung, Kontrolle und Planung: Die Wirkung von Personaleinsatzplanung als auch Absatzplanung auf der Store Performance wird von Ton (2009, 20–21) für den Einzelhandelskontext untersucht. Die Ergebnisse zeigen, dass bei bestehender Personalknappheit der Einsatz von mehr Mitarbeiter/innen auf Store-Ebene positiv auf die Gewinnspanne wirkt. Eine Fehlplanung im Bereich Sortiment, das ein Nicht-Erreichen der Umsatzziele zur Konsequenz hat, kann überraschenderweise durchaus positive Effekte auf die Gewinnspanne haben. In dem Fall sind nämlich Store Manager/innen gefordert, ihre Aufmerksamkeit auf die Reduzierung von

Kosten zu legen und ihre Arbeitsprozesse effizient durchzuführen. Außerdem zeigt die Analyse, dass eine verbesserte Personaleinsatzplanung helfen kann, komplexitätsreduzierend auf die Erfüllung der Prozesse im Store zu wirken und den Workload für Mitarbeiter/innen besser zu kalkulieren. Dies verringert die Fluktuationsrate langfristig (Ton 2009, 22).

Entscheidung: Store Manager/innen fällen ihre Entscheidungen auf Basis von objektiven und subjektiven Informationen, Meetings und informellen Gesprächen mit unterschiedlichen Stakeholder-Gruppen. Je nach Interessens- und Zuständigkeitsbereich tauschen die zuständigen Personen subtil Informationen aus (*„Hidden Information"*) und komplettieren damit ihr Bild bezüglich laufender Aktivitäten (Schäfer 2013, 9). Diese Kombination von unterschiedlichen Informationsquellen bei entscheidungs-vereinfachenden und -beeinflussenden Prozessen wird auch von Demski (2008, 7) angesprochen und zeigt, wie komplex Entscheidungsfindung auf der Store Ebene ist. Geprägt von Dezentralisierungs- und Formalisierungsstrukturen, wird das Treffen von Entscheidungen auf der Filialebene hingegen auch von einem anderen Gesichtspunkt aus diskutiert. Grugulis et al. (2010, 7) verweisen auf den vorgegebenen Weg, auf dem sich Store Manager/innen bewegen müssen, und vertreten die Position, dass diese beinahe keinen Einfluss auf Prozesse und Arbeitsabläufe haben und ihre Entscheidungskompetenz daher verschwindend gering ist. Die vorliegenden Ergebnisse zeigen jedoch, dass Arbeitsaufgaben durch die Ressource Mensch individualisiert ausgeführt wird, auch wenn der Grad an Standardisierung hoch ist. Dies trägt wesentlich zur Store Performance bei (vgl. hierzu Ergebnisse von Ahearne et al. 2013, 626; Murray/Evans 2013, 215). Dementsprechend sollten die Arbeitsaufgaben in Form von Zielsetzungen und Kennzahlen adäquat widergespiegelt werden (DeHoratius/Raman 2007, 521).

6.4.2 Ziele auf der Store-Ebene

Während strategische Steuerung auf tiefgreifende und umfangreiche organisatorische Veränderungen abzielt, versteht man unter operativer Steuerung „die Durchsetzung von Zielen im Kontext einer routinemäßigen Leistungserstellung" (Gladen 2011, 19). Als Bindeglied zwischen Strategie und operativen Tätigkeiten werden Ziele formuliert, die auf unterschiedlichen Hierarchiestufen angesetzt sind. Performance Measurement hilft, diese Zielsetzungen zu kommunizieren und Zielerreichung transparent zu machen (Artz et al. 2012, 456). Aus agency-theoretischen Überlegungen sind Zielformulierungen zwischen Agenten und Prinzipalen und entsprechende Incentivierung wichtig, da die Parteien nicht dieselbe Information teilen und aus diesem Grund zielkonformes Agieren mittels

Zielformulierungen als Verhaltenssteuerungsinstrument erreicht wird (Zallocco et al. 2009, 599). In den analysierten Interviews können die Aussagen dem operativen Bereich zugeordnet werden – betreffen also die kurzfristige Orientierung der Handelsmanager/innen im Arbeitsalltag.

Die **Festsetzung der Ziele** für die Store-Ebene passiert größtenteils auf einer höheren Managementebene. Die festgelegten Zielvorgaben werden top-down mittels Reports an die zuständigen Personen übermittelt. Gerade in großen Handelsunternehmen müssen einzelne Unternehmensbereiche und einzelne Filialen dazu beitragen, diese Oberziele und Standards des Gesamtunternehmens zu erreichen. Teilweise wird in den Interviews auch ein Überwälzen der Kompetenz bzw. ein Verfeinern der Ziele auf der Store-Ebene angeführt. Die getroffenen Aussagen unterscheiden sich je nach Unternehmensgröße und Hierarchiestufe. Die Aussagen einer interviewten Person, die eine Angestelltenfunktion innehat, zeigen, dass die Vorgaben der Unternehmenszentrale als sehr ambitioniert bis schwer erreichbar eingestuft werden. Eine andere Person wiederum spricht die Unvereinbarkeit von unterschiedlichen Zielen innerhalb des Unternehmens an, wodurch Zielkonflikte entstehen.

Auf der Store-Ebene setzen sich Store Manager/innen verstärkt damit auseinander, wie die vorgegebenen Unternehmensziele in den Arbeitsalltag integriert werden können. Sie versuchen das gesamte Team, für das sie verantwortlich sind, soweit zu motivieren, dass sie die vorgegebenen Ziele für die Filiale erreichen. Da Store Manager/innen auch hinsichtlich ihrer Performance vergütet werden, hat die Zielerreichung einen wesentlichen Einfluss auf die Höhe der variablen Vergütungskomponente. Diese verhaltensbeeinflussende Funktion wird in den Interviews teilweise als motivierend aber auch demotivierend beschrieben. Zwei kontroversielle Statements verdeutlichen diese Positionen: *„Du willst als Mitarbeiter nicht immer am unteren Rand angesiedelt sein bei den Umsatzzielen. Du versuchst immer neue Wege, wie du dein Team motivieren kannst, die Performance Stück für Stück zu verbessern"* (Store Managerin, EH mit Büroartikel, U.S., Ref 23:26). Im Gegensatz dazu eine Store Managerin im Fashionbereich: *„Es gibt Leute, die setzen die Mitarbeiter unter Druck. Und das finde ich, ist keine gute Idee. Ich habe das früher auch erlebt, wo dann in den größeren Häusern in den Morgenbesprechungen kommuniziert wird, wie die Verkaufszahlen des Vortages ausgeschaut haben. Die Morgenbesprechungen sind für sich gesehen super. Aber wenn du dann als Mitarbeiterin jeden Tag dort stehst und hörst ‚Ok, gestern haben wir den Umsatz wieder nicht erreicht. Und den Tag davor haben wir ihn nicht erreicht.' Das demotiviert. Du kommst in der Früh in die Arbeit und bist eigentlich demotiviert. Das finde ich nicht gut."* (Store Managerin, EH mit Bekleidung, AUT, Ref 43:68).

Eingeteilt in finanzielle Ziele, nicht-finanzielle Ziele und eine Mischung aus beiden Richtungen, zeigt sich, dass die „Finanzorientierung" nach Reinecke/Reibstein (2002, 25) in österreichischen Handelsunternehmen dominant ist. Im Gegensatz dazu ergänzen die untersuchten marktführenden Unternehmen im U.S. amerikanischen Raum diese Finanzziele um nicht-finanzielle Ziele und geben daher ein umfangreicheres Bild auf der Store-Ebene wider.

Wenig überraschend für Handelsunternehmen wurden **Umsatz- und Profitziele** unter den finanziellen Zielen angeführt und bilden damit auch die „Nummer 1" an Zielsetzungen. Umsatzziele in unterschiedlichen Konstellationen, auf Store-Ebene, auf Category- oder Mitarbeiter/innenebene herunter gebrochen, werden tagtäglich kommuniziert und stehen unter ständiger Beobachtung der Store Manager/innen. Auch **Produktivitätsziele**, wie bspw. Umsatz mit minimalem Einsatz an Ressourcen zu erreichen, werden angeführt. Die Operationalisierung dieser Zielsetzung basiert auf Vergangenheitswerten, entweder in Form von Vorjahreswerten oder aber aus Durchschnittsberechnungen der vergangenen Jahre bereinigt um Faktoren wie Abverkäufe. Dabei wird pauschal eine Umsatzsteigerung pro Jahr aufgeschlagen. Diese einfache Kalkulation ist aber nicht unproblematisch. *„So wie ich das verstehe, berechnen sie [Anm. d. Verf.: Top Manager/innen] die Umsatzziele basierend auf dem Umsatz, der exakt vor einem Jahr aufgezeichnet wurde. An den Wochenenden haben wir dann höhere Umsatzziele im Geschäft, weil mehr los ist. Aber es kann passieren, dass beispielsweise im Vorjahr an diesem Tag ein großer Abverkauf stattgefunden hat und dann werden diese Zahlen unglaublich groß. Und wir können diese Ziele dann unmöglich erreichen, weil dieses Jahr eben keine Leute im Geschäft sind. So ist es mir zumindest erklärt worden, aber ich denke, die pushen die Umsatzzahlen etwas, um mehr Profit rausschlagen zu können"* (Verkaufsmitarbeiterin, EH mit Bekleidung, U.S., Ref 29:16).

Unter **nicht-finanziellen Zielen** findet man – wenn auch mit wesentlich weniger Nennungen in den Interviews – „Mitarbeiter/innenziele", wie etwa das Ziel, die Teamperformance zu steigern, „Kund/innenserviceziel", wie bspw. die Reduktion der Kund/innenbeschwerden, und „produktbezogene Ziele", wie die Steigerung des Warenumschlags oder die Verbesserung der Effizienz beim Einschlichten. Dabei werden neben produktbezogenen Zielsetzungen wie Merchandising und Preisauszeichnung auch Anstrengungen im Promotionbereich unternommen, mit dem Ziel bestmögliche Umsatzzahlen zu generieren. Anzumerken bleibt, dass nicht-finanzielle Ziele immer in Kombination mit finanziellen Zielen formuliert werden und nie für sich allein stehen.

Tabelle 49: PZI: Zusammenfassung – Zielinhalte auf Store-Ebene

Finanzielle Ziele	Nicht-finanzielle Ziele
• Umsatzziele (Store-Ebene, Category-Ebene, Mitarbeiter/innenebene) • Produktivitätsziele (Store-Ebene, Mitarbeiter/innenebene)	• Ziel der Steigerung der Teamperformance • Ziel Kund/innenbeschwerden zu reduzieren • Ziel der Steigerung des Warenumschlags • Ziel der Effizienzsteigerung beim Einschlichten

Um die vorgegebenen Performance-Ziele auf Store-Ebene erreichen zu können, müssen Store Manager/innen ihre Mitarbeiter/innen durch unterschiedliche Kommunikationskanäle ansprechen, um diese zu lenken und zu motivieren. Dementsprechend kommt Kommunikation in Form von *Feedback, Training und Coaching, Aufgabenaufteilung* und konkreten *Zielvorgaben* auf der Mitarbeiter/innenebene zu tragen. Performance Measurement wird auf dieser Ebene eingesetzt, um die Store-Ergebnisse greifbar zu machen.

(1) Store Manager/innen versuchen durch **tägliches Feedback** eine Optimierung der Geschäftsabläufe im Store zu erreichen. Die Interviewpartner sind sich bewusst, dass nur durch das Zusammenspiel von Mitarbeiter/innen und Store Manager/innen die Geschäftsergebnisse zufriedenstellend beeinflusst werden können. Dadurch sind sie darauf angewiesen, dass die Mitarbeiter/innen die Arbeitsaufgaben effizient und effektiv erledigen. Handelsmanager/innen aus dem U.S. amerikanischen Raum geben an, dass sie ihren Mitarbeiter/innen je nach Verantwortlichkeit täglich individuelle Ziele übertragen. Die Orientierung an Kennzahlen ist dementsprechend auch für Mitarbeiter/innen unumgänglich und fließt in deren Bewertung ein. Dadurch wird aber auch das Verhalten der Mitarbeiter/innen teilweise negativ beeinflusst, da Mitarbeiter/innen sozusagen einen „*Tunnelblick*" für die Erreichung der Ziele entwickeln. Um dem entgegenzuwirken, werden nicht-finanzielle Zielbestandteile integriert.

(2) Weiters spiegeln **jährliche Feedback-Gespräche** die Unternehmenszielsetzung über einen längeren Zeitraum wider. In der Analyse werden länderspezifische Unterschiede ersichtlich: Bei österreichischen Handelsmanager/innen wird – wenn überhaupt durchgeführt – vor allem die Weiterentwicklung der Mitarbeiter/innen besprochen. U.S. amerikanische Manager/innen hingegen gehen strukturiert in die Jahresgespräche, in dem sie Selbst- und Fremdbild diskutieren, Stärken und Schwächen analysieren und darauf aufbauend zukünftige Ziele formulieren.

(3) Eng in Zusammenhang mit den ersten beiden Generalisierungen steht der Bereich „**Training und Coaching**", bei dem alle Statements zusammengefasst werden, die sich mit der Verbesserung von Mitarbeiter/innenperformance beschäftigen. Store Manager/innen sind darauf bedacht, ihre Mitarbeiter/innen kontinuierlich weiterzuentwickeln, um Zielvorgaben zu erreichen und die Store Performance insgesamt zu verbessern. Dies erfolgt mithilfe unterschiedlicher Herangehensweisen: Neu eingestellte Mitarbeiter/innen werden eingearbeitet und fallweise durch spezielle Trainings besser auf die Verkaufssituation vorbereitet. „*Learning-by-Doing*" oder „*Rollenspiele*" werden als Beispiele angeführt. Eine Interviewpartnerin betont besonders stark, dass Mitarbeiter/innen nur für Bereiche getadelt werden dürfen, in denen sie zuvor auch eingeschult wurden. Es liegt demnach in der Verantwortung der Store Manager/innen, die Mitarbeiter/innen adäquat auszubilden.

(4) Unter „**2-Weg Kanal-Kommunikation**" werden jene Statements zusammengefasst, die direkte, persönliche Kommunikation zwischen Store Manager/innen und deren Mitarbeiter/innen im alltäglichen Zusammenarbeiten adressieren. Insgesamt können 71 Aussagen dieser Generalisierung zugeordnet werden, was für die Wichtigkeit von persönlicher Interaktion auf der Verkaufsfläche spricht. Aussagen wie: „*Es gibt mehrere wichtige Informationsquellen, aber ein Gespräch unter vier Augen ist in unserem Bereich das Wichtigste. Danach entscheidest du, was gemacht werden muss*" (Store Manager, EH mit Büroartikel, U.S., Ref 7:9), unterstreichen diese Aussage. Im täglichen Ablauf werden Team Meetings *(Huddle Meetings)* abgehalten. Darunter versteht man kurze, informelle Zusammentreffen auf der Verkaufsfläche, bei der die Store Manager/innen über tägliche Zielsetzungen und vergangenen Store-Ergebnisse informieren. Diese werden ausschließlich in Interviews mit U.S. amerikanischen Handelsmanager/innen erwähnt. In Österreich wird nur dann von Team Meetings gesprochen, wenn Informationen wie strukturelle Umbrüche von der Unternehmenszentrale an das gesamte Team kommuniziert werden müssen. Weiters werden Informationen von Store Manager/innen an Mitarbeiter/innen informell und persönlich herangetragen. Store Manager/innen nehmen sich Zeit Store-Ergebnisse und einzelne Kennzahlen zu erklären, um die Unternehmensvorgaben erreichen zu können.

(5) „**1-Weg-Kanal-Kommunikation**" bietet eine Möglichkeit, alle Mitarbeiter/innen zu erreichen, selbst wenn diese zu unterschiedlichen Zeitpunkten im Geschäft arbeiten. Österreichische Handelsmanager/innen kommunizieren Plan- und Ist- Umsatzzahlen vorrangig unpersönlich über ein „schwarzes

Brett" in den Mitarbeiter/innenbereichen. Offen bleibt jedoch, inwiefern diese Information von den Mitarbeiter/innen beachtet wird.

(6) **Team Motivation** wird in einem Interview adressiert. Der Store Manager betonte, das erklärte Unternehmensziel „Teamgeist" auf der Store-Ebene zu leben.

(7) **Nicht-Kommunikation:** Gegenpositionen liefern folgende Erkenntnisse: Zugrunde liegende Mitarbeiter/innenziele sind aus Mitarbeiter/innensicht nicht transparent und nachvollziehbar formuliert und Unklarheiten in der Berechnung bleiben bestehen. Weiters vermeiden Manager/innen bewusst, Kennzahlen auf Mitarbeiter/innenebene zu kommunizieren, um Überforderung bzw. Demotivation zu vermeiden. Schließlich kritisiert eine Store Managerin die fehlende Zeit für Team Meetings und die daraus entstehende „Nicht-Kommunikation" von Unternehmenszielen.

Interpretation und theoretische Rückschleife:

Um die Unternehmensstrategie und -werte umzusetzen, werden auf allen Ebenen spezifische operative Zielsetzungen formuliert. Kennzahlen helfen, diese für die Organisationsmitglieder auf unterschiedlichen Ebenen transparent zu machen (Abbildung 44).

Abbildung 44: PZI: Zusammenfassung – Zielerreichung auf der Store-Ebene

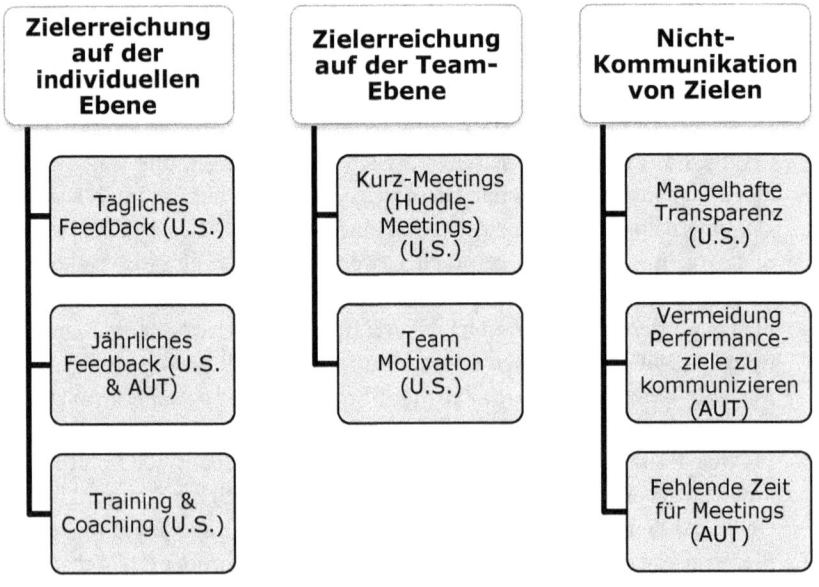

Für die Interpretation werden die Ergebnisse von Reinecke/Reibstein (2002, 25) herangezogen, die im Zuge eines Kontinentalvergleichs folgende Cluster für stellenspezifische Zielsetzungen identifizieren konnten: Das Cluster der **Finanzorientierten** integrieren ausschließlich Finanzziele. Ein Großteil der untersuchten österreichischen Handelsunternehmen kann durch den ausgeprägten Effizienzgedanken in diese Gruppe subsummiert werden. Durch die konsequente Finanzorientierung kritisieren Store Manager/innen die Unterinvestition im Bereich Personal, um die Monatsziele erreichen zu können. Ton (2009, 21–22) sehen dies als kritischen Punkt für die Gesamtperformance des Unternehmens und zeigen, dass eine Mehrinvestition in die Ressource Personal positive Effekte auf die Performance hat. Die **Traditionellen** kombinieren finanzwirtschaftliche mit kund/innen- bzw. marktorientierte Zielen (Reinecke/Reibstein 2002, 24). Die Statements der U.S. amerikanischen Interviews lassen den Schluss zu, dass Serviceorientierung im Vordergrund steht und dadurch die Eigenschaften der „Traditionellen" erfüllt werden. Das Cluster der **Ausgewogenen** bringt eine ausgewogene Zielsetzung mit sich, wobei Innovationsziele betont werden. Diese Zielorientierung konnte nur in einem Fall identifiziert werden, bei dem der Eigentümer als Nischenanbieter auftritt und Innovationsziele verfolgt. Welche Kennzahlen im Handelsalltag implementiert sind, wird im folgenden Abschnitt diskutiert.

6.4.3 Performance Kennzahlen auf der Store-Ebene

Kennzahlen werden als „quantitativ erfassbare Sachverhalte in konzentrierter Form" definiert und geben auf objektive Art und Weise Einblicke in unterschiedliche Bereiche innerhalb eines Unternehmens (Becker/Winkelmann 2006, 63 nach Reichmann 1991). Im Folgenden wird – in Hinblick auf die zugrunde liegende Forschungsfrage – die Kategorisierung **„finanziell orientierte Kennzahlen"** – darunter werden Kennzahlen, die auf monetären Werten basieren und im Zuge der Jahresabschlussanalyse geniert werden können, subsummiert (Chenhall/Langfield-Smith 2007, 266; Clark 1999, 713; Merchant/Van der Stede 2012, 413) – und **„nicht-finanziell orientierte Kennzahlen"**, wie Kund/innenzufriedenheit, Loyalität und Service Qualität, die nicht direkt aus der Bilanzbuchhaltung ableitbar sind, gewählt (Clark 1999, 713; Merchant/Van der Stede 2012, 452).

Tabelle 50: PZI: Definition der Generalisierung „Performance Kennzahlen" (Clark 1999, 713)

Dimensionen Performance Kennzahlen	Generalisierung der Dimensionen
Finanziell orientierte Kennzahlen	• Zeigt finanziellen oder mengenmäßige Output/Ertrag um Marketingleistung bzw. -aufwand nachvollziehbar zu machen
Nicht-finanziell orientierte Kennzahlen	• Zeigt beeinflussende/ moderierende Faktoren für Unternehmenserfolg/ finanziellen Erfolg; nicht direkt aus Jahresabschluss ableitbar
Multidimensionalität	• Effizienz- und Effektivitätsmessung; Generierung multivariater Information im Sinne von Performance Measurement Systemen, um umfassende Einblicke zu erlangen (Breite und Tiefe)

6.4.3.1 Kategorisierung von Kennzahlen auf der Store-Ebene

Die folgenden Erkenntnisse, die bereits im Beitrag von Harrauer/Schnedlitz (2016) präsentiert wurden, werden um kontextrelevante Hintergrundinformationen erweitert.

Die Performancekennzahl „**Umsatz (bzw. Absatz)**" ist die unangefochtene Nummer 1 im Einzelhandelskontext. Store Manager/innen stehen Umsatzberichte in unterschiedlichen Formen zur Verfügung: Aufschlüsselungen hinsichtlich Sortimentskategorien, Bereichsumsätzen und Umsätzen pro Mitarbeiter/in werden am häufigsten zur Entscheidungsunterstützung herangezogen. Zumeist werden diese Auswertungen täglich automatisch übermittelt. In einem Fall ist es jedoch Aufgabe der Store Manager/in, diese Auswertungen selbst zu kalkulieren. „*Je nach Warengruppe wird prozentuell ausgerechnet, wie viel Prozent vom Gesamtumsatz die jeweilige Warengruppe gemacht hat. Und das muss ich jeden Tag ausrechnen und aufschreiben auch*" (Store Managerin, EH mit Schuhen, AUT, Ref 35:37). Daraus abgeleitet stehen den Verantwortlichen auf der Store-Ebene umsatzbezogene Kennzahlen wie Umsatz pro Kunde/pro Kundin oder kund/innenkartenbezogene Umsätze zur Verfügung. Die aktuellen Umsatzzahlen werden mit Umsatzwerten des Vorjahres und/oder mit zugrunde liegenden Umsatzzielen in Bezug gesetzt. Diese Zeitvergleiche bzw. Soll-Ist-Analysen zeigen Store Manager/innen, wie die Performance des Geschäfts einzuschätzen ist, ob kurzfristige Adaptierungen von Store Aktivitäten notwendig sind und – falls Verantwortung in diesem Bereich vorhanden ist – wie die Planung für zukünftige Perioden aussehen kann.

Hand in Hand mit der Umsatzorientierung im Handel geht die **Handelsspannen-Diskussion**. Um überlebensfähig zu bleiben, lenken Handelsmanager/innen ihre Aufmerksamkeit in Richtung Gewinn. Aus diesem Grund analysieren Store Manager/innen im Detail die Handelsspannen der Sortimentskategorien bis auf SKU-Basis und entdecken so gewinnbringende Produkte. *„Ich überlege mir natürlich, wie ich meine Spanne verbessern kann. Teilweise – nicht immer, aber teilweise – schaue ich mir Artikel an, die man vielleicht in Erwägung gezogen hätte und dann ist man vielleicht schockiert, wie wenig Spanne drauf ist. Andere wiederum, wo man gar nicht erwartet hat, dass da so viel drauf ist, das präsentiert man dann vielleicht noch zusätzlich. Man baut dann einfach einen Spannenbringer als Zweitplatzierung ein"* (Selbstständige Kauffrau, LEH, AUT, Ref 51:140). Im Laufe eines Interviews in einem DFH verwies die Store Managerin auf ein Plakat, das in der Mitarbeiter/innenküche des Geschäftslokals platziert war und das eine Profit-Pyramide zeigte. Die Kategorie „Düfte" führt vor den Kategorien „Dekorationsartikel" und „Shampoo" die Gewinnbringer im Sortiment an. Am unteren Ende der Pyramide werden Waschmittel und WC-Papier angeführt. Durch die Visualisierung dieser Produktkategorien sollen Store-Mitarbeiter/innen stets daran erinnert werden, bei welchen Kategorien sie ambitioniert und pro-aktiv an Shopper herantreten müssen, um die Store Performance positiv zu beeinflussen.

Auf der **Sortimentsebene** liegt der Fokus der Store Manager/innen eindeutig auf den **Lagerbestandskosten**. Die Berücksichtigung der Produktverfügbarkeit, die unter die Kompetenz der Store Manager/innen fällt, wird neben der Umsatzorientierung als zweites, zentrales Kriterium gesehen. *„Wenn im Geschäftslokal was fehlt, dann wird mir das negativ ausgelegt, weil das mein Inventurminus ist. Und auf die Inventur sind die Manager von oben herab genauso ‚happig' wie auf das Umsatzergebnis"* (Store Managerin, DFH, AUT, Ref 45:114). Store Manager/innen haben Reports hinsichtlich der vergangenen Bestellmengen, des optimalen Lagerstandes und der eingetroffenen Lieferungen zur Verfügung. Diese Grundlage wird um Auswertungen hinsichtlich Schwund oder Out-of-Stock-Raten, also Analysen, die die Nicht-Verfügbarkeit der Produkte im Regal aufzeigen, ergänzt. Store Mitarbeiter/innen werden regelmäßig angewiesen, die Verfügbarkeit der Produkte im Regal abzuklären und die Inventurergebnisse an die Zentrale zu übermitteln. Damit sollen Informationslücken in der Instore-Logistik geschlossen werden (Abbildung 42).

Die Analyse der **Lagerdrehung** liefert Store Manager/innen ein objektives Bewertungskriterium hinsichtlich „Bestsellern" und Verlustbringern auf der Store-Ebene und wird regelmäßig durchgeführt. *„Es gibt da sehr gute Auswertungen, wo man sieht, wie viele Artikel verkauft worden sind und wie viele auf Lager sind,* *wie groß die Lagerdrehung ist. Auf Grund dessen kann man halt dann bestimme Pennerartikel zum Beispiel filtern"* (Selbstständige Kauffrau, EH mit Sportartikeln, AUT, Ref: 49:20). **Preisanalysen** oder **Analysen von Promotioneffekten** spielen eine eher untergeordnete Rolle, da der Entscheidungsspielraum zumeist nicht auf der Store-Ebene liegt. Teilweise erhalten Store Manager/innen rückblickend Auswertungen zu Vorjahreswerten von Promotionabsätzen und -umsätzen bzw. zu Kund/innenakzeptanzraten. Eine selbstständige Kauffrau, die umfangreiche Entscheidungen trifft, erwähnt die Preisverhandlungen mit Industrieunternehmen, die sie im Zuge der Promotionaktivitäten führt. Ihr Ziel ist es, durch geschickte Verhandlungstaktiken, ihr Gesamtergebnis positiv zu beeinflussen: *„Als Inhaber einer Firma ist es momentan sehr schwierig. Es gibt so viele Faktoren, die du berücksichtigen musst. Die Kunden sollen zufrieden sein. Du sollst genug einkaufen, du sollst aber nicht zu viel einkaufen. Der Mitarbeiter muss sich wohlfühlen, der Mitarbeiter soll seine Leistung bringen, die du benötigst. Du musst von deinen Lieferanten den besten Preis rausholen. Es ist so. Ich meine, bei der Unternehmenszentrale kann ich nichts Großartiges machen. Das ist Vereinbarung. Aber wenn ich mir spezielle Dinge ausmache, dann frage ich schon, ob ich einen besseren Preis haben kann. Geht manchmal, nicht immer"* (Selbstständige Kauffrau, LEH, AUT, Ref 51:81). Die interviewte Person führt weiters an, dass sie absichtlich größere Volumina zu Promotionpreisen bestellt, um diese dann zu einem späteren Zeitpunkt zu Kurantpreis verkaufen zu können. Durch diese Praktik versucht sie, eine höhere Spanne zu erzielen.

Eng mit Umsatz und Handelsspanne verknüpft sind Kennzahlen, die **Transaktionen** auf der Store-Ebene reflektieren. Store Performance wird hinsichtlich durchschnittlicher Bon-Größe oder Größe des Warenkorbs analysiert. Mitarbeiter/innen sollen motiviert werden, diese bei jedem Kunden bzw. jeder Kundin zu steigern und Zusatzverkäufe zu generieren. Weiters nutzen Store Manager/innen **Produktivitätskennzahlen**, um die Performance auf der Mitarbeiter/innenebene besser einschätzen zu können und zu evaluieren. Dabei steht die Qualität der Arbeit im Verhältnis zu den eingesetzten Kosten wie Arbeitsstunden oder Personalkosten. Die Ergebnisse liefern ein objektives Maß für eine optimierte Personaleinsatzplanung. Durch die Analyse der höchsten Kund/innenfrequenz im Geschäft können Arbeitsstunden und Pausen der Mitarbeiter/innen optimiert werden. Schließlich zielen Kennzahlen, die Informationen über die Anzahl der Retouren oder Transaktionen pro Tag auf Mitarbeiter/innenebene sammeln, direkt auf die Mitarbeiter/innenperformance ab. Durch die implementierten Scannerkassen auf der Store-Ebene ist es durchwegs möglich, die Performance beim Nadelöhr „Kassa" nach zu verfolgen. In den österreichischen Interviews zeigt die Analyse, dass produktivitätsorientierte Mitarbeiter/innenperformance nur dann umfassend beleuchtet wird, wenn Unregelmäßigkeiten in der Abrechnung des Bargeldes auftreten. In den U.S. amerikanischen Interviews hingegen ist eine detaillierte Analyse notwendig, da die diese Indikatoren für ein personenbezogenes Bonus-System sind.

Um gewinnbringend agieren zu können, werden intern auch **Kostentreiber** im Auge behalten. Store Manager/innen analysieren variable Kosten, wie die zuvor angesprochenen Personalkosten. Fixkosten gelten als nicht beeinflussbar auf der operativen Ebene und werden daher nicht in die Entscheidungsfindung von Store Manager/innen mit einbezogen.

Abbildung 45: PZI: Ranking Finanzkennzahlen (Grauschattierung zeigt Wichtigkeit in den Interviews) (in Anlehnung an Harrauer/Schnedlitz 2016)

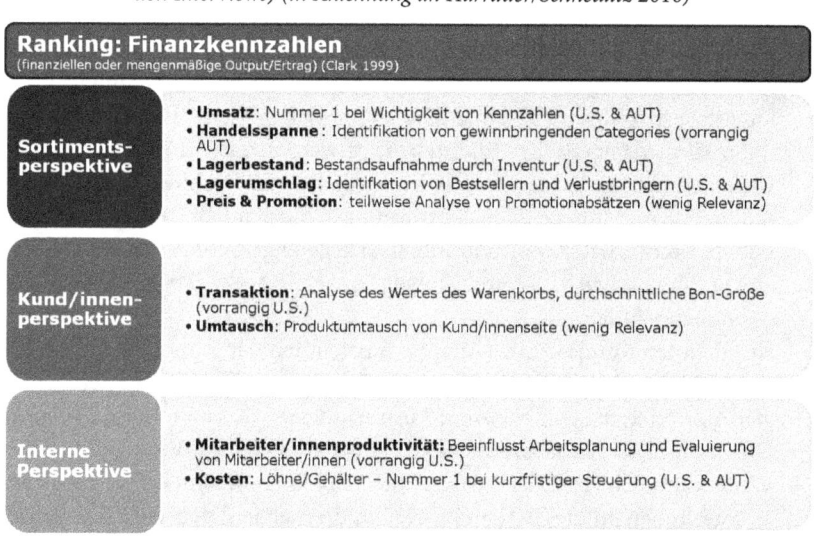

Neben finanziell orientierten Kennzahlen werden auch **nicht-finanzielle Kennzahlen** in den Interviews angeführt. Im Zuge der Analyse wird wiederum in kund/innen-, sortiments- und mitarbeiter/innenspezifische Bereiche unterteilt.

Bei nicht-finanziellen Kennzahlen stellen **Kund/innenkennzahlen** das Pendant zur Finanzkennzahl „Umsatz" dar. Die Informationsbasis für Kund/innenkennzahlen liefern direkte Kund/innenbefragungen, Onlinebefragungen nach dem Einkauf („*Receipt Tracker*") und Daten, die durch Scannerkassen aufgezeichnet werden können. Ziel ist es, Shopper-Daten zu generieren, handelsseitig Kund/innenaktivitäten maßzuschneidern und somit Kund/innen langfristig an das Geschäft zu binden. Im Sinne der Übersichtlichkeit wurde die weitere Analyse hinsichtlich Kund/innenserviceorientierung, Kund/innenloyalität, Kund/innenkontakt und Kund/innenbeschwerden unterschieden.

(1) **Kund/innenserviceorientierung**: Die Aussage eines Store Managers unterstreicht die Wichtigkeit von Kund/innenservice auf der Store-Ebene. *"Service ist die wichtigste Kennzahl! Weil du kannst überall hingehen, aber als Händler gilt: Hast du kein Service, hast du gar nichts"* (Store Manager, LEH, U.S., Ref 23:45). Neben der Beobachtung der Store Manager/innen und Selbsteinschätzung der Mitarbeiter/innen liefern auch direkte Kund/innenbefragungen eine Möglichkeit der Operationalisierung.

(2) **Kund/innenloyalität**: Nicht nur in der wissenschaftlichen Diskussion rücken „loyale Kund/innen" in den Fokus der Betrachtung. Auch in der Praxis erkennen Store Manager/innen die Wichtigkeit von Kund/innenloyalität als zentrales Erfolgskriterium, das Umsatzzahlen positiv beeinflusst. Hinsichtlich der Programmimplementierung wurden nationale Unterschiede identifiziert. Während in den U.S. amerikanischen Interviews der Fokus auf unternehmenseigene Kreditkarten liegt, werden in den österreichischen Unternehmen nach wie vor Kund/innenkarten als wichtiges Kund/innenbindungsprogramm gesehen. Auswertungen hinsichtlich Umsatzzahlen, die mittels Kreditkarte bzw. Kund/innenkarte getätigt werden, stehen genauso zur Verfügung wie Aufschlüsselungen, wie viele neue „loyale" Kund/innen gewonnen wurden.

(3) **Kund/innenkontakt**: Eine Analyse hinsichtlich der Kund/innenfrequenz im Geschäft wird für eine optimierte Personaleinsatzplanung herangezogen. Konversionsrate aber auch Auswertungen, wie lange Kund/innen im Durchschnitt im Kassabereich warten müssen, werden zur Verfügung gestellt. Weiters koppeln Handelsmanager/innen das Anreizsystem der Verkaufsmitarbeiter/innen mit der Betreuung der Kund/innen und den Aufwand, den sie damit haben.

(4) **Kund/innenbeschwerden**: Der direkte Kund/innenkontakt als zentrales Merkmal von Einzelhandelsunternehmen führt auch zu kritischen Auseinandersetzungen im Handelsalltag. In den Interviews wird die Herausforderung, auf Kund/innenwünsche zu reagieren, angeführt. Dennoch gilt unumstritten eine strategische Richtlinie, nämlich die absolute Vermeidung von Kund/innenbeschwerden. Gerade in U.S. amerikanischen Einzelhandelsunternehmen werden Beschwerden, die mitarbeiter/innengerichtet sind, mit disziplinarischen Maßnahmen verfolgt. *"Wenn ein Mitarbeiter etwas wirklich Schlimmes gemacht hat, dann haben wir etwas das heißt PIP –*

Performance Improvement Process. Das bedeutet, dass wir eine extra Seite anlegen und Zeitrahmen und Maßnahmen festlegen, die messbar und spezifisch ausformuliert sind und nach einer gewissen Anzahl an Tagen erledigt sein müssen. Wenn das nicht passiert, dann geht es etwas weiter" (Store Manager, EH mit Büroartikeln, U.S., Ref 19:70).

Sortimentsspezifische, nicht-finanzielle Information gestaltet sich wie folgt: Neben der genauen Aufschlüsselung des Lagerbestands auf der Store-Ebene werden den Store Manager/innen teilweise auch qualitative Daten zur Verfügung gestellt: So erhalten sie bspw. Informationen zur Produktverfügbarkeit oder der Gründe für Retouren oder bezüglich **Produktbewegungen**. Gerade im LEH oder DFH sind diese notwendig, um aufzuzeigen, welche Produkte von den Mitarbeiter/innen aus den Regalen genommen werden müssen, weil diese bspw. kurz vor dem Ablaufdatum stehen bzw. welche Produkte abverkauft werden sollen. Kund/innenbefragungen geben auf der Sortimentsebene Aufschluss über die Zufriedenheit mit dem angebotenen Sortiment oder den Produktplatzierungen. Auswertungen von Mystery Shopper-Analysen zeigen, ob Zusatzprodukte an der Kassa von den Mitarbeiter/innen angeboten wurden.

Nicht-finanzielle Kennzahlen auf der **Mitarbeiter/innen-Ebene** betreffen Bewertungen hinsichtlich Pünktlichkeit und Auftreten der Mitarbeiter/innen. Diese fließen genauso in die Jahresbewertungen mit ein wie die Einschätzung der Teamperformance. Weiters werden Persönlichkeit, Freundlichkeit, Kompetenz und Know-How der Mitarbeiter/innen durch Mystery Shopper und/oder Beobachtungen der Store Manager/innen regelmäßig evaluiert. Doch hier werden auch Reports wie „Flächenreinigungsreports" *(„Sweep Reports")* oder „Schließungsreports" *(„Closure Reports")*, die die erfüllten Aufgaben der Mitarbeiter/innen am Ende des Tages aufzeigen, von den Interviewpartnern als objektives Maß angeführt. Die Mitarbeiter/innenproduktivität, die durch diese Reports ersichtlich wird, steht im Zielkonflikt mit der Orientierung hinsichtlich Kund/innenservice. Dies spiegelt auch folgendes Zitat wider: *„Ich habe die Mitarbeiterleistung, also was der Mitarbeiter auf den Quadratmeter praktisch verdient. Und dann sieht man natürlich auch, wie der Mitarbeiter ist. Es gibt zum Beispiel Mitarbeiter, die sind top. Es gibt Mitarbeiter, die tratschen, das ist nicht günstig. Es ist gut, wenn sie kommunikativ sind, aber nicht zu kommunikativ"* (Selbstständige Kauffrau, LEH, AUT, Ref 51:100).

Abbildung 46: PZI: Ranking Nicht-finanzielle Kennzahlen (Grauschattierung zeigt Wichtigkeit in den Interviews) (in Anlehnung an Harrauer/Schnedlitz 2016)

Nachdem gezeigt wurde, welches Spektrum an einzelnen Kennzahlen im Handelsalltag zur Verfügung steht (vgl. hierzu auch Harrauer/Schnedlitz 2016), stellt sich abschließend noch die Frage, ob finanzielle Kennzahlen mit nicht-finanziellen Kennzahlen im Sinne eines ausbalancierten Sets gemischt werden oder für sich alleine stehen.

Sowohl im U.S. amerikanischen als auch im österreichischen Kontext sehen sich Store Manager/innen als „umfangreich" informiert. Ihnen stehen zahlreiche Berichte zur Verfügung, die ihnen eine ganzheitliche Sicht auf die Store Performance liefern. Dabei bleibt noch unklar, was „umfangreich" für die interviewten Personen inhaltlich bedeutet. Daher wurden jene Statements zusammengefasst, die sowohl finanzielle als auch nicht-finanzielle Kennzahlen adressieren. Es zeigt sich, dass nicht nur eine Balance der Kennzahlen sondern vor allem eine Balance an objektiven und subjektiven Entscheidungsgrundlagen relevant ist. Lediglich in zwei Interviews werden rein finanziell orientierte Sets angeführt, wobei in beiden Fällen Umsatz, Personalkosten und Bestellperformance adressiert werden. Die Ergebnisse bestätigen, dass Kennzahlen auf der operativen Ebene einen wesentlichen Beitrag zur Entscheidungsvereinfachung beitragen.

6.4.3.2 Aktualität von Kennzahlen auf der Store-Ebene

In einem nächsten Schritt wird – in Anlehnung an Harrauer/Schnedlitz 2016 – gezeigt, in welchen zeitlichen Abständen die oben angeführten Kennzahlen Store Manager/innen zur Verfügung stehen. Außerdem wird diskutiert, wie viel Zeit Store Manager/innen für die Analyse der Kennzahlen verwenden.

Je nach Priorität werden Reports teilweise mehrmals täglich an die Store Manager/innen verschickt. Zahlreiche Statements adressierten hingegen die **tägliche** Bereitstellung von Umsatzzahlen des Vortages im Vergleich zu Planwerten und Vorjahreswerten. Auch Preis- und Promotionänderungen sowie Out-of-Stock Reports werden täglich kommuniziert. In einem Fall nannte die Store Managerin explizit, dass sie jeden Tag zwölf unterschiedliche Reports zur Verfügung hat, wodurch sie „umfassend versorgt" ist.

Wöchentlich bzw. in **monatlichen** Abständen stehen mitarbeiter/innenbezogene Auswertungen zur Verfügung. Außerdem werden Mitarbeiter/innen vereinzelt Scorecards zugänglich gemacht, damit sie sich ein Bild über interne Performance-Rankings machen können. Store Manager/innen führen an, dass sie in regelmäßigen Abständen Feedback über die Store Performance vom zuständigen Rayonsmanager erhalten. Im österreichischen Kontext zeigt die Analyse, dass Store Manager/innen in regelmäßigen Abständen Handelsspannen-Auswertungen durchführen.

In längeren zeitlichen Abständen, meist einmal **jährlich**, werden die Ergebnisse von Kund/innenzufriedenheitsstudien, Gesamtinventur und Mitarbeiter/innenevaluierungen bereitgestellt.

Generell gilt, dass, sobald Store Performance unterdurchschnittlich ist, die jeweiligen Bereiche **zeitnah** im Detail beleuchtet werden, um Schwachstellen aufzudecken und Gründe für Unterperformance zu finden.

Die Frage, wie viel Zeit Store Manager/innen darauf verwenden, sich mit Kennzahlen in ihrem Alltag zu beschäftigen, ergab keine eindeutigen Ergebnisse. Teilweise werden – wie schon zuvor angesprochen – Reports in der Freizeit analysiert, wobei eine Zeitspanne von 15 Minuten bis einer Stunde pro Tag angegeben wird. Nachdem in manchen Fällen aber Zeitdruck in der Erledigung der instore-logistischen Basisaufgaben vorherrscht, setzen sich Store Manager/innen teilweise unregelmäßig mit der Analyse von Performance Kennzahlen auseinander. Gänzlich ignoriert werden Kennzahlen aber in keinem Fall. Etwas breiter gefasst zeigt die Analyse, dass für „Bürotätigkeiten" – also Aufgaben, die sich von instore-logistischen Aufgaben abgrenzen – maximal ein bis zwei Stunden pro Tag angegeben werden. In einem Fall gibt die Store Managerin, die für zwei Stores verantwortlich ist, an, dass ihrer Tätigkeiten 50 % im Verkaufsraum stattfinden und sie die restliche Zeit darauf verwendet, Führungsaufgaben zu übernehmen. Diese Ergebnisse müssen jedoch kritisch betrachtet werden, da nur österreichischen Manager/innen die explizite Frage nach dem **zeitlichen Aufwand** gestellt wurde. Diese Frage hat sich erst im Laufe der Interviewführung als wesentlich herauskristallisiert. Daher fehlen Vergleichswerte in den U.S. amerikanischen Interviews.

6.4.3.3 Relevanz von Kennzahlen im Store Alltag

Nachdem die Analyse gezeigt hat, welche Kennzahlen auf der Store-Ebene zur Verfügung stehen und wie oft diese bereitgestellt werden, bleibt noch folgende Frage offen: Wie schätzen Store Manager/innen die Wichtigkeit von Performance Measurement ein? Hierzu wurden die Aussagen hinsichtlich positiver Äußerungen, negativer Statements und gemischter Positionen zusammengefasst.

Positiv äußerten sich Store Manager/innen in beiden nationalen Kontexten und über alle Branchen hinweg. Laut Expert/innenmeinung unterscheiden sich Handelsunternehmen nicht von anderen Industrien: *"Performance-Kennzahlen sind wichtig in diesem Business. Die sind wichtig in jedem Business. Weil nur so kannst du messen und sehen, wie gut wir arbeiten und wo wir nicht gut abschneiden"* (Store Managerin, EH mit Bekleidung, U.S., Ref 3:81). Store Manager/innen führen an, dass in den letzten Jahren, der Umfang an zur Verfügung gestellten Kennzahlen wesentlich gestiegen ist. Aber auch die Relevanz und die Wichtigkeit, diese im Tagesablauf heranzuziehen, haben sich erhöht. Durch die Kombination von unterschiedlichen Reports erlangen die Verantwortlichen umfangreichere Einblicke in die Prozesse. Nicht nur Ungereimtheiten, Abweichungen und Schwächen werden durch die Analyse der Store Performance aufgedeckt, sondern auch die Transparenz und Nachvollziehbarkeit in Entscheidungssituationen steigen. Auf der Mitarbeiter/innenebene reflektieren Kennzahlen deren Bemühungen und Anstrengungen. Diese Ergebnisse fließen wiederum in regelmäßiges Feedback ein. Weiters wird die Zusammenarbeit im Bereich Performance Measurement zwischen Store Manager/in und Assistent/in forciert, indem Kennzahlen auch an deren Assistent/innen weitergeleitet werden. Meetings werden genutzt, um über Store Performance bzw. Bereichsperformance zu diskutieren. Eine Interviewpartnerin führt an, dass sie zwar ihre Mitarbeiter/innen nicht mit zu vielen Kennzahlen überfordern bzw. demotivieren will. Für die Bereichsleiter/innen sei es jedoch unumgänglich, sich mit der Store Performance auseinanderzusetzen. In zwei weiteren Interviews wurde die Kompetenz der Report-Erstellung an eine verantwortliche Person übertragen. Diese Aussagen belegen die positive Einschätzung von Performance Measurement im Handelsalltag und stützen die oben angeführte Interpretation, dass Store Manager/innen, die umfangreiche Entscheidungsgewalt haben, auch daran interessiert sind, eine umfangreiche Informationsbasis zur Verfügung zu haben.

Auch wenn diese positiven Effekte bei Generalisierungen der **neutralen Positionen** angeführt werden, so kritisieren Store Manager/innen die Zeit- und Kostenintensität, die Performance Measurement mit sich bringt. Außerdem sehen sie Probleme darin, dass externe Faktoren wie bspw. Wettereinflüsse nicht ausreichend reflektiert werden können, einzelne Reports für sich alleine entweder zu umfangreich sind oder nur Schnappschüsse darstellen. All diese Punkte führen zu der Forderung, eine Balance zwischen Performance Measurement und nicht messbaren Bereichen zu schaffen und diese miteinander in Einklang zu bringen – auch in Hinblick auf Performance-Evaluierungen.

Ausschließlich **negative Äußerungen** wurden selten getätigt. Aber dennoch: Teilweise sprechen Store Manager/innen von Überforderung in Bezug auf die bereitgestellte Information bzw. führen an, Kennzahlen für die Entscheidungsfindung gänzlich zu ignorieren. Sind die Informationen zu komplex oder besteht keine Entscheidungsgewalt, wird eine Analyse der Kennzahlen unterlassen. Folgende Aussage verdeutlicht diese Position: *„Ich habe keine Zeit, mir die Analysen anzuschauen. Es wäre super, aber es ist schwierig das zu machen, weil, wie soll ich das machen? Das ist ja sehr aufwendig"* (Selbstständige Kauffrau, LEH, AUT, Ref 51:127).

Interpretation und theoretische Rückschleife:

Vor allem in der Marketingforschung, bei der eine bloße Abbildung der Finanzperspektive zu kurz greift, stellt die Multidimensionalität von Performance Measurement eine „wahrere" Wahrheit dar (Clark 1999, 719). Gleichzeitig muss aber eingeräumt werden, dass durch das Zeichnen eines „vollkommeneren" Bildes auch gleichzeitig die Komplexität beim Entscheidungsträger steigt. „Multidimensional model of marketing performance is likely to be more "true" in that it will capture more facets of performance than any single dimension can. Unfortunately, successively more complicated schemes dramatically increase the burden on managers attempting to measure performance in the world. Given bounded rationality, any individual manager can only juggle so many concepts in his or her mind at once. Yet organizations are finding themselves overwhelmed with measures" (Clark 1999, 720). Die unterschiedlichen Positionen führen dazu, dass die Ausgestaltung von Performance Measurement nach wie vor kontroversiell diskutiert wird (van Veen-Dirks 2010, 141). Die angesprochene Multidimensionalität von Performance Measurement wird von zahlreichen Autor/innen aufgegriffen, teilweise jedoch ohne genauere definitorische Festlegung der zugrunde gelegten Theorie (Clark 1999; O'Sullivan/Abela 2007). Zumeist ist die Basis der Kategorisierung an das Konzept der Balanced Scorecard von Kaplan/Norton (1996) angelehnt (z.B. bei Cardinaels/van Veen-Dirks 2010; Reinecke/Reibstein 2002). Die vorliegende Analyse zeigt die Wichtigkeit und vielfältige Ausprägung von Performance Kennzahlen auf der Store-Ebene (Abbildung 45 und Abbildung 46). Ausgangsbasis war die Kategorisierung hinsichtlich finanziellen und nichtfinanziellen Kennzahlen nach Clark (1999). Im Zuge der Generalisierung kristallisierten sich aber die Dimensionen der Balanced Scorecard (Kaplan/Norton 1996) als sinnvolle Stütze heraus. Auch die Beiträge von Grafton et al. (2010, 698) und Harrauer/Schneditz (2016) wählten ein ähnliches Vorgehen.

Die Ergebnisse erweitern bereits bestehendes theoretisches Wissen und geben umfangreiche Einblicke in die Verwendung von Kennzahlen auf Einzelhandelsebene. Bei einem Ländervergleich auf der Ebene „*Marketing und Verkauf*" zeigte sich beispielsweise, dass U.S. amerikanische Manager/innen im Vergleich zu deutschsprachigen Unternehmen insgesamt mehr Kennzahlen nutzen (Reinecke/Reibstein 2002, 22). Dies kann durch die vorliegende Analyse nicht uneingeschränkt geteilt werden. Auffällig ist, dass U.S. amerikanische Manager/innen auch nicht-finanzielle Kennzahlen im Tagesablauf heranziehen und dass umfangreiche Sets bis auf Store Mitarbeiter/innen-Ebene im Zuge der Evaluierung wichtig sind. Im österreichischen Setting liegt der Fokus hingegen eher auf der finanziellen Perspektive (vgl. auch Harrauer/Schnedlitz 2016). Ob jedoch mehr oder weniger Kennzahlen verwendet werden, kann nicht abschließend geklärt werden.

Dies wirft die Frage nach der Nutzeneinschätzung von Kennzahlen auf. Kennzahlen müssen von den Beteiligten als relevant eingestuft werden, damit sie diese überhaupt in der Entscheidungssituation heranziehen und damit in weiterer Folge die Qualität der Entscheidung objektiv verbessert werden kann (Artz et al. 2012, 450). Eine amerikanische Store Managerin des Bekleidungseinzelhandels meint: „*Ob weitere Kennzahlen nötig sind? Nein, ich denke nicht. In den letzten zehn Jahren habe ich gesehen, wie die Schwerpunkte von drei Kennzahlen auf sieben angestiegen sind!*" (Ref 5:46). Nicht der Umfang der Information ist für Entscheidungsträger/innen wichtig, sondern wie diese Information von den Beteiligten interpretiert und in tatsächliche Aktivitäten übersetzt wird (Kaplan/Orlikowski 2013, 990). Auf diese Weise verknüpfen Store Manager/innen vergangene Tätigkeiten und lösen zukünftige Performance aus. Store Manager/innen mit längerer Berufserfahrung führen in den Interviews an, dass die Wichtigkeit von Kennzahlen und Reports, aber auch der Umfang der eingesetzten Kennzahlen in den vergangenen zehn Jahren signifikant zugenommen haben. Dies spricht für die Relevanz der Thematik im Handelsalltag.

6.4.4 Evaluierung auf der Store-Ebene

Ein Charakteristikum der Performance Measurement-Konzeption ist eine unternehmensweit durchgängige Koppelung der implementierten Kennzahlen an ein Entlohnungssystem. Zentral gesteuert und vom Top Management vorgegeben, werden finanzielle und nicht-finanzielle Anreize gesetzt, die das Verhalten ihrer Mitarbeiter/innen gezielt beeinflussen sollen (Baum et al. 2007, 363). Durch diese Anreize motiviert, versuchen Mitarbeiter/innen, die kommunizierten Performanceziele zu erreichen und damit die variablen Bestandteile der Entlohnung zu optimieren (Anderson et al. 2010, 91).

In beiden nationalen Kontexten erhalten Store Manager/innen – teilweise auch Bereichsleiter/innen – jährliche Bonuszahlungen. Diese werden auf Basis von vorher definierten Performance-Kennzahlen berechnet, können jedoch, wie in einem Beispiel im LEH im Detail erläutert, aus mehreren Bestandteilen bestehen. Auf der Mitarbeiter/innenebene zeichnen sich wesentliche nationale Unterschiede ab. Zu einem Großteil wird die Leistung U.S. amerikanischer Store Mitarbeiter/innen anhand mehrerer Kriterien bemessen, die dann in die Evaluierung einfließen und bei Zielerreichung in eine Gehaltserhöhung münden. Weiters wird an unterschiedlichen Stellen angesprochen, dass bei *„exzellenter Arbeit"* mehrere Belohnungsformen wie interne Verkaufswettbewerbe oder kleine Geschenke als Motivatoren genutzt werden. Die Analyse der österreichischen Interviews zeigt hingegen, dass Store Mitarbeiter/innen eine Umsatzbeteiligung auf Provisionsbasis erhalten bzw. dass überdurchschnittliche Gesamtperformance des Stores anteilig auf einzelne bzw. alle Mitarbeiter/innen verteilt wird. Daraus kann man schließen, dass in diesem Kontext nur finanzielle Kennzahlen beachtet werden.

Auch die **Prozessschritte der Performance Evaluierung** ist unterschiedlich implementiert. Die untersuchten U.S. amerikanischen Einzelhandelsunternehmen verfolgen verstärkt kund/innenorientierte Strategien und erkennen in diesem Zusammenhang die Wichtigkeit der Ressource „Personal" auf einer individuellen Ebene. Dadurch rückt die Mitarbeiter/innenperformance in den Mittelpunkt der täglichen Kontrollaufgaben von Store Manager/innen. Objektive Auswertungen stehen den meisten U.S. amerikanischen Store Manager/innen von großen Einzelhandelsunternehmen stündlich, täglich oder zumindest wöchentlich zur Verfügung. Ziel ist es, durch informelles, rasches Feedback Fehler aufzudecken und zukünftig zu vermeiden und dadurch die Performance der Mitarbeiter/innen zu steigern. Diese Möglichkeit wird im Gegensatz dazu nur vereinzelt in österreichischen Handelsunternehmen genutzt. Dort steht eindeutig die Erfüllung der Basisaufgaben im Vordergrund, die mit dem Einsatz von möglichst wenig

Personal durchgeführt werden sollen. Zusätzliches Feedback auf der Mitarbeiter/innenebene rückt in dieser kostenorientierten Ausrichtung in den Hintergrund. **Tagesaktuelles Feedback** passiert also einerseits spontan, so zu sagen aus dem Bauch heraus, direkt auf der Verkaufsfläche. Store Manager/innen greifen ein, wenn sie Arbeitsweisen beobachten, die erwähnenswert sind. Im Zuge der Analyse zeigt sich, dass U.S. Manager/innen sowohl positives als auch negatives Feedback formulieren. In den Interviews mit den österreichischen Manager/innen werden hingegen lediglich negative Fälle adressiert. Andererseits stützen Store Manager/innen ihr Feedback auf Auswertungen von Mitarbeiter/innenkennzahlen und sprechen gezielt Defizite an. In diesem Fall nutzen Store Manager/innen formale Grundlagen, die sie zu ihrer Entscheidung heranziehen. Im Zuge der Analyse ist nicht immer klar ersichtlich, auf Basis welcher Grundlage Store Manager/innen Feedback geben, also, ob diese aus der Beobachtung oder auf Basis von Kennzahlen heraus diskutiert wird.

Auch Store Manager/innen erhalten regelmäßiges Feedback von deren Rayonsleiter/innen über die Store Performance. Diese erfüllen dabei folgende Funktionen: Sie überwachen die Store Performance hinsichtlich Absatz und Umsatz, Handelsspanne und Lagerbestände, setzen die Ergebnisse in Vergleich zu anderen Geschäftslokalen und zu den vorgegebenen Store-Zielen und diskutieren diese Ergebnisse und die Kritikpunkte mit dem Store Manager bzw. der Managerin. Weiters besprechen Rayonsleiter/innen und Store Manager/innen die Erfüllung der delegierten Aufgaben. Sie besuchen in regelmäßigen Abständen das Geschäftslokal und gehen mit dem Store Manager/ der Store Managerin den Verkaufsraum ab. Damit machen sich Rayonsleiter/innen ein Bild von der Umsetzung der delegierten Aufgaben und der Erfüllung der Vorgaben. Zwischen diesen Meetings stehen Rayonsleiter/innen aber auch via Telefon bzw. Email jederzeit zur Verfügung und sind im intensiven Gespräch mit den Store Manager/innen. „Regelmäßigkeit" der Face-to-Face-Treffen wird von den Interviewpartner/innen unterschiedlich definiert. Während in einem Interview wöchentliche Store-Besuche angeführt wurden, so sind in einem anderen Interview Besuche alle zwei bis drei Monate angesetzt. Egal, wie oft ein physisches Treffen stattfindet; der Austausch mit Rayonsmanager/innen kann – wie schon angesprochen – mehrmals täglich über Email oder Telefon stattfinden. Diese Medien unterstützen die Informationsbereitstellung *top-down* und *bottom-up*.

Neben regelmäßigem Feedback in kürzeren Abständen, werden auch **jährliche Mitarbeiter/innengespräche** geführt. Deren Intention unterscheidet sich hinsichtlich der nationalen Gegebenheiten. In den U.S. amerikanischen Unternehmen ist auffällig, dass umfangreichere Kennzahlensets genutzt werden und neben Store- und Department-Performance auch die Zielerreichung des einzelnen Mitarbeiters bzw. der einzelnen Mitarbeiterin herangezogen wird. Darauf aufbauend werden Bonus oder andere Formen der Vergütung vergeben. In österreichischen Einzelhandelsunternehmen fließt eine mitarbeiter/innenbezogene Auswertung hinsichtlich der Performance und Produktivität größtenteils nicht in die Jahresgespräche ein. Die Mitarbeiter/innengespräche werden für eine Diskussion des Ist-Standes und eventuelle Entwicklungspotenziale genutzt. Ziel ist viel mehr, Motivation und Wertschätzung des Personals hoch zu halten. Die Gespräche finden aber keinen maßgebenden Niederschlag im Arbeitsalltag. Damit sollen Neid und Demotivation zwischen den Mitarbeiter/innen vermieden werden. Sehr wohl wird in einigen Fällen aber die gesamte Filialperformance als Basis für Bonusberechnungen herangezogen und Zielerreichungsgrade von allen Filialen unternehmensweit miteinander verglichen. Performt ein Geschäft überdurchschnittlich gut, wird ein Bonus ausgeschüttet, wobei dieser entweder nur dem Store Management oder aber der gesamten Filialbelegschaft zu Teil wird.

Eine **formale Ausgestaltung** der Mitarbeiter/innenevaluierung wird in nahezu allen Handelsunternehmen zumindest einmal jährlich durchgeführt. Auch wenn in einem Fall von vierteljährlichen Gesprächen die Rede ist und im Gegensatz dazu die befragten Store Manager/innen wiederum aus Zeit- und Kostengründen nur sporadische Mitarbeiter/innengespräche ansetzen, so sind in allen großen filialisierten Einzelhandelsunternehmen formale Prozesse implementiert.

Eine **Durchführung** der jährlichen Mitarbeiter/innenevaluierung erfolgt in den Interviews entlang der hierarchischen Strukturen der Unternehmen. Das heißt, dass Store Manager/innen – teilweise unter Einbeziehung der Department Manager/innen – ihre Mitarbeiter/innen evaluieren. Store Manager/innen werden wiederum von den zuständigen Rayonsleiter/innen zum Mitarbeiter/innengespräch eingeladen.

Inhaltlich gibt es mehrere Möglichkeiten, wie die Zielformulierung im Unternehmen implementiert sein kann. In den Interviews wurden zwei Optionen angeführt: Während eine hierarchische Zielorientierung zur Konsequenz hat, dass alle Mitarbeiter/innen *„an einem Strang ziehen"* und damit für unternehmensweit dieselben Zielvereinbarungen getroffen werden, ist auch denkbar, dass individuelle Verantwortungsbereiche der Mitarbeiter/innen und deren Funktionen in den Vordergrund gerückt werden. Welche Bereiche zur Zielorientierung herangezogen werden, variiert aber je nach Unternehmenspriorität und wird dementsprechend adaptiert. Diese Information wird zeitnah an die betreffenden Mitarbeiter/innen kommuniziert, damit diese auf die Zielsetzungen reagieren können. Dennoch kritisiert eine U.S. amerikanische Verkaufsangestellte eines

Bekleidungsunternehmens, dass der Prozess der Evaluierung nicht transparent ist und subjektive Einschätzungen der übergeordneten Manager/innen unfair ausfallen können. Außerdem würde sie keine Möglichkeiten haben, ihre Performance zu rechtfertigen. *"Das persönliche Zeug, wie zum Beispiel, wie gut du im Team arbeitest oder wie du angezogen bist. – Das war interessant, als ich das erste Mal evaluiert wurde, weil, wenn die [Anm. d. Verf.: Manager] gegen mich sind und mich schlechter bewerten, weil ich um eine Spur zu lässig angezogen bin – Dieses persönliche Zeug ist der schlimme Part bei der Evaluierung. Du kannst nämlich überhaupt keinen Einfluss darauf nehmen, wie dein Manager glaubt, dass du bist. Aber ich weiß auch nicht genau, wie sie die Gehaltserhöhung berechnen. Es ist das Übliche: Wenn du ihnen gute Zahlen lieferst, wirst du eine Erhöhung bekommen – du weißt nur nicht wie hoch sie sein wird. Das ist nicht transparent für uns"* (Verkaufsmitarbeiterin, EH mit Bekleidung, U.S., Ref 29:38). Gerade in diesem Fall der Berechnung, bei der neben objektiven Kennzahlen auch qualitative Faktoren für die vergütungsvariable Komponente herangezogen werden, leidet die Transparenz und Nachvollziehbarkeit für die Store Manager/innen und ihre Mitarbeiter/innen. Ein weiterer Kritikpunkt ist die Verzerrung der Performance durch externe, nicht beeinflussbare Faktoren wie bspw. Wettereinflüsse, die nicht bzw. unzureichend in die Berechnungen mit einbezogen werden.

Die **Vorbereitungen für das jährliche Mitarbeiter/innengespräch** werden in den untersuchten Einzelhandelsunternehmen wie folgt durchgeführt: Vorrangig werden subjektive Einschätzungen der Store Manager/innen, die durch Beobachtungen der Mitarbeiter/innen zustande kommen und die subjektive Wahrnehmung der Store Manager/innen widerspiegeln, für die Evaluierung herangezogen. Store Manager/innen bewerten im Vorfeld die Leistung ihrer Mitarbeiter/innen hinsichtlich der kommunizierten Zielsetzungen, die in einem Standardformular unternehmensweit zur Verfügung stehen, und gleichen das Ergebnis mit der Selbsteinschätzung der Mitarbeiter/innen ab. Die Bereiche Kund/innenserviceorientierung, mitarbeiter/innenbezogene Attribute wie Erscheinungsbild, Pünktlichkeit, Freundlichkeit oder Kompetenz, die Eigenschaft Teamplayer zu sein, aber auch die Multi-Tasking-Fähigkeit werden als Beispiele angegeben. Dieser Prozess liefert Selbstbild und Fremdbild und bietet die Grundlage für Trainingsmaßnahmen, Entwicklungspotenziale und individuelle Zielvereinbarungen. Diese Eigenschaften werden auch in anderen Interviews angesprochen, adressieren dort aber objektive Bewertungskategorien, die aus Auswertungen von Mitarbeiter/innenkennzahlen, Ergebnissen von Mystery Shopper- oder Kund/innenumfragen resultieren. Folgende (objektive) Kennzahlen fließen in die Mitarbeiter/innenperformance-Evaluierung mit ein: Umsatzbezogene Kennzahlen, wie Umsatz pro

Mitarbeiter/in oder Umsatz pro Stunde, Größe des Warenkorbs pro Mitarbeiter/in, Kund/innenserviceorientierung, Produktivität und Grad der Aufgabenerfüllung. Diese Kennzahlen werden mit vorher definierten Zielen verglichen.

Die Evaluierung von Store Manager/innen erfolgt auf Basis derselben Kennzahlen, die schon soeben bei der Mitarbeiter/innen-Perspektive diskutiert wurde. Finanzkennzahlen wie Umsatz- und Gewinnziele stehen im Fokus; Kund/innenservice- und Qualitätsorientierung werden um filialbezogene Größen wie Erscheinungsbild und Entwicklung der Filiale ergänzt.

Wie stark Bonusausschüttungen auf die Arbeitsweise von Store Manager/innen wirken, zeigt folgendes Interview: Die Managerin ist erst seit wenigen Monaten als Filialleiterin tätig. Vertragsbedingt hat sie im laufenden Jahr keinen Anspruch auf eine Bonuszahlung. Sie versucht daher in ihrem ersten Jahr das Ergebnis bewusst zu drücken, um im darauffolgenden Jahr bessere Ergebniszahlen abliefert zu können und dadurch höhere Bonuszahlungen zu erhalten. Ein weiterer kritischer Fall, der im Zuge der Analyse erwähnt wird, adressiert die Größe der Geschäftsfläche. Kleinere Formate sehen sich im Zuge der Evaluierung der Store Performance eindeutig benachteiligt. *"Es ist nicht fair, weil ich die gleiche Arbeit habe, wenn nicht sogar mehr, im Vergleich zu Managern in großen Filialen. Die haben mehr Personal. Ich habe die gleiche Verantwortung wie andere, bemühe mich sogar zusätzlich zu dem hohen Niveau, das schon vorher bestanden hat. Daher war es in diesem Jahr mein Ziel einfach den Umsatz zu halten und nicht zu verbessern oder annähernd stabil zu halten. Weil mit dem neuen Personal ist das ja nicht so einfach. Und daher bist du benachteiligt. Da kannst du sagen, was du willst."* (Store Managerin, EH mit Schuhen, AUT, Ref 35:109).

Interpretation und theoretische Rückschleife:
Wie schon an mehreren Stellen angemerkt, sollte die Ausgestaltung von Performance Measurement im Zuge der Evaluierung auf der Store-Ebene in Einklang mit der strategischen Ausrichtung und den Zielsetzungen des Gesamtunternehmens stehen. Denn je nachdem, welche Unternehmensprioritäten und Kennzahlen an die Store-Ebene kommuniziert werden, wird sich das Verhalten der Store Manager/innen ändern (Casas-Arce/Martínez-Jerez 2009, 1318; DeHoratius/Raman 2007, 527–528). Die Orientierung an vorgegebene Ziele und deren Erreichen spiegelt auch die Interessen der Store Manager/innen wider. Dabei wird auch die von Anderson et al. (2010, 103) diskutierte *"Meet not Beat"*-Mentalität angesprochen, bei der Manager/innen versuchen, Ziele zu erreichen, um die damit verbundene Bonuszahlung zu erhalten, zusätzliche Anstrengungen jedoch bewusst unterlassen, um ein Übertreffen der Ziele zu verhindern. Im Zuge der Analyse der strategischen Ausrichtung von marktführenden Einzelhandelsun-

ternehmen wurden vorrangig kostenorientierte und kund/innenorientierte Vertriebskonzepte identifiziert. Dementsprechend sollte der Evaluierungsprozess diese Dimensionen abdecken.

Die Analyse der Interviews zeigt überregionale Unterschiede, die die Erkenntnisse von Grugulis (2010, 14) weiterführen: Die befragten österreichischen Store Manager/innen legen den Fokus auf instore-logistische Prozese und profitorientiertes Denken. Daher rücken Finanzkennzahlen in die Evaluierung von Store Manager/innenperformance. Vergütungsformen werden in den beobachteten Fällen auf Grundlage von umsatzbasierten Store-Auswertungen vergeben und nicht auf Basis von individuellen Auswertungen. Dem gegenüber stehen die Erkenntnisse aus den U.S. amerikanischen Interviews, die individuelle, verhaltensorientierte Evaluierung in den Vordergrund stellen und nicht-finanzielle Kennzahlen als auch subjektive Einschätzungen der Manager/innen als Basis für variable Vergütungsbestandteile heranziehen. Feedback- und Feed-Forward-Gesprächen, die auf Basis von Performance Kennzahlen durchgeführt werden, wird in diesem Kontext eine wesentliche Bedeutung beigemessen. An dieser Stelle wird auf den Beitrag von Zoltners (2012, 179) hingewiesen, der die aktuelle „Incentivierungswelt" mit einer „balancierten Welt" vergleicht, in der die Vergütungssysteme nicht den Großteil an Steuerung des Mitarbeiter/innenverhaltens ausmacht, sondern durch verbesserte Trainings oder Rekrutierungsprozesse erweitert wird.

Performance Measurement hilft, individuelle Fähigkeiten und Potenziale sichtbar zu machen. Zu beachten ist jedoch, dass subjektive Wahrnehmung und Einschätzung der Wichtigkeit der kommunizierten Performance Kennzahlen vom jeweiligen Store Manager bzw. Store Managerin abhängt (Grafton et al. 2010, 690). DeHoratius/Raman (2007, 531) bringen dies folgendermaßen auf den Punkt: „Retailers often seem to forget that they are dealing with multitasking agents in their stores. Consequently, when faced with a situation where they want to affect one performance measure, retailers may change the incentives associated with that measure alone. They often fail to note that changing the incentives associated with one performance measure without regard to others might substantially hurt other performance measures". Positiv beeinflussen jene Store Mitarbeiter/innen die Filialperformance, die sich für den Unternehmenserfolg verantwortlich fühlen und dem Unternehmen gegenüber positiv eingestellt sind. Diese erhalten nicht nur bessere (nicht-finanzielle) Kund/innenevaluierungen, sondern führen langfristig auch zu gesteigerten (finanziellen) Umsatzzahlen (Ahearne et al. 2013, 625). Kontroversiell diskutieren Zoltners et al. (2012, 172) die Herausforderung „Performance-Evaluierung". Sie fokussieren neben den positiven Aspekten auch deren unerwünschte Nebenwirkungen. Eine kurzfristige Orientierung des

Verkaufspersonals an Umsatzzielen, die für die Ausschüttung von Bonuszahlungen erreicht werden müssen, kann zu suboptimalen Entscheidungshandlungen führen und hindert diese bspw. daran, langfristige Beziehungen zu Kund/innen aufzubauen.

6.5 Zusammenfassung und Beantwortung der Forschungsfragen (PZI)

Im operativen Tagesgeschäft stehen Store Manager/innen und ihre Mitarbeiter/innen im direkten Kund/innenkontakt und rücken damit in die Verantwortung, die vorgegebene gesamtunternehmerische Strategie umzusetzen. Wie Store Manager/innen dies in einem praxistheoretischen Zugang tun, galt bisher als unzureichend reflektiert (Murray/Evans 2013, 207). Die Einblicke, die die vorliegenden Interviews gewähren, spiegeln die Wahrnehmungen und Bedürfnisse von Personen im Einzelhandel wider, die tagtäglich mit den Herausforderungen auf der Verkaufsfläche konfrontiert sind und versuchen, sowohl unternehmensinterne Vorgaben, wie logistische Aufgaben, als auch kund/innengerichtete Aktivitäten zu erfüllen (Johlke/Iyer 2013, 59; Oberparleiter 1918, 4). Sie stellen somit das operative Bindeglied zum Gesamtunternehmen dar und gelten als das Aushängeschild nach außen. Aus der theoretischen Diskussion des Literaturüberblicks blieb die Frage offen, in wie weit Performance Measurement auf dieser Ebene bereits Einzug gefunden hat oder ob nach wie vor „traditionelle" Konzepte dominieren.

Abbildung 47 gibt einen kompakten Überblick über die Verortung von Performance Measurement.

Abbildung 47: Rückschleife – Theoretische Verortung von Performance Measurement (Baum et al. 2007, 363)

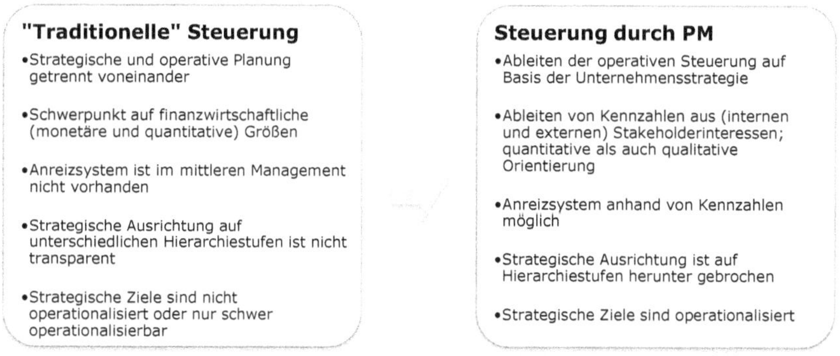

"Traditionelle" Steuerung	Steuerung durch PM
•Strategische und operative Planung getrennt voneinander	•Ableiten der operativen Steuerung auf Basis der Unternehmensstrategie
•Schwerpunkt auf finanzwirtschaftliche (monetäre und quantitative) Größen	•Ableiten von Kennzahlen aus (internen und externen) Stakeholderinteressen; quantitative als auch qualitative Orientierung
•Anreizsystem ist im mittleren Management nicht vorhanden	•Anreizsystem anhand von Kennzahlen möglich
•Strategische Ausrichtung auf unterschiedlichen Hierarchiestufen ist nicht transparent	•Strategische Ausrichtung ist auf Hierarchiestufen herunter gebrochen
•Strategische Ziele sind nicht operationalisiert oder nur schwer operationalisierbar	•Strategische Ziele sind operationalisiert

Die Definition von Performance Measurement zeigt, dass Kennzahlen einerseits unterschiedliche Perspektiven als auch unterschiedliche Leistungsebenen im Unternehmen einbeziehen (Gleich 2001, 11–12). Im Sinne einer kontingenztheoretischen Diskussion kommt es auf den Kontext an, welche Kennzahlen Manager/innen als relevant einstufen (Mintz/Currim 2013, 32). Daher wurden die Kontingenzfaktoren Umwelt, Unternehmensgröße, Unternehmensstruktur, Unternehmensstrategie und implementierte Technologie herangezogen, um die Ausgestaltung von Performance Measurement im Einzelhandel umfassend zu beleuchten. Folgende Unterforschungsfrage wurde in diesem Zusammenhang formuliert, die nun auch beantwortet werden kann:

Wie beeinflussen ausgewählte kontingenztheoretische Faktoren die Ausgestaltung von Performance Measurement im Einzelhandel?

Umwelt: Die Komplexität und Diversität der Handelslandschaft und der turbulente Handelsalltag, der von den Interviewpartnern über alle Branchen und in beiden nationalen Kontexten adressiert wurde, sprechen für einen Einsatz von umfangreichen Kennzahlensets – also die Bereitstellung von nicht-finanziellen und finanziellen Kennzahlen gleichermaßen – um die handelsspezifischen Gegebenheiten auch auf der Store-Ebene objektiv abzubilden und die Prozesse für Manager/innen nachvollziehbar zu machen (Harrauer/Schnedlitz 2016; Homburg et al. 2012a, 70). Im U.S. amerikanischen Kontext werden aus diesem Grund markt- und kund/innenbezogene Informationen zur Verfügung gestellt und teilweise bis auf die Mitarbeiter/innenebene in Kurzmeetings diskutiert. Dies ist im österreichischen Kontext fast undenkbar: Store Manager/innen äußern durchgängig Kritik an der kostengetriebenen Arbeits- und Denkweise von Handelsunternehmen, die sich in hohem Arbeitsdruck auf der Store-Ebene manifestieren und Kund/innen- und Marktorientierung in den Hintergrund rücken lassen. Dies liefert auch eine erste Erklärung, warum in diesem Setting eine vorrangige Orientierung an Finanzkennzahlen und formalen Steuerungssystemen vorherrscht.

Unternehmensgröße: Die Behauptung, Manager/innen von großen Unternehmen würden eher Kennzahlen zur Entscheidungsvereinfachung heranziehen und daher besser damit umgehen können, wird kritisch gesehen. Theoretisch könnten Unternehmenszentralen des Einzelhandels Store Manager/innen mit umfassender Information versorgen, da sie diese durch technische Voraussetzungen im Sinne eines Warenwirtschaftssystems jederzeit verfügbar haben. Das wird jedoch hinsichtlich informationsentlastender Gesichtspunkte vermieden (Hirsch/Volnhals 2012, 23). In Einklang mit Feldbauer-Durstmüller et al. (2012, 410–411) ist die Unternehmensgröße ausschlaggebend für das Vorhandensein eines „Controlling-Gedankens", sie ist jedoch nicht das zentrale Kriterium für dessen Ausgestaltung im operativen Bereich. In der vorliegenden Betrachtung kommt der Implementierung von Kennzahlen dann hohe Relevanz zu, wenn die Anzahl der Mitarbeiter/innen, für die Store Manager/innen verantwortlich sind, hoch ist, das Geschäftslokal verbrauchermarktähnliche Dimensionen einnimmt und damit auch die Verantwortungsbereiche umfassender gestaltet sind. Diese Filialen können damit auch als eigenständige „Profit Center" interpretiert werden. Store Manager/innen mit weniger Verantwortung stehen vor der Herausforderung, die Basisaufgaben des Handels erfüllen zu müssen, und fokussieren sich auf Bereiche wie logistische Bereitstellung des Sortiments und Abwicklung der Transaktionen. Damit unterscheiden sich die Rollen, die Performance Measurement einnehmen kann, und dessen empfundene Wichtigkeit im Handelsalltag aufgrund der Verantwortungsbereiche und strukturellen Ausgestaltung auf der Verkaufsfläche (vgl. hierzu auch Mintz/Currim 2013, 28). Ob der Umgang mit Kennzahlen für diese Personen jedoch „einfacher" ist, bleibt fragwürdig.

Unternehmensstruktur: Obwohl der Grad an Zentralisierung und Formalisierung in der filialisierten Einzelhandelslandschaft hoch ist, verbleiben die Bereiche operative Personal- und Sortimentsentscheidungen zumeist auf der Store-Ebene. Das würde dafür sprechen, in diesen Bereichen umfangreiche Information im Sinne von Performance Measurement zugänglich zu machen. Während im U.S. amerikanischen Raum Kennzahlen auf der Mitarbeiter/innenebene häufig in Form von subjektiven Einschätzungen für Feedback- und Feed-Forward-Gespräche herangezogen werden, wird im österreichischen Kontext die Mitarbeiter/innenperformance dann evaluiert, wenn deren Produktivität unterdurchschnittlich ist. Im Bereich des Sortiments werden in beiden nationalen Kontexten vorrangig Finanzkennzahlen herangezogen, wobei die Fokussierung im österreichischen Markt stärker scheint. Daher wäre interessant zu untersuchen, ob tiefere Einblicke in Form von Kennzahlen zur Entscheidungsvereinfachung und -beeinflussung Unternehmensergebnisse verbessern könnten.

Strategie: Die Analyse zeigt, dass die gelebte Unternehmensstrategie in den vorliegenden Interviews den stärksten Einfluss auf die Ausgestaltung der zur Verfügung gestellten Kennzahlensets hat. Dies stimmt mit den Erkenntnissen von Homburg et al. (2012a, 70) überein: Umfangreiche Sets an Kennzahlen machen sich demnach nicht bezahlt, wenn im Unternehmen keine Differenzierungsstrategie implementiert ist, Marketing-Komplexität gering ist und das Unternehmen in einem stabilen Markt agiert. Denn: Verfolgt ein Handelsunternehmen beispielsweise eine Strategie der Kostenführerschaft, in der Selbstbedienung, Produktverfügbarkeit und Preisführerschaft dominieren, werden logistische Prozesse und deren effiziente Erfüllung im Vordergrund stehen. Im Gegensatz dazu fokussieren Unternehmen, die sich über Kund/innenzufriedenheit und Serviceorientierung von Mitbewerbern differenzieren, eine multidimensionale Auseinandersetzung mit Kennzahlen, wodurch nicht-finanzielle Kennzahlen an Relevanz gewinnen (Beitelspacher et al. 2011, 216; Ton 2009, 22–23). Im U.S. amerikanischen Kontext wird die Bedeutung der Shopper als zentrales Erfolgskriterium gesehen. Dies führt dazu, dass Kund/innenkennzahlen bis zur operativen Ebene zur Verfügung stehen und die nach außen kommunizierte Strategie und gelebte Unternehmenspraktik übereinstimmen. Im österreichischen Setting dominiert die kostenorientierte Perspektive. Dies liefert gleichzeitig auch eine Erklärung für die dominante Stellung von Finanzkennzahlen. Dennoch konnten teilweise Widersprüchlichkeiten in der nach außen kommunizierten Strategie, die auf Unternehmenshomepages zu finden ist, und den Aussagen von Store Manager/innen identifiziert werden: Kund/innen und Mitarbeiter/innen werden in der nach außen getragenen Unternehmensphilosophie zwar hochgehalten, in der täglichen Praxis werden aus Kostengründen jedoch instore-logistische Schwerpunkte gelegt. In diesem Fall leiten sich die zur Verfügung stehenden Kennzahlen auf der Store-Ebene nicht von der kommunizierten Strategie ab.

Auf Basis dieser Erkenntnisse eröffnen sich folgende Anknüpfungspunkte für weitere Forschung. Erstens stellt sich die Frage, ob es Unterschiede gibt, welche Rolle (im Sinne von entscheidungsvereinfachenden und -beeinflussenden Komponenten) Performance Measurement im Handelsalltag einnimmt, je nachdem, welche strategische Ausrichtung gewählt wurde. Es ist nicht vollständig geklärt, wie Manager/innen auf der individuellen Ebene zur Verfügung stehende Information, die sich je nach strategischer Ausrichtung unterscheidet, interpretieren und in Folge darauf reagieren. Olson et al. (2005, 62) vermuten signifikante Unterschiede in den Handlungsweisen von Manager/innen. Zweitens bleibt offen, wie die zur Verfügung gestellten Kennzahlen auf der Individualebene miteinander verknüpft werden und ob diese auch tatsächlich die Entscheidungsfindung auf der operativen Ebene unterstützen. Nur wenige Unternehmen stellen regelmäßig objektive nicht-finanzielle Kennzahlen zur Verfügung. Die Kritikfähigkeit von subjektiven Einschätzungen wird daher immer wieder angeführt. Daher sollte die Wirkung von unterschiedlichen Sets an zur Verfügung stehender Information im Einzelhandelskontext untersucht werden.

Technologie: Kennzahlen werden durch die unternehmensspezifisch implementierten Technologien automatisch generiert und stehen (zumindest) auf höheren Managementebenen zur Verfügung. In Bereichen, in denen keine technologischen Voraussetzungen geschaffen wurden, fungieren Store Manager/

Qualitatives Design: Problemzentrierte Interviews   233

innen als Schnittstelle zwischen Filiale und Zentrale und kommunizieren relevante Ergebnisse an involvierte Stakeholder. Dies ist bspw. im Sortimentsbereich notwendig, bei dem Produktinformationen auf der Store-Ebene fehleranfällig sind und Store Mitarbeiter/innen daher angewiesen werden, Lagerbestandslisten manuell zu führen.

Die qualitative Analyse der kontingenztheoretischen Einflussfaktoren soll nicht als Kausalmodell interpretiert werden. Vielmehr können die Aussagen auch als Rechtfertigungen gesehen werden, warum Performance-Größen herangezogen werden. Um die Beziehung näher zu beleuchten und valider beschreiben zu können, werden zwei quantitative Studien durchgeführt, die nachfolgend präsentiert werden.

Performance Measurement vereint mehrere **Funktionen** innerhalb von Unternehmen. Durch entscheidungsvereinfachende als auch entscheidungsbeeinflussende Elemente sollen personelle, finanzielle und sachliche Ressourcen optimal eingesetzt werden (Grafton et al. 2010, 690). Die zweite Forschungsfrage, die durch die problemzentrierten Interviews beantwortet werden sollte, adressierte diese Funktionalitäten:

Welche Kennzahlen im Sinne von Performance Measurement sind für entscheidungsvereinfachende und entscheidungsbeeinflussende Prozesse auf der Store-Ebene des Einzelhandelsalltags relevant?

Entscheidungsvereinfachung: Zur Informationsversorgung dient Performance Measurement bei (1) generellen Entscheidungen, (2) Budgetallokation, (3) der Analyse von Soll-Ist-Abweichungen und (4) der Nachvollziehbarkeit des Prozessverlaufes bei vordefinierten Zielen (Artz et al. 2012, 452). Den Funktionen, die Performance Measurement in der Theorie innehat, steht die praktische Umsetzung und Implementierung im Handelsalltag gegenüber. Entscheidungen, die die Budgetallokation betreffen, unterliegen in aller Regel nicht dem Store Management. In den verbleibenden Bereichen werden Kennzahlen aber sehr wohl als entscheidungsvereinfachende Komponente herangezogen.

Je mehr Verantwortung Handelsmanager/innen tragen, desto mehr sind sie auch daran interessiert, selbst zu entscheiden, welche Informationen sie analysieren und wie sie Performance Measurement als Informationsvereinfachungstool nutzen. Interessanterweise spielen auch persönliche Eigenschaften wie Selbsteinschätzung der Expertise durch langjährige Berufserfahrung eine Rolle, die eine Integration von Performance Measurement in die Entscheidungsfindung wieder abschwächen. Dies deckt sich mit der Position von Buttkus (2012, 53), teilt jedoch nur eingeschränkt die Erkenntnisse von aber Mintz/Currim (2013, 28): Je nachdem, wie man den Fokus legt, kommen unterschiedliche Informationsbedürfnisse auf die Entscheidungsträger/innen zu. Die inhaltliche Komplexität und Häufigkeit des Einsatzes von Performance Measurement hängen jedoch stark vom Grad der Steuerung und Beeinflussung des Managements ab. Aus diesem Grund wird vorgeschlagen zu analysieren, welcher Nutzen Performance Kennzahlen in unterschiedlichen Situationen im Handelskontext überhaupt zukommt.

In der Organisation und Verteilung von Arbeitsaufgaben übernehmen Performance Kennzahlen koordinierende und delegierende Funktionen, die wesentlich zum Filialerfolg betragen. Hand in Hand mit der Organisation der Aktivitäten auf der Store-Ebene geht die Analyse der Filialperformance einher. Kennzahlen fungieren als Erfolgsindikatoren und weisen Store Manager/innen und deren Mitarbeiter/innen zeitnah auf unvorhergesehene Ereignisse, wie unterdurchschnittliche Verkaufszahlen, hin. Die Analyse variiert je nach Unternehmenspriorität, Tageszeit und Verantwortungskompetenz, aber auch dahingehend, ob überhaupt zeitliche Ressourcen zur Verfügung stehen. Eng damit verknüpft ist die sortiments- und personalspezifische Planungs- und Entscheidungsfunktion, wobei nationale und branchenspezifische Unterschiede in der Umsetzung identifiziert wurden. Die praxistheoretische Auseinandersetzung zeigt, welche Rolle formale als auch informelle Kontrollinstanzen haben. Bisher galt die Berücksichtigung von offenen, flexiblen und informellen Austauschformen zwischen Manager/innen und Mitarbeiter/innen bei operativen Entscheidungen in der wissenschaftlichen Diskussion als unterrepräsentiert (Demski 2008, 7; Wieseke et al. 2010, 4). Dabei haben bereits Burns/Stalker (1961, 94) folgenden Ausspruch formuliert: „This continuing definition – and redefinition – of structure depended for its success on effective communication". Da Verständigung und Verbindungen in dezentral organisierten Strukturen besonders wichtig sind, wurde im Zuge der Analyse der Fokus auf das verbindende Element „Kommunikation" zwischen den Hierarchieebenen gelegt.

Kennzahlen: In der Handelspraxis geben Zielgrößen in Form von Store-Zielen auf Filialebene als auch Zielsetzung auf Mitarbeiter/innenebene den „Fahrplan" für zukünftige Aktivitäten wider. Neben dem Grad der Effektivität wird auch Wert auf effiziente Strukturen gelegt. Somit liefert das Zusammenspiel von Vergangenheitsdaten und der aktuellen Interpretation der Lage erweitert um die Zielorientierung die Basis für die Weiterentwicklung auf Filialebene. Fasst man alle Kennzahlen, die in der Untersuchung genannt wurden, zusammen, entsteht eine breite Palette an finanziellen und nicht-finanziellen Kennzahlen, die im Alltag verwendet werden. Dennoch besteht für viele Unternehmen nach wie vor Potenzial in der Bereitstellung von intern- wie auch extern-orientierten nicht-finanziellen

Qualitatives Design: Problemzentrierte Interviews 235

Kennzahlen, die auch objektiv und damit unabhängig von Einschätzungen der Manager/innen sind (Zallocco et al. 2009, 600). Interessant ist in diesem Zusammenhang die Position von Kaplan/Orlikowski (2013, 990). Sie zeigen, dass keine exakten „Leading Indicators" zur Verfügung stehen müssen, um ein Bild über die Zukunft zu zeichnen. Vielmehr wird im Sinne einer „Self-Fulfilling-Prophecy" nur eine Intention abgebildet.

Entscheidungsbeeinflussung: Unter Entscheidungsbeeinflussung versteht man die Rolle von Performance Measurement im Zuge von Incentivierung und Steuerung von Mitarbeiter/innen (Artz et al. 2012, 446). Einerseits sind Store Mitarbeiter/innen für die Erledigung von unterschiedlichen Arbeitsaufgaben verantwortlich, die im Einklang mit den Zielsetzungen des Unternehmens stehen. Gleichzeitig repräsentieren sie Einzelhandelsunternehmen nach außen und werden sozusagen als das „Gesicht" von Unternehmen wahrgenommen. Doch gerade die Dezentralisierung von großen Einzelhandelsunternehmen macht Kontrollprozesse auf Mitarbeiter/innenebene schwierig. Durch unterschiedlich ausgestaltete Vergütungssysteme werden Anreize geschaffen, das Verhalten von Mitarbeiter/innen zu steuern und diese positiv zu motivieren (Harris/Ogbonna 2013, 56; Wieseke et al. 2012, 14). Basierend auf den Erkenntnissen von Holmstrom/Milgrom (1991, 50), sollen sich Manager/innen im Zuge der Evaluierung auf Kennzahlen fokussieren, die auch die Zielsetzung des Unternehmens widerspiegeln. Die Analyse bestätigt dies weitestgehend für die U.S. amerikanischen Interviews auf der Store Ebene. Österreichische Interviewpartner sprechen hingegen an, dass bspw. Ergebnisse aus Mystery Shopper-Beobachtungen keine Konsequenzen für Mitarbeiter/innen mit sich bringen. Auch die individuelle Evaluierung der Performance von Mitarbeiter/innen in den Jahresgesprächen ist zumeist nicht an objektive Kriterien geknüpft und dient vorrangig als Ausdruck der Wertschätzung. Sie ist aber nicht – wie im U.S. amerikanischen Raum – an Gehaltserhöhungen gebunden.

Fasst man die Erkenntnisse zusammen, zeigt sich, dass die Implementierung und Verwendung des Performance Measurement-Konzepts im U.S. amerikanischen bereits Einzug gefunden haben. Österreichische Einzelhandelsunternehmen hingegen bedienen sich noch eher traditionellen Steuerungssystemen. Natürlich liegt die Kritik nahe, dass die untersuchten Unternehmen mit der Ausgestaltung ihrer Unternehmenspolitiken bereits in marktführende Positionen gekommen sind und sich dadurch am Markt etabliert haben. Warum sollen daher nicht-finanzielle Bestandteile auf der Store-Ebene forciert werden oder zumindest weiter untersucht werden? Einerseits zeigen die Erkenntnisse, dass im österreichischen Kontext auf der Store-Ebene eine Unzufriedenheit spürbar ist, die auf die Personalverhältnisse zurückzuführen ist. Eine Investition in die Ressource Personal würde nicht nur eine Entlastung bei den Arbeitsaufgaben bedeuten, die auch durchaus in einer Qualitätssteigerung bei deren Erfüllung beitragen kann und somit auch zu Optimierung in den Bereichen Wareneingangskontrolle, Bestellplanung, Schwund- oder Out-of-Stock-Vermeidung, sondern auch in der Forcierung des Kund/innenkontakts und -zufriedenheit (Ahearne et al. 2013, 625; Johlke/Iyer 2013, 65). Andererseits zeigt die Analyse des U.S. amerikanischen Bereiches, dass subjektive Einschätzungen von Manager/innen bei der Mitarbeiter/innenevaluierung als unfair empfunden werden, nicht-finanzielle Kennzahlen per se aber als hilfreich für zahlreiche Entscheidungen gelten.

6.6 Limitation des qualitativen Designs

Im vorliegenden Untersuchungsdesign lag der Fokus auf der Store Ebene. Dem Anspruch des theoretischen Samples entsprechend wurde zwar darauf geachtet, mehrere Positionen einzubeziehen und dadurch ein holistisches Bild über instore-logistische Prozesse zu erhalten. Eine überbetriebliche Sichtweise im Sinne eines Case Study-Designs (Yin 2014) würde jedoch noch abschließend klären, ob sich die untersuchten Filialen als Profit Center oder Filialen ohne Verantwortungskompetenz ins Gesamtunternehmen eingliedern. Auf der inhaltlichen Ebene wären daher weitere Analysen der Unternehmensstrukturen und -strategien interessant. Gleichzeitig muss sich die Leserschaft bewusst sein, dass die konstruktivistischen Züge des qualitativen Designs nur Aussagen über subjektive Wahrheiten der Interviewten widerspiegeln. Rückschlüsse auf die Grundgesamtheit können dadurch nicht getroffen werden. Dadurch entsteht aber auch der Anspruch, nachfolgend noch quantitative Untersuchungsmethoden anzuwenden, um dieser Limitation entgegenzutreten.

Auf der methodischen Ebene wird darauf hingewiesen, dass die Codierung der Studien durch die alleinige Expertise der Forscherin durchgeführt wurde. Basierend auf den theoretischen Erkenntnissen des Literaturüberblicks wurde in mehreren Schleifen die Analyse des Datenmaterials durchgeführt. Dementsprechend wurde auf Konsistenz, Transparenz und Nachvollziehbarkeit der Codierung geachtet. Dennoch konnte der geforderten *Intercoder Reliability* (Creswell 2014, 203), also der Einbeziehung eines Forscher/innenteams im Zuge der Codierung, nicht nachgekommen werden.

7 Empirisch quantitative Forschung

> *"Academically, knowing how perceptions of performance are formed should be useful in two senses. First, given that marketing scholars are interested in defining how marketing activities lead to marketing performance, it is important to know what performance managers are trying to maximize [...]. Second, with increasing interest in developing better marketing performance measures, it is important to develop measures that are consonant with how managers actually judge performance."* (Clark 2000, 4).

An das qualitative Design schließen nachfolgend zwei empirisch quantitative Studien: (1) Eine Manager/innenbefragung liefert Erkenntnisse in Bezug auf die Implementierung von handelsrelevanten Kennzahlen im Handelsalltag. (2) Eine Studierendenbefragung gibt Einblicke in die Nutzenausprägungen, die unterschiedlichen Kennzahlen-Sets zugeschrieben werden.

Abbildung 48: Stufen im Forschungsprozess – Quantitatives Design

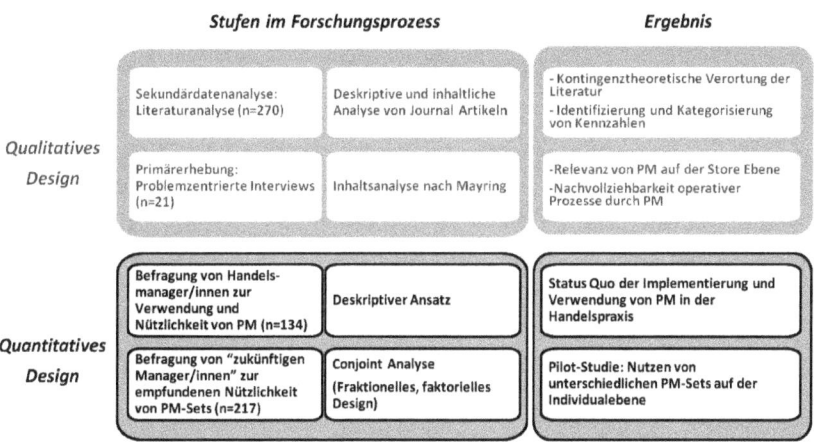

Mit Hilfe dieses Designs werden die zugrunde liegenden Forschungsfragen von zwei weiteren Perspektiven beleuchten. Die übergeordnete Forschungsfrage, die zu Beginn der Arbeit formuliert wurde, wird im Zuge dieses Kapitels durch folgende Unterforschungsfragen spezifiziert (Tabelle 51).

Tabelle 51: Forschungsfragen (Empirisch quantitatives Design)

Hauptforschungsfrage:
Wie soll Performance Measurement ausgestaltet sein, um operative Entscheidungen von Handelsmanager/innen auf der Store-Ebene zu unterstützen?
Unterforschungsfragen (quantitatives Design):
Welche Kennzahlen im Sinne eines Performance Measurements spielen im Einzelhandel eine Rolle?
Wie beeinflussen die Kontingenzfaktoren Strategie, Struktur und Größe von Handelsunternehmen die Ausgestaltung des Performance Measurement im Einzelhandel?
Welche Kennzahlen-Sets sind für Einzelhandelsmanager/innen in welchem Umfang attraktiv? Welches Set wird am Nützlichsten eingestuft?
Können Zielgruppen definiert werden, die sich in der Einschätzung von Nutzenausprägungen der Kennzahlen-Sets voneinander unterscheiden?

Homburg (2007, 39–44) zeigt in seinem Artikel „*Betriebswirtschaftslehre als empirische Wissenschaft – Bestandsaufnahme und Empfehlungen*" die Wichtigkeit folgender Punkte auf, die auch für die vorliegenden Studien richtungsweisend sind:

- Forderung 1: Der Zusammenhang zwischen betrachtetem Konstrukt und seinen Indikatoren im Sinne von *formativen und reflektiven Beziehungen* soll explizit operationalisiert werden. Dieser Forderung wird in beiden Studien durch theoretische Herleitung und anschließender Visualisierung in Form von konzeptionellen Modellen nachgekommen.
- Forderung 2: *Inhaltliche Validität* soll durch Vollständigkeit der Indikatoren abgebildet werden. Eine Annäherung an diese Forderung wird durch Einbezug von Expert/innenwissen an unterschiedlichen Stellen gewährleistet. Weiters werden bereits etablierte Skalen – sofern vorhanden – herangezogen und auch offen gelegt.
- Forderung 3: *Multidimensionalität* der Konstrukte soll beachtet und Komplexität widerspiegelt werden. Hier wird der Herausforderung nachgekommen, das Forschungsdesign so kompakt wie möglich zu gestalten und dennoch die zentralen Konstrukte durch Multi-Items wider zu geben (Diamantopoulos et al. 2012).
- Forderung 4: Validität der Antworten von Schlüsselinformanten *(Key Informants)*, die über Eigenschaften der Organisation Auskunft geben, soll systematisch sichergestellt sein. Ziel ist es, den *Key Informant Bias*, also systematische Antwortverzerrung durch funktionale und/oder hierarchische Position im Unternehmen zu vermeiden (Homburg et al. 2012b, 594). Aus diesem Grund

werden unterschiedliche Managementpositionen als Grundlage für die Analyse herangezogen.
- Forderung 5: Wenn der Zusammenhang zwischen unabhängiger und abhängiger Variable nicht darauf zurückzuführen ist, dass dieser tatsächlich vorliegt, sondern darauf, welche Methode verwendet wurde, spricht man von *Common Method Bias*. Dieser Fehler muss reduziert werden. Der multiperspektivische Ansatz hilft, die aus den Studien gewonnenen Ergebnisse noch einmal kritisch gegenüberzustellen und hinsichtlich dieser Verzerrung zu überprüfen.

Abschließend werden noch einmal die Gütekriterien der Marktforschung hinsichtlich der Umsetzung im Projekt reflektiert (Abbildung 49).

Abbildung 49: Gütekriterien der Marktforschung (Bruhn 2012, 94; Diekmann 2012, 248–260; Kuß 2013a, 150)

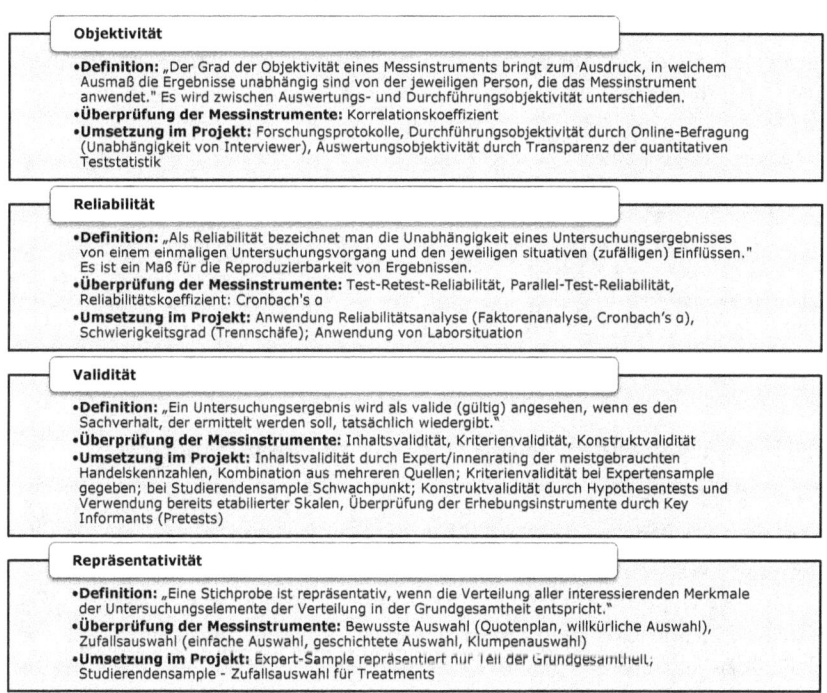

Im Folgenden werden Aufbau und Ergebnisse jeder Studie für sich diskutiert dargestellt. Den Startpunkt liefert eine Befragung von Manager/innen.

7.1 Managementbefragung

Die vorliegende Studie adressiert das operative Handelsmanagement und erweitert die Ergebnisse von Grafton et al. (2010), die entscheidungsvereinfachende und entscheidungsbeeinflussende Funktionen von Performance Measurement kombiniert analysieren, und Mintz/Currim (2013), die kontingenztheoretische Einflüsse auf die Ausgestaltung von Kennzahlen-Sets untersuchen. Ziel der vorliegenden Studie ist es zu zeigen, welche Kennzahlen-Sets auf der operativen Ebene verwendet werden, welche Rolle Handelsmanager/innen Performance Measurement zuschreiben und wo noch Handlungsbedarf im Sinne einer konsequenten strategischen Ausrichtung des Unternehmens besteht. Die theoretischen Erkenntnisse aus Kapitel 5.4 zeigen, dass es Unterschiede in der Implementierung und Verwendung gibt, je nachdem, welche strategische Ausrichtung gewählt wird. Daher wird dieses Konstrukt ins Modell integriert und angelehnt an Mintz/Currim (2013, 34) bzw. Olson et al. (2005, 63) abgefragt. Entsprechend dem kontingenztheoretischen Ansatz finden auch Struktur- und Größenunterschiede Berücksichtigung in der Analyse (Abbildung 50).

Abbildung 50: Managementbefragung: Basismodell

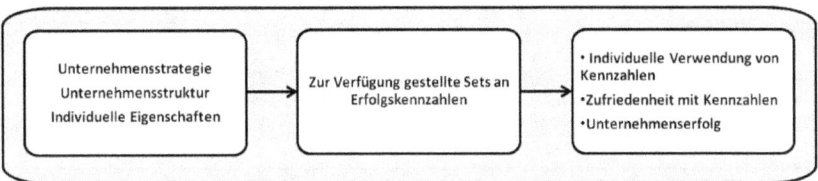

7.1.1 Managementbefragung: Hypothesen und methodischer Steckbrief

Abgeleitet aus den theoretischen Erkenntnissen der jeweiligen Kapitel und des zugrunde liegenden Modells, werden folgende Hypothesen formuliert:

Die erste Hypothese ($H1_{Mgmt}$) untersucht den strategischen Fit zwischen Performance Measurement und Zielsetzungen von Handelsunternehmen und zeigt, ob die verwendeten Performance Kennzahlen an deren Strategieausrichtung und Zielsetzung angepasst sind (Kapitel 3).

Strukturelle Bestandteile beeinflussen die Ausgestaltung von Performance Measurement ($H2_{Mgmt}$): Nicht nur die Unternehmensgröße sondern auch die Hierarchien innerhalb der Unternehmen und die daraus entstehenden Koordinationsschwierigkeiten gelten als erklärte Herausforderungen an das Performance Measurement in der Handelslandschaft (Kapitel 4).

Die Verbindung von Performance Measurement mit einer Vergütungskomponente soll zu einem gesteigerten Nutzungsverhalten führen ($H3_{Mgmt}$). Die entscheidungsbeeinflussenden Komponenten von Performance Measurement leiten sich aus Kapitel 3.3 ab.

Die Hauptforschungsfrage der vorliegenden Arbeit (Kapitel 1) adressiert die Unterstützung von Manager/innen durch Performance Kennzahlen bei operativen Entscheidungen. Aus diesem Grund interessieren auch individuelle Faktoren, die Manager/innen mitbringen und die auf die nutzenstiftende Wirkung von Performance Measurement wirken ($H4_{Mgmt}$). Ähnlich wie Mintz/Currim (2013) werden daher Zahlenverständnis und Berufserfahrung herangezogen, um Unterschiede zu identifizieren. Weiters sollen diese Konstrukte aber auch verwendet werden, um verbesserte Managemententscheidungen, ausgedrückt durch gesteigerte Unternehmensperformance als abhängige Variable, zu untersuchen ($H5_{Mgmt}$) (Kapitel 1.2).

Tabelle 52: Managementbefragung: Hypothesenkatalog

Nr.	Hypothese
$H1_{Mgmt}$:	Es gibt einen Zusammenhang zwischen Strategieausrichtung von Einzelhandelsunternehmen und Nutzung von Performance Kennzahlen.
$H2_{Mgmt}$:	Es gibt einen Zusammenhang zwischen den strukturellen Eigenschaften der Unternehmen (Branche, Größe, Hierarchie, Verantwortungsbereich) und der Nutzung von Performance Kennzahlen.
$H3_{Mgmt}$:	Je wichtiger Performance-Bestandteile bei den variablen Vergütungsbestandteilen eingeschätzt werden, desto stärker werden diese Bestandteile auch vom Unternehmen herangezogen und desto nützlicher werden diese bewertet.
$H4_{Mgmt}$:	Es gibt einen Zusammenhang zwischen den individuellen Manager/innen-Eigenschaften (Zahlenverständnis, Berufserfahrung) und der Nutzung von Performance Kennzahlen.
$H5_{Mgmt}$:	Es gibt einen Zusammenhang zwischen der empfundenen Nützlichkeit im Alltag bzw. Unternehmensperformance und der Verwendung unterschiedlicher Kennzahlen-Sets.

Die Fragebogenerstellung wurde gemeinsam mit einer Controllerin durchgeführt. Im Team wurden jene Kennzahlen auf Deutsch übersetzt, die aus der Literaturanalyse und den qualitativen Interviews resultierten (Anhang A). Im Anschluss daran wurden diese in die Kategorien „*strategische Ausrichtung*" und „operative Ausrichtung" eingeteilt. Alle Kennzahlen, die dem operativen Bereich zugeschrieben wurden, wurden wiederum in die Kategorien „finanziell" und „nicht-finanziell" als auch in die Kategorien „Sortiment", „Kund/innen" und „Mitarbeiter/innen" untergliedert. Es entstand eine übersichtliche Liste an 25 unterschiedlichen Kennzahlen, die für die Befragung verwendet wurde (Anhang B). Eine Vergleichbarkeit der Ergebnisse wird durch ähnliche Einteilungen bei Studien wie bspw. bei Klein (2010) oder Reineke/Reibstein (2002) gewährleistet.

Zwei Veranstaltungen in Wien, bei denen Handelsmanager/innen aus ganz Österreich anzutreffen waren, ermöglichten die Durchführung der Studie. Den Startpunkt lieferte eine Handelstagung der *WKO* an der Wirtschaftsuniversität Wien Anfang Mai 2014. Im Zuge des *REGAL Branchentreffs 2014* wurde ein weiterer Erhebungspunkt genutzt. Eine Nacherhebung, bei der Store Manager/innen in Wien und Niederösterreich interviewt wurden, führte zu einer Gesamtsumme von 168 Fragebögen. Im Zuge der explorativen Datenanalyse der ausgefüllten Fragebögen wurden branchenfremde und mangelhaft ausgefüllte Fragebögen ausgeschlossen. Somit fließen insgesamt 134 auswertbare Fragebögen in die weitere Untersuchung.

Tabelle 53: Managementbefragung: Methodischer Steckbrief

Charakterisierungsmerkmal	Designspezifische Ausprägung
Untersuchungsgegenstand	Verwendung und Wahrnehmung von Kennzahlen im Handelsalltag
Forschungsinstrument	Mündliche, persönliche Befragung (quantitativer Fragebogen)
Pretest	n=8 Handels- und/oder Controllingexperten aus Wissenschaft und Praxis (28.04.2014–05.05.2014)
Datenanalysesoftware	EXCEL 2007; PASW Statistics 18
Befragungsregion	Österreich
Erhebungsperiode	Welle 1: 07.05.2014 (WKO); Welle 2: 14.06.2014 (REGAL Branchentreff); Welle 3 (Juli-August 2014)
Grundgesamtheit	Personen, die im österreichischen Einzelhandel tätig sind
Stichprobenauswahlverfahren	Expert/innen-Sample
Stichprobengröße	n=134

7.1.2 Managementbefragung: Stichprobenbeschreibung

Entsprechend den Größenverhältnissen im österreichischen Branchenschnitt, ist auch die untersuchte Teilstichprobe im Bereich *Fast Moving Consumer Goods* am stärksten vertreten: 41,8 % der Befragten arbeiten im *LEH,* 3,7 % im *DFH.* Auch der Fashionbereich fließt mit insgesamt 26,2 % vertreten durch den *EH mit Bekleidung* oder *EH mit Sportartikeln und Bekleidung* verhältnismäßig stark in die Analyse ein (Tabelle 54). Vergleicht man die Stichprobe mit den Marktanteilen der österreichischen Handelslandschaft (Kapitel 4.2), so fällt auf, dass die Größenverhältnisse nicht repräsentativ verteilt sind. Dennoch sind gerade (filialisierte) Einzelhandelsunternehmen von schnelldrehenden Warengruppen die Zielgruppe mit der größten Relevanz für das vorliegende Forschungsproblem. Diesem Argument folgend wird die Stichprobe als relevant für die Beantwortung der Forschungsfrage gesehen; der Anspruch der Generalisierbarkeit kann jedoch nicht gewährleistet werden.

Tabelle 54: Managementbefragung: Branchenverteilung

Branche	Häufigkeit	Prozente
LEH	56	41,8 %
EH mit Bekleidung	25	18,7 %
EH mit Sportartikeln und Bekleidung	10	7,5 %
DFH	5	3,7 %
EH mit Schuhen und Lederwaren	5	3,7 %
EH mit Elektrogeräte und Unterhaltungselektronik	3	2,2 %
EH mit Büchern und Zeitschriften	2	1,5 %
EH mit Möbeln	2	1,5 %
Lebensmittel eCommerce	2	1,5 %
EH mit Bau- und Heimwerkerbedarf	1	0,7 %
EH mit Bekleidung <u>und</u> LEH	1	0,7 %
EH mit Uhren und Schmuck	1	0,7 %
Handel (keine eindeutige Zuordnung möglich)	*21*	*15,7 %*
Gesamt	134	100,0 %

Der Unternehmenserfolg wurde durch die Selbsteinschätzung der Manager/innen hinsichtlich der Umsatzentwicklung im Vergleich zum Branchenschnitt abgefragt. Eine ähnliche Vorgehensweise wurde von Homburg et al. (2002) und Grafton et al. (2010) gewählt. Auf einer Skala von *"1=Viel schlechter"* bis *"5=Viel besser"* sehen die befragten Personen eine synchrone bis leicht überdurchschnittliche Performanceentwicklung in ihrem Unternehmen *(n=130; M=3,55, SD=0,86)*.

Eine offene Frage zeigt den Funktionsbereich der befragten Personen im Handelsunternehmen. Im Zuge der Analyse wurden die Aussagen in die Kategorien „*Store Management*", „*Mittleres Management*" und „*Top Management*" eingeteilt. Wurde keine eindeutige Position angegeben, wurde die Kategorie „*Rest*" gewählt (Tabelle 55).

Tabelle 55: Managementbefragung: Funktionsbereich

Funktionsbereich/ Managementebene	Beispiele der Nennungen	Häufigkeit	Prozent
Store Management	Filialleiter/-stellvertreter, Verkaufsangestellte	34	25,4 %
Mittleres Management	Gebietsleiter, Category Manager, Einkauf-Verkauf	26	19,4 %
Top Management	Unternehmer, CEO, CFO, Geschäftsführer	50	37,3 %
Rest	Management, Geschäftsführer-Assistenz	9	6,7 %
Keine Nennung	Keine Nennung	15	11,2 %
Gesamt		134	100,0 %

Der mit 37,3 % überdurchschnittlich hohe Anteil an Top Management-Positionen resultiert aus der Befragung von selbstständigen Unternehmern kleinerer Handelsformate. In der untersuchten Stichprobe geben 56,0 % der Befragten an, dass weniger als 100 Personen in ihrem Unternehmen arbeiten. Ein Viertel der Befragten sind in Großunternehmen mit über 1000 Mitarbeiter/innen beschäftigt (Tabelle 56).

Tabelle 56: Managementbefragung: Anzahl der Beschäftigten – Unternehmen gesamt

Frage: Wie viele Mitarbeiter beschäftigt das gesamte Unternehmen, in dem Sie arbeiten (Vollzeit)?	Häufigkeit	Prozent
<100	75	56,0 %
100–499	17	12,7 %
500–999	7	5,2 %
>1000	34	25,4 %
keine Angabe	1	0,7 %
Gesamt	134	100,0 %

Performance Measurement weist unterschiedliche Funktionalitäten auf. Unter anderem werden diesem je nach Verantwortungsbereich und Größenverhältnissen koordinierende, motivierende oder steuernde Aufgaben zugeschrieben. Einerseits spiegelt die Analyse auch hier die kleingliedrige Struktur von Handelsunternehmen wider. Gleichzeitig wird ersichtlich, dass Store Manager/innen großer Handelsunternehmen die Verantwortung für kleinere Teams innehaben (Tabelle 57).

Tabelle 57: Managementbefragung: Anzahl der Beschäftigten – Verantwortungsbereich

Frage: Für wie viele Mitarbeiter sind Sie verantwortlich (Vollzeit)?	Häufigkeit	Prozent
0 Personen	29	21,6 %
1–10 Personen	56	41,8 %
11–50 Personen	39	29,1 %
51–100 Personen	7	5,2 %
mehr als 100 Personen	3	2,2 %
Gesamt	134	100,0 %

Die entscheidungsbeeinflussende Wirkung von Performance Kennzahlen manifestiert sich auch in unterschiedlichen Vergütungsformen. Wie Tabelle 58 zeigt, beziehen ca. ein Viertel der Befragten einen Unternehmerlohn. Jeweils ein Drittel erhält ein fixes Grundgehalt bzw. variable Bestandteile zusätzlich zum Grundgehalt.

Tabelle 58: Managementbefragung: Vergütung

Vergütung	Häufigkeit	Prozent
Ich beziehe einen Unternehmerlohn.	30	22,4 %
Ich beziehe ein fixes Grundgehalt.	49	36,6 %
Neben einem Grundgehalt beziehe ich auch variable Bestandteile (Prämien-/ Bonuszahlung, Kommission,…)	46	34,3 %
Ich beziehe sowohl einen Unternehmerlohn, als auch ein fixes Gehalt.	5	3,7 %
keine Angabe	4	3,0 %
Gesamt	134	100,0 %

Im Durchschnitt arbeiten die Befragten ca. 18 Jahre im Einzelhandel (*M=17,75, SD=13,74*). Dies weist auf überdurchschnittlich hohe Berufserfahrung und Kompetenz für die zugrunde liegende Fragestellung hin. Die Stichprobe setzt sich aus ca. 60 % männlichen und 40 % weiblichen Probanden zusammen.

Tabelle 59: Managementbefragung: Berufserfahrung

Berufserfahrung	Häufigkeit	Prozent
weniger als 1 Jahr	2	1,5 %
1–5 Jahre	28	21,2 %
6–10 Jahre	22	16,7 %
10 Jahre und länger	80	60,6 %
Gesamt	132	100,0 %

Der Fragebogen schließt mit der Frage nach der Unternehmensstrategie. Abgeleitet von Mintz/Currim (2013) und Olson et al. (2005) wurden sechs Aussagen formuliert, die auf einer Skala von „*1=Trifft völlig zu*" bis „*5=Trifft gar nicht zu*" bewertet werden sollten. Im Zuge der explorativen Datenanalyse wurden die einzelnen Zielsetzungen mittels Faktorenanalyse wieder auf zwei Faktoren, nämlich Serviceorientierung und Kostenführerschaft, reduziert, wodurch sich die anfänglichen Konstrukte bestätigten.[14] Die Items, die auf diese Faktoren laden, wurden zusammengefasst und Gesamtmittelwerte gebildet. Damit ergaben sich zwei Gruppen: Neben der Gruppe der klar serviceexzellenten Unternehmen wurden auch serviceeffiziente Unternehmen identifiziert. Letztere fokussieren sich neben Kosten- und Preisaspekten auch auf effiziente Strukturen, vergessen dabei aber nicht auf Serviceorientierung. Die Kategorie „*Stuck in the Middle*" repräsentiert jene Unternehmen, die keine klare Positionierung hinsichtlich der beiden Dimensionen aufweisen. Im Folgenden wird diese Kategorie teilweise aus der Analyse ausgeschlossen.

7.1.3 Managementbefragung: Darstellung der Ergebnisse und Hypothesenprüfung

Hypothese 1: Strategischer Fit von Performance Measurement

Die größte Herausforderung lag in der kompakten und dennoch umfassenden Darstellung handelsrelevanter, operativer Kennzahlen. Abbildung 51 zeigt, wie

---

14 Anm: Neben dem Verfahren der Faktorenanalyse wurden auch die jeweiligen Cronbach α berechnet. Für eine weiterführende Diskussion wird auf Anhang verwiesen.

Empirisch quantitative Forschung 247

häufig Manager/innen angaben, dass einzelne Kennzahlen „regelmäßig (mindestens ein Mal pro Jahr) vom Unternehmen herangezogen werden". Die Top 10 Kennzahlen sind exklusiv von finanziell orientierten Kennzahlen besetzt. Danach folgen nicht-finanziell orientierte Kennzahlen, die die Kund/innenperspektive abdecken. Das Schlusslicht bilden Kennzahlen, die die Mitarbeiter/innenperspektive beleuchten.

Abbildung 51: Managementbefragung: Ranking der operativ verwendeten Handelskennzahlen (n=134)

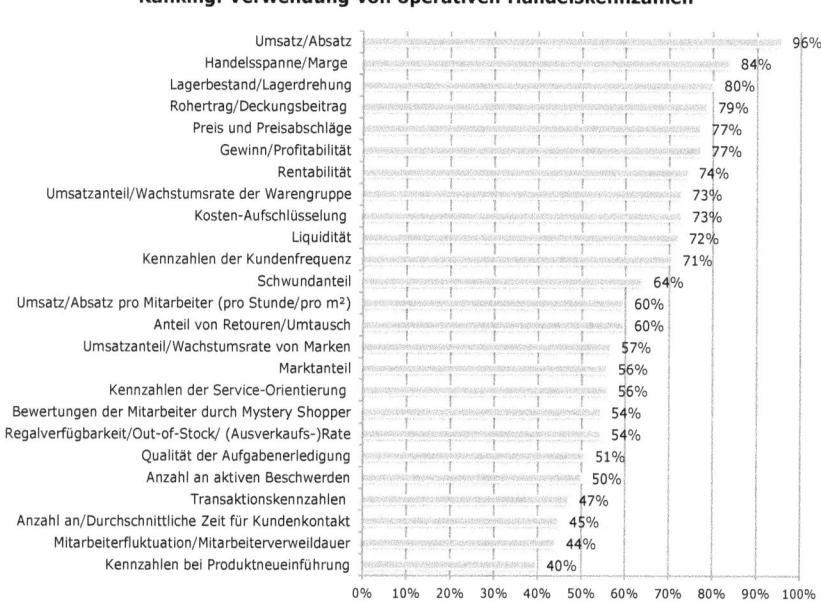

Den Befragten wurde auch die Möglichkeit gegeben, weitere Kennzahlen, die in ihrem Unternehmen verwendet werden, anzuführen. Die Zusammenfassung dieser offenen Fragen gibt Tabelle 60.

Tabelle 60: Managementbefragung: Kennzahlen – Offene Kategorie (F3)

KZ: Finanz	KZ: Sortiment	KZ: Kunden	KZ: Mitarbeiter
Working Capital	Renner-Penner (Winner-Loser)	Regionalität	Weiterbildungsbereitschaft
Interner Vergleich mit „Kollegen-Märkten"	Marktdaten GfK, Nielsen, IRI	Nielsen	Mitarbeiter/innenbonzahl
Individuelle Erfolgsziffern	Restlager	Dankes-Mails	Artikelverkauf
Entschuldungsdauer	Altlagerquote	Durchschnittliche Ausgaben/Bon Stück/Bon	Personalkostenrentabilität/ Mitarbeiter/in
			Mitarbeiter/in zu Bonhöhe
			Mitarbeiter/innenumsatz im Vergleich
			Frequenz nach Tageszeiten
			DB-Ware-Personalkosten

In einem nächsten Analyseschritt wird der Zusammenhang zwischen <u>einzelnen Kennzahlen</u> und der zugrunde liegenden Strategieorientierung untersucht. In der Stichprobe wird ein signifikanter, wenn auch durchwegs schwacher Zusammenhang zwischen der Strategieausrichtung und den Kennzahlen *Regalverfügbarkeit* ($\chi^2_{korr\ df(1)}=6,48$; $p<0,05$), *Anteil von Retouren/Umtausch* ($\chi^2_{korr\ df(1)}=6,83$; $p<0,01$), *Produktneueinführungen* ($\chi^2_{korr\ df(1)}=6,14$; $p<0,05$), *Kennzahlen der Service-Orientierung* ($\chi^2_{korr\ df(1)}=7,22$; $p<0,01$), *Marktanteil* ($\chi^2_{korr\ df(1)}=6,00$; $p<0,05$), *Mitarbeiter/innenfluktuation* ($\chi^2_{korr\ df(1)}=4,07$; $p<0,05$) und *Qualität der Aufgabenerledigung* ($\chi^2_{korr\ df(1)}=10,92$; $p<0,01$) nachgewiesen. Die Kreuztabellierungen[15] zeigen, dass diese Kennzahlen häufiger in serviceeffizienten Unternehmen als in serviceexzellenten Kontexten herangezogen werden. Die zugrunde liegenden Kreuztabellen werden im Anhang präsentiert.

Abbildung 52 und Abbildung 53 zeigen die Verteilung der operativen Kennzahlen in der Stichprobe, kategorisiert nach den anfänglichen „Balanced Scorecard"-Einteilungen. Finanzkennzahlen werden am häufigsten herangezogen *(M=5,63; SD=1,68)*, gefolgt von Sortimentskennzahlen *(M=5,11; SD=2,23)*. Im Fragebogen weniger stark vertreten sind die letzten beiden Kategorien. Diese werden im Durchschnitt aber auch seltener nachgefragt: Von fünf im Fragebogen angeführten Kund/innenkennzahlen werden im Mittel 2,84 verwendet *(SD=1,48)*; bei den Mitarbeiter/innenkennzahlen sind dies 2,57 *(SD=1,52)*.

---

15 Anm.: Berechnungen und Werte basieren auf *Yates Korrektur (Continuity Correction)*

Empirisch quantitative Forschung 249

Abbildung 52: Managementbefragung: Finanzkennzahlen (n=134) und Sortimentskennzahlen (n=133); Prozentwerte im Kreis ersichtlich

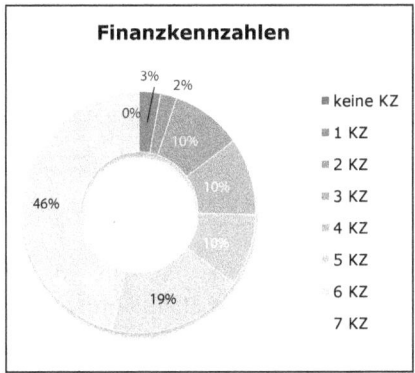
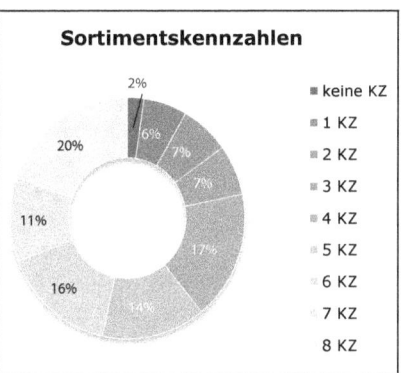

Abbildung 53: Managementbefragung: Kund/innenkennzahlen (n=134) und Mitarbeiter/innenkennzahlen (n=134); Prozentwerte im Kreis ersichtlich

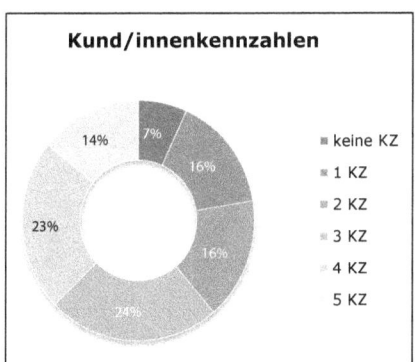
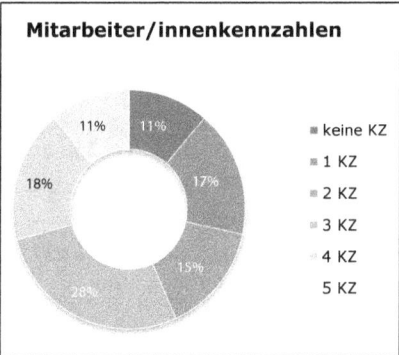

Diese Verteilung wird im nächsten Schritt genutzt, um Unterschiede hinsichtlich der Strategieausrichtung zu testen. Es zeigt sich, dass Finanzkennzahlen in beiden Gruppen herangezogen werden ($t_{df(118)}=-1{,}61$; $p=0{,}110$). Signifikante Unterschiede ($p<0{,}05$) ergeben sich jedoch bei den übrigen Kategorien: Sowohl Sortiments- ($t_{df(117)}=-3{,}06$; $p<0{,}05$), Kund/innen- ($t_{df(118)}=-3{,}74$; $p<0{,}05$) als auch Mitarbeiter/innenperspektive ($t_{df(118)}=-3{,}25$; $p<0{,}05$) werden verstärkt von Unternehmen evaluiert, die Kosten- und Serviceorientierung gleichermaßen verfolgen.

Tabelle 61: Managementbefragung: Teststatistik – KZ Finanz, Sortiment, Kunde, Mitarbeiter und Strategie (t-Test)

	Serviceexzellenz				Serviceeffizienz			
	KZ: Finanz	KZ: Sortiment	KZ: Kunden	KZ: Mitarbeiter	KZ: Finanz	KZ: Sortiment	KZ: Kunden	KZ: Mitarbeiter
	(n=73)	(n=72)	(n=73)	(n=73)	(n=47)	(n=47)	(n=47)	(n=47)
M (SD)	5,51 (1,63)	4,81 (2,08)	2,56 (1,42)	2,29 (1,43)	6,00 (1,64)	6,02 (2,17)*	3,53 (1,33)*	3,17 (1,49)*

Fasst man – entsprechend der ursprünglichen Kategorisierung – die Anzahl der „finanziell orientierten Kennzahlen" und „nicht-finanziellen Kennzahlen" zusammen, so liefern die Mittelwertvergleiche folgende Ergebnisse hinsichtlich der Strategieausrichtung (Tabelle 62): Das Vorhandensein von finanziellen Kennzahlen unterscheidet sich signifikant in den Gruppen $(t_{df(118)}=-2,38; p<0,05)$. Außerdem werden nicht-finanzielle Kennzahlen signifikant häufiger in serviceeffizienten Unternehmen herangezogen $(t_{df(118)}=-4,30; p<0,01)$. Auch die Analyse über alle verwendeten Kennzahlen hinweg, ergibt signifikante Mittelwertunterschiede zwischen serviceorientierten und serviceeffizienten Unternehmen $(t_{df(118)}=-3,98; p<0,01)$.

Tabelle 62: Managementbefragung: Teststatistik – Finanzielle KZ, Nicht-finanzielle KZ, KZ gesamt und Strategie (t-Test)

	Serviceexzellenz			Serviceeffizienz		
	Finanzielle KZ	Nicht-finanzielle KZ	KZ Gesamt	Finanzielle KZ	Nicht-finanzielle KZ	KZ Gesamt
	(n=73)	(n=73)	(n=73)	(n=47)	(n=47)	(n=47)
M (SD)	9,37 (2,57)	5,71 (3,04)	15,08 (4,50)	10,53 (2,68)*	8,19 (3,15)*	18,72 (5,44)*

Neben der Analyse der individuellen Kennzahlen interessieren auch unterschiedliche Kennzahlen-Sets auf einer <u>aggregierten Ebene</u>. Basierend auf der theoretischen Fundierung aus Kapitel 4.5 wurden von der Forscherin vier Kennzahlen-Sets exploriert, die die Dimensionen Tiefe, also „finanzfokussiert vs. balanciert", und Breite, „umfassend vs. beschränkt", abdecken. Definiert wurden diese wie folgt:

- Ein Set gilt als *finanzfokussiert*, wenn das Verhältnis von verwendeten Finanzkennzahlen zu nicht-finanziellen Kennzahlen 130 % überschreitet.
- Ein Set gilt als *umfassend*, wenn mehr als 60 % der angegebenen Kennzahlen verwendet werden.

Abbildung 54: Managementbefragung: Kennzahlen-Sets (Verteilung lt. Definition)

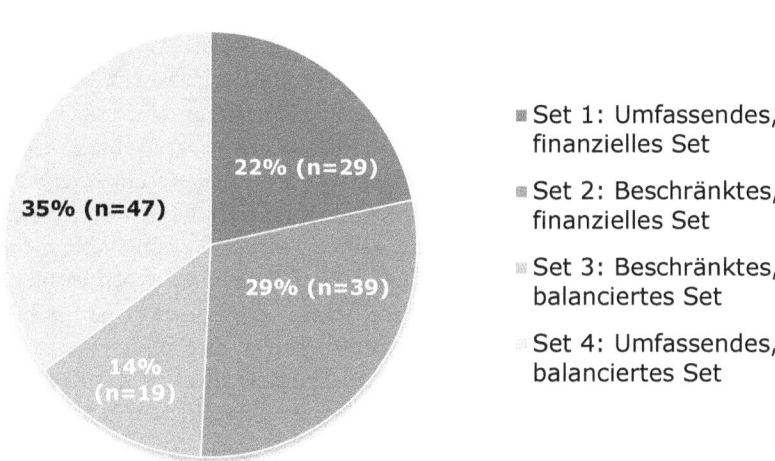

Die Analyse zeigt, dass die Ausgestaltung beschränkter, finanzieller Sets signifikant häufiger bei serviceexzellenten Unternehmen vorzufinden sind *(Mann-Whitney-U=1420; p<0,05)*, umfassende, balancierte Sets hingegen bei serviceeffizienten Unternehmen *(Mann-Whitney-U=971,50, p<0,01; Anhang)*.

> **Zusammenfassende Erkenntnis (Hypothese 1):** Die unterschiedlichen Kennzahlensets unterscheiden sich in deren Verwendung signifikant in Bezug auf die zugrunde liegende Strategieorientierung. Serviceeffiziente Unternehmen nutzen nicht nur mehr Kennzahlen, sondern sie achten auch auf die Balance zwischen Finanzkennzahlen und nicht-finanziellen Kennzahlen aus den Bereichen Kund/innen und Mitarbeiter/innen. Dennoch werden gerade diese beiden Kategorien überraschenderweise seltener im Handelskontext beleuchtet als erwartet.

Hypothese 2: Struktur und Unternehmensgröße

Entsprechend dem Titel der Arbeit, liegt der institutionelle Fokus auf der Einzelhandelsbranche. Die Erkenntnisse aus Kapitel 4 zeigten jedoch, dass es auch innerhalb der Branche große Unterschiede in der Ausgestaltung von Performance Measurement aufgrund von strukturellen Gegebenheiten gibt. Im Zuge der Analyse interessierte daher die Frage, ob **branchenspezifische Charakteristika** in der Verwendung von Kennzahlen identifiziert werden können. Die Managementbefragung liefert hier interessante Ergebnisse: Die ursprünglich offen gestellte Frage nach der *Branchenzugehörigkeit* wurde in drei, etwa gleich große Kategorien *(Consumer Goods, Fashion Goods* und *Specialty Goods)* zusammengefasst. Die anschließende Analyse zeigt, dass sich die Verwendung von Finanzkennzahlen signifikant zwischen den Gruppen *(F (2, 131) = 12,31; p<0,01)* unterscheidet. Während in der Konsumgüter- und Fashionbranche im Durchschnitt ca. 10 Kennzahlen verwendet werden, sind dies in den restlichen Sektoren 7,8 Kennzahlen, wodurch sich hochsignifikante Gruppenunterschiede sowohl zwischen Konsumgüterbranche und dem restlichen Facheinzelhandel *(t=4,61; p<0,01)* und zwischen Fashionbranche und Facheinzelhandel *(t=4,23; p<0,01)* ergeben. Anders verhält es sich bei der Verwendung von nicht-finanziellen Kennzahlen: Die Konsumgüterbranche *(M=7,66, SD=3,18)* grenzt sich von der Fashionbranche *(M=5,45; SD=3,00; t=3,44; p<0,05)* und dem restlichen Facheinzelhandel *(M=5,18; SD=3,28; t=3,63; p<0,01)* signifikant ab *(F (2, 131) = 9,10; p<0,01)*.

Auch in der Balanced Scorecard-Einteilung bestätigt sich die Finanzlastigkeit in der Konsumgüter- und Fashionbranche im Vergleich zu den übrigen Sektoren. Weiters spiegelt sich der Professionalisierungsgrad in Sortimentsfragen bei der Verwendung von Kennzahlen wider *(F (2, 130) = 8,57; p<0,01)*: Die Konsumgüterbranche besticht durch intensive Informationslage *(M= 5,85; SD=2,17)* und unterscheidet sich signifikant von der Fashionbranche *(M=4,87; SD=1,84) (t=2,27; p<0,05)* und von den anderen Facheinzelhandelssektoren *(t=4,06; p<0,01)*. Auch in Kund/innenfragen *(F (2, 131) = 6,33; p<0,05)* hat die Konsumgüterbranche die Nase vorne *(M=3,31; SD=1,47)*, gefolgt vom Facheinzelhandel *(M=2,52; SD=1,33)*, der offensichtlich den Kund/innenfokus stärker implementiert hat als der Bekleidungseinzelhandel *(M=2,38; SD=1,43)*. Einzig der Bereich Mitarbeiter/innen weist keine signifikanten Unterschiede in den Gruppenmittelwerten auf.

Diese einzelnen Dimensionen fließen in unterschiedliche Sets von Kennzahlen, die in Breite und Tiefe variieren. Doch wie setzen sich diese im Handelsalltag je nach Branche zusammen? Dies zeigt folgende Kreuztabellierung *($\chi^2_{df(6)}$=26,10; p<0,01)*.

Empirisch quantitative Forschung 253

Tabelle 63: Managementbefragung: Kreuztabelle (Zusammenhang nach Pearson: Branche und Kennzahlensets)

		Branche des Unternehmens			Gesamt
		Consumer Goods	Fashion Goods	Specialty Goods	
Kennzahlensets	Umfassendes, finanzielles Set	10	17	2	29
	Beschränktes, finanzielles Set	13	12	14	39
	Beschränktes, balanciertes Set	8	3	8	19
	Umfassendes, balanciertes Set	30	8	9	47
Gesamt		61	40	33	134

($\lambda=0,16$, $\tau=0,67$; Cramer-V$=0,31$)

Die **Unternehmensgröße** wird im Fragebogen durch die Anzahl der Mitarbeiter/innen im Unternehmen abgedeckt. Die Mittelwertvergleiche zeigen, dass es keine signifikanten Unterschiede in der Anzahl der in Summe verwendeten Kennzahlen *(p=0,082)* oder der verwendeten Finanzkennzahlen gibt *(p=0,399)*. Anders verhält es sich bei den nicht-finanziellen Kennzahlen *(F (3, 130) = 3,12, p<0,05)*: Im Mittel werden in KMU, die weniger als 100 Arbeitnehmer/innen beschäftigen, 5,88 Kennzahlen *(SD=3,34)* herangezogen. In Großunternehmen mit mehr als 1000 Mitarbeiter/innen sind dies im Mittel 7,62 Kennzahlen *(SD=3,34)*. Dieser signifikante Unterschied zwischen den beiden Gruppen *(t=-2,58; p<0,05)* lässt sich durch weitere Analysen erklären. So werden signifikant mehr Sortimentskennzahlen *(F (3, 129) = 3,43; t=2,86; p<0,05)* und Kund/innenkennzahlen *(F (3, 130) = 3,82; t=2,74; p<0,05)* in Großunternehmen herangezogen. Unterschiede in der Verwendung von Mitarbeiter/innenkennzahlen je nach Unternehmensgröße bestätigen sich nicht.

Haben **hierarchische Strukturen** Auswirkungen auf die Verwendung von Kennzahlen? Auf den ersten Blick unterscheiden sich die Mittelwerte weder bei Finanzkennzahlen *(p=0,136)* noch bei nicht-finanziellen Kennzahlen *(p=0,179)*. Betrachtet man jedoch die Balanced-Scorecard-Kategorien, so ergeben sich signifikante Unterschiede *(F (2, 107) = 5,04; p<0,05)* zwischen dem Top Management *(M=6,22; SD=1,36)* und dem Store Management *(M=5,15; SD=1,71)* im Bereich Unternehmensfinanzkennzahlen *(t=3,18; p<0,05)*. Mit diesem Ergebnis im Einklang steht die Analyse der unterschiedlichen Kennzahlensets, die durch die Zusammensetzung hinsichtlich Breite und Tiefe definiert sind. Die Ergebnisse der Kreuztabelle (Anhang C) können so interpretiert werden, dass Store Manager/innen häufiger eine Kombination aus finanziellen und nicht-finanziellen Bestandteilen heranziehen, während das Top Management die Finanzperspektive bevorzugt. Im mittleren Management werden beide Sets annähernd gleich verwendet $(\chi^2_{df(2)}=8,665; p<0,05)$. In der Nutzung von beschränkten oder umfassenden Sets gibt es keinen Zusammenhang zu unterschiedlichen Managementpositionen $(\chi^2_{df(2)}=1,434; p=0,49)$.

Die theoretischen Erkenntnisse aus den qualitativen Analysen zeigen, dass die **Verantwortung für andere Mitarbeiter/innen** auch in einer intensiveren Nutzung von Kennzahlen mündet. Bis auf die Verwendung von Finanzkennzahlen *(F (3, 130) = 4,06; p<0,05)*, die signifikant häufiger in großen Teams (>21 Mitarbeiter/innen) im Vergleich zur Alleinverantwortung *(t=3,19, p<0,05)* oder zu mittelgroßen Teams (11-20 Mitarbeiter/innen) *(t=2,77, p<0,05)* herangezogen werden, werden keine weiteren Mittelwertunterschiede nachgewiesen. Dennoch gibt es einen Zusammenhang zwischen der Bereitstellung einzelner Kennzahlensets und dem Verantwortungsbereich, wie in folgender Tabelle ersichtlich $(\chi^2_{df(9)}=25,613, p<0,05)$.[16]

Tabelle 64: Managementbefragung: Kreuztabelle (Zusammenhang nach Pearson: Mitarbeiter/innenverantwortung und Kennzahlensets)

		Mitarbeiter/innenverantwortung				Gesamt
		0	1-10	11-20	>21	
Kennzahlensets	Umfassendes, finanzielles Set	0	12	4	13	29
	Beschränktes, finanzielles Set	14	17	4	4	39
	Beschränktes, balanciertes Set	4	7	6	2	19
	Umfassendes, balanciertes Set	11	20	8	8	47
Gesamt		29	56	22	27	134

(λ=0,09, τ=0,6; Cramer-V=0,25)

---

16 Anm.: 4 Zellen (25 %) haben eine erwartete Häufigkeit kleiner 5. Zusammenhang wurde mittels Exaktem Test (Monte-Carlo) berechnet.

> **Zusammenfassende Erkenntnis (Hypothese 2):** Die Verwendung von Kennzahlen im Einzelhandel ist starken branchenspezifischen Gegebenheiten unterworfen. Die umsatzstarke Konsumgüterbranche stützt sich auf umfassende Entscheidungsunterstützung durch Kennzahlen und dominiert damit durchwegs die Performance Measurement-Diskussion. Auch die Größe von Unternehmen beeinflusst die Ausgestaltung, vor allem wenn es um die Implementierung von nicht-finanziellen Kennzahlen geht. Hierarchische Strukturen und Mitarbeiter/innenverantwortung zeigen weniger starke Zusammenhänge mit der Verwendung von Performance Measurement.

Hypothese 3: Vergütungsformen

Im Folgenden soll noch näher auf die beeinflussende Funktion von Performance Measurement eingegangen werden. Wurde beim Fragenblock „Vergütungsform" die Antwortkategorie „Grundgehalt mit variabler Vergütungskomponente" gewählt, sollte eine Anschlussfrage beantwortet werden, die zeigt, wie wichtig auf einer Skala von „$1=Sehr\ wichtig$" bis „$5=Unwichtig$" einzelne Kennzahlenkategorien für die variable Vergütung sind. Die deskriptiven Ergebnisse gestalten sich wie folgt.

Tabelle 65: Managementbefragung: Bestandteile Vergütung (Gesamtmittelwerte)

	KZ: Finanz	KZ: Sortiment	KZ: Kunden	KZ: Mitarbeiter
	(n=46)	(n=46)	(n=46)	(n=46)
M (SD)	1,54 (1,27)	2,45 (1,88)	2,30 (1,80)	2,40 (1,84)

Die wichtigsten Kennzahlen, die in die variable Vergütung einfließen, stammen aus der Kategorie „Finanz". Die weiteren Kategorien sind als mäßig wichtig einzuschätzen. In einem nächsten Schritt wurde getestet, ob diese Mittelwertunterschiede hinsichtlich der Strategieausprägung eines Unternehmens variieren.

Tabelle 66: Managementbefragung: Bestandteile Vergütung und strategische Ausrichtung (Mittelwertvergleiche)

	Serviceexzellenz				Serviceeffizienz			
	KZ Vergütung: Finanz	KZ Vergütung: Sortiment	KZ Vergütung: Kunden	KZ Vergütung: Mitarbeiter	KZ Vergütung: Finanz	KZ Vergütung: Sortiment	KZ Vergütung: Kunden	KZ Vergütung: Mitarbeiter
	(n=27)	(n=27)	(n=27)	(n=27)	(n=18)	(n=18)	(n=18)	(n=18)
M (SD)	1,28 (,86)	1,91 (1,69)	1,67 (1,66)	1,85 (1,79)	1,75 (1,52)	3,11* (1,90)	3,08* (1,61)	3,08* (1,65)

Es gibt zwar keine Unterschiede in den Mittelwerten der serviceexzellenten und der serviceeffizienten Unternehmen hinsichtlich der Wichtigkeit von Finanzkennzahlen, da diese in beiden Gruppen als sehr wichtig eingestuft werden. Alle weiteren Kennzahlenkategorien weisen jedoch signifikante Unterschiede in der Relevanz für die Vergütung: Sortimentskennzahlen ($t_{df(43)}$=-2,23; p<0,05), Kund/innenenkennzahlen ($t_{df(43)}$=-2,83; p<0,05) und Mitarbeiter/innenkennzahlen ($t_{df(43)}$=-2,33, p<0,05) werden in serviceexzellenten Unternehmen durchgängig wichtiger gesehen als in serviceeffizienten.

Doch beeinflusst die Vergütungskomponente die Verwendungsintensität von Kennzahlen im Alltag? Entsprechend der zugrunde liegenden Hypothese, wirkt sich eine positive Einschätzung einzelner Balanced Scorecard-Komponenten für die Vergütung positiv auf die Anzahl der verwendeten Kennzahlen im Alltag aus. Diese Verknüpfung von entscheidungsbeeinflussenden und –unterstützenden Komponenten von Performance Measurement wurde daher in einem nächsten Schritt überprüft. Die Analyse mittels linearer Regressionen zeigte jedoch auf keiner Ebene signifikante Ergebnisse (Anhang C).

> **Zusammenfassende Erkenntnis (Hypothese 3):** Es zeigt sich, dass die Hypothese, „je wichtiger einzelne Performance Bestandteile eingeschätzt werden, desto mehr werden diese auch im Alltag herangezogen", nicht bestätigt werden kann.

> **Hypothese 4: Individuelle Eigenschaften**

Während die Analysen zu den ersten beiden Hypothesen kontingenztheoretische Erkenntnisse liefern, soll zusätzlich auch die individuelle Komponente der Entscheidungsträger/innen näher beleuchtet werden. Den Einstieg in die Untersuchung bilden folgende drei Fragen, die die Einbeziehung von Kennzahlen auf der Individualebene abdecken (Clark 2000):

- *F1a: Wie stark nutzen Sie Kennzahlen in Ihrem Handelsalltag?:* Auf einer Skala von „*1=Sehr stark*" bis „*5=Gar nicht stark*" ergibt sich für diese Frage im Mittel ein Wert von 2,13 *(SD=1,16)*.
- *F1b: Beschäftigen Sie sich mit Kennzahlen eher regelmäßig oder ist es eher die Ausnahme im Alltag?:* Die Ergebnisse zeigen, dass die Probanden Kennzahlen im Alltag regelmäßig heranziehen *(M=2,01; SD=1,20)*.
- *F1c: Wie zufrieden sind Sie mit der Auswahl an Kennzahlen, die Ihnen im Alltag zur Verfügung stehen?:* Die Analyse zeigt, dass die Probanden im Alltag mit den zur Verfügung stehenden Kennzahlen eher zufrieden sind *(M=2,31; SD=1,09)*.

Der Gesamtmittelwert dieser Item-Batterie *(Cronbachs α=0,8)* wurde mit den Größenklassen der untersuchten Unternehmen verglichen. Da die Voraussetzungen einer Varianzanalyse nicht erfüllt sind *(Levene-Test p<0,05)*, wurden mit Hilfe des Kruskal-Wallis-Tests, der robust gegenüber die Verletzungen von Normalverteilung und Varianzhomogenität ist (Rudolf/Müller 2004, 80), die Unterschiede zwischen den Größenklassen und der Nutzung von Performance Measurement im Allgemeinen untersucht. Kleinunternehmer (<100 Mitarbeiter/innen) *(M=2,47; SD=1,06)*, mittelgroße Unternehmen (100–499 Mitarbeiter/innen) *(M=1,92; SD=0,75)* und Handelsmanager/innen aus Großunternehmen *(M=1,56; SD=0,51)* unterscheiden sich signifikant hinsichtlich der Unterstützung von Kennzahlen im Handelsalltag ($\chi^2_{df(2)}=20,26; p<0,01$). Je größer Unternehmen daher sind, desto besser schätzen Handelsexpert/innen den Umgang mit Performance Kennzahlen ein.

Angelehnt an die Item-Batterie von Mintz/Currim (2013) wird das Konstrukt *Zahlenverständnis* (F2) verwendet und mit drei Fragen abgefragt[17]. Manager/innen schätzen sich selbst als sehr zahlenaffin ein *(M=1,56; SD=0,72)*. Während Zahlenverständnis in der Ausbildung zwar wichtig aber nicht sehr wichtig war *(M=1,96; SD=1,05)*, ist es im Berufsalltag als sehr wichtig einzustufen *(M=1,50; SD=0,71)*. Weiters weist eine lineare Regression darauf hin, dass längere Berufserfahrung *(β=0,30; t=3,89; p<0,01)* und die persönliche positive Einschätzung zum Zahlenverständnis *(β=-0,18; t=-2,29; p<0,05)* signifikant zu einem intensiveren Heranziehen von Finanzkennzahlen führt *(F (2, 131) = 14,22; R^2=0,26; p<0,01)*. Dazu tragen auch kosteneffiziente Zielsetzung *(β=-0,22; t=-2,76; p<0,05)* und überdurchschnittliche Unternehmensperformance *(β–0,20; t–2,48; p<0,05)* bei.

Im Unterschied dazu hängt die Verwendung von nicht-finanziellen Kennzahlen „nur" davon ab *(F (2, 129) = 25,49; R^2=0,28; p<0,01)*, ob der Handelsex-

---

17 Anm.: Konstruktreliabilität wird als zu gering angesehen *(Cronbachs α=0,6)*. Daher wird jedes Item für sich betrachtet analysiert.

perte bzw. die Handelsexpertin sich selbst als zahlenaffin sieht *(ß=-0,32; t=4,28; p<0,01)* und ob das Unternehmen Kostenführerschaft verfolgt, also günstige Preise, effiziente Arbeitsweisen und Kosteneinsparungen anstrebt *(ß=-0,38; t=4,97; p<0,01)*.

> **Zusammenfassende Erkenntnis (Hypothese 4):** Individuelle Eigenschaften wie Zahlenaffinität und Berufserfahrung als auch persönliche Einstellungen wie Zufriedenheit tragen dazu bei, wie die Nutzung von Kennzahlen eingeschätzt wird. Damit wird die Akzeptanz hinsichtlich Performance Measurement ersichtlich.

> **Hypothese 5: Verwendung von Kennzahlen-Sets und dessen Wirkung auf die empfundene Nützlichkeit**

Das Basismodell (Abbildung 50) unterstellte einen Zusammenhang zwischen der zur Verfügung gestellten Information und der persönlichen Verwendung der Kennzahlen im Handelsalltag. Wie schon zuvor wurde die Verwendung von finanziellen Kennzahlen und nicht-finanziellen Kennzahlen als auch die diskutierten Kennzahlensets und deren Effekte auf die Nutzung, Zufriedenheitsgrad und Unternehmensperformance untersucht. Je nach strategischer Ausrichtung des Unternehmens oder strukturellen Gegebenheiten wird angenommen, dass unterschiedliche Sets als zufriedenstellend angesehen und auch regelmäßig genutzt werden. Diese Zusammenhänge, die die Akzeptanz der Kennzahlenimplementierung im Handelsalltag widergeben, wurden im Zuge mehrerer Analyseschritte untersucht. Die Ergebnisse der jeweiligen modellierten, zwei-faktoriellen ANOVA waren jedoch nicht signifikant. Die Annahme, dass die zur Verfügung gestellte Information durch diese Kontingenzfaktoren moderiert wird, wird daher abgelehnt.

In einem nächsten Schritt wurde der Zusammenhang mit der Implementierung unterschiedlicher Vergütungsformen, wie Unternehmerlohn, fixes Grundgehalt oder Grundgehalt inkl. variabler Bestandteile untersucht (Tabelle 67). Je nachdem, welche Vergütungsform angewendet wird und welche strategische Ausrichtung des Unternehmens vorliegt, wirkt sich dies signifikant auf die Einschätzung der Verwendung von Kennzahlen im Alltag aus *(F (2, 108) = 4,11, p<0,05; η^2=0,24)*.

Empirisch quantitative Forschung

Tabelle 67: Managementbefragung: Vergütungsform (F4) und Nutzung von KZ im Alltag (F1a) (ANOVA; *p<0,05)

	Serviceexzellenz			Serviceeffizienz		
	Unternehmer-lohn	Fixes Grundgehalt	Grundgehalt/ variable Bestandteile	Unternehmer-lohn	Fixes Grundgehalt	Grundgehalt/ variable Bestandteile
	(n=16)	(n=25)	(n=27)	(n=10)	(n=18)	(n=18)
Nutzung von KZ im Alltag (F1a)	3,00 (1,11)	2,52 (1,26)	1,50 (0,80)*	2,30 (1,25)	1,56 (0,78)	1,75 (0,88)*

Jene Personen, die einen Unternehmerlohn beziehen, nutzen Kennzahlen weniger stark und regelmäßig und sind unzufriedener mit der Information, die ihnen zur Verfügung steht als jene, die neben einem Grundgehalt auch variable Bestandteile erhalten *(t=4,00; p<0,01; η²=0,13)*. Außerdem unterscheidet sich diese Einschätzung signifikant je nach strategischer Ausrichtung *(t=2,36; p<0,05; η²=0,05)*. Der Effekt der Interaktion *(η²=0,07)* zeigt, dass Manager/innen aus serviceeffizienten Unternehmen, die einen Unternehmerlohn erhalten, Kennzahlen stärker nutzen als in serviceexzellenten Unternehmen. Andererseits dreht sich die Einschätzung der Verwendung um, wenn variable Bestandteile herangezogen werden: Die Befragten nutzen (im Vergleich zu Manager/innen mit Unternehmerlohn) verstärkt Kennzahlen im Alltag, hier sehen sich jedoch Manager/innen aus serviceorientierten Unternehmen noch stärker in der Verwendung als serviceeffiziente.

Abbildung 55: Managementbefragung: Nutzung von Kennzahlen (F1a) und Vergütung (F4) (*p<0,05 – Interaktion zwischen diesen Gruppen signifikant)

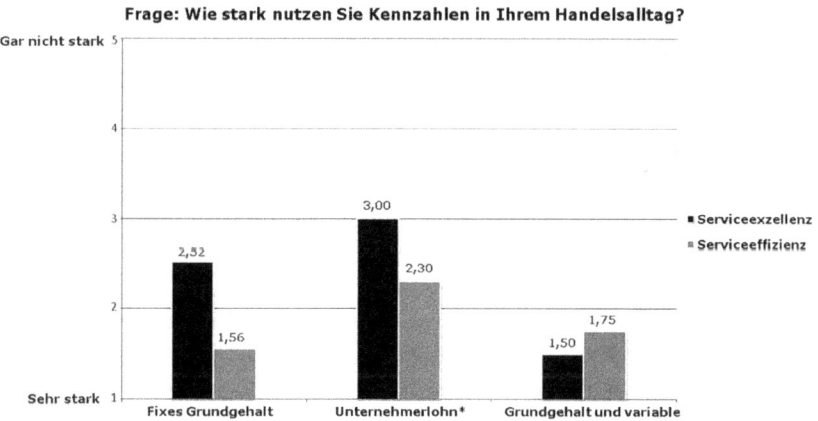

> **Zusammenfassende Erkenntnis (Hypothese 5):** Das subjektive Empfinden über Nützlichkeit, Regelmäßigkeit der Verwendung und Zufriedenheit der zur Verfügung gestellten Information unterscheidet sich nicht hinsichtlich unterschiedlicher Kennzahlensets in unterschiedlichen strategisch ausgerichteten Unternehmen. Einzig die Vergütungsform wirkt sich je nach Strategie auf die subjektive Komponente aus.

7.1.4 Zusammenfassende Darstellung und kritische Reflexion

Die Ergebnisse der Managementbefragung zeigen, dass im operativen Bereich finanziell ausgerichtete Kennzahlen die Oberhand haben und nahezu in jedem Handelsunternehmen zumindest einmal im Jahr herangezogen werden. Daher ist es nicht überraschend, dass Umsatz, Absatz und Handelsspanne fast flächendeckend regelmäßig verwendet werden. Während Einblicke in die Sortimentsperformance durch Kennzahlen wie Lagerdrehung bzw. Lagerbestand hohe Relevanz haben, werden Mitarbeiter/innenkennzahlen eher ausgespart. Dies scheint überraschend, geben doch der Großteil der Befragten Serviceorientierung als Priorität in ihrer Strategieausrichtung an. Nach wie vor scheint im österreichischen Einzelhandel die Objektivierung des Kund/innenkontakts nicht in die Performance Messung einzufließen. Ein Blick in die Schulungsmappe von Filialleiter/innen eines großen österreichischen Lebensmitteleinzelhandelsunternehmens gibt eine Erklärung für diese „Finanzlastigkeit". Dementsprechend werden *„Umsatz", „Einkaufsdurchschnitt pro Kunde", „m²-Umsatz"* und *„Filialbesonderheiten"* herangezogen, um die *Nettostunden*, also jene Stunden, die tatsächlich verbraucht werden dürfen, zu berechnen. Daher ist es nicht verwunderlich, dass Store Manager/innen besonderen Fokus darauf legen und andere Kennzahlen im Handelsalltag aussparen.

Auf Basis der **strategischen Ausrichtung** der Unternehmen wurden weitere Unterschiede in der Verwendung von Kennzahlen transparent gemacht. Serviceeffiziente Unternehmen integrieren eine ausbalancierte, umfassende Informationsgrundlage und stellen somit einzelne Kennzahlen wie Regalverfügbarkeit oder Abwicklung von Retouren ins Zentrum ihrer Analyse, die Prozesse und Abläufe auf der Store Ebene aufzeigen. Serviceexzellente Unternehmen fokussieren sich auf ein beschränktes und finanzielles Set an Kennzahlen. Die Interpretation liegt nahe, dass diese ihre Kund/innenorientierung in Form von direktem Kund/innenkontakt anwenden und sich lediglich auf die wichtigsten Finanzkennzahlen beschränken, um die sie aus wirtschaftlichen Gesichtspunkten nicht umhin kommen. Der tatsächliche Fokus liegt jedoch auf einer subjektiven Komponente, die offensichtlich nicht durch Kennzahlen objektiviert wird.

Auch **strukturelle Unterschiede** innerhalb der Branche zeigen, dass Unternehmen, in denen „Frische" als zentral angesehen wird, auch einen größeren Umfang an unterschiedlichen Kennzahlen anführen. Die Konsumgüterbranche demonstriert hier einen überdurchschnittlich hohen Professionalisierungsgrad, der sicher auch durch die Rahmenbedingungen begünstigt werden. So scheint „Tracking und Tracing", erleichtert durch technologische Möglichkeiten, im operativen Bereich eine wichtigere Rolle zu spielen als bspw. in der Fashionbranche. Wenn auch theoretisch möglich, aber operativ nicht umgesetzt, sind Mitarbeiter/innenevaluierungen. Dies wurde schon in den problemzentrierten Interviews, die in Österreich geführt wurden, ersichtlich. Die Ergebnisse der Managementbefragung bestätigen nochmals, dass die Verantwortung für Mitarbeiter/innen größtenteils durch Finanzkennzahlen gesteuert wird. „Hard Facts" aber nicht „Hard Selling" ist die Devise. Ein Grund dafür könnte sein, dass Teams mit bis zu zehn Personen überschaubar sind und daher qualitative Faktoren nicht durch Kennzahlen übermittelt werden. Die Ergebnisse zeigen aber auch, dass Store Manager/innen insgesamt über ein breites Set an unterschiedlichen Kund/innen- und Sortimentskennzahlen verfügen.

Schließlich steht noch die subjektive Einstellung zur Nutzung als Frage im Raum. Denn die bloße Bereitstellung von Kennzahlen bedeutet noch nicht automatisch, dass diese auch im Alltag herangezogen werden. **Berufserfahrung** und ein gewisser Grad an **Zahlenaffinität** tragen dazu bei, Kennzahlen als unterstützend anzusehen. Aber nicht nur die Frage hinsichtlich der persönlichen Einstellung bzw. Erfahrung, sondern auch die Motivation aus dem Unternehmen heraus spielt eine Rolle: So tragen kostenorientiertes Denken und die Motivation, in einem erfolgreichen Unternehmen zu bestehen, dazu bei, Kennzahlen intensiver wahrzunehmen und zu nutzen. Dennoch konnten keine Interaktionseffekte zwischen Verwendung und empfundene Nützlichkeit, die durch strukturelle oder strategische Faktoren moderiert werden, gezeigt werden. Dies kann daran liegen, dass diese kontingenztheoretischen Faktoren im Tagesgeschäft geringere Relevanz haben und eher in langfristigen Perspektiven schlagend werden.

Limitationen:

Um State-of-the-Art-Einblicke in die Umsetzung von Performance Measurement zu erhalten, musste die Herausforderung gemeistert werden, an die Zielgruppe der Einzelhandelsmanager/innen zu gelangen. Gerade in einem Forschungsbereich, der sensible Unternehmensdaten berührt, sind Manager/innen – teils auch wegen strenger unternehmenspolitischen Vorgaben – nicht gewillt, Auskunft zu geben. Aus diesem Grund war die Auswahl der Einzelhandelsmanager/innen im Zuge von Großveranstaltungen ein gangbarer Weg, diese dennoch durchzuführen. Es muss jedoch darauf hingewiesen werden, dass die Repräsentativität für die gesamte österreichische Handelslandschaft nicht gegeben ist.

Eng in Zusammenhang damit steht auch das Design der Befragung. Der Kurzfragebogen, dessen Beantwortung ca. drei Minuten dauert, wurde bewusst auf Verständlichkeit und Einfachheit geprüft. Eine Mischung aus Single- und Multi-Item-Ansätzen wurde gewählt, um einerseits den Ansprüchen hochwertiger Marketingforschung gerecht zu werden und andererseits den Zeitaufwand der Manager/innen so gering wie möglich zu halten. Die explorative Datenanalyse zeigte jedoch, dass bei heiklen Themengebieten wie unternehmensbezogenen Informationen zahlreiche (ca. 20 %) der Fragebögen nachträglich wieder exkludiert werden mussten, da diese den Kriterien der Analyse nicht Stand hielten. Manager/innen weigerten sich, Zugehörigkeit zur Branche, Berufserfahrung oder Unternehmensperformance anzugeben. Weiters wurden „Self-Reporting"-Skalen gewählt, die Tendenz zur „verschönerten Lage" der tatsächlichen Situation hat. Daraus entstehen Reliabilitäts- und Validitätsprobleme.

Ein weiterer Punkt, der die gesamte Analyse betrifft, sind die Grundvoraussetzungen, die für die statistischen Tests vorliegen müssen. Während durchgehend auf Varianzhomogenität geachtet wurde und bei deren Verletzung auf nichtparametrische Tests ausgewichen wurde, so wurde das Kriterium der Normalverteilung nur im Hintergrund beachtet, das Varianzanalysen als relativ robust gegen die Verletzung der Normalverteilungsvoraussetzungen gelten (Rudolf/Müller 2004, 80).

7.2 Conjoint Analyse

Die Analyse von Entscheidungsprozessen – egal ob im Managementkontext oder auf Konsument/innenebene – stehen seit langem im Forschungsinteresse von Marketingforscher/innen (bspw. Simon 1959). Doch um „Black-Box" im Sinne von verhaltensorientierten S-O-R-Modellen entschlüsseln zu können bedarf es mehrerer Schritte. Abbildung 56 stellt einen Versuch dar, die Entscheidungssituation von Einzelhandelsmanager/innen nachzubilden.

Empirisch quantitative Forschung 263

Abbildung 56: Paradigma – Entscheidungswahl (in Anlehnung an Rao 2014, 2)

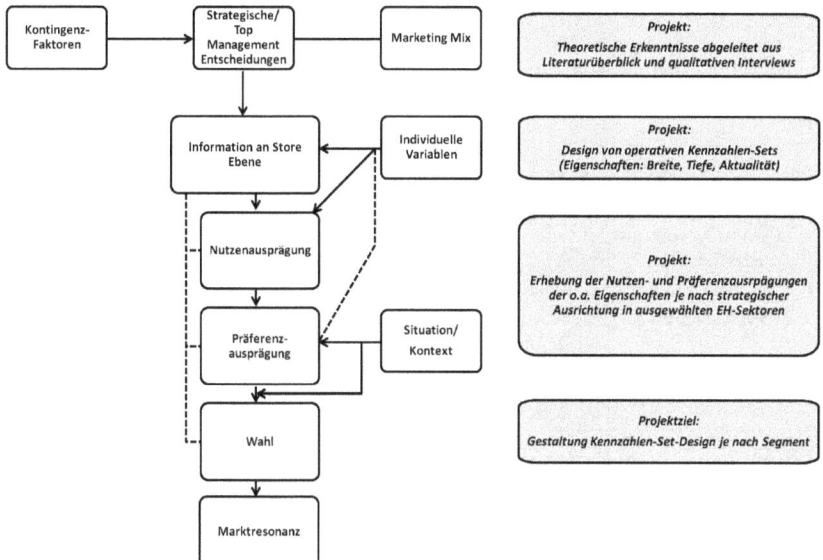

Basierend auf kontingenztheoretischen Überlegungen, werden auf der Top-Management Ebene die strategische Orientierung der Gesamtunternehmung und die Ausgestaltung der Marketing Mix-Komponenten festgelegt. Die Informationen werden an die Store Ebene kommuniziert. Der Adressat, zumeist die Store Manager bzw. Store Managerin, erhalten diese Stimuli in Form von Reports, wobei individuelle Komponenten, wie Werte oder Erfahrungen, vorliegen und für den weiteren Prozess ausschlaggebend sind. Es entstehen individuelle Nutzen- und Präferenzausprägungen, die dann zur Entscheidungswahl– je nach situativem Kontext – beitragen.

Vignettendesigns in Form von Conjoint Analysen setzen genau an diesem Punkt an und versuchen, individuelle Nutzenausprägungen bei unterschiedlichen strategischen Richtungen zu identifizieren und somit Urteilsbildungen in komplexen Situationen nach bestimmten Kriterien nachvollziehbar zu machen (Beck/Opp 2001, 285). Die Untersuchung fokussiert sich auf das individuelle Entscheidungsverhalten und die normative Einstellung, wobei als zentrales Konstrukt die Variable „Präferenz" definiert wird (Fischer 2001, 8; Steiner/Atzmüller 2006, 118). Sehen Manager/innen ein Set an Kennzahlen als nützlich bzw. geeignet an, externe Faktoren abzubilden, bzw. sind sie mit der zur Verfügung gestellten Information zufrieden, wirken diese Kennzahlen auch entscheidungsunterstützend im Entscheidungsprozess (Mintz/Currim 2013, 32). Methodisch gesehen reiht sich die vorliegende Studie als statistisch experimentelles Designs ein (Malhotra 2014, 255), wodurch diese externen Faktoren statistisch kontrolliert werden können (Atzmüller/Steiner 2010, 129). Zentrale **Begriffe** für conjointanalytische Zugänge sind:

Tabelle 68: Grundbegriffe der Conjoint Analyse

Begriff	Definition
Eigenschaften des Beurteilungsobjekts (+ Ausprägungen)	Subjektive Ausprägung, die durch Einschätzung der Untersuchungsperson bewertet wird; unterschiedlichen Eigenschaftsausprägungen werden individuelle Nutzenausprägungen zugeschrieben (Erhardt 2009, 33)
Stimulus	Reiz, der bei der Untersuchungsperon eine Reaktion im Sinne eines Präferenzurteils auslöst (Kaltenborn 2013, 7–8)
Nutzen	Quantitatives Maß, das das Level der individuellen Bedürfnisbefriedigung für ein Objekt anzeigt; ist nicht direkt beobachtbar, sondern wird aus den Präferenzurteilen indirekt abgeleitet (Christl 2007, 29)
Präferenz	Subjektive Vorteilhaftigkeit eines oder mehrerer Objekte gegenüber anderen Objekten; relativierendes Konstrukt (Fischer 2001, 11)

Die Conjoint Analyse baut auf der Annahme eines deterministischen Nutzenbegriffes auf, was bedeutet, dass die Untersuchungspersonen eine sichere Bewertung der Stimuli vornehmen können (Christl 2007, 99). Entsprechend dem **Rationalprinzip** der Nutzenmaximierung, wählen Individuen aus einem Set aus Handlungsmöglichkeiten jene aus, die den größten Nutzen stiftet, um die vorab definierten strategischen Ziele zu erlangen. Dem Nutzen stehen situative Restriktionen gegenüber, wobei das Verhältnis im Entscheidungsprozess abgewogen wird und schlussendlich zur Entscheidung führt (Höser 1998, 51). Die Konstrukte Nutzen und Präferenz werden in der Literatur teilweise voneinander abgegrenzt, andere Autor/innen gebrauchen diese Begrifflichkeiten wiederum synonym. Während bspw. Fischer (2001, 11) Präferenz als dem Nutzen vorgelagertes Konstrukt diskutiert, wird von zahlreichen Autor/innen die Position vertreten, dass auf die Nutzenbewertung die Präferenzbildung folgt und daraus die Auswahlentscheidung abgeleitet wird (Christl 2007, 30; Rao 2014, 2). In der vorliegenden Arbeit wird der letzten Position Folge geleistet, was auch in Abbildung 56 ersichtlich ist.

Typischerweise bilden bei der Conjoint Analyse Forschungsfragen den Ausgangspunkt, die **Produkteigenschaften** im Zuge neuer Produktdesigns, Produktpositionierungen oder Preissetzungsentscheidungen durch Kund/innen evaluieren, um kund/innenseitig Akzeptanzraten und unternehmensseitig Marktanteile zu erhöhen (Kaltenborn 2013, 4). Breiter gefasst sind die Einsatzgebiete der experimentellen Vignettendesigns in der Soziologie, in der durch faktorielle Untersuchungen spezifische Einstellungen und Meinungen mittels Vignetten erhoben werden (Steiner/ Atzmüller 2006, 117). Doch auch in der Marketingforschung finden sich mittlerweile zahlreiche andere Anwendungsgebiete für diese Methode (vgl. hierzu Rao 2014, der einen aktuellen umfassenden Überblick gibt; Wason et al. 2002, der Vignetten-Untersuchungen in der Marketingforschung diskutiert). Im vorliegenden Projekt liefert die quantitativ empirische Untersuchung Antworten auf folgende Fragen:

- Welche Kennzahlen-Sets sind für die Einzelhandelsmanager/innen in welchem Umfang attraktiv? Welches Set wird am Nützlichsten eingestuft?
- Können Zielgruppen definiert werden, die sich in der Einschätzung von Nutzenausprägungen der Kennzahlen-Sets voneinander unterscheiden?

Das Basismodell gestaltet sich wie folgt:

Abbildung 57: Conjoint Befragung: Basismodell

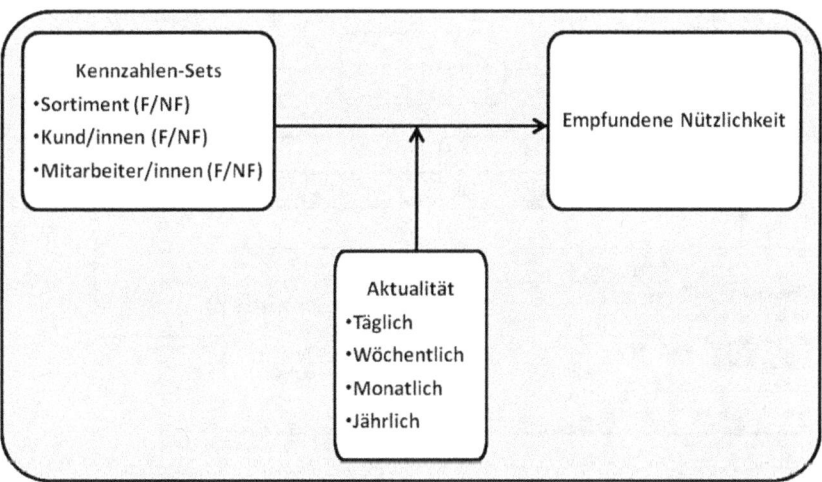

Doch nicht nur die Anwendungsgebiete der Conjoint Analyse sind breit gefächert. Auch die **methodische Annäherung** gestaltet sich zunehmend diversifiziert (Albers 2000, 221). Entstanden aus der Disziplin der mathematischen Psychologie durch Luce/Tukey (1964), wurde die Conjoint Analyse ein von Green/Rao (1971)

zu Beginn der 1970er Jahre in die Marketingforschung eingeführt. Danach wurde die Methode fortschreitend adaptiert[18]. Grund dafür ist vor allem die technologische Weiterentwicklung von Software-Programmen. Immer wieder gibt es Versuche, die einzelnen Methoden innerhalb eines empirischen Projekts einander gegenüber zu stellen, um so die Vor- und Nachteile transparent zu machen und Unterschiedlichkeiten herauszuarbeiten (bspw. Christl 2007; Erhardt 2009). Aus forscherischer Perspektive gilt aber auch hier: Die Wahl der Methode stützt sich auf die zugrunde liegende Forschungsfrage und Realisierbarkeit in der Umsetzung. Im vorliegenden Kapitel wird nur jene Methode im Detail diskutiert, die auch für das Untersuchungsdesign relevant ist. Weiterführend gibt Rao (2014, 28 und 345) einen umfassenden Überblick der methodischen Entwicklungen und Ausblick für die Zukunft.

7.2.1 Conjoint Befragung: Konzeption und Ablauf

Folgende Abbildung zeigt einen idealtypischen Ablauf einer Conjoint Analyse wider. Die einzelnen Schritte werden für das vorliegende Projekt reflektiert und diskutiert.

Abbildung 58: Idealtypischer Ablauf der Conjoint Analyse (Weiber/Mühlhaus 2009, 44)

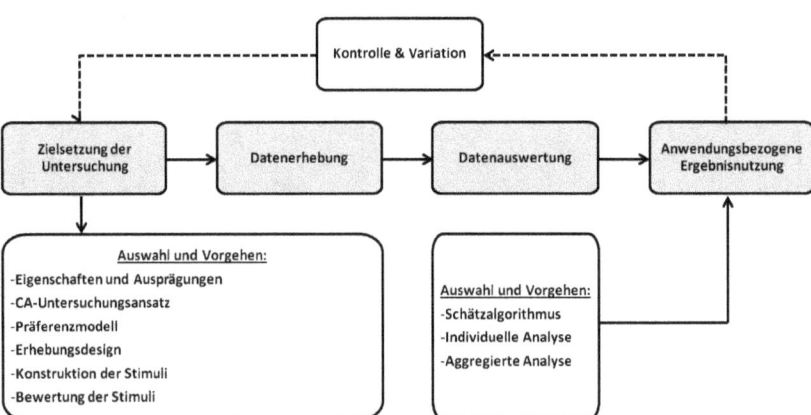

---

18 Für einen *historischen Abriss* der Entwicklung der Methode vgl. (Baier/Brusch 2009, 4); für eine Diskussion der *Forschungsrichtung* in der wissenschaftlichen Literatur vgl. Erkenntnisse durch eine Metaanalyse von Teichert & Shehu (2009, 19–36)

7.2.1.1 Auswahl der Eigenschaften und deren Ausprägungen

Die zu beurteilenden Eigenschaften stellen das zentrale Kriterium für den Erfolg und die Durchführbarkeit der Conjoint Analyse dar, da darauf aufbauend die Präferenzurteile der Untersuchungsurteile gebildet werden (Christl 2007, 102). Neben Kreativtechniken wie Brainstorming für die Ermittlung potenzieller Merkmalsausprägungen, werden auch analytisch-systematische Methoden wie die *Repertory-Grid*-Technik, bei der unterschiedliche Produktkonzepte gegenübergestellt werden und somit maßgebliche Eigenschaften im Vorfeld erfasst werden, angewendet, um entscheidende Merkmale zu identifizieren (Kaltenborn 2013, 31–33; Weiber/Mühlhaus 2009, 50).

Bei der Auswahl der Eigenschaften und Ausprägungen müssen folgende Ebenen berücksichtigt werden: Anwender-, Subjekt- und Modellebene.

Abbildung 59: Anforderung an die Auswahl von Eigenschaften und Ausprägungen bei der Conjoint Analyse (Rao 2014, 45; Weiber/Mühlhaus 2009, 46)

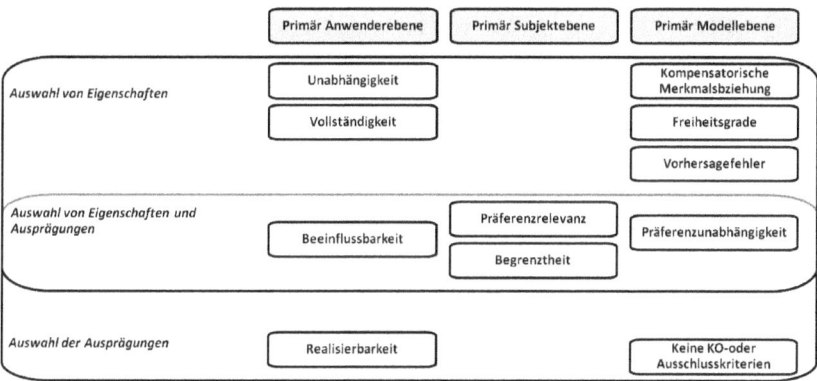

- **Anwenderebene**: *Unabhängig* sind Eigenschaften, wenn sie empirisch unabhängig sind, also nicht miteinander korrelieren. Weiters müssen *sämtliche* Eigenschaften identifiziert werden, die für die Entscheidungssituation maßgeblich und relevant sind. In diesem Zusammenhang kommt das Garbage in Garbage-out-Prinzip, das bereits in Kapitel 1 diskutiert wurde, zum Tragen. Denn wird zu Beginn des Forschungsprozesses verpasst, realitätsnahe Entscheidungssituationen nachzubauen, so werden die Ergebnisse am Ende der Analyse wenig anwendungsbezogene Ergebnisnutzung liefern können (Kaltenborn 2013, 27). Eng damit verbunden ist auch, dass die Eigenschaften für die Entscheidungsperson steuerbar und *beeinflussbar* sein müssen und in weiterer Folge auch in der *Realität* umgesetzt werden können (Weiber/ Mühlhaus 2009, 47).

- **Subjektebene**: Präferenzrelevant sind Eigenschaften dann, wenn eine Veränderung der Ausprägung auch zu Änderungen in der Präferenzstruktur führen. Bezugnehmend auf die Komplexitätstheorie unterliegt die Auswahl der Eigenschaften kognitiven Restriktionen, was in eine Beschränkung der Information auf ein annehmbares Maß mündet. Weiters werden zeitliche Restriktionen genannt (Höser 1998, 58).
- **Modellebene**: Conjoint-analytische Modelle unterstellen zumeist *kompensatorische Beziehungen*, was bedeutet, dass schlechtere Eigenschaftsausprägungen durch bessere Merkmalsausprägungen ausgeglichen werden. Dadurch lassen sich die ermittelten Teilnutzenwerte additiv zu einer Gesamtbeurteilung bewerten. Es werden jedoch auch andere Modelle wie Idealpunktmodell oder Vektormodell diskutiert, falls diese Anforderung nicht erfüllbar ist. Unter *Präferenzunabhängigkeit* versteht man, dass der Nutzen einer Eigenschaftsausprägung nicht von einer anderen abhängig ist (Kaltenborn 2013, 29). Diese Voraussetzung ist notwendig, wenn im Zuge der Untersuchung reduzierte Designs angewendet werden (s. unten). Der letzte Punkt, nämlich das Vorhandensein von *Ausschlusskriterien*, wird in der Literatur unterschiedlich diskutiert. K. O. Kriterium werden zumeist als nicht akzeptabel für Conjoint Analysen angesehen (Weiber/Mühlhaus 2009, 49). Neben genügend vielen Freiheitsgraden, die notwendig sind, um das Modell auf der Individualebene schätzen zu können, soll auch der Vorhersagefehler möglichst gering gehalten werden. Dies führt dazu, dass eine genügend große Anzahl an unterschiedlichen Profilen zur Bewertung vorgelegt werden muss (Rao 2014, 45).

In einem direkten Verfahren wurden im Zuge der vorangegangen explorativen Phase die relevanten Eigenschaften und deren Ausprägungen identifiziert. Der systematische Literaturüberblick und die problemzentrierten Interviews lieferten eine „Hit-List" an Handelskennzahlen, die in nicht-finanzielle und finanziell orientierte Kennzahlen einerseits und in die Bereiche Sortiment, Kund/innen, Mitarbeiter/innen andererseits geteilt wurden. Außerdem ist der zeitliche Abstand des Reportings ein zentrales Kriterium.

Abbildung 60: Konzeptionelles Modell – Conjoint Analyse

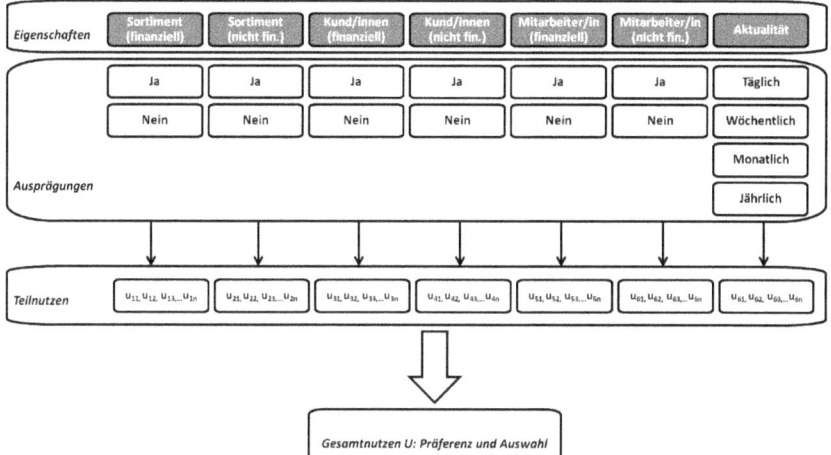

7.2.1.2 Präferenzmodell

Präferenzmodelle beschreiben jene Bewertungsmechanismen der Probanden, mit denen die Eigenschaftsmerkmale evaluiert werden und schließlich zur Entscheidung führen. Wichtig an dieser Stelle ist darauf hinzuweisen, dass die Kenntnis *a priori*, also vor der Untersuchung, festgelegt werden müssen, um bspw. Parameterschätzungen durchführen zu können (Christl 2007, 112). Es gilt dabei vereinfachend die Annahme, dass rationale Beurteilungen für die vorliegende Fragestellung möglich sind.

Tabelle 69: Auswahl an Modelltypen bei der Conjoint Analyse (Bichler/Trommsdorff 2009, 61; Rao 2014, 43)

Modell	Ausprägung	Schätzmethode
Teilnutzenwertmodell	Diskret und kontinuierlich (kategorial und metrisch)	Dummy-Variablen-Regression
Lineares Vektormodell	Kontinuierlich (metrisch)	Multiple Regression
Idealpunktmodell	Kontinuierlich (metrisch)	Multiple Regression

Die einfachste Variante ist es, sich auf das Teilnutzenwertmodell zu stützen, da dieses Modell als am Flexibelsten angesehen wird und daher mit einer geringeren Anzahl an Freiheitsgraden einhergeht (Bichler/Trommsdorff 2009, 65). Dennoch kann es gerade dann zu instabilen Ergebnissen führen, wenn bspw. zu wenige Messungen vorhanden sind. Aus diesem Grund werden gemischte Präferenzmodelle (Green/Srinivasan 1978, 106) empfohlen, die die Bewertungsmechanismen optimieren.

$U=\beta_0$ +Teilnutzenfunktion von Eigenschaften mit kategorialen Ausprägungen + Teilnutzenfunktion von Eigenschaften des Vektor-Typs + Teilnutzenfunktion von Eigenschaften des Idealpunkt-Typs

Nachdem die angeführten Eigenschaften und deren Ausprägungen allesamt nominalskaliert sind, stützt sich die vorliegende Arbeit auf das Teilnutzenwertmodell.

7.2.1.3 Untersuchungsansatz und Erhebungsdesign

Für die Untersuchung wurde ein *Vollprofil-Ansatz* gewählt: Den Untersuchungspersonen werden Profile vorgelegt, die allesamt *alle* Eigenschaftsausprägungen enthalten (Kaltenborn 2013, 7–8). Im Gegensatz dazu stehen *Teilprofile* (auch Zwei-Faktor-Methode genannt), bei denen jeweils nur zwei Eigenschaften gegenübergestellt werden.[19] Tabelle 70 zeigt Verfahrensvarianten kompakt auf.

Tabelle 70: Überblick der methodischen Vielfalt in der Conjoint Analyse[20] (Christl 2007, 170; Kaltenborn 2013, I; Rao 2014, 127)

Verfahrensvariante	Zusammenfassende Darstellung
Traditionelle Conjoint Analyse (TCA)	Präferenzdaten auf Basis von Ranking, Paarvergleichen, Ratings etc.; De-kompositionelle Methode Basis für die zugrunde liegende Untersuchung
Hybrider Ansatz: **Customized Conjoint-Analysis (CCA)** **Customized Computerized Conjoint-Analysis (CCC)** **Adaptive Conjoint Analyse (ACA)** **Hierarchische individualisierte Limit Conjoint Analyse (HILCA)**	Beschreibung: Kombination aus kompositioneller und de-kompositioneller Methode Anwendung: Schritt 1: Wichtigkeit der Eigenschaftsausprägungen eruieren (de-kompositioneller Teil) Schritt 2: Reduziertes Design im Zuge einer kompositionellen Methode bewerten lassen Vorteil: Untersuchung einer größeren Anzahl an unterschiedlichen Eigenschaften ohne kognitive Überlastung Nachteil: Methodische und zeitliche Zweiteilung des Designs Ausschlusskriterium: Manager/innenbefragung nicht in zweigeteilten Design umsetzbar

---

19 Weitere Methoden, wie der paarweise Vergleich, Selbstexplikation, adaptive oder hybride Methoden, werden aufgrund der Forschungsziele nicht näher erläutert (Rao 2014, 60–63).
20 Im Detail: Christl (2007) (umfassend), Kaltenborn (2013) (kompakt)

Verfahrensvariante	Zusammenfassende Darstellung
Choice Based Conjoint Analyse (CBC) Adaptive Choice Based Conjoint Analysis (ACBC) Hybrid individualized two-level choice based conjoint (HIT-CBC) Best-Worst Conjoint-Analysis	Beschreibung: Beobachtung von Auswahlentscheidungen, nicht individueller Nutzen basierend auf Ranking/Rating; Anwendung: Verbindet Eigenschaftsausprägungen mit Wahrscheinlichkeitsfunktion, mit der Entscheidungsauswahl fällt Ausschlusskriterium: Nicht Forschungsziel der Arbeit; es soll nicht gezeigt werden, aus welchem Set gewählt wird, sondern welcher individuelle Nutzen gezogen wird.

Weiters ist die Auswahl zwischen vollständigen und reduzierten Designs zu treffen, wobei im vorliegenden Fall auf ein reduziertes Design zurückgegriffen wird.

- *Vollständige Designs:* Der Untersuchungsperson liegen alle Eigenschaftsausprägungen in unterschiedlichen Kombinationen vor, was bei mehreren zu bewertenden Eigenschaften rasch zur Überforderung des Probanden führt.
- *Reduzierte Designs:* Mit Hilfe eines experimentellen Auswahlverfahrens werden „zweckmäßige Teilprofile" erstellt und vorgelegt. Damit reduziert sich der kognitive und zeitliche Aufwand für die einzelnen Probanden bei gleichzeitiger Identifizierung der einzelnen Nutzenwerte (Steiner/Atzmüller 2006, 132).

Das vorliegende Design nutzt die gesamte Vignettenpopulation und teilt diese experimentell in Subpopulationen auf. Aus Gründen von kognitiven und zeitlichen Restriktionen werden den Probanden lediglich Teilsets zur Bewertung vorgelegt. Das bedeutet zwar, dass ein so genannter Set-Effekt auftritt; insgesamt bleibt die Schätzung und Interpretierfähigkeit der Haupteffekte aber möglich. In diesem Zusammenhang spricht man in der Literatur von Konfundierung, „weil die vermischten (höheren) Wechselwirkungseffekte innerhalb der einzelnen Sets nicht schätzbar sind, sondern nur über alle Sets hinweg" (Steiner/Atzmüller 2006, 126). Aus diesem Grund stützt sich die Untersuchung auf ein in der Literatur auch unter *Resolution IV* bekanntes Design. Dieses besitzt aber auch Nachteile: Informationsverlust hinsichtlich höherrangiger Interaktionseffekte, Rigidität und die Komplexität in der Erstellung werden angeführt (Steiner/Atzmüller 2006, 133). Mithilfe des Federov-Algorithmus konnten die ursprünglich 256 Kennzahlen-Set-Kombinationen auf 18 reduziert werden (D-Effizienz: 0,12).

7.2.1.4 Konstruktion der Stimuli

Die verwendeten Stimuli sollen so realistisch wie möglich dargestellt werden. Weiber/Mühlhaus (2009, 53–54) diskutieren mögliche **Darstellungsformen**. Als beste Präsentationsform der Stimuli wird eine Kombination aus schriftlich verbaler und bildlicher Illustration gesehen, was zu Validitätssteigerungen führt (Fischer 2001, 84). Im vorliegenden Projekt werden die einzelnen Set-Karten verbal formuliert. Zusätzlich werden bildliche Akzente platziert, um die Aufmerksamkeitsspanne zu erhöhen. Auch **Kontexteinflüsse**, wie die wahrgenommene Aufgabenkomplexität, kognitive Fähigkeiten und Vorkenntnisse der entscheidenden Person und das Level an Involvement, müssen berücksichtigt werden (Höser 1998, 87). So werden Einzelhandelsmanager/innen bedingt durch Berufserfahrung und Gewohnheiten im alltäglichen Handelsgeschäft Informationen unterschiedlich bewerten. Aus diesem Grund wird bspw. abgefragt, in wie fern **Vorkenntnisse** im Bereich Performance Measurement vorhanden sind. Weiters wird das Interesse an der Fragestellung evaluiert.

Als **Beurteilungsskala** wird eine extrempunktnotierte Skala mit fünf Ausprägungen gewählt. Wie von Beck/Opp (2001, 289) angesprochen, gelten die Anzahl der Ausprägungen und deren Benennungen als kritisch für die weitere Analyse. Sie kommen zu dem Schluss, dass bei Urteilen, die detailliert ausfallen, mehr Kategorien sinnvoll sind. Nachdem es keine methodischen Erfahrungswerte für die vorliegende Problemstellung gibt, wird auf eine Beurteilungsskala – angelehnt an das Schulnotensystem – mit fünf Ausprägungen herangezogen.

7.2.1.5 Bewertung der Stimuli

Anzahl der Vignetten richtet sich sowohl an zeitliche Restriktionen als auch an die Größe der Befragungsstichprobe aus (Beck/Opp 2001, 290). Pretests erfolgten mit Expert/innen aus der Praxis im Bereich Handel und Controlling (n=2), Studierenden eines Bachelorkurses mit Schwerpunkt Kennzahlen im Einzelhandel (n=30) und Personen aus der Wissenschaft. Sie lieferten zahlreiche Inputs für Verfeinerungen und führten schließlich zu folgendem Design. Im Vignetten-Fragebogen wurden zuerst die Vignetten generell beschrieben und definiert. Im Anschluss daran wurde erklärt, wie die Beurteilung durchgeführt werden soll (Anhang D). Insgesamt wurden jedem Probanden 18 unterschiedliche Sets (und ein zusätzliches „Probe"-Set) vorgelegt.

Die Stimulus-Manipulation sollte so stark und verständlich wie möglich sein. Aus diesem Grund wird die Einbettung in ein Szenario als sinnvoll erachtet. Die Probanden sollten sich eine *Real Life*-Situation bestmöglich visualisieren, um sich auch mit der Fragestellung identifizieren zu können. Die Ausgangsbasis lieferten die Erkenntnisse von Anderson et al. (1997, 140). Es wurden zwei große österreichische Einzelhandelsunternehmen verschiedener Branchen ausgewählt und deren Unternehmensstrategie der Firmenhomepage in die Fallbeschreibung einbezogen. Die Probanden sollten sich vorstellen, Marktleiter/in von einer Filiale dieses Unternehmens zu sein.

- Szenario 1: Serviceorientiertes Bekleidungsunternehmen
- Szenario 2: Lebensmitteleinzeldiskonter mit Fokus auf Produkt- und Kostenorientierung

Um zu überprüfen, ob die Proband/innen die Zielorientierung der jeweiligen Unternehmen auch verstanden haben, wurde nach dem Einleitungstext eine Aufmerksamkeitsfrage *(attention check)* eingebaut. Nachdem die Komplexität der Fragestellung als hoch einzustufen ist und die Pretests zeigten, dass die Probanden erst nach ein paar Kennzahlen-Sets für sich persönliche Nutzenpräferenzen identifizieren konnten, wurden folgende Hilfestellungen eingebaut: Einerseits wurde zu Beginn ein Beispiel gegeben, das sozusagen als „Probelauf" anzusehen war. Weiters wurde darauf hingewiesen, dass das Benutzen eines „Zurück-Befehls" erlaubt ist. Auch wenn dies in der Online-Forschung kritisch beleuchtet wird, so wurde nach einigen Expert/innengesprächen beschlossen, diese Funktionalität zuzulassen, die im Endeffekt auch eine Art *Attention Check* bildet. Abschließend wurden die einzelnen Kennzahlen bei jedem Set in einer Fußnote erklärt, um Missverständnisse zu vermeiden.

7.2.2 Conjoint Befragung: Hypothesen und methodischer Steckbrief

$H1_{Conjoint}$ untersucht den Fit zwischen Nützlichkeitsausprägung, Performance Measurement und kommunizierter Zielsetzung der Unternehmen. Es ist davon auszugehen, dass Service- und Kund/innenorientierung einen erhöhten Nutzen in nicht-finanziellen Kennzahlen haben, um strategiekonform zu agieren. Andererseits führen Preis- und Kostenführerschaft zu Effizienzorientierung und einer stärkeren Berücksichtigung finanzieller Kennzahlen.

Um tiefere Einblicke in das Geschehen im Handelsalltag zu haben, werden auf der Individualebene umfangreichere Sets als nützlicher angesehen als kompakte ($H2_{Conjoint}$).

Die Aktualität der Berichterstattung beeinflusst die Nützlichkeitsausprägung ($H3_{Conjoint}$): Entsprechend der zugrunde liegenden Strategie werden bei serviceorientierter Strategie zeitnahe Information, die sowohl finanzielle als auch nicht-finanzielle Bestandteile kombiniert darstellen, als nützlicher angesehen. Im Gegensatz dazu führt Kostenorientierung zu einer stärkeren Fokussierung hinsichtlich finanzieller Information.

Tabelle 71: Conjoint Befragung: Hypothesenkatalog

Nr.	Hypothese
$H1a_{Conjoint}$:	Bei serviceorientierter Strategie werden ausbalancierte Sets gegenüber nicht-ausbalancierten Sets als nützlicher eingeschätzt.
$H1b_{Conjoint}$:	Bei kostenorientierter Strategie werden nicht-ausbalancierte Sets gegenüber ausbalancierten Sets als nützlicher eingeschätzt.
$H2_{Conjoint}$:	Umfangreichere Kennzahlen-Sets werden gegenüber kompakten Kennzahlensets als nützlicher eingeschätzt.
$H3a_{Conjoint}$:	Bei serviceorientierter Strategie werden zeitnah zur Verfügung gestellte ausbalancierte Sets im Vergleich zu weiterweg liegender Bereitstellung als nützlicher eingeschätzt.
$H3b_{Conjoint}$:	Bei kostenorientierter Strategie werden zeitnah zur Verfügung gestellte nicht-ausbalancierte Sets im Vergleich zu weiterweg liegender Betrachtung als nützlicher eingeschätzt.

Umgesetzt wurde das Projekt in Form einer Online-Befragung mit der Befragungssoftware *QUALTRICS* im *PC Lab* der Wirtschaftsuniversität Wien. Die Grundgesamtheit bildeten alle WU Studierenden, die sich mindestens im zweiten Abschnitt des Bachelorstudiums befinden. Damit kann ein gewisses Kennzahlenwissen vorausgesetzt werden. WU Studierende als zukünftige Manager/innen im Handel geben Einblicke über das Denken in Entscheidungssituationen und gelten somit als erste Annäherung für die Problemstellung. Als finanzieller Anreiz erhielten die Studierenden 10 € für die Befragungssituation finanziert aus Budgetmitteln der Wirtschaftsuniversität Wien.

Tabelle 72: Conjoint Befragung: Methodischer Steckbrief

Charakterisierungsmerkmal	Designspezifische Ausprägung
Untersuchungsgegenstand	Individueller Nutzen von Performance Kennzahlen
Forschungsinstrument	Online-Befragung mit *QUALTRICS* (Conjoint Analyse)
Datenanalysesoftware	Analysesoftware R 3.1.0; Analysesoftware PASW Statistics 18
Datenanalyse	Allgemeines lineares Modell mit Messwiederholung
Pretest	n=5 Handels- und/oder Controllingexperten aus Wissenschaft und Praxis; n=30 Studierende (Fokus: Handel und Marketing)
Befragungsort	PC Lab der Wirtschaftsuniversität Wien
Erhebungsperiode	Juni 2014

Empirisch quantitative Forschung

Charakterisierungsmerkmal	Designspezifische Ausprägung
Grundgesamtheit	Studierende der Wirtschaftsuniversität Wien (Bachelorstudium: 2. Studienabschnitt; Masterstudium)
Stichprobenauswahlverfahren	Zufallsauswahl (Adressiert über WU-Verteiler)
Stichprobengröße	n=217 (davon n=110 Treatment Service- und Kund/innen-orientierung, n=107 Treatment Kosten- und Preisführerschaft)

Für die vorliegende Fragestellung werden Regressions- bzw. Varianzanalyse unter Berücksichtigung des Blockeffekts, Unbalanciertheit und Seteffekte als adäquate Methoden angeführt (Steiner/Atzmüller 2006, 128–130). In diesem Zusammenhang verbinden *Gemischte lineare Modelle* die Verfahren der Varianz- und der Regressionsanalyse. „Grundsätzlich besteht das Allgemeine lineare Modell in einer Erweiterung der Modelle der multiplen Korrelations- bzw. Regressionsanalyse dahingehend, dass die unabhängigen Variablen bzw. Faktoren der Varianzanalyse in den Regressionsansatz integriert werden" (Rudolf/Müller 2004, 84). Auf das *Within-Subject-Design* wurde mittels Messwiederholung Rücksicht genommen.

7.2.3 Conjoint Befragung: Darstellung der Ergebnisse und Hypothesenprüfung

Zwei Drittel der Befragten sind neben ihrem Studium berufstätig (Abbildung 61). Davon sind jeweils 11 % im Handel bzw. im Bank- und Finanzsektor beschäftigt, weitere 14 % im Servicebereichen wie Gastronomie und 5 % üben Beratungstätigkeiten aus. Der Rest teilt sich in unterschiedliche studentische Nebenjobs, die keinem der angegebenen Sektoren zugewiesen werden können, auf. Da der Fokus auf Studierende gelegt wurde, die einen fortgeschrittenen Studienabschnitt vorweisen, lag der Altersschnitt bei ca. 24 Jahren. Davon hatten 26 % ihr Bachelorstudium bereits absolviert, weitere 8 % gaben an, ein Master- bzw. Magisterstudium abgeschlossen zu haben. Zwei Drittel der Befragten befindet sich noch im Bachelorstudium an der Wirtschaftsuniversität Wien. 47 % sind männlich, 53 % weiblich.

Abbildung 61: Conjoint Befragung: Arbeitsstunden pro Woche (n=215)

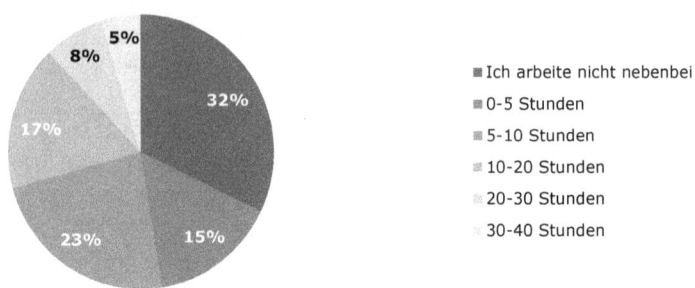

Im Durchschnitt dauerte die Befragung 10 Minuten. 60 % der Befragten gaben an, dass die Fragestellung per se interessant war. Obwohl prinzipiell Interesse für Kennzahlen angenommen werden kann, zeigt sich auf einer Skala von „1=Sehr einfach" bis „5=Sehr schwer", dass je ein Drittel der Befragten die Fragestellung als einfach, mittelmäßig bzw. schwer empfinden. Dies spiegelt sich auch durch die Variable „Anspruch" wieder (Abbildung 62). Nachdem die vorliegende Arbeit als Pilotstudie eingestuft wird, war weiters wichtig, über die Auswahl der Kennzahlen eine Einschätzung zu erhalten. Prinzipiell war die Hälfte der Befragten damit zufrieden, ein weiteres Drittel steht der Auswahl mittelmäßig zufrieden gegenüber.

Abbildung 62: Conjoint Befragung: Subjektiv empfundene Aufgabenkomplexität (n=217)

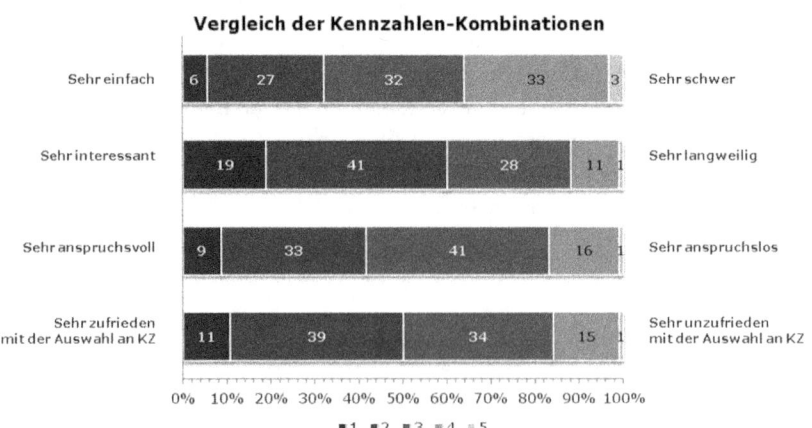

Die Analyse zeigt, dass die Haupteffekte der unabhängigen Variablen *Aktualität* und der *finanziellen* und *nicht-finanziellen Kund/innenkennzahlen*, der *finanziellen Sortimentskennzahlen* und der *finanziellen* und *nicht-finanziellen Mitarbeiter/innenkennzahlen* hochsignifikant sind *(p<0,01)*. Die einzige Kennzahl, die keine signifikante Auswirkung hat, ist die zur Verfügung gestellte nicht-finanzielle Sortimentskennzahl *(p=0,539)*. Der moderierende Effekt der Strategieausrichtung hat auf die Nützlichkeitseinschätzung keine signifikante Auswirkung (p=0,089). Es treten jedoch signifikante Interaktionseffekte in Hinblick auf die Aktualität der bereitgestellten Reports *(p<0,05)* und hinsichtlich der zur Verfügung stehenden finanziellen Sortimentskennzahlen *(p<0,05)* und nicht-finanziellen Kund/innenkennzahlen *(p<0,05)* auf.[21]

Tabelle 73: Conjoint-Befragung – Ergebnisse gemischtes lineares Modell (GLM) (*p<0,05; **p<0,01)

Quelle	Zähler-Freiheitsgrade	Nenner-Freiheitsgrade	F-Wert	Signifikanz
Konstanter Term	1	215	4927,28	,000**
Gruppe	1	215	2,91	,089
Aktualität	3	215	16,54	,000**
Kunde (FK)	1	215	34,03	,000**
Kunde (NFK)	1	215	101,36	,000**
Sortiment (FK)	1	215	159,56	,000**
Sortiment (NFK)	1	215	0,38	,539
Mitarbeiter (FK)	1	215	62,80	,000**
Mitarbeiter (NFK)	1	215	68,79	,000**
Strategie * Aktualität	3	215	2,93	,035*
Strategie * Kunde (FK)	1	215	1,69	,195
Strategie * Kunde (NFK)	1	215	11,67	,001**
Strategie * Sortiment (FK)	1	215	4,72	,031*
Strategie * Sortiment (NFK)	1	215	0,11	,737
Strategie * Mitarbeiter (FK)	1	215	0,23	,629
Strategie * Mitarbeiter (NFK)	1	215	0,60	,441

---

21 Anm.: Die Parameterschätzer werden im Anhang E präsentiert.

In der Untersuchung wurden den Probanden die unterschiedlichen Kennzahlen entweder explizit vorgelegt (Abbildung 63; hellgrau hinterlegt) oder darauf hingewiesen, dass diese nicht an den Filialleiter bzw. die Filialleiterin kommuniziert werden (Abbildung 63; dunkelgrau).[22] Nachfolgende Abbildung zeigt im Detail, wie sich die Nutzenausprägungen verändern, je nachdem, ob eine Kennzahl im Set vorhanden ist oder nicht. Dabei bildet *„empfundene Nützlichkeit"* die abhängige Variable. Die Skala ist von *„1=Sehr nützlich"* bis *„5=Gar nicht nützlich"* zu lesen.

Abbildung 63: Conjoint-Befragung: Nutzenausprägungen der Kennzahlen-Sets (n=217)

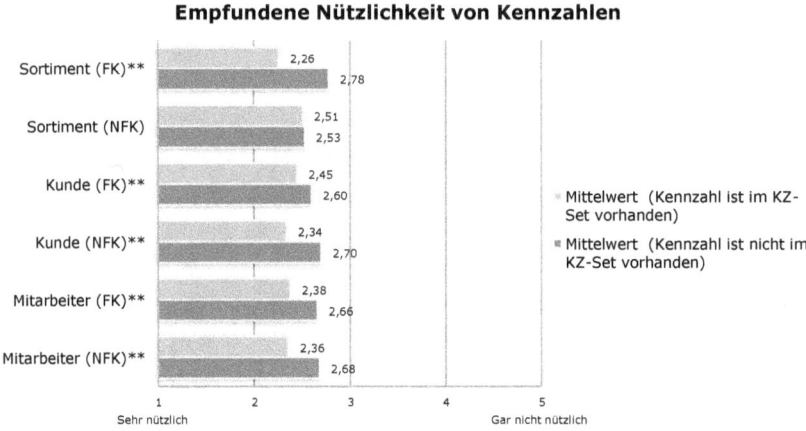

Abbildung 63 ist wie folgt zu interpretieren: Die Probanden sehen es durchgehend als nützlicher an, Kennzahlen bereitgestellt zu bekommen als gänzlich darauf zu verzichten, was durch den Unterschied von hell- zu dunkelgrauen Balken bei der jeweiligen Kennzahlendimension abzulesen ist. Den größten Nutzen stiftet mit einem Mittelwert von 2,26 die Bereitstellung der finanziellen Sortimentskennzahl *„Umsatz/Absatz",* gefolgt von der nicht-finanziellen Kund/innenkennzahl *„Kund/innenzufriedenheit"* (M=2,34) und der nicht-finanziellen Mitarbeiter/innenkennzahl *„Mystery Shopper Evaluierung".* Wird jedoch die finanzielle Sortimentskennzahl *„Umsatz/Absatz"* nicht bereitgestellt, wird dies mit einer Nutzenausprägung von 2,78 als am ungünstigsten eingeschätzt. Gleichzeitig bedeutet das, dass es einen hochsignifikanten Unterschied in der

---

22 Anm.: Der genaue Aufbau der Instruktion und Fragestellung ist im Anhang D ersichtlich.

Empirisch quantitative Forschung   279

Nutzenausprägung zwischen Bereitstellung und Nicht-Bereitstellung bei dieser Kennzahl gibt. Auch bei Kund/innenkennzahlen und Mitarbeiter/innenkennzahlen sind hier hochsignifikante Unterschiede ersichtlich. Einzig die nichtfinanzielle Sortimentskennzahl „Out-of-Stock-Rate" zeigt keine signifikanten Unterschiede hinsichtlich der Bereitstellung oder Nicht-Bereitstellung und spielt mit einem Mittelwert von 2,51 bei Bereitstellung bzw. 2,53 bei Nicht-Bereitstellung eine untergeordnete Rolle.

In einem nächsten Schritt wird die Aktualität der Bereitstellung analysiert (Abbildung 64). Monatliche Bereitstellung liefert die höchste Nutzenausprägung *(M=2,31; SD=0,75)*, gefolgt von wöchentlicher Bereitstellung *(M=2,49; SD=0,63)*. Tägliche *(M=2,66; SD=0,63)* und jährliche Bereitstellung *(M=2,62; SD=0,97)* werden in etwa gleich (un)nützlich eingeschätzt.

Abbildung 64: Conjoint Befragung: Aktualität der Bereitstellung (n=217)

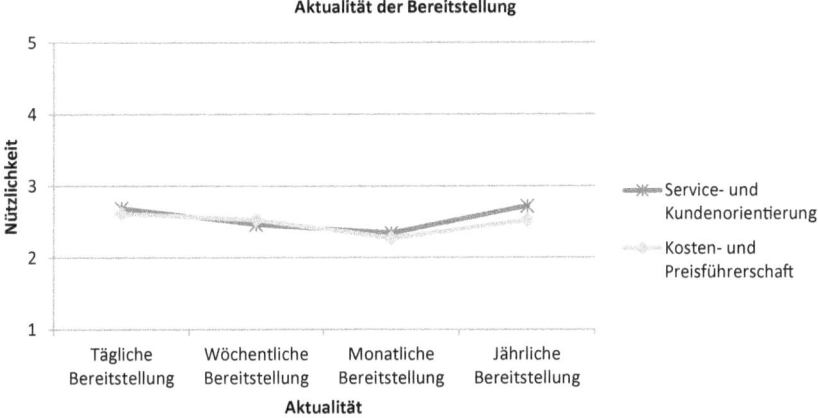

Insgesamt können signifikante Unterschiede in der Aktualität der Bereitstellung von Kennzahlen nachgewiesen werden $(F_{df(2,33)}=13,99; p<0,01; \eta^2=0,06)$. Die Stärke des Effekts kann mit einem η^2 von 0,06 als schwach eingestuft werden. Zwischen den Gruppen gibt es keine Unterschiede $(F_{df(2,33)}=1,64; p=0,19)$. Zwischen täglicher, wöchentlicher und monatlicher Bereitstellung werden signifikante Unterschiede identifiziert *(p<0,01)*. Monatliche Bereitstellung unterscheidet sich zusätzlich auch signifikant zur jährlichen Bereitstellung *(p<0,01)*.

Tabelle 74: Conjoint Befragung: Aktualität der Bereitstellung (t-Test)

(i) Faktor	(j) Faktor	t	sign.
Täglich	Wöchentlich	3,39	,01
	Monatlich	5,58	,00
	Jährlich	0,41	1,00
Wöchentlich	Täglich	-3,39	,01
	Monatlich	4,13	,00
	Jährlich	-1,94	,31
Monatlich	Täglich	-5,58	,00
	Wöchentlich	-4,13	,00
	Jährlich	-5,58	,00
Jährlich	Täglich	-,41	1,00
	Wöchentlich	1,94	,31
	Monatlich	5,58	,00

Der Umfang an Kennzahlen wirkt sich signifikant auf die Nutzeneinschätzungen aus $(F_{df(2,54)}=54{,}90; p<0{,}01; \eta^2=0{,}20)$. Auch zwischen den Gruppen gibt es nachweisbar signifikante, wenn auch äußerst schwache Effekte in der Einschätzung der Nützlichkeit $(F\,(1,\,216)=4{,}70,\,p<0{,}05;\,\eta^2=0{,}02)$.

Interessant ist hier vor allem der Unterschied der ersten Faktorstufe zwischen den Blöcken[23]: In der Befragung wurde die tägliche Bereitstellung von *Umsatz und Absatz* als singuläre Kennzahl abgefragt. Kosten- und Serviceorientierung führen dazu, dass diese, wohl in der Handelspraxis übliche Vorgehensweise mit einem Mittelwert von 2,60 *(SD=1,36)* auch vergleichsweise nützlich eingeschätzt wird. Service- und Kund/innenorientierung hingegen lassen diese Form der Bereitstellung als eher unnützlich erscheinen *(M=3,30; SD=1,15)*. Dies ist auch der einzig signifikante Unterschied zwischen den Gruppen „Service- und Kundenorientierung" und „Kosten- und Preisführerschaft" *(t=4,06; p<0,01)*. Schließlich zeigt der Umfang der bereitgestellten Kennzahlen-Sets, dass umfangreiche Sets mit fünf Kennzahlen in beiden Gruppen die höchsten Nützlichkeitswerte aufweisen *(M=1,87, SD=0,74)*.

---

23 Anm.: Levene-Test auf Varianzhomogenität ist signifikant (p<0,05). Die Aussagen müssen daher mit Vorsicht interpretiert werden.

Abbildung 65: Conjoint Befragung: Umfang der Bereitstellung (n=217)

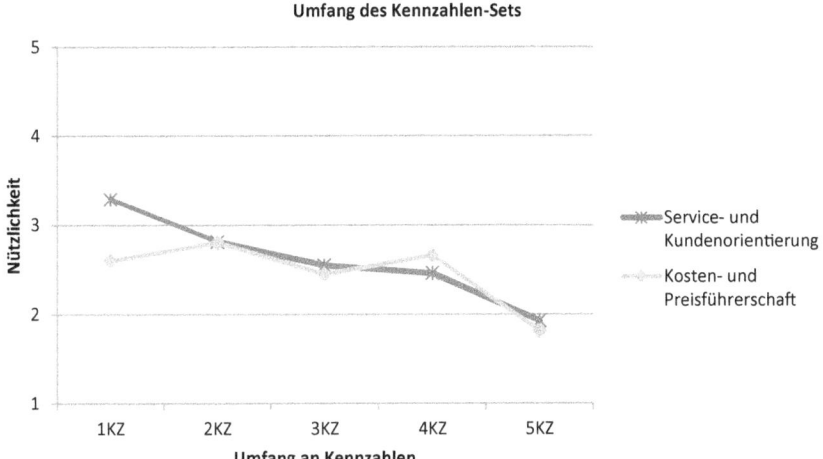

Diese einzelnen Ergebnisse führen im letzten Analyseschritt zur Evaluierung unterschiedlicher Kennzahlensets in ihrer Gesamtheit. Es zeigen sich folgende signifikante Ergebnisse ($F_{df(10,37)}=34,30; p<0,01; \eta^2=0,14$). Am nützlichsten werden Berichtsarten bewertet, die umfassend sind und die Dimensionen Sortiment, Kund/innen und Mitarbeiter/innen verbinden. Diese sollten aber idealerweise im Monatsrhythmus kommuniziert werden. Eine tägliche Bereitstellung mindert die Einschätzung der Nützlichkeit. Aus diesem Grund werden die Kombination (1) monatliche Berichte über Umsatz/Absatz, Out-of-Stock, Ausgaben pro Kunde und Umsatz pro Mitarbeiter, (2) monatliche Berichte über Umsatz/Absatz, Kundenzufriedenheit und Mystery Shopper, (3) jährliche Berichte über Umsatz/Absatz, Ausgaben pro Kunde, Kundenzufriedenheit, Umsatz pro Mitarbeiter und Mystery Shopper und (4) wöchentliche Berichte über Umsatz/Absatz, Out-of-Stock, Ausgaben pro Kunde, Kundenzufriedenheit und Mystery Shopper am Nützlichsten angesehen.

Service- und Kund/innenorientierung führt dazu, dass ein ausbalanciertes, umfangreiches Kennzahlensct auch im täglichen Kontext als nützlich angesehen wird *(M=2,25; SD=1,10)*. Bei Effizienzorientierung hingegen wird diese Kombination im täglichen Kontext am ungünstigsten eingeschätzt *(M=2,67; SD=1,07)*. Diese präferieren im Handelsalltag ein Kennzahlenset, dass neben finanziellen Sortimentsberichten auch Kund/innenkennzahlen evaluiert *(M=2,52; SD=0,96)*.

282 Empirisch quantitative Forschung

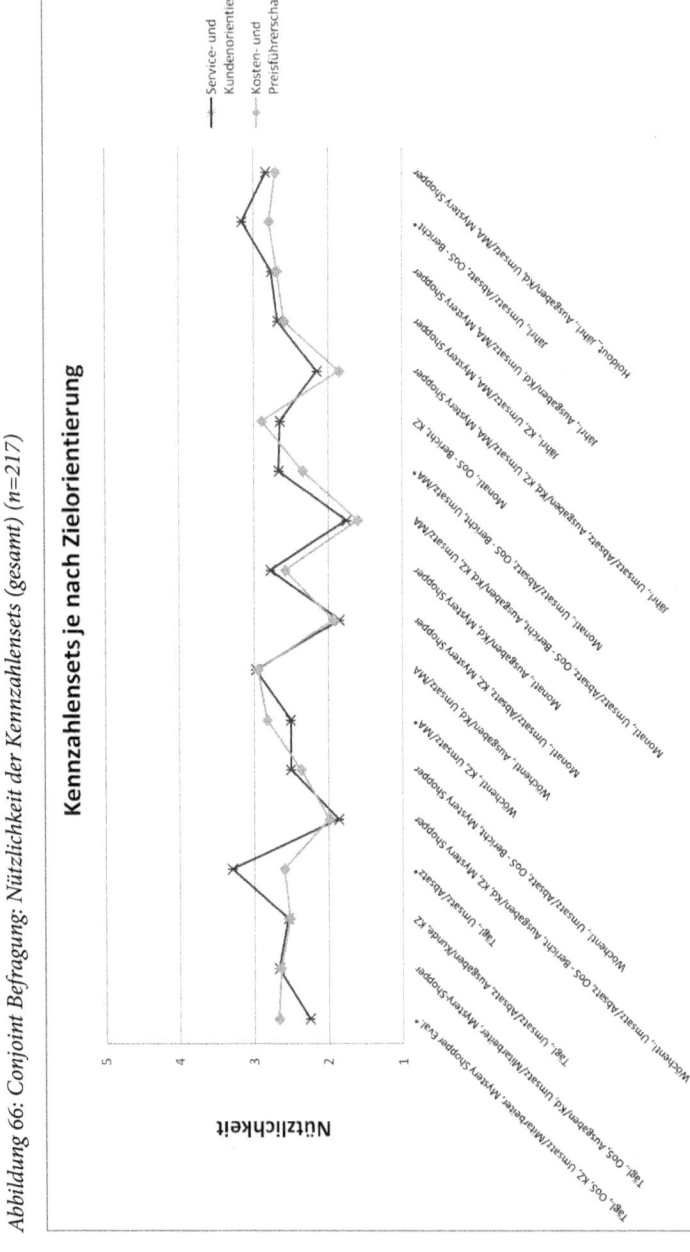

Abbildung 66: Conjoint Befragung: Nützlichkeit der Kennzahlensets (gesamt) (n=217)

Auch im Wochen- *(M=1,86; SD=0,83)* und Monatsrhythmus *(M=1,76; SD=1,03)* werden umfangreiche, ausbalancierte Sets bei Service- und Kund/innenorientierung bevorzugt. Die Bereitstellung von jährlichen Berichten wird – ähnlich wie auch die tägliche Bereitstellung – als mittelmäßig nützlich eingeschätzt. Kosten- und Preisführerschaft zeigen im wöchentlichen *(M=1,98; SD=0,84)* und monatlichen Kontext *(M=1,61; SD=0,91)* die höchsten Nutzeneinschätzungen bei umfangreichen Kennzahlensets. Hier ist vor allem die Kombination aus den Bereichen Sortiment und Kund/innen wichtig. Dies setzt sich auch in der jährlichen Berichtsperiode fort *(M=1,85; SD=1,21)*.

7.2.4 Zusammenfassende Darstellung und kritische Reflexion

Wie in Kapitel 4.5 theoretisch hergeleitet, interessierten die empfundenen Nutzenausprägungen von ausgewogenen im Vergleich zu kompakten, finanzorientierten Kennzahlen-Sets. Wie die Analyse zeigt, stiften auf der Individualebene ausbalancierte Sets höheren Nutzen. Dies gilt für serviceorientierte Strategien wie für Kosten- und Preisführerschaft gleichermaßen. Daher kann $H1a_{Conjoint}$ angenommen werden; $H1b_{Conjoint}$ muss jedoch verworfen werden. Mit diesem Ergebnis in Einklang steht die Erkenntnis, dass umfangreichere Kennzahlensets präferiert werden ($H2_{Conjoint}$). Dies muss aber kritisch hinterfragt werden. Gibt man Entscheidungsträger/innen die Möglichkeit, mehr Informationen für ihre Entscheidungen heranziehen zu können, so empfinden sie Zusatzinformation als nützlich. Das bedeutet aber noch nicht, dass Entscheidungen objektiv besser getroffen werden. Doch bei näherem Hinsehen wird ersichtlich, dass nicht jede umfangreiche Kombination als nützlich erachtet wird. Hier kommt es vor allem auf den richtigen Mix in der jeweiligen Situation an. Aus diesem Grund ist es auch nachvollziehbar, warum es keinen linearen Anstieg in der Nützlichkeitsbewertung und dem Umfangausmaß gibt. Zeitnähe und Aktualität der Bereitstellung war der letzte Punkt, der analysiert wurde. Es zeigte sich, dass monatliche Berichterstattung gefolgt von wöchentlicher Bereitstellung die attraktivste Wahlmöglichkeit ist. Die Probanden scheinen hier folgenden Kompromiss einzugehen: Auch wenn umfangreiche Information gewünscht wird, so soll diese in zeitlich längeren Abständen kommuniziert werden. Aus diesem Grund kann $H3_{Conjoint}$ nicht uneingeschränkt angenommen werden.
Limitation:
Auf der Individualebene gehen zahlreiche Forschungsbestrebungen in Richtung Nutzenevaluierung von Performance Measurement. Ist Erfolgsmessung aber tatsächlich in der Lage, die Realität abzubilden? Häufig wird kritisiert, dass Performance Measurement ihrer Informationsfunktion nachkommt, aber die kommunizierten Inhalte für Individuen teilweise zu umfassend sind und daher im Entscheidungsprozess nicht berücksichtigt werden. Die Ergebnisse der vorlie-

genden Studie zeigen, dass auf der individuellen Ebene ausgewogene im Vergleich zu beschränkten Kennzahlen-Sets als nützlicher empfunden werden. Dennoch darf nicht davon ausgegangen werden, dass jede zusätzliche Kennzahl, die kommuniziert wird, auch zu einer Nutzensteigerung auf der Individualebene führt. Die Wahl „passender" Instrumente scheint hier eine Grundvoraussetzung für die anschließende „Verwendung" von dieser Information als Entscheidungsgrundlage zu sein. Doch damit nicht genug: Auch die darauf folgende Interpretation und folgerichtige Schlussfolgerungen sind Voraussetzungen für die Umsetzung in rationale und ökonomisch sinnvolle Maßnahmen (Berger 2004, 88). Welche Handlungen die Verknüpfung einzelner Kennzahlen auf der Store Ebene auslösen, kann durch das vorliegende Studiendesign aber nicht gezeigt werden.

Kritik an der **Conjoint Analyse** wird in der Hinsicht geäußert, dass der Fokus auf den ausgewählten Merkmalseigenschaften liegt und der Facettenreichtum, der in der realen Welt vorherrscht ungenügend berücksichtigt wird (Jahn 2013, 12). So deckt der Stimulus nur einen Teil der Entscheidungsgrundlage ab (Demski 2008; Höser 1998, 57). Dem kann im vorliegenden Fall entgegengewirkt werden, dass durch zuvor durchgeführte qualitative Studien konsequent darauf Rücksicht genommen wurde, Praxis- und Theorienähe zu wahren. Ein weiterer Punkt, der kritisch hinterfragt werden muss, betrifft die Annahme eines rationalen Beurteilungsprozesses. Dieser unterstellt, dass kaum Verzerrungen vorliegen und dadurch Präferenzbildung transparent gemacht werden kann. Es gilt aber zu bedenken, dass eine subjektive „Psycho-Logik" in der Regel ausgeschaltet ist und daher Heuristiken oder intuitiven Schlüssen, Emotionen oder Vorurteilen genauso in die Entscheidungsfindung einbezogen werden, die jedoch bei conjoint-analytischen Untersuchungen nicht inkludiert werden (Christl 2007, 107).

Conjoint Analysen können nicht am Schreibtisch entstehen. Sie bedürfen einer Validierung durch Untersuchungspersonen im Vorfeld. Daher müssen möglichst viele unterschiedliche Quellen herangezogen werden. Diese Studie ist ein erster Versuch der Operationalisierung, die durch zukünftige Manager/innen in fiktiven Situationen abgefragt wurde. Die Herangehensweise wurde durch Expert/inneninterviews, Pretests mit Handelsexpert/innen, Studierenden und Wissenschaftlern getestet. Die Designumsetzung passierte in mehreren Pretest-Wellen. Besonderes Augenmerk wurde auf die Verständlichkeit der Aufgabenstellung gelegt. Weiters wurde durch grafische Auflockerungen im Studienverlauf („*Smilies*") der **Ermüdungseffekt** vermindert. Dennoch kann nicht ausgeschlossen werden, dass die Ähnlichkeit der Vignetten dazu führt, Unterschiede in der Bedeutung nicht verarbeiten zu können. Die Ergebnisse zeigen, dass die Effektstärke des vorliegenden Designs als hoch einzustufen ist. Im nächsten Schritt sollte eine Managementbefragung angedacht werden, um praxisnahe Einsichten zu erhalten

8 Zusammenfassende Darstellung und kritische Reflexion des Gesamtprojekts

Ist eine ganze Dissertationsschrift zum Thema „*operative Ausrichtung von Performance Measurement im Marketingkontext*" nicht ein Paradoxon für sich? Hammann (2000, 198) merkt kritisch an: „Ein ‚operatives' Marketing existiert in dieser Sichtweise nicht. [...] Ein Gleiches gilt für ‚marktorientierte Unternehmensführung'. Marketing ist Unternehmensführung. Einer dieser Begriffe könnte folglich eingespart werden, was dann im Übrigen auch für ‚Controlling' (i.s. einer Führung, Steuerung und Kontrolle der Aktivitäten in allen Bereichen der Unternehmung) gelten müsste, da eine Trennung gegenüber ‚Unternehmensführung' einerseits und ‚Marketing' andererseits nicht nachvollziehbar ist". Hammanns Kritik lehnt zwar eine operative Sichtweise ab, erkennt aber die Schnittstelle zwischen Marketing und Controlling an. Die praxistheoretische Verortung der vorliegenden Arbeit zeigt, dass gerade die Anwendung und Umsetzung von Performance Measurement am POS ein zentraler Erfolgsfaktor ist. Dadurch wird die exklusive strategische Perspektive um eine operative Sichtweise ergänzt und die Umsetzung langfristiger Zielorientierung, die im Handelsalltag gelebt wird und Niederschlag findet, reflektiert (Feldman/Orlikowski 2011, 1243). Die zu Beginn gestellte Forschungsfrage lautete:

Hauptforschungsfrage:
Wie soll Performance Measurement ausgestaltet sein, um operative Entscheidungen von Handelsmanager/innen auf der Store-Ebene zu unterstützen?

Aus einem **theoretischen Bezugsrahmen**, der (1) den Begriff „Performance Measurement" und dessen Dimensionalität beleuchtet, (2) die strukturellen Gegebenheiten und Zielsetzungen der Branche im Auge behält und dabei (3) konkret die Bedürfnisse im Handelsmanagementkontext in Hinblick auf die Ausgestaltung von Performance Measurement diskutiert, leitet sich ein mehrstufiges Studiendesign ab, um Antworten für diese Forschungsfrage zu geben. Die übergeordneten Zielsetzungen verfolgen dabei den Anspruch, sowohl deskriptive Grundlagen zu liefern, theoretische Erkenntnisse weiter voranzutreiben und schließlich Implikationen für Wissenschaft und Praxis zu geben. Wie sich das konkret für das vorliegende Projekt gestaltet, wird durch Abbildung 67 dargestellt und im Folgenden noch einmal abschließend diskutiert.

Abbildung 67: Ziele der Wissenschaft (in Anlehnung an Töpfer 2007, 3)

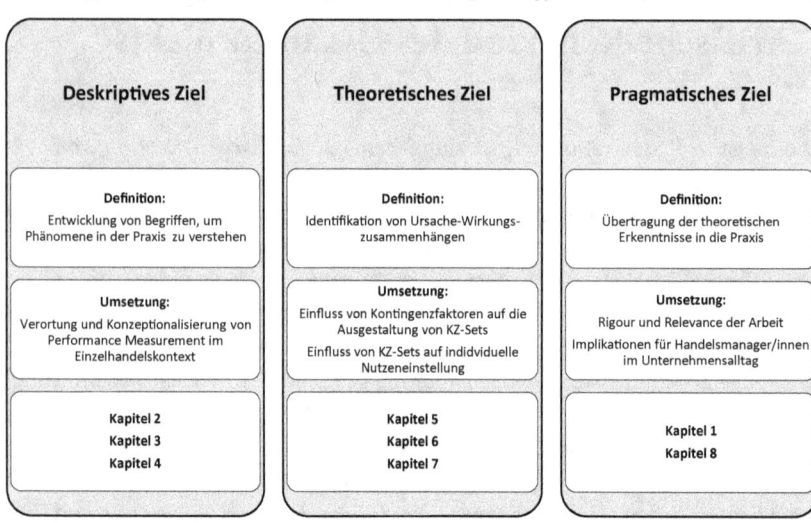

Der Fokus der vorliegenden Arbeit lag auf großen und/oder erfolgreichen Unternehmen des stationären Einzelhandels. Daher sind die Ergebnisse in der wissenschaftlichen Diskussion in einem Kontext zu verorten, der auf wettbewerbsintensiven und hoch professionellen Strukturen aufbaut. Organisationstheorien beschäftigen sich damit, diese zugrunde liegenden Rahmenbedingungen und Verbindungen miteinander zu erklären. Eine ganzheitliche Interpretation der Marketingaktivitäten und deren Erfolgsmessung – wie von Bagozzi/Phillips (1982) bereits vor über 30 Jahren gefordert – wird in diesem Zusammenhang angestrebt, um Theoriewissen voranzutreiben und solides und fundiertes, konzeptionelles Denken hervorzubringen. Die Herausforderung liegt jedoch in der methodischen Umsetzung. Abgeleitet aus den zu Beginn der Arbeit formulierten Zielsetzungen vereinten sich positivistische, realistische und instrumentelle Züge, die eine umfassende Betrachtung möglich machten. Die Herangehensweise war somit weder rein deduktiv oder formalistisch, noch eindeutig explorativ. Damit wird nicht nur gewährleistet, dass sich Theoriewissen näher am tatsächlichen Praxisproblem entwickeln kann, sondern auch dass eine „atomistische" Forschung durch diese Methodenpluralität umgangen wird (Bagozzi/Phillips 1982, 460–461).

8.1 Zusammenfassende Darstellung und Implikationen für die Wissenschaft

Einen Forschungsstrom der Gegenwart bildet die Ausgestaltung und Verwendung von Performance Measurement beeinflusst durch kontingenztheoretische Besonderheiten – und hier vor allem beeinflusst durch das **Zusammenwirken mehrerer Kontingenzfaktoren gleichzeitig**. Ziel ist es, auf Marktgegebenheiten entsprechend schnell reagieren zu können und gestützt auf Erfolgsgrößen „marktorientiert" zu führen (Jaworski/Kohli 1993, 54). In der vorliegenden Arbeit wird die Einbeziehung von Performance Measurement im Arbeitsalltag von Handelsmanager/innen in unterschiedlichen Einzelhandelssektoren diskutiert und hinsichtlich Umfeld- und Umwelteinflüssen beleuchtet. Obwohl sektorenspezifische Unterschiede identifiziert werden, so konnte auch gezeigt werden, dass Store Manager/innen über alle Sektoren hinweg vergleichbare Erfolgsgrößen heranziehen. Die verwendeten Kennzahlen ähneln sich und reflektieren im operativen Bereich die Grundfunktionen des Handels. Dennoch müssen Fragen hinsichtlich der Ausgestaltung der Unternehmensstrategie, der technologischen Infrastruktur und weiterer Kontingenzfaktoren genauso hinterfragt werden, wie die Festlegung und Umsetzung des Handelsmarketingmix. Auch in Zukunft werden Forschungsbestrebungen zum Ziel haben, diese Faktoren miteinander zu verbinden, um eine holistische Perspektive zu erlangen und damit aussagekräftige Erkenntnisse im Bereich Performance Measurement zu erhalten.

Basierend auf einer **praxistheoretischen Analyse** konnte weiters gezeigt werden, wie komplex Prozessabläufe auf der Store Ebene im Einzelhandel sind. Externe, schwer prognostizierbare Faktoren wie Wetter, Saisonalität oder Kund/innendiversität, die instore-logistische Prozesse maßgebend beeinflussen, wurden identifiziert (Harrauer/Schnedlitz 2016). Weiters wurde auf einer Individualebene erarbeitet, wie diese und weitere Faktoren den Einsatz von und den Umgang mit Performance Measurement beeinflussen. Hand in Hand mit hoher Kompetenz von Store Manager/innen gepaart mit eigenverantwortlichem Denken können diese Faktoren geschickt zu einer überdurchschnittlichen Filialperformance genutzt werden. Diese Erkenntnis unterstreicht auf einer qualitativen Ebene, dass eine systematische Verknüpfung mehrerer Faktoren bei Entscheidungsprozessen stattfindet.

Modelle des Entscheidungsverhaltens setzen genau hier an und versuchen (1) eine Auswahl von Variablen zu treffen, (2) diese miteinander in Verbindung zu setzen und daraus (3) das Entscheidungsverhalten von Individuen zu erklären (Kroeber-Riel et al. 2009, 415). Basierend auf der Problemstellung der vorliegenden Arbeit, galt es herauszufinden, wie Information, die auf der Filialebene zur

Verfügung steht, von Individuen wahrgenommen wird und wie diese genutzt werden kann, um **entscheidungsunterstützend** zu wirken. Mehrere Informationsquellen – darunter auch Erfolgskennzahlen – werden Entscheidungsträgern und Verantwortlichen kommuniziert. Weiters werden Faktoren wie Berufserfahrung und Intuition als Grundlage für eigenverantwortliche Entscheidungen genannt. Daher stellt sich folgende Frage: Handeln die Verantwortlichen eher affektiv oder ziehen sie Erfolgskennzahlen im Sinne einer kognitiven Algebra heran, um Entscheidungen im Arbeitsalltag zu treffen (Kroeber-Riel et al. 2009, 417)? Die Analysen zeigten, dass Erfolgskennzahlen das Grundgerüst für Arbeitsabläufe auf der Store Ebene darstellen. Gedankliche Kalkulationen sind bei Bestellvorgängen oder Mitarbeiter/inneneinsatzplanungen unumgänglich. Durch die Kombination unterschiedlicher Kennzahlen werden Wissensstrukturen bei den Verantwortlichen aufgebaut, die wesentlich für den Erfolg von Einzelhandelsunternehmen sind. Ein bekanntes Beispiel für die Verknüpfung von Kennzahlen aus der Handelsmarketing-Praxis ist das *Parfitt-Collins-Modell*, das zur Analyse von Warengruppen herangezogen wird. Durch Multiplikation von Käuferreichweite, Wiederkaufsrate und Ausgaben von Käufer/innen können Marktanteile für Warengruppen berechnet werden (Müller-Hagedorn/Natter 2011, 254). Dieses Beispiel zeigt, dass Kennzahlen in einen Bezug gesetzt werden, um weitere Schlussfolgerungen und Interpretationen abzuleiten. Die Ergebnisse der Conjoint Analyse schließen hier an: Umfassende Bereitstellung von Kennzahlen „mit den richtigen Inhalten", also mit der Verknüpfung mehrerer Perspektiven, bringt den größten Nutzen auf der Individualebene mit sich. Wie aber die Kombination der Information im Detail stattfindet und welche konkreten Handlungen daraus abgeleitet werden, konnte mit dem vorliegenden Untersuchungsdesign nicht analysiert werden. Dies sollte im Zuge weiterer Forschung näher untersucht werden.

Eine regelmäßige Ausbildung hinsichtlich Kennzahlenverständnis und Prozessoptimierung auf der Filialebene und umfangreicher Austausch mit anderen Organisationsmitgliedern sind maßgebend, um neben einem hohen Identifikationsniveau mit dem Gesamtunternehmen auch eine gesteigerte Gesamtperformance des Unternehmens zu erzielen. Dies geht mit der Forderung von Reinartz et al. (2011) einher, der Erkenntnisse für ein Unternehmen nicht nur auf einem Organisationsniveau sondern auch auf einem funktionalen Niveau kommuniziert haben will. Aus diesem Grund werden neue Daten-Analyse-Fähigkeiten, wie der Einsatz von **Dashboards** (Pauwels et al. 2009) oder **OLAP-Modellen** (Paul 2014), gefordert, die auch auf der Store Ebene verstärkt umgesetzt werden sollen.

Neben der soeben diskutierten Funktion der Entscheidungsunterstützung wird Performance Measurement auch als **entscheidungsbeeinflussende Instanz**, die eine zentrale Rolle für die Erledigung der Arbeitsaufgaben spielt, anerkannt (van Veen-Dirks 2010, 144). Gerade **variable Vergütungsbestandteile** sind hier wesentlich. Im österreichischen Kontext ist Mitarbeiter/innenperformance in den untersuchten Fällen zumeist rein an finanzielle Erfolgsfaktoren gebunden. Ein Bericht einer Tageszeitung titelte in diesem Zusammenhang jüngst mit „*Vergütung wird wieder altmodisch*" (Bauer 2014): Während Vergütungsmodelle von Top Manager/innen seit Beginn der Wirtschaftskrise in Österreich auf qualitative Faktoren ausgerichtet waren, so rudern Unternehmen zunehmend zurück und ziehen zentrale Unternehmenskennzahlen als Bewertungsbasis heran. „Weg von ‚Hab-dich-lieb'-Indikatoren, wieder hin zu ‚harten' Umsatz und Gewinngrößen", lautete die Zusammenfassung des Berichtes. Die vorliegende Manager/innenbefragung (Kapitel 7.1) stützt diese Einschätzung und zeigt, dass Finanzkennzahlen bei weitem am Wichtigsten bewertet werden, wenn es um Bonifikationssysteme geht. Die Untersuchung zeigt aber auch, dass jene Handelsmanager/innen, deren Vergütung auf Kennzahlen ausgerichtet ist, Performance Measurement *generell* positiver gegenüber stehen. Dieses persönliche Nutzenempfinden kann herangezogen werden, um eine zielgerichtete Lenkung des Verhaltens auf der Store Ebene durch Erfolgskennzahlen auch in Zukunft zu forcieren. Weiters kann aus den Ergebnissen abgeleitet werden, dass Top Manager/innen im Handelsalltag signifikant mehr Finanzkennzahlen heranziehen, während auf der Store Ebene eine Mischung aus nicht-finanziellen und finanziellen Kennzahlen vorzufinden ist. Kritisch hinterfragt wird von Mitarbeiter/innen auf der Store Ebene daher, warum bspw. Mystery Shopper-Aktivitäten gesetzt oder Kund/innenzufriedenheitsstudien unternehmensweit durchgeführt werden, wenn diese scheinbar keine direkten Auswirkungen auf die Filialprozesse haben (Kapitel 5.5). Hier werden Ineffizienzen in der Unternehmenskommunikation und funktionalen Ausgestaltung von Performance Measurement aufgedeckt, die es in zukünftigen Untersuchungen näher zu beleuchten gilt.

Auf der **instrumentalen Ebene** ist die Multidimensionalität von Performance Measurement bereits durch dessen Definition gegeben (Gleich 2001, 11–12). Diesem Aspekt wurde in der vorliegenden Arbeit besondere Aufmerksamkeit geschenkt. Ziel war es, Performance Kennzahlen, die im Handelskontext genannt wurden, zu kategorisieren. Die Basis lieferten Literaturanalyse (Kapitel 5) und problemzentrierte Interviews (Kapitel 6). Diese Kategorien wurden später herangezogen, um die empirisch quantitativen Studien durchzuführen. Um jedoch der Kritik einer Einperiodenbetrachtung zu entgehen, gibt Tabelle 75 einen Überblick der Verwendung von Kennzahlen, die als Schlüsselkennzahlen in der Handels- und Marketingpraxis gelten. In grau hinterlegt sind jene Erfolgsgrößen, die die höchste erhobene Verwendungsrate in Prozent aufweisen. Interessant ist der Blick auf die Ergebnisse von Reinecke/Reibstein (2002) im Vergleich mit jenen der vorliegenden Arbeit, da beide die Implementierung von Erfolgskennzahlen im deutschsprachigen Raum aufzeigen.

Tabelle 75: Verwendung von Schlüsselkennzahlen in der Handels- und Marketingpraxis (Clark 2000, 18; Reinecke/Reibstein 2002, 22)

Erfolgskennzahl	Verortung: Marketing Autor: Clark (2000)	Verortung: Marketing und Verkauf Autoren: Reinecke/ Reibstein (2002)	Verortung: Einzelhandel Ergebnis Dissertation
Umsatz/Absatz	74 %	96 %	96 %
Gewinn/Profit	51 %	83 %	77 %
Marktanteil	50 %	65 %	56 %
Anzahl an Kund/ innenkontakt	49 %	-	45 %
Return (on Assets, Investment)	22 %	63 %	74 %
Rohertrag/DB	-	76 %	79 %
Preis/Preisabschläge/ (erzielter Preis)	-	50 %	77 %
Umsatzanteil und Wachstumsrate	-	53 %	Warengruppe: 73 % Marke: 57 %
Umsatz pro MA	-	52 %	60 %
Regalverfügbarkeit	-	38 %	54 %
Service-Orientierung	-	50 %	56 %
Servicequalität	-	41 %	51 %
Produktneueinführung	-	43 %	40 %
Andere	21 %	-	-

Die Ergebnisse demonstrieren in einem Referenzzeitraum von 15 Jahren, dass nicht-finanzielle Kennzahlen seit dem Jahr 2000 im Handelsmarketingkontext verstärkt eingesetzt werden. Eine weitere Erkenntnis der vorliegenden Arbeit ist, dass das Instrument „Erfolgskennzahl" auf der operativen Ebene als wichtig und in jedem Fall als nützlich angesehen wird (Kapitel 7.1und Kapitel 7.2): Die Ergebnisse der Conjoint Analyse zeigen, dass im Vergleich zu eindimensionalen oder beschränkten Sets umfassende Kennzahlensysteme, die mehrere Perspektiven miteinander vereinen, überdurchschnittlich empfundene Nutzenausprägungen aufweisen. Dies ist nachvollziehbar, wenn man sich noch einmal die unterschiedlichen Herausforderungen von Handelsmanager/innen im Tagesgeschäft vor Augen hält (Kapitel 6). Auch die Managementbefragung knüpft an diese Erkenntnis an, was insgesamt den Schluss zulässt, dass im Einzelhandelskontext nicht mehr von einer *„Rückständigkeit des Performance Measurement"* (Reynolds et al. 2005, 238) die Rede sein kann. Dafür ist die Informationsbasis auf der Store Ebene als zu umfangreich einzustufen. Wie jedoch das Zusammenspiel der einzelnen Kennzahlen im Sinne eines Performance Measurement Systems aussieht und welche monetären Nutzenbeiträge durch die Verwendung einzelner Kennzahlen resultieren, wird durch diese Studien nicht gezeigt. Dies bietet Ansätze für weitere Forschung.

„Marketing Analytics" und „Big Data" sind aktuell Schlagworte, die in diesem Zusammenhang sowohl in der wissenschaftlichen Diskussion als auch in der Praktikerliteratur im Fokus der Diskussion stehen (Germann et al. 2013; McAfee/Brynjolfsson 2012; Srinivasan et al. 2010). Technisch ist es möglich, umfassende Kennzahlensysteme und marktorientierte Informationsbestandteile in Geschäftsabläufe von Einzelhandelsunternehmen zu integrieren. Die Vorteile dieser holistischen Betrachtung von Erfolgsgrößen, die mehrere Leistungsperspektiven im Sinne einer Balanced Scorecard miteinander vereint, werden durch zahlreiche Studien belegt (Cardinaels/van Veen-Dirks 2010; Homburg et al. 2012a). Damit „Big Data" aber nicht zu einer Überforderung führt, werden auch zahlreiche Bestrebungen hinsichtlich der technischen „Händelbarkeit" von Erfolgskennzahlen unternommen. Durch Standard- oder Ad-hoc-Anfragen ist es in OLAP Systemen möglich, umfassende Informationslage so zu aggregieren und komprimieren, dass diese nur die relevanten Daten in Form einer Längsschnittanalyse widergeben (Paul 2014, 48). Dennoch wird in der wissenschaftlichen Auseinandersetzung kritisch mit **„Information Overload"** in Entscheidungsprozessen umgegangen. Vergleichbar mit der Diskussion zur „Consumer Confusion"[24] im Bereich der Konsument/innenverhaltensforschung, zeigt sich, dass eine Überforderung mit Information nachhaltig negative Auswirkungen auf die Entscheidungsqualität hat (Hirsch/Volnhals 2012). Dies bringt Little (1969, 1841) wie folgt auf den Punkt: „People tend to reject what they do not understand. The manager carries responsibility for outcomes. We should not be surprised if he prefers a simple analysis that he can grasp [...]".

---

24 Anm.: Für eine umfassende Diskussion vgl. Walsh et al. (2007)

Gerade für den Erfolg auf der Store Ebene zeigt dieser Ausspruch pointiert, wie wichtig es im Arbeitsalltag ist, den Nutzen von Kennzahlen zu kommunizieren und Verständnis für den Umgang mit Erfolgsgrößen zu schaffen. Die Erkenntnisse, die im Zuge dieser Arbeit durch mehrere Forschungsdesigns generiert wurden, präsentieren, dass Store Manager/innen durchaus ein „System an Informationen" im Alltag zur Verfügung haben. Die Herausforderung liegt jedoch darin, individuelle Präferenzen im Bezug auf die Ausgestaltung von Performance Measurement mit organisationalen Zielsetzungen zu vereinen. Kann man dies nicht bewerkstelligen, läuft man Gefahr, dass Mitarbeiter/innen, die neben den Basisaufgaben des Handelsalltags mit unterschiedlichen Erfolgskennzahlen versorgt werden, als komplex empfundene **„Decision Support-Systeme"** oder **„Performance Measurement Systeme"** ablehnen, ohne deren Mehrwert zu erkennen. Aus diesem Grund sollten die Erkenntnisse der vorliegenden Arbeit genutzt werden, um weiteres Theoriewissen im Bereich der „System"-Forschung zu generieren.

In großen Einzelhandelsunternehmen in Österreich und beinahe in allen untersuchten Einzelhandelsunternehmen in den USA haben Store Manager/innen die Möglichkeit, selbst Informationen aus dem System zu generieren und damit die **Flexibilität von Warenwirtschaftssystemen** zu nutzen. Einige Interviews und informelle Gespräche, die im Zuge der Forschungsarbeit geführt wurden, zeigten jedoch, dass in der österreichischen Handelspraxis dieser Vorteil nicht genutzt wird. Beispielsweise fehlen technische Schnittstellenverbindungen zwischen den Abteilungen Einkauf und Verkauf, teilweise müssen Analysen über die Umsatzentwicklung unterschiedlicher Warengruppen händisch kalkuliert werden usw. In einem Fachvortrag im Mai 2014 zum Thema „*Key Performance Indicators (KPIs) in Modern Retailing*" an der Wirtschaftsuniversität Wien wurde dieselbe Problematik angesprochen. Scharf kritisiert wurde die Rückständigkeit der österreichischen Einzelhandelsunternehmen, was die Ausschöpfung des Potenzials von Erfolgskennzahlen betrifft. Denn das bloße Bereitstellen von Information – ermöglicht durch Decision Support-Systeme oder Exceptional Reporting – bringt noch keinen optimalen Nutzen für ein Unternehmen (Lilien et al. 2004, 219; van Bruggen et al. 1998, 645). Die Frage bleibt nur, ob auf dieser Ebene auch kommuniziert wird, was diese Kennzahlen bedeuten, ob verstanden wird, welche Konsequenzen diese für die Handelsfiliale haben und ob überhaupt als Store Manager/in die Chance besteht, mit diesen Kennzahlen weiter zu arbeiten, also operative Maßnahmen eigenständig einzuleiten bzw. umzusetzen. Diese Frage sollten im Zuge von weiteren Arbeiten näher beleuchtet werden.

8.2 Zusammenfassende Darstellung und Implikationen für die Praxis

Zu Beginn der Wirtschaftskrise galt es, „*Krisenabwehrkräfte zu mobilisieren*". Daher wurde lautstark gefordert, „*Kennzahlen eines krisensicher finanzierten Unternehmens*" in den Vordergrund zu stellen, „*Erste Hilfe*" zu leisten und „*Liquiditäts-Check, Maßnahmen zur Sicherung der Liquidität, Maßnahmen zur Senkung des Kapitalbedarfs (Erhöhung des Kapitalumschlags), Maßnahmen zur Steigerung des Eigenkapitalanteils bzw. Senkung des Fremdkapitalanteils, Umschichtung von Krediten*" und nicht zuletzt „*Verschlankung durch Outsourcing*" zu betreiben (Key Account 2009, 2). Als Initiative installierte die Wirtschaftskammer Österreich, Sparte Handel, den Handelsrechner (WKO Sparte Handel 2014), um vor allem KMUs zu unterstützen und ihnen zu zeigen, wie diese wirtschaftlich aufgestellt sind. Doch was hier als Grundlage betriebswirtschaftlichen Denkens interpretiert werden kann, stellt sich in der Handelspraxis schwieriger dar als gedacht.

Eine Herausforderung der Handelsmanagementpraxis im stationären Kontext ist die steigende Bedeutung des **Online-Handels**. Zu den attraktivsten Warengruppen, die im Internet gekauft werden, zählen Bekleidung, Urlaubsunterkünfte und Bücher (Statistik Austria 2014). In diesen Sparten sind Unternehmen des stationären Einzelhandels bereits mit Online-Händlern als ernstzunehmende Konkurrenten konfrontiert (Schnedlitz et al. 2013, 250). Und nun liebäugeln auch Herstellerunternehmen wie *Procter & Gamble* mit dem Direktvertrieb über das *World Wide Web*, um „*endlich*" kostengünstigeren, uneingeschränkten Zugang zu jenen Daten zu erhalten, die sie sonst teuer zukaufen müssen (Key Account 2014). In diesem Zusammenhang zeigen die Erkenntnisse der vorliegenden Arbeit klar, dass im U.S. amerikanischen Kontext Performance-Kennzahlen auf der Store Ebene bereits deswegen intensiv evaluiert werden, um den *Unique Selling Proposition* „Service" gegenüber dem Online-Bereich noch stärker ausbauen zu können (Kapitel 6.3). Egal wie man es nennen mag – „*E-Volution im Handel*", „*Cross Channel Retailing*" oder „*Omnichannel Retailing*" (Key Account 2012b, 14–15; Schramm-Klein/Wagner 2013, 487) – das **Wheel of Retailing** (McNair 1931) scheint sich weiterzudrehen. Auch wenn der FMCG-Bereich und hier vor allem der Lebensmitteleinzelhandel bisher von dieser Tendenz verschont bleiben (Heinemann 2014, 2), so lässt sich ableiten, dass Unternehmer nicht auf die nächste „Bedrohung" in Form von Krise oder Konkurrenz warten sollten, bis sie ihre Wettbewerbsfähigkeit austesten und Prozesse hinterfragen.

Dennoch scheinen direkte Vergleiche zwischen dem U.S. amerikanischen und deutschsprachigen Markt bedingt durch kulturelle und wirtschaftspolitische Unterschiede als weit hergeholt. Andererseits gibt es Argumente, die zeigen, dass Store Manager/innen ähnliche Herausforderungen wie bspw. scharfe Konkurrenzsituation, unbestimmte externe Umwelteinflüsse oder vorgegebene Strukturen in Form von Filialisierung haben (Kapitel 4). Dennoch wird mit diesen Faktoren im Handelsalltag anders umgegangen. In beiden Kontexten gilt es, wesentliche, im Einklang mit den Unternehmenszielen und dem gesamtunternehmerisch strategischen Setting Informationen herauszufiltern und zu aggregieren und im Unternehmen an der „richtigen" Stelle zu verteilen (Berger 2004, 84). Ein **interkultureller Fokus** hilft hier, neue Denk- und Herangehensweisen zu nutzen.

Im Zuge der wissenschaftlichen Diskussion strebten **„PIMS-Studien"** *(Profit Impact of Market Strategies)* in den 1970er und 1980er Jahre danach, die Auswirkungen einzelner Strategiebestandteile auf die Erfolgsgrößen Unternehmensprofitabilität und –wachstum zu untersuchen. Ziel war es, die Erfolgswirkung zukunftsgerichteter Aktivitäten auf Basis von Unternehmensdaten besser abschätzen zu können. Die Grundlage hierfür liefert eine Datenbank mit Unternehmensdaten von über 450 Unternehmen (Buzzell/Gale 1987, 1–2). Obwohl sich die konzeptionelle Verortung dieser Art von Studien die Kritik gefallen lassen musste, hauptsächlich für Großunternehmen, die der Technologiebranche zugerechnet werden, interessant zu sein, und somit in der akademischen Diskussion wieder in den Hintergrund rückte, so ist die Überlegung, einzelne Strategie-Bestandteile zu nutzen, um daraus Empfehlungen abzuleiten, ein wertvoller Denkansatz. Abschließend werden daher zentrale Implikationen für den österreichischen Einzelhandel noch einmal anhand einzelner Marketing-Mix-Bestandteile kompakt zusammengefasst.

Sortiment

Handel(n) ist Tagesgeschäft. Und damit rücken (harte) Sortimentskennzahlen in den Fokus des operativen Geschehens. Umsatz, Absatz und Handelsspanne sind genauso regelmäßig im Mind-Set eines Handelsunternehmers wie Lagerdrehung oder –umschlag. Dabei stehen diese Kennzahlen aber nicht für sich alleine, sondern werden miteinander verknüpft und in Relation gesehen. Beispielsweise zeigt Gaur (2005), dass Lagerdrehung negativ mit der Kennzahl Handelsspanne korreliert, andererseits aber Investitionen in Kapital positiv beeinflusst. Diese Beziehungsstrukturen einzelner Kennzahlen werden auch im Handelsalltag berücksichtigt. Daraus entstehen in der Managementpraxis aber

Zielkonflikte, die eine Entscheidung, ob Unternehmen das Ziel der Gewinnmaximierung über den Faktor *Preis* oder über den Faktor *Menge* erlangen sollte, erschweren. Gewinnmaximierung basierend auf „simplifizierten" Cournot'schen Annahmen ist in einem komplexen und diversifizierten Sortimentsgefüge, das am Markt konkurrenzfähig sein muss, nicht umsetzbar. Einfache **Preis-Absatz-Funktionsberechnungen** werden daher – zumindest in der Theorie – durch komplexere **Retail Revenue Managementansätze**, die sich mit Preiselastizitäten beschäftigen, ersetzt (Mild et al. 2006, 124). Diese sind darauf ausgelegt, das gesamte Sortiment hinsichtlich der Ertragssituation langfristig zu koordinieren und damit den Fokus auf eine Mehrperiodenbetrachtung zu legen. An dieser Stelle kann eingewendet werden, dass es zumeist nicht in der Verantwortung des Store Managements liegt, sortimentsspezifische Entscheidungen zu treffen. Dennoch müssen Mitarbeiter/innen auf der Fläche mit diesen, soeben angesprochenen Herausforderungen tagtäglich umgehen. Gerade Store Manager/innen großer Einzelhandelsunternehmen streben danach, sortimentsbezogene Erfolgskennzahlen zu optimieren, da diese nicht nur deren Bonifikation sondern auch die Ressourcenaufteilung zwischen einzelnen Filialen beeinflussen. Somit greifen strategische und operative Überlegungen, die gestützt durch Erfolgskennzahlen kommuniziert werden, ineinander.

Finanzielle Erfolgskennzahlen können beinahe lückenlos im Zuge von arbeitsintensiven Prozessen auf der Verkaufsfläche generiert werden. Gerade im FMCG-Bereich stehen Einschlichten neuer Ware und Aussortieren veralteter Produkte genauso auf der Tagesordnung wie Inventarisierung oder Abschreibung von verdorbenen Produkten. Diese sortimentsbezogenen, instore-logistischen Prozesse, die einen Großteil der Tätigkeiten von Store-Mitarbeiter/innen ausmachen, werden vom Warenwirtschaftssystem protokolliert und aufgezeichnet. Daher ist es verwunderlich, dass genaue Aufzeichnungen über die *Gründe* von Abschreibungen, retournierten Produkten oder detaillierte Analysen hinsichtlich der Erfolgsrate von Promotiontätigkeiten zumeist nicht vorliegen bzw. unreflektiert bleiben. Diese **nicht-finanziellen Kennzahlen** verweilen eher im Hintergrund der unternehmerischen und individuellen Betrachtung, obwohl gerade hier noch Potenzial für wichtige Einblicke über filialbezogene Erfolgsgrößen besteht.

Preise und Konditionen

Eng mit dem Faktor „*Sortiment*" verbunden und bereits teilweise im ersten Argument angesprochen, ist die Gestaltung von *Preisen und Konditionen*. Obwohl Store Manager/innen auf die Preisgestaltung in filialisierten Einzelhandelsunternehmen wenig Einfluss nehmen können, bildet die Spannenproblematik eine tagtägliche Herausforderung: Store Manager/innen schulen ihre Mitarbeiter/innen ein, besonders auf Produktkategorien mit hoher Marge zu achten und Prozesse in diesen Bereichen zu optimieren. In diesem Zusammenhang wurde im FMCG-Bereich auch die Herausforderung angesprochen, **Eigenmarken** im Sortiment zu führen und dementsprechend geringe Margen auf einzelne Produkte durch andere Produktkategorien auffangen zu müssen (Kapitel 6.4). Wie komplex die Wirkung der Handelsspanne auf die Gesamtperformance ist, zeigen im wissenschaftlichen Kontext Braak e tel 6.4). Würde es gelingen, diese Tätigkeiten zu reduzieren, indem nach und nach neue Preisauszeichnungssysteme eingeführt werden, könnte die Ressource Personal anderweitig genutzt und gleichzeitig fehlerhafte Produktauszeichnungen verhindert werden. Damit wird zwar nicht das Design von Performance Measurement verändert, aber dessen Qualität.

Werbung

In zentral gesteuerten Entscheidungshandlungen findet der Faktor „*Werbung*" auf der operativen Ebene wenig Relevanz im Bezug auf Performance Measurement. Store Manager/innen geben an, Vorjahresabsätze und Mitarbeiter/innenmeinungen heranzuziehen, um Bestellmengen für Promotion-Aktivitäten kalkulieren zu können. Eine rückwirkende Performancebetrachtung erfolgt – wenn überhaupt – mittels Überschlagsrechnungen und wird mangels Zeit und Verständnis häufig nicht getätigt. An diesem Punkt setzt die Handlungsempfehlung an, Unterstützung durch *Exceptional Reporting* zu gewähren. Wie Beispiele aus dem U.S. amerikanischen Raum zeigen, werden Promotionaktivitäten an Store Manager/innen und deren Mitarbeiter/innen aktiv kommuniziert. Abweichungen sind durch Ampelsysteme intuitiv verständlich und werden teilweise sogar mehrmals am Tag aktualisiert übermittelt. Die Handlungsempfehlung soll aber keine *„Informationsflut"* oder *„Informationsüberlastung"* auf der Store Ebene mit sich bringen. Vielmehr soll gezeigt werden, dass Unternehmensprioritäten auch auf der Filialebene spürbar sein müssen. Exceptional Reporting ist somit ein Instrument, dass – auf wesentliche Bereiche verkürzt – relevante Information in Form von Abweichungen widergibt.

Weiters sollen Promotionentscheidungen nicht nur top-down delegiert werden, sondern auch darauf Wert gelegt werden, diese aktiv zu forcieren. Performance Kennzahlen können helfen, die Nützlichkeit dieser Unternehmensaktivitäten zu visualisieren. Verstehen die ausführenden Personen auf der Store Ebene die Wichtigkeit der unternommenen Tätigkeiten mittels Erfolgskennzahlen, können verkaufsfördernde Maßnahmen als Chance gesehen werden, direkt mit den

Kund/innen in Interaktion zu treten und insgesamt Zusatzverkäufe anzuregen (*„Incremental Sales"*). Die Ergebnisse der Conjoint Analyse, bei der unterschiedliche Zielsetzungen von Unternehmen zugrunde lagen, zeigte, dass Individuen diese strategische Ausrichtung in ihre Entscheidungsfindung mit einbeziehen, wenn diese offen gelegt und kommuniziert wird (Kapitel 7.2). Das ist ein weiterer Grund dafür, Wert auf strategiekonforme Kommunikation zu legen und darauf zu achten, dass die Zielsetzungen auch verstanden werden, um als nützlich bewertet zu werden. Dies sollte in dem Fall aber nicht nur in **Feedback-Prozessen** passieren, die rückblickend die Performance einzelner Aktivitäten evaluieren, sondern in **Feed-Forward-Prozessen**. Gemeint wird damit, dass Mitarbeiter/innen schon im Vorhinein wissen, was auf sie zukommt, wo die Erwartungen in Form von kennzahlenorientierter Zielsetzungen liegen und wie sie mit den Aktivitäten umgehen sollen.

Weiters sollen auf der Top Management-Ebene die im Zuge der Promotionaktivität kommunizierten Zielvorgaben aber nicht pauschal um einen bestimmten Prozentsatz angehoben werden, sondern nach den Möglichkeiten der jeweiligen Lokalität angepasst werden. Damit wird Mitarbeiter/innen<u>un</u>zufriedenheit auf der Store Ebene eingedämmt. Damit wird auch zum nächsten Punkt, nämlicz zum Faktor Standort übergeleitet.

Standort

Standortkosten, die ein wesentlicher Kostenblock für stationäre Einzelhandelsunternehmen sind, gelten als schwer beeinflussbar und werden daher als strategische Komponente von Performance Measureme in Kapitel 4 angeführt, wohl eher illusorisch. Ein Auszug aus einer Tageszeitung zu den Mietaufwendungen am Flughafen Wien-Schwechat: *„Für ein Geschäftslokal mit 100 Quadratmetern müsse man im Monat 20.000 Euro auf den Tisch blättern – ohne Betriebskosten. Um diese Summe zuzüglich Personalkosten und Materialeinsatz hereinzuspielen und dann zumindest mit einer schwarzen Null auszusteigen, hätte die Bäckerei [Anm.d.Verf.:Felber] rund 1000 Kunden mit einem Umsatz von 5000 Euro pro Tag benötigt"* (Schneid 2012). Auf der anderen Seite des Kontinuums finden sich Unternehmen deren Raumkosten und Mietaufwendungen verschwindend klein sind. Beispielsweise profitieren Verbrauchermarktfilialen auf der grünen Wiese von günstigen Standortpreisen. Im gesamtunternehmerischen Kontext müssen Performance Kennzahlen zur Höhe der Raumkosten daher mit Vorsicht interpretiert werden. Dieser Vergleich zweier Extreme in der Handelslandschaft zeigte, dass Standortfaktoren berücksichtigt werden sollten, wenn es um Erfolgsvergleiche geht; vor allem dann, wenn Performance-Rankings zwischen einzelnen Filialen ausgeschrieben werden.

Holistische Überlegungen setzen an diesem Punkt an (Bagozzi/Phillips 1982). Es genügt nicht, einzelne „atomistische" Bestandteile zu evaluieren. Vielmehr muss das Zusammenspiel mehrerer Faktoren, beginnend bei schwer beeinflussbaren Bereichen wie der Standortentscheidung, bereits auf der Filialebene berücksichtigt werden, um Filialerfolgsziele zu evaluieren. Auf der Individualebene zeigt sich, dass Store Manager/innen, die Standort-Nachteile haben, im Bezug auf Performance Measurement-Vorgaben nicht mit stärkeren Filialen mithalten können und somit leistungsbezogene Anreize bzw. Vergütungskomponenten einbüßen. Es sollte besondere Aufmerksamkeit darauf gelegt werden, regionale Ungleichheiten auch durch angepasste Zielvorgaben und leistungsbezogene Anreize auf der Store Ebene zu reflektieren, um destruktives Verhalten und somit schadhaftes Verhalten für das Gesamtunternehmen zu mindern.

Verkaufsraum

Während strategische Entscheidungen der Standortwahl auf Top Management-Ebene passieren (Haans/Gijsbrechts 2010, 1025), so unterliegt die Verantwortung hinsichtlich der Prozesse innerhalb des Verkaufsraums zu großen Teilen dem Store Management (DeHoratius/Raman 2007; Kotzab et al. 2007). Die Summe der zur Verfügung stehenden Informationen, die sich aus objektiven und subjektiven Erfolgsgrößen zusammensetzen, hilft Manager/innen, diese Prozesse optimal auszugestalten (Demski 2008). So bestimmen diese auf der Store Ebene bspw. die Personaleinsatzplanung basierend auf den Auswertungen von Kund/innenstromanalysen im Tagesverlauf. Ein weiteres Beispiel liefern Branchen, in denen Impulskäufe durch gekonnte Produktplatzierung angeregt werden. Die Messung dieser Bemühungen von Seiten der Mitarbeiter/innen erfolgt indirekt über intuitive Einschätzungen von Store Manager/innen bzw. Rayonsleiter/innen und wird durch direktes Feedback im Geschäftsalltag bzw. in Mitarbeiter/innengesprächen diskutiert (Kapitel 6.4.1). Obwohl strenge Vorgaben hinsichtlich des Sortimentsaufbaus durch **zentral gesteuertes Category Management** im FMCG-Kontext nicht vergessen werden dürfen (Schröder 2012a, 527), so umgehen Store Manager/innen teilweise diese restriktiven Vorgaben und zeigen Eigeninitiative bei Produktplatzierungen, um zusätzliche Umsätze zu generieren. Eine objektive Evaluierung der Gestaltungsmöglichkeiten wird jedoch zumeist nicht erwähnt. Weiters tendieren Store Manager/innen mit hohem Grad an Selbstständigkeit dazu, Auswertungen von Umsatzzahlen nach Änderungen von Produktplatzierungen im Verkaufsraum oder Schaufenstern explizit anzufordern und im Detail zu analysieren. Dies ist aber nicht in allen Einzelhandelsunternehmen möglich bzw. gewünscht. Um jedoch die Heraus-

Zusammenfassende Darstellung und kritische Reflexion des Gesamtprojekts 299

forderungen auf der Store Ebene besser managen zu können, wären flexible Reporting-Systeme, bei denen Store Manager/innen Informationen anfordern können, die sie benötigen, wünschenswert.

Die Erkenntnisse der vorliegenden Arbeit zeigen, dass Store Manager/innen durchaus in der Lage sind, komplexe Sachverhalte miteinander in Verbindung zu setzen, und zusätzliche Information in diesem Zusammenhang als nützlich erachten. Gerade durch weitere **conjoint-analytische Untersuchungen** könnten Einzelhandelsunternehmen Einblicke in die Denk- und Wissensstrukturen von ihren Mitarbeiter/innen auf der Filialebene konkret für ihr Unternehmen erlangen. Die Erkenntnisse, die daraus gewonnen werden könnten, könnten helfen, unternehmensspezifische Decision Support-Systeme aufzubauen. Diese Management-Implikation setzt somit an den Forschungsbemühungen an, die sich mit den Vorteilen von entscheidungsunterstützenden Systemen beschäftigen (Germann et al. 2013; Lilien et al. 2004).

Mitarbeiter/innen

Wissenschaftliche Studien zeigen nicht nur, wie positiv Mitarbeiter/innenzufriedenheit auf den Unternehmenserfolg wirkt, sondern auch, wie negativ Mitarbeiter/innen<u>un</u>zufriedenheit wirken kann (Harris/Ogbonna 2013; Murray/Evans 2013). Daher versuchen Einzelhandelsunternehmen ihre Mitarbeiter/innen durch leistungsbezogene Anreize zu motivieren. Beispielsweise erhalten diese „*Erinnerungskunstwerke*" bei DM, „*4.000 € Prämie, B-Führerschein, Hepatitis-Impfung, Hautcheck*" bei der SPAR Österreichische Warenhandels-AG oder „*400 € Gutscheine, Modeschau und Einkauf unter dem Einstandspreis*" bei Universal, Quelle und Otto (Key Account 2012a).

Dennoch ist die Personaldiskussion wirtschaftspolitisch gerade im österreichischen bzw. europäischen Kontext besonders heikel. Zu sehr fallen Kosten für Mitarbeiter/innen auf der Unternehmensebene ins Gewicht (K.M.U. Forschung Austria 2014, 53; Müller-Hagedorn/Natter 2011, 99). Trotzdem stellt sich die Frage, ob der Druck, der auf Store Manager/innen und deren Mitarbeiter/innen im österreichischen Kontext lastet, nicht entschärft werden kann. Die vorangestellten Handlungsempfehlungen geben bereits erste Ansätze hierfür.

Wie wichtig die Mitarbeiter/innenperspektive ist, zeigt die Analyse der vorliegenden qualitativen Expert/inneninterviews, indem sie die Arbeitsaufgaben von Store Mitarbeiter/innen, die bewerkstelligt werden müssen, aufarbeitet. An unterschiedlichen Stellen wurden Kontrollmechanismen im Sinne eines Performance Measurement präsentiert, die diese Arbeitsabläufe aufzeichnen und somit auch verbessern. Dabei bleibt aber auf der Individualebene eine gewisse Unsicherheit und Intransparenz in der Kommunikation spürbar, die die positiven Effekte von Leistungsmessung wieder mindert. Umso überraschender war es, diese Erkenntnisse mit den Ergebnissen der Managementbefragung zu vergleichen, in der die Mitarbeiter/innenperspektive durch Erfolgskennzahlen im Handelsalltag am wenigsten Beachtung fand (Kapitel 7.1). Gerade an dieser Stelle sollte man sich bewusst sein, dass im Einzelhandel jede/r Verantwortliche als **Decision Calculus** fungiert (Little 1969, 1). Ein echter Mehr- bzw. Neuwert würde daher geschaffen, wenn die Mitarbeiter/innenperspektive stärker in den Fokus der Unternehmensrechnung und -kommunikation von Handelsunternehmen gerückt wird. Gelten diese doch als Dreh- und Angelpunkt für den Unternehmenserfolg.

Anhang A

Tabelle 76: Literaturüberblick: Performance Kennzahlen – Sortiment

Performance Kennzahlen – Sortiment (FK)	Cost: Returns and warranty costs
	Cost: Shelf space cost
Average basket size	Cost: Stock-out cost
Average basket value	Cost: Tag cost
Brand equity	Cost: Transportation cost
Brand growth	Cost: Unit ordering cost
Brand margin	Family 4 sales/Global sales
Brand sales	Gross profit (Contribution to margin)
Category development index	Inventory investment (average)
Category growth	Inventory level
Category margin	Inventory turnover
Category market share	Items on sales floor
Category sales	Manufacturer share
Change in sales (promotion lift)	Margin/ Gross margin
Choice share	National brand-private label price differential
Comparable stores sales growth	
Contribution dollars	Order processing cost reduction
Cost of inspection	Order size (average)
Cost of quality	Outcomes (Sales): Volume total, by supplier/product type
Cost: Costs of shortfall	
Cost: Handling costs	Percentage national brand volume sold on deal
Cost: Inventory stock costs	Percentage private label volume sold on deal
Cost: Logistic cost	
Cost: Order processing costs	Price (average retail)
Cost: Penalty cost	Price (consumer)
Cost: Production and shipping cost	Price (relative)
Cost: Replacement cost	Price for the PL
Cost: Replenishment cost	Price per unit sold (average)

Price premium	
Price relative to competitors' price	
Product returns	
Productivity of product range	
Profit (by brand)	
Profit (on product)	
Promotion intensity	
Promotional sales/incremental lift	
Reservation price	
Retailer category purchase frequency	
Safety stock	
Sales (cumulative multiple)	
Sales (store)	
Sales (store) by category	
Sales (unit)	
Sales from new stores (%)	
Sales growth per store	
Sales surprise ratio (accuracy of forecasts)	
Sales volume	
Sales/profit density	
Share of retail brand sales	
Shipment errors	
Stock prices/stock returns	
Target volume (units or sales)	
Total inventory/total distributors	
Trial/repeat volume (or ratio)	
Unit turnover	

Performance Kennzahlen – Sortiment (NFK)	
Attitude toward product/brand	
Average level of quality	

Basket composition (Product portfolio)	
Brand capability value	
Brand image	
Brand loyalty	
Brand penetration	
Brand recognition rating	
Category penetration	
Category purchase frequency	
Delivery service	
Displays, feature ads, price promotion, coupon activity on a weekly basis	
Expected service (Ratio of total direct sales to the total demand)	
Fill rate	
Innovation (New to brand %)	
Inventory commitment	
Inventory days	
Inventory reduction	
Inventory service level	
Lead time	
Level of cannibalization/cannibalization rate	
Multiple PLs sold in the same category by the retailer	
New product/service introductions	
Number of new items in which first to market	
On-shelf stock percentage	
On-time delivery	
Order cycle time	
Order maturity time	
Out-of-stock percentage/availability (stock quality)	

Anhang A 303

Overall financial attractiveness of focal brand relative to other brands
Perceived product quality
Probability for long lasting shortage
Process cycle time
Processing time/speed
Product Life Cycle Effect
Quality outcomes on product
Responsiveness (New products/ technologies/retail formats...)

Retailer penetration in the category
RFID reader performance
Shrinkage
Stock service level
Stock-out on smart shelf
Stock-out rate
Throughput
Total picking time
Volume benefits

Tabelle 77: Literaturüberblick: Performance Kennzahlen – Kund/innen

Performance Kennzahlen – Kund/innen (FK)
Acquisition profit (customer)
Average spending per shopping trip
Basket size per customer
Customer Lifetime Value
Consumption expenditure (loyalty)
Cost per customer acquired
Cost of complaint management
Customer equity
Customer referral value
Customer segment profitability
Customer share of wallet
Growth of market share
Growth rate of market share
Market share
Market share change
Market share goal
Market share per advertising dollar
Receipt amount of the pricing strategy
Retention profit

Sales (customer)
Sales responses
Sales to new customers (%)
Sales transaction value of customers per visit
Total landed cost to the customer´s trunk
Total lost sales quantity
Up-selling of customers

Performance Kennzahlen – Kund/innen (NFK)
Attitudes (Awareness, interest, knowledge, desire)
Attraction of new customers
Average purchase rate
Awareness
Behavior intentions
Commitment
Complaint ratio
Consumer benefits
Consumer responses
Conversion rate

Customer acquisition rate	Number of responses by campaign
Customer base growth	Price satisfaction
Customer benefit	Quality and customer satisfaction (Taste of food, speed of service, cleanliness)
Customer churn	
Customer contact	Reach
Customer expansion	Recency
Customer growth	Recommendation intention (loyalty)
Customer (store) loyalty	Redemption rates (e.g. coupons)
Customer perceived quality (service und merchandise)	Repeat customers
Customer retention	Repeat purchases (purchase frequency)
Customer (store) satisfaction	Reputation
Customer service	Responsive service
Customer stock service level (based on the number of customer orders met)	Revisit intention (loyalty)
	Service capability
	Service value (Perceived value)
Customer survey: Firm provides good value	Share of voice
	Shopping time
Customer survey: Firm understands my needs	Store image
Impressions	Traffic count (store)
Intention to purchase	Transaction count change
Inter-purchase time	Trust
Level of quality and outputs (Consumer satisfaction, product, service, price)	Perceived product quality
	Perceived service quality
	Waiting time (before and after first contact)
Net promoter score	
New customer retention rate	Word of Mouth (WoM)
Number of credit card customers per store	

Tabelle 78: Literaturüberblick: Performance Kennzahlen – Mitarbeiter/innen

Performance Kennzahlen – Mitarbeiter/innen (FK)	Labor cost budgets for each store
	Monthly bonus calculation for store managers
Cost of service quality (avoiding/ handling/controlling mistakes)	Net sales per employee

Number of full-time equivalent employees	Employee satisfaction
	Employee skills
Outcome-based reward	Employee suggestions per year
Productivity (Sales per full-time equivalent employee)	Employee turnover
	Fairness
Productivity (Profit per employee)	Forecasting quality
Replacement costs of separation	Formal internal audits of cash and inventory variances
Salary costs (SAC): Total cost with salaries in Euros	
	Frequency of patronage (loyalty)
Sales goal (volume per employee)	Friendliness
Sales revenue/number of employees	Functionality (i.e. nature) of turnover
Sales to quota	Growth of personnel
Sales volume/payroll cost	Hrs. of training invested in brand managers per year
Working days per year	
Year-to-year percent change in sales per employee	Internal service quality
	Job performance (subjective and objective performance rankings)
Performance Kennzahlen – Mitarbeiter/innen (NFK)	Knowledge of store policy
	Management attitude
Ability to generate abnormal earnings	Manager efforts
Ability to generate sales of new company products	Manager performance (rated by district managers)
Ability to meet sales targets and objectives	Managerial satisfaction
	Merchandise procedure (Accuracy in counting; inventorying; shrinkage prevention…)
Ability to take decisions	
Average working hours per quarter	
Customer service ability (Service; complaint handling; merchandise returns; add-ons)	Mystery shopper audit rating (Store environment, service quality, service outcome)
Customer service control	Number of contacts before purchase
Detection rate	Number of customers served
Employee attendance	Number of orders filled
Employee behavior	Percentage of perfect orders
Employee competence	Process quality
employee contribution	Product-merchandise knowledge (Design, style, construction; special promotion, …)
Employee loyalty	

Quality – percentage of „errors"	Service Performance: teamwork perceived by EMP, employee-job fit, technology-job fit...
Quitting telephone call	
Retail experience of marketing managers	Service quality (Waiting time, expert advice, returns; word of mouth)
Safety (Number of accidents)	
Sales associates with college degrees	Service recovery
Sales effort: Calls (Customer/non-customer)	Speed of sales (Times per year)
Salesman's effort rate (Spending rate, efficiency and message quality)	Team performance: Defects of error codes (error rate)
Satisfaction of managers	Teamwork
Self rating: Actual use of competitive measures	Technological know-how
	Till throughput
Selling ability (Close sale; promote profit-margin items...)	Value adding time

Tabelle 79: Literaturüberblick: Performance Kennzahlen – Gesamtunternehmen (FK)

Performance Kennzahlen – Gesamtunternehmen (FK)	Comparable store sales growth (annual basis)
Asset growth rate	Contribution margin
Asset turnover	Controllable cost gap relative to target
Assets (total)	Cost (all costs incl. merchandising the given category; weekly)
Average life of fixed asset	
Capability economic value of intangible and tangible assets	Cost (historical and current)
	Cost (labor costs, food costs)
Capital commitment	Cost of error (avoided)
Capital intensity	Cost of holding at DC for a product
Capital to labor ratio	Cost of maintaining the capital base
Capitalization	Cost of operating a DC
Capital-to-labor ratios	Cost of productive time of EMPs/ investment in communication
Cash conversion cycle	
Cash expenditures	Cost per unit (store)
Cash flow	Cost reduction
Cash position	Cost savings
Cash turnover	Cost: Annual advertising expenditures
Channel margins	Cost: Promotion-fixed (input) und variable (degree of response)

Anhang A

DCF-based metrics	Marketing budgets: rule of thumb and precedents
Debtors' turnover	
Debt-to assets ratio	Marketing expenditures (% on brand building activities)
Depreciation to sales	
Dividend payout	Marketing spending
Earnings growth	Merchandise profitability
Earnings variability	Money effect (Inflation, consumer price index)
EBIT	Net income to assets
EBITDA	Net present value
EVA	Net profit
Expected margin (%)	Net profit before tax (share of sales/ equity/assets)
Expenses (direct, variable)	
Firm's growth	Net profit realized as % of total sales
Firms' overall profitability	Net profits before corporate tax allocation (% of sales)
GMROI	
Gross margin return on labor	Net sales index
Gross margin to assets	Net sales per square foot
Gross profit	Operating cash flow as a percentage of sales
Gross profit margin	
Gross profit per foot	Operating expense to assets
Gross profit per labor hour	Operating expenses
Gross profit per sq. meter selling space	Operating profit
	Profit (Bottom line profit as a percentage of sales)
Gross sales	
Growth in profit after tax	Profit (Corporate chain, store)
Income projections	Profit before tax as a percentage of sales before tax
Inventory-to-assets ratio	
Inventory-to-sales ratio	Profit density
Invested capital	Profit goal
Leverage (ratio of debt to total assets)	Profit growth
Liquidity (current ratio)	Profit on equity
Manufacturing income contribution	Profit per square foot
Market value added (market value – book value)	Profit to asset ratio
	Profit to sales ratio

Ratio of net profit to cost value of inventory	Sales per dollar of (average) inventory investment
Ratio of staff costs to liabilities	Sales per dollar working capital
Ratio of total sales to retail value of inventory	Sales per square foot
	Sales percentage change
Receivables turnover	Sales performance growth/Net profit growth
Relative promotional effort	
Residual income	Sales potential forecast
Retail sales turnover	Sales revenue
Retained earnings/total assets	Sales revenue/capital factor
Return on assets managed	Sales to assets
Return on marketing investment	Sales volatility
Return on net worth	Same store profit growth
Return on total liabilities	Same store sales growth
Returns	Share of sales in served market
Revenue growth	Shareholder value
Revenues (net)	Stock price
RoA	Store share
ROCE	Store traffic growth (customer count)/ payroll cost
RoE	
RoI	Tobin´s q
RoRAC	VaR
RoS	Working capital
Sales	
Sales (development)	
Sales (net)	
Sales expansion to top of rank	
Sales forecast: past sales adapted by marketing information	
Sales goal	
Sales income	
Sales margin	
Sales per account (average)	

Anhang A   309

Tabelle 80: Literaturüberblick

Year	Author(s)	Title	Journal	Stake-holder	Con-tingency	Level of Analysis	Country	Research Design	Data Collection Method	Sample	Method of Analysis
2013	Caliskan Demirag, Ozgun	Performance of Weather-Conditional Rebates Under Different Risk Preferences	Omega	n.i	ENV	ORG	USA	CR (ANALY)	Simulation	n.i.	Benchmark analysis
2013	Chackelson, Claudia/ Errasti, Ander/ Ciprés, David/ Lahoz, Fernando	Evaluating Order Picking Performance Trade-Offs by Configuring Vain Operating Strategies in a Retail Distributor: A Design of Experiments Approach	Int. J. of Production Research	n.i	STRAT	ORGal SU	ESP	CR (ANALY)	Simulation	n=1 (retail distributor)	Simulation (Experiment)
2013	Dawes, John	Reasons for Variation in SCR for Private Label Brands	European Journal of Marketing	CU	n.i.	ORG	AUS	CR (EPF)	Secondary data (External data)	n=152 (PL brands, 52-weeks period)	Regression analysis
2013	Dilla, William/ Janvrin, Diane/ Jeffrey, Cynthia	The Impact of Graphical Displays of Pro Forma Earnings Information on Professional and Nonprofessional Investors' Earnings Judgments	Behavioral Research in Accounting	DE	n.i.	n.i.	USA	CR (LAB)	Survey	n=141 (students) n=57 (experts)	ANOVA
2013	Fassnacht, Martin/ El Husseini, Sabine	EDLP versus Hi-Lo Pricing Strategy in Retailing – A State of the Art Article	JBE	CU SU	STRAT	ORG	GER	ER	Secondary data (External data)	n= 27 (journal articles)	Literature Review (Content analysis)
2013	Germann, Frank/ Lilien, Gary/ Rangaswamy, Arvind	Performance Implications of Deploying Marketing Analytics	Int. J. of Research in Marketing	n.i	ENV TECH	ORG	USA	CR (EPF)	Survey Secondary data (External data)	n=212 (senior executives)	SEM Regression analysis
2013	Hamzadayi, Alper/ Topaloglu, Seyda/ Yelkenci Kose, Simge	Nested Simulated Annealing Approach to Periodic Routing Problem of a Retail Distribution System	Computers and Operations Research	n.i	STRUC	ORG	TR	CR (ANALY)	Simulation	n=1 (chain)	ANOVA
2013	Harris, Lloyd C./ Ogbonna, Emmanuel	Forms of Employee Negative Word-Of-Mouth: A Study of Front-Line Workers	Employee Relations	CU EMP	ENV	IND (CU/ EMP)	UK	ER	In-depth interviews	n=54 (front-line EMP)	Grounded Theory

Year	Author(s)	Title	Journal	Stake-holder	Con-tingency	Level of Analysis	Coun-try	Research Design	Data Collection Method	Sample	Method of Analysis
2013	Johlke, Mark C./ Iyer, Rajesh	A Model of Retail Job Character-istics, Employee Role Ambiguity, External Customer Mind-Set, and Sales Performance	Journal of Retailing & Consumer Services	CU EMP	STRUC ENV	IND (CU/ EMP)	USA	CR (EPF)	Survey	n=367 (retail EMP)	SEM
2013	Keeling, Kathleen/ Keeling, Debbie/ McGoldrick, Peter	Retail Relationships in a Digital Age	Journal of Business Research	CU	TECH	IND (CU/ EMP)	UK	ER	Survey	Pilot study n=75 (students) Main study n=822 (US CU)	Factor analysis Mapping rela-tionships
2013	Kwok Hung Lau	Measuring Distribution Efficiency of a Retail Network Through Data Envelopment Analysis	Int. J. Produc-tion Economics	n.i.	STRUC	ORG	AUS	CR (ANALY)	Secondary data (internal data)	n=6 (stores of retailer)	DEA
2013	Lewis, Michael/ Whitler, Kimberly/ Hoegg, JoAndrea	Customer Relationship Stage and the Use of Picture-Dominant ver-sus Text-Dominant Advertising: A Field Study	Journal of Retailing	CU	n.i.	IND (CU)	USA/ CDN	CR (LAB)	Experiment	Test 1: Text: n=273 Picture: n=82 Test 2: Text: n=250 Picture: n=49	ANOVA
2013	Metzger, Chris-tian/ Thiesse, Frédéric/ Gershwin, Stanley/ Fleisch, Elgar	The impact of False-Negative Reads on the Performance of RFID-Based Shelf Inventory Control Policies	Computers and Operations Research	n.i.	TECH	ORG	CH/ GER/ USA	CR (ANALY)	Simulation	numerical example	Baseline model
2013	Mintz, Ofer/ Currim, Imran	What Drives Managerial Use of Marketing and Financial Metrics and Does Metric Use Affect Performance of Mareting-Mix Activities?	Journal of Marketing	EMP (MAN)	STRAT STRUC ENV	ORGal SU	USA	MIXED	Step 1: Expert Interviews Step 2: Survey	n= 439 MAN responded on 1287 marketing decisions	Step 1: Content analysis Step 2: Regres-sion analysis
2013	Murray, Lynn/ Evans, Kenneth	Store Managers, Profitability and Satisfaction in Multi-Unit Enterprises	Journal of Services Marketing	CU EMP (MAN)	n.i.	ORGal SU	USA	CR (EPF)	Survey Secondary data (internal data)	n=31 (MAN) n=1380 (CU) n=35 (units returning customer surveys)	Regression analysis

Year	Author(s)	Title	Journal	Stake-holder	Con-tingency	Level of Analysis	Coun-try	Research Design	Data Collection Method	Sample	Method of Analysis
2013	Olbrich, Rainer/ Grewe, Gundula	Proliferation of Private Labels in the Groceries Sector: The Impact on Category Performance	Journal of Retailing and Consumer Services	n.i.	n.i.	ORG	GER	CR (EPF)	Secondary data (Internal data)	n=1 (category, for 312 weeks, in 24 branches)	SEM
2013	Proietti, Tommaso/ Lütkepohl, Helmut	Does the Box-Cox Transformation Help in Forecasting Macroeconomic Time Series?	Int. J. of Forecasting	n.i.	n.i.	BEY ORG	AUS/ GER	CR (ANALY)	Secondary data (External data)	n=530 (time series)	Monte Carlo Simulation Experiment
2013	Rapp, Adam/ Beitelspacher Skinner, Lauren/ Grewal, Dhruv/ Hughes, Douglas	Understanding Social Media Effects Across Seller, Retailer, and Consumer Interactions	Journal of the Academy of Marketing Science	CU	TECH	IND (CU) ORGal SU	USA	CR (EPF)	Survey Secondary data (Internal data)	n=28 (salesperson) n=144 (retail outlets) n=445 (CU)	ANOVA
2013	Srinivasan, Raji/ Sridhar, Shrihari/ Narayanan, Sriram/ Sihi, Debika	Effects of Opening and Closing Stores on Chain Retailer Performance	Journal of Retailing	n.i.	ENV SIZ	ORG	USA	CR (ANALY)	Secondary data (External data)	n=132 (chain retailers; 1998–2009; 1447 retailer-years)	Markov Chain Monte Carlo
2013	Swoboda, Bernhard/ Elsner, Stefan	Transferring the Retail Format Successfully Into Foreign Countries	Journal of International Marketing	n.i.	CUL ENV	ORG	GER	CR (EPF)	- In-depth interviews - Survey Secondary data (External data)	n=102 (retailers)	Step 2: SEM
2013	Tan, Baris/ Karabati, Selcuk	Retail Inventory Mgmt with Stock-Out Based Dynamic Demand Substitution	Int. J. of Production Economics	n.i.	n.i.	ORG	TR	CR (ANALY)	Secondary data (Internal data)	n.i.	Mean-value approximation
2013	Trocchia, Philip/ Luckett, Michael	Transitory Bias as a Source of Customer Dissatisfaction: An Exploratory Investigation	Journal of Consumer Behaviour	CU	n.i.	IND (CU)	USA	ER	Projective Technique (Narrative method)	n=235 (undergraduate students)	Critical Incidents Technique

Year	Author(s)	Title	Journal	Stake-holder	Con-tingency	Level of Analysis	Coun-try	Research Design	Data Collection Method	Sample	Method of Analysis
2012	Assaf, George/ Josiassen, Alex-ander/ Ratchford, Brian/ Barros, Carlos Pestana	Internationalization and Performance of Retail Firms: A Bayesian Dynamic Model	Journal of Retailing	n.i	CUL ENV STRAT	ORG	USA/ DK/ USA/ P	CR (ANALY)	Secondary data (Internal and external)	n=43 (large international supermarket chains; t=10 years)	Bayesian modeling (Markov Chain Monte Carlo Technique)
2012	Beutel, Anna-Lena/ Minner, Stefan	Safety Stock Planning Under Causal Demand Forecasting	Int. J. of Production Economics	n.i	ENV	ORG	AUT	CR (ANALY)	Simulation	n=64 (stores)	Regression analysis Method of moments (MM)
2012	De Almeida, P. N./ Dias, L. C.	Value-based DEA Models: Application-Driven Developments	The Journal of the Operational Research SOC	n.i	n.i	ORGal SU	P	CR (ANALY)	Secondary data (Internal data)	n=19 (stores)	DEA
2012	Feldbauer-Durst-müller, Birgit/ Duller, Christine/ Mayr, Stefan/ Neubauer, Herbert/ Ulrich, Patrick	Controlling in mittelständischen Familienunternehmen: ein Vergleich von Deutschland und Österreich	Controlling und Mgmt (ZfCM)	EMP (MAN) OW	SIZ	BEY ORG	AUT	CR (EPF)	Survey	n=950 (Top-Manager AUT und GER; diverse Branchen)	Regression analysis
2012	Glynn, Mark/ Brodie, Roderick/ Motion, Judy	The Benefits of Manufacturer Brands to Retailers	European Journal of Marketing	n.i	n.i	ORG	NZ/ AUS	MIXED	Step 1: Secondary data (External) Step 2: Survey	Step 1: n.i. Step 2: n=410 (retail buyers)	Literature Review (Content analysis) Conceptual framework SEM
2012	Greer, Lindred/ Homan, Astrid/ De Hoogh, An-nebel/ Den Hartog, Deanne	Tainted Visions: The Effect of Visionary Leader Behaviors and Leader Categorization Tendencies on the Financial Performance of Ethnically Diverse Teams	Journal of Applied Psychology	EMP (incl. MAN)	n.i	ORGal SU	NL	CR (EPF)	Survey	n=100 (teams including 361 EMP and 100 MAN)	Regression analysis

Year	Author(s)	Title	Journal	Stake-holder	Con-tingency	Level of Analysis	Coun-try	Research Design	Data Collection Method	Sample	Method of Analysis
2012	Homburg, Christian/ Artz, Martin/ Wieseke, Jan	Marketing Performance Measurement Systems: Does Comprehensiveness Really Improve Performance?	Journal of Marketing	n.i.	ENV STRAT	ORG	GER	CR (EPF)	Survey	n=201 (marketing manager and marketing accounting executive)	- Main model: covariance-based full information estimation - Regression analysis - Pairwise correlation
2012	Netemeyer, Richard/ Heilman, Carrie/ Maxham, James	The Impact of a New Retail Brand In-Store Boutique and its Perceived Fit with the Parent Retail Brand on Store Performance and Customer Spending	Journal of Retailing	CU	n.i.	ORGal SU	USA	CR (QUASI)	Survey	Study 1: 5629 (CU) Study 2: 4979 (CU)	ANOVA
2012	Perdikaki, Olga/ Kesavan, Saravanan/ Swaminathan, Jayashankar	Effect of Traffic on Sales and Conversion Rates of Retail Stores	Manu-facturing and Service Operations Mgmt	CU	ENV	ORGal SU	USA	CR (EPF)	Secondary data (Internal and external)	n=41 (stores)	Regression analysis
2012	Rudolph, Thomas/ Nagengast Liane	Kundenbindung in Handels- und Serviceunternehmen – Die Wirkung von Kundenbindungs-maßnahmen auf Einstellungen und Kaufverhalten	JfB	CU	STRAT	ORG	CH	ER	General review	n.i.	General review
2012	Samu, Sridhar/ Lyndem, Preeti Krishnan/ Litz, Reginald A.	Impact of Brand-Building Activities and Retailer-Based Brand Equity on Retailer Brand Communities	European Journal of Marketing	n.i.	n.i.	ORGal SU	IND/ CDN	CR (EPF)	Survey	n=481 (store OW)	Regression analysis
2012	Zoltners, Andris A/ Sinha, Prabhakant/ Lorimer, Sally E	Breaking the Sales Force Incentive Addiction: A Balanced Approach to Sales Force Effectiveness	Journal of Personal Selling and Sales Mgmt	CU EMP	ENV SIZ STRUC	IND (CU and EMP) ORG	USA	ER	n.i.	n.i.	Conceptual paper
2011	Beitelspacher, Lauren Skinner/ Richey, R. Glenn/ Reynolds, Kristy E.	Exploring a New Perspective on Service Efficiency: Service Culture in Retail Organizations	Journal of Services Marketing	CU	STRAT	ORG	USA	MIXED	Survey	n=300 (retail MAN)	Factor analysis Regression analysis SEM

Year	Author(s)	Title	Journal	Stake-holder	Con-tingency	Level of Analysis	Coun-try	Research Design	Data Collection Method	Sample	Method of Analysis
2011	Berglund, Kristin M./ Ludwig, Timothy D.	Approaching Error-Free Customer Satisfaction Through Process Change and Feedback Systems	Journal of Organizational Behavior Mgmt	EMP	n.i.	ORGal SU	USA	ER	Observation	n=3 (teams, 5 workers each team)	Cost-benefit analysis (Multiple baseline across groups)
2011	Bernon, Michael/ Rossi, Silvia/ Cullen, John	Retail Reverse Logistics: A Call and Grounding Framework for Research	Int. J. of Physical Distribution and Logistics Mgmt	SU	STRUC TECH	BEY ORG	UK	ER	Literature Review Group Discussions	Average of 18 Supply Chain MAN (9 group discussions were held)	Literature Review Grounded Theory
2011	Chan, Polly/ Finnegan, Carol/ Sternquist, Brenda	Country and Firm Level Factors in International Retail Expansion	European Journal of Marketing	n.i.	ENV	BEY ORG	USA	CR (EPF)	Secondary data (External data)	n=200 (largest retailers)	Regression analysis
2011	Ebben, Jay J./ Johnson, Alec C.	Cash Conversion Cycle Management in Small Firms: Relationships with Liquidity, Invested Capital, and Firm Performance	Journal of Small Business and Entrepreneurship	n.i.	SIZ	ORG	USA	CR (EPF)	Secondary data (External data)	n=879 (manufacturing firms) n=833 (retail firms)	Regression analysis
2011	Grandey, Alicia/ Goldberg, Lori/ Pugh, S. Douglas	Why and When do Stores With Satisfied Employees Have Satisfied Customers?: The Roles of Responsiveness and Store Busyness	Journal of Service Research	CU EMP	ENV	ORGal SU	USA	CR (EPF)	Secondary data (Internal data)	n=328 (stores)	Regression analysis
2011	Jones, Derek/ Kalmi, Panu/ Kauhanen, Antti	Firm and Employee Effects of an Enterprise Information System: Micro-Econometric Evidence	Int. J. of Production Economics	EMP	TECH	IND (EMP) ORG	USA/ FIN	MIXED	Step 1: Observation Step 2: Survey	Step 1: n=49 (retail outlets) Step 2: n=454 (EMP)	Step 1: Baseline regression Step 2: t-Tests
2011	Kolias, Georgios D./ Dimelis, Sophia P/ Filios, Vasilios P	An Empirical Analysis of Inventory Turnover Behaviour in Greek Retail Sector: 2000–2005	Int. J. of Production Economics	n.i.	ENV	BEY ORG	GR	CR (EPF)	Secondary data (internal data)	n=556 (firms; Year 2000–2005; 3336 observations)	Regression analysis
2011	Kurtulus, Mümin/ Nakkas, Alper	Retail Assortment Planning under Category Captainship	Manufacturing and Service Operations Mgmt	CU	ENV	ORGal SU	USA	CR (ANALY)	Analytical Model Development	n.i.	Formal analytics

Anhang A

Year	Author(s)	Title	Journal	Stake-holder	Con-tingency	Level of Analysis	Coun-try	Research Design	Data Collection Method	Sample	Method of Analysis
2011	Lee, Ruby/ Naylor, Gillian/ Chen, Qimei	Linking Customer Resources to Firm Success: The Role of Marketing Program Implementation	Journal of Business Research	CU	STRAT	ORG	USA	CR (EPF)	Survey	n=269 (retailers)	Factor analysis Regression analysis
2011	Liao, Shu-Hsien/ Hsieh, Chia-Lin/ Lin, Yu-Siang	A Multi-Objective Evolutionary Optimization Approach for an Integrated-Location-Inventory Distribution Network Problem under Vendor-Managed Inventory Systems	Annals of Operations Research	SU	n.i.	BEY ORG	RC	CR (ANALY)	Analytical Model Development	no sample	Baseline model
2011	O'Neill, Olivia/ Feldman, Daniel/ Vandenberg, Robert/ DeJoy, David/ Wilson, Mark	Organizational Achievement Values, High-Involvement Work Practices (HIWP), and Business Unit Performance	Human Resource Mgmt	EMP	ENV	ORGal SU	USA	DR	Survey Secondary data (internal data)	n=21 (retail stores with employee sample of 2.136 (t1) and 1.620 (t2))	Factor analysis Regression analysis
2011	Pal, John/ Medway, Dominic/ Byrom, John	Deconstructing the Notion of Blame in Corporate Failure	Journal of Business Research	OW	ENV	ORG	UK/ AUS	DR	Case Study	n=1 retailer via desk research n=4 In-depth interviews; 1 interview via Email	n.i.
2011	Parnell, John	Strategic Capabilities, Competitive Strategy, and Performance among Retailers in Argentina, Peru and United States	Mgmt Decision	n.i.	CUL STRAT TECH	ORG	PE	ER	Survey	n=163 (retailers from Argentina) n=136 (retailers from PE) n=277 (retailers from the USA)	Cluster analysis
2011	Reinartz, Werner/ Dellaert, Benedict/ Krafft, Manfred/ Kumar, V./ Varadarajan, Rajan	Retailing Innovations in a Globalizing Retail Market Environment	Journal of Retailing	SU	ENV	BEY ORG	GER/ NL/ USA	ER	n.i.	n.i.	Conceptual paper

Year	Author(s)	Title	Journal	Stake-holder	Con-tingency	Level of Analysis	Coun-try	Research Design	Data Collection Method	Sample	Method of Analysis
2011	Scharf, Sebastian/ Michel, Elena	Return on Marketing – Eine Bestandsaufnahme empirischer Befunde	JfB	n.i.	n.i.	n.i.	GER	ER	Secondary data (External data)	n=35 (journal articles)	Literature review (Content analysis)
2011	Weide, Gonn/ Hoffjan, Andreas/ Nevries, Pascal/ Trapp, Rouven	Organisatorisch-personelle Auswirkungen einer Integration des Rechnungswesens – eine empirische Analyse	zfbf	EMP	STRUC	ORG	GER	ER	Expert interviews	n=28 (manager out of 24 companies of diverse sectors)	Content analysis
2010	Aerts, Walter/ Tarca, Ann	Financial Performance Explanations and Institutional Setting	Accounting and Business Research	GOV OW DE	CUL SIZ	ORG	B/ AUS	MIXED	Secondary data (Internal data)	n=172 (company disclosures)	Step 1: Content analysis Step 2: Regression analysis
2010	Anderson, Shannon/ Dekker, Henri/ Sedatole, Karen	An Empirical Examination of Goals and Performance-to-Goal (PtoG) Following the Introduction of an Incentive Bonus Plan with Participative Goal Setting	Mgmt Science	EMP	STRUC	ORG ORGal SU	AUS/ NL/ USA	CR (QUASI)	Step 1: Secondary data (Internal and external data) Step 2: Survey	Step 1: n=61 (stores) Step 2: n=61 (SM); 6 (DM)	ANOVA
2010	Bernardi de Souza, Fernando/ Pires, Silvio	Theory of Constraints Contributions to Outbound Logistics	Mgmt Research Review	SU	n.i.	BEY ORG	BR	ER	Secondary data (External data)	n.i.	Literature review (Content analysis)
2010	Björklund, Maria	Benchmarking Tool for Improved Corporate Social Responsibility in Purchasing	Benchmarking: An Int. J.	EMP SOC SU	ENV TECH	ORG	S	ER	Case Study	n=2 (companies)	Literature review (Content analysis) Best practice analysis
2010	Bougnol, M-L/ Dulá, JH/ Estellita Lins, MP/ Moreira da Silva, AC	Enhancing Standard Performance Practices with DEA	Omega	n.i.	n.i.	BEY ORG	USA/ BR	CR (ANALY)	Secondary data (External data)	n=21 (fashion retailers)	DEA
2010	Chung Yim Yiu/ Hing Cheong Ng	Buyers-To-Shoppers Ratio of Shopping Malls: A Probit Study in Hong Kong	Journal of Retailing and Consumer Services	CU	ENV	ORGal SU	HK	CR (EPF)	Observation	n=810 (shoppers)	Regression analysis

Year	Author(s)	Title	Journal	Stake-holder	Con-tingency	Level of Analysis	Coun-try	Research Design	Data Collection Method	Sample	Method of Analysis
2010	Corstjens, Marcel/ Vanderheyden, Ludo	Competition, Risk and Return in the US Grocery Industry	Review of Marketing Science	DE	ENV	BEY ORG	F	ER	Secondary data (External data)	n=48 (years of competitive analysis)	Sharpe-Fama-French-Carhart standard performance attribution methodology
2010	Deckert, Andreas/ Klein, Robert	Agentenbasierte Simulation zur Analyse und Lösung betriebswirtschaftlicher Entscheidungsprobleme	JfB	n.i.	TECH	ORG	GER	ER	Secondary data (External data)	Review of 58 Case Studies	Literature review (Content analysis)
2010	Engelen, Andreas/ Kemper, Jan/ Brettel, Malte	Die Wirkung von operativen Marketing-Mix-Fähigkeiten auf den Unternehmenserfolg – Ein 4-Länder-Vergleich	zfbf	n.i.	CUL	ORG	GER	CR (EPF)	Survey	n=891 (top MAN of RC, GER, HK and USA)	SEM Regression analysis
2010	Inaba, T./ Miyazaki, S.	Service Performance Improvement by Using RFID-Enabled Goods Traceability Data: A Case Study	Int. J. of Services TECH and Mgmt	n.i.	TECH	ORGaI SU	J	ER	Case Study	- Group interview - RFID data - Observation	Analysis of group interviews Correlation analysis (RFID data)
2010	Lichtenstein, Donald/ Netemeyer, Richard/ Maxham, James	The Relationships Among Manager-, Employee-, and Customer-Company Identification: Implications For Retail Store Financial Performance	Journal of Retailing	CU EMP (incl. MAN)	STRUC	IND (CU and EMP) ORGaI SU	USA	CR (EPF)	Survey Secondary data (internal data)	n = 306 (retail store MAN) n = 1615 (EMP) n = 57656 (CU)	Regression analysis
2010	Netemeyer, Richard/ Maxhamm III, James/ Lichtenstein, Donald	Store Manager Performance and Satisfaction: Effects on Store Employee Performance and Satisfaction, Store Customer Satisfaction, and Store Customer Spending Growth	Journal of Applied Psychology	CU EMP (incl. MAN)	STRUC	ORGaI SU	USA	CR (EPF)	Survey	n=306 (retail store MAN) n=1615 (retail store floor EMP) n=57656 (CU)	Hierarchical linear modeling (different levels) SEM (store level)
2010	Parnell, John	Strategic Clarity, Business Strategy and Performance	Journal of STRAT and Mgmt	n.i.	STRAT	ORG	USA	MIXED	Survey	n=277 (Retail MAN at all Mgmt levels)	Cluster analysis ANOVA

Year	Author(s)	Title	Journal	Stake-holder	Con-tingency	Level of Analysis	Coun-try	Research Design	Data Collection Method	Sample	Method of Analysis
2010	Siepermann, Christoph	Spielräume bei der Ermittlung von Lagerbestandskosten – Eine Simulationsstudie	DBW	n.i.	n.i.	ORG	GER	CR (ANALY)	Simulation	n.i.	Simulation
2010	Srinivasan, Shuba/ Vanhuele, Marc/ Pauwels, Koen	Mind-Set Metrics in Market Response Models: An Integrative Approach	Journal of Marketing Research	CU	ENV	ORG	USA/ F/ TR	CR (ANALY)	Secondary data (External data)	n=74 (brands from 1999–2006)	VARX model
2010	Wieseke, Jan/ Kraus, Florian/ Rajab, Thomas	Förderung des Eigenmarken-verkaufs durch Vertriebsmitar-beiter – Eine empirische Analyse informeller Anreizfaktoren	zfbf	EMP	n.i.	ORGal SU	GER	CR (EPF)	Survey	n=1012 (distribution MAN)	Regression analysis
2010	Zawawi, Nur Haiza Muham-mad/ Hoque, Zahirul	Research in Management Ac-counting Innovations	Qualitative Research in Accounting and Mgmt	EMP	ENV TECH	ORG	AUS	ER	General review	n=89 articles (from 22 leading account-ing journals)	Content analysis
2009	Aghazadeh, Seyed-Mahmoud	The Impact of Inventory Turnover Ratio on Companies' Stock Performance in the Retail Industry	Int. J. of Services, Economics and Mgmt	OW	n.i.	ORG	USA	CR (EPF)	Secondary data (External data)	n=20 (companies)	Regression analysis
2009	Ailawadi, Kusum/ Beauchamp, J.P./ Donthu, Naveen/ Gauri, Dinesh/ Shankar, Venkatesh	Communication and Promo-tion Decisions in Retailing: A Review and Directions for Future Research	Journal of Retailing	CU SU	STRAT	BEY ORG	USA	ER	Secondary data (External data)	n.i.	Literature review (Content analysis)
2009	Arnold, Todd/ Palmatier, Robert/ Grewal, Dhruv/ Sharma, Arun	Understanding Retail Managers' Role in the Sales of Products and Services	Journal of Retailing	EMP (MAN)	ENV STRAT	IND (EMP) ORGal SU	USA	CR (EPF)	Survey Secondary data (Internal data)	n=369 (SM of 1 chain)	SEM

Year	Author(s)	Title	Journal	Stakeholder	Contingency	Level of Analysis	Country	Research Design	Data Collection Method	Sample	Method of Analysis
2009	Baldauf, Artur/ Cravens, Karen/ Diamantopoulos, Adamantios/ Zeugner-Roth, Katharina Petra	The Impact of Product-Country Image and Marketing Efforts on Retailer-Perceived Brand Equity: An Empirical Analysis	Journal of Retailing	CU DE OW	n.i.	ORG	CH/ USA/ AUT/ B	CR (EPF)	Survey	n=142 (retail MAN)	SEM
2009	Casas-Arce, Pablo/ Martínez-Jerez, Asis	Relative Performance Compensation, Contests, and Dynamic Incentives	Mgmt Science	EMP	STRUC	IND (EMP)	ESP USA	CR (FIELD)	Observation	differs along time-line	Regression analysis
2009	Chen, Shu-Ching/ Quester, Pascale G	A Value-Based Perspective of Market Orientation and Customer Service	Journal of Retailing and Consumer Services	CU EMP	ENV	IND (CU and EMP)	NZ/ AUS	MIXED	Step 1: Focus groups Step 2: Survey (EMP and CU)	Step 2: n=191 (matched set of CU and EMP)	Step 1: Content Analysis Step 2: SEM, Confirmatory factor analysis
2009	Flaherty, Karen/ Mowen, John/ Brown, Tom/ Marshall, Greg	Leadership Prosperity and Sales Performance Among Sales Personnel and Managers in a Specialty Retail Store Setting	Journal of Personal Selling and Sales Mgmt	EMP (incl. MAN)	ENV STRAT	IND (EMP)	USA	CR (EPF)	Survey	Study 1: n=322 Study 2: n=382 (salespeople, sales MAN, administrative EMP)	Regression analysis
2009	Francis, Mark	Private-Label NPD Process Improvement in the UK Fast Moving Consumer Goods Industry	Int. J. of Innovation Mgmt	n.i.	ENV STRAT	ORGal SU	UK	MIXED	Step 1: Exploratory study Step 2: Survey	n=283 (analysis of 283 new product lines by senior NPD representatives)	Step 1: n.i. Step 2: Analysis of frequencies
2009	Ganesan, Shankar/ George, Morris/ Jap, Sandy/ Palmatier, Robert/ Weitz, Barton	Supply Chain Management and Retailer Performance: Emerging Trends, Issues, and Implications for Research and Practice	Journal of Retailing	SU	ENV STRUC TECH	BEY ORG	USA	ER	General review	n.i.	General review
2009	Gauri, Dinesh Kumar/ Pauler, Janos Gabor/ Trivedi, Minakshi	Benchmarking Performance in Retail Chains: An Integrated Approach	Marketing Science	CU	ENV STRUC	ORG	USA/ H	DR	Secondary data (Internal and external data)	n=160 (stores, 1 chain, 13 weeks, shopper data)	Benchmark analysis

Year	Author(s)	Title	Journal	Stake-holder	Con-tingency	Level of Analysis	Coun-try	Research Design	Data Collection Method	Sample	Method of Analysis
2009	Grewal, Dhruv/ Levy, Michael/ Kumar, V.	Customer Experience Management in Retailing: An Organizing Framework	Journal of Retailing	CU	ENV	BEY ORG	USA	ER	General review	n.i.	General review
2009	Hofer, Florian/ Hofmann, Erik/ Stölzle, Wolfgang	Management der Filiallogistik im stationären Einzelhandel – Eine ressourcenorientierte Betrachtung	Marketing ZFP	n.i.	STRAT STRUC	ORGal SU	GER/ CH	ER	Observation	n=68 (stores) over 2 periods	Analysis of OoS (Root Causes)
2009	Hyung-Su Kim/ Young-Gul Kim	A CRM Performance Measurement Framework: Its Development Process and Application	Industrial Marketing Mgmt	CU	STRAT	ORG	ROC	ER	Case Study	n=1 (retailing organization)	Content analysis Analytical hierarchy analysis
2009	Lautman, Martin/ Pauwels, Koen	Metrics That Matter	Journal of Advertising Research	CU	n.i.	ORG	USA	CR (ANALY)	Secondary data (Internal data)	n=90 (category users, tracking data) n=125 (users) n=200 (users)	VARX model
2009	Lings, Ian/ Greenley, Gordon	The Impact of Internal and External Market Orientations on Firm Performance	Journal of Strategic Marketing	CU EMP	ENV	IND (CU and EMP) ORG	AUS/ UK	CR (EPF)	Survey	n=766 (SM)	SEM
2009	McKay, Patrick/ Avery, Derek/ Morris, Mark	A Tale of Two Climates: Diversity Climate from Subordinates' and Managers' Perspectives and Their Role in Store Unit Sales Performance	Personnel Psychology	EMP (incl. MAN)	n.i.	IND (EMP) ORGal SU	USA	CR (EPF)	Secondary data (Internal data) Survey	n=56337 (subordinates) n=3449 (MAN)	Regression analysis
2009	Petersen, Andrew/ McAlister, Leigh/ Reibstein, David/ Winer, Russell/ Kumar V/ Atkinson, Geoff	Choosing the Right Metrics to Maximize Profitability and Shareholder Value	Journal of Retailing	CU OW	n.i.	ORG ORGal SU	USA	ER	n.i.	n.i.	Conceptual paper
2009	Sellers-Rubio, Ricardo/ Más-Ruiz, Francisco	Efficiency vs. Market Power in Retailing: Analysis of Supermarket Chains	Journal of Retailing and Consumer Services	n.i.	ENV	ORG	ESP	CR (EPF)	Secondary data (Internal data)	n=147 (supermarket chains)	Parametric stochastic frontier analysis

Year	Author(s)	Title	Journal	Stakeholder	Contingency	Level of Analysis	Country	Research Design	Data Collection Method	Sample	Method of Analysis
2009	Shugan, Steven/ Mitra, Debanjan	Metrics–When and Why Nonaveraging Statistics Work	Mgmt Science	n.i	ENV	n.i	USA	CR (ANALY)	Case selection (baseball, movies, publishing)	n=3 (cases – Simulation of 10000 cases)	Monte Carlo Simulation Experiment
2009	Syntetos, Aris/ Nikolopoulos, Konstantinos/ Boylan, John/ Fildes, Robert/ Goodwin, Paul	The Effects of Integrating Mgmt Judgement into Intermittent Demand Forecasts	Int. J. of Production Economics	EMP	ENV	ORG	UK	CR (FIELD)	Secondary data (Internal data)	n=124 (SKUs)	ANOVA
2009	Thiesse, Frederic/ Al-Kassab, Jasser/ Fleisch, Elgar	Understanding the Value of Integrated RFID Systems: A Case Study from Apparel Retail	European Journal of Information Systems	n.i	TECH	ORG	CH	ER	Case Study	n=1 (company)	n.i
2009	Yan, Xi Steven/ Robb, David/ Silver, Edward	Inventory Performance Under Pack Size Constraints and Spatially-Correlated Demand	Int. J. of Production Economics	SU	STRUC	BEY ORG	NZ/ RC/ CDN	CR (ANALY)	Simulation	n.i	ANOVA
2009	Yao, Yuliang/ Dresner, Martin/ Palmer, Jonathan	Impact of Boundary-Spanning Information Technology and Position in Chain on Firm Performance	Journal of Supply Chain Mgmt	SU	TECH	BEY ORG	USA	CR (EPF)	Survey	n=238 (manufacturers, distributors and retailers)	Regression analysis
2009	Yu-Chiang Hu/ Chia-Ching Fatima Wang	Collectivism, Corporate Social Responsibility, and Resource Advantages in Retailing	Journal of Business Ethics	CON CU EMP SOC	ENV STRUC TECH	ORG	UK	DR	Survey	n=84 (retailers; snowballing technique)	Analysis of frequencies
2008	Campbell, Dennis	Nonfinancial Performance Measures and Promotion-based Incentives	Journal of Accounting Research	EMP	n.i	IND (EMP) ORGal SU	USA	CR (EPF)	Secondary data (Internal data)	n=852 (MAN observed over 39 months)	Regression analysis
2008	Cohen, Sandra/ Thiraios, Dimitris/ Kandilorou, Myrto	Performance Parameters Interrelations from a Balanced Scorecard Perspective	Managerial Auditing Journal	CU	STRUC	ORG	GR	CR (EPF)	Survey	n=90 (firm MAN of various sectors)	Factor analysis t-Tests

Anhang A   321

Year	Author(s)	Title	Journal	Stake-holder	Con-tingency	Level of Analysis	Coun-try	Research Design	Data Collection Method	Sample	Method of Analysis
2008	Ehrmann, Thomas/ Dor-mann, Julian	Inter-organisationale Ausgestal-tung der Entscheidungszentral-isierung und produktive Effizienz Eine empirische Analyse am Beispiel Franchising	zfbf	OW	STRUC	ORG	GER	CR (ANALY)	Survey	n=83 (networks)	DEA Regression analysis
2008	Fürst, Andreas	Effektivität und Effizienz der Ge-staltung von Beschwerdemanage-ment – Eine empirische Analyse	Marketing ZFP	CU	n.i.	ORG	GER	CR (EPF)	Survey	n=108 (Key inform-ant on complaint Mgmt; various sectors)	SEM
2008	Gielens, Katrijn/ Gucht, Linda van de/ Steenkamp, Jan-Benedict/ Dekimpe, Marnik	Dancing with a Giant: The Effect of Wal-Mart´s Entry into the Unit-ed Kingdom on the Performance of European Retailers	Journal of Marketing Research	n.i.	ENV	BEY ORG	USA/ NL	CR (QUASI)	Secondary data (External data)	n=98 (retail firms)	ANOVA
2008	Homburg, Christian/ Artz, Martin/ Wieseke, Jan/ Schenkel, Bernhard	Gestaltung und Erfolgsau-swirkungen der Absatzplanung: Eine branchenübergreifende empirische Analyse	zfbf	n.i.	ENV STRUC	ORG	GER	CR (EPF)	Survey	n=278 (MAN of various sectors)	- Covariate struc-tural analysis - Regression analysis
2008	Ittner, Christopher	Does Measuring Intangibles for Management Purposes Improve Performance? A Review of the Evidence	Accounting and Business Research	n.i.	n.i.	ORG	USA	ER	Secondary data (External data)	n.i.	Literature review (Content analysis)
2008	Kumar, V/ Venkatesan, Rajkumar/ Reinartz, Werner	Performance Implications of Adopting a Customer-Focused Sales Campaign	Journal of Marketing	CU	STRAT	IND (CU)	USA/ GER	CR (FIELD)	Secondary data (Internal data)	n=566 (CU who are served by 850 sales-person; equal SIZ of test and control group)	ANOVA
2008	Lado, Augustine/ Dant, Rajiv/ Tekleab, Amanuel	Trust-Opportunism Parodox, Relationalism, and Performance in Interfirm Relationships: Evidence from the Retail Industry	Strategic Mgmt Journal	n.i.	n.i.	BEY ORG	USA	MIXED	Survey (longitu-dinal)	n=409 (retailers and distributors; over 3 years)	Factor analysis Regression analysis

Year	Author(s)	Title	Journal	Stake-holder	Con-tingency	Level of Analysis	Coun-try	Research Design	Data Collection Method	Sample	Method of Analysis
2008	Maxham, James III/ Netemeyer, Richard/ Lichtenstein, Donald	The Retail Value Chain: Linking Employee Perceptions to Employee Performance, Customer Evaluations, and Store Performance	Marketing Science	CU EMP	n.i.	IND (CU and EMP) ORGal SU	USA	MIXED	Survey Observation Secondary data (Internal data)	n= 306 (retail store MAN) n= 1615 (EMP) n= 57656 (CU)	Hierarchical linear modeling (different levels) SEM (store level)
2008	Minami, Chieko/ Dawson, John	The CRM Process in Retail and Service Sector Firms in Japan: Loyalty Development and Financial Return	Journal of Retailing and Consumer Services	CU	TECH	ORG	J/ GB	CR (EPF)	Survey	n=141 (MAN from retailing and service companies)	SEM
2008	Prajogo, Daniel/ McDermott, Christopher	The Relationships Between Operations Strategies and Operations Activities in Service Context	Int. J. of Service Industry Mgmt	n.i.	STRAT	ORG	AUS/ USA	MIXED	Survey	n=190 (retail MAN with different positions in company)	Factor analysis Regression analysis
2008	Sun, Zhan-Li/ Choi, Tsan-Ming/ Au, Kin-Fan/ Yu, Yong	Sales Forecasting Using Extreme Learning Machine with Applications in Fashion Retailing	Decision Support Systems	n.i.	TECH	ORG	HK	CR (ANALY)	Secondary data (Internal data)	n=3 (experiments)	Simulation
2008	Ton, Zeynep/ Huckman, Robert	Managing the Impact of Employee Turnover on Performance: The Role of Process Conformance	Organization Science	EMP	STRAT	ORG	USA	CR (EPF)	Secondary data (Internal data)	n=268 (stores)	Regression analysis
2008	Waller, Matthew/ Heintz Tangari, Andrea/ Williams, Brent	Case Pack Quantity's Effect on Retail Market Share	Int. J. of Physical Distribution and Logistics Mgmt	CU	STRUC	ORG	USA	CR (EPF)	Observation	n=88 (SKUs)	Regression analysis
2008	Wicht, Jürgen/ Hopp, Alex/ Arminger, Gerhard	Aufbau, Durchführung und Leistungsmessung eines CPFR-Pilotprojekts im Handel	zfbf	SU	STRAT TECH	BEY ORG	GER	CR (FIELD)	Secondary data (Internal data)	n = 3880 (articles) (in 53 stores of METRO)	ANOVA
2008	Yingli Wang/ Potter, Andrew/ Mason, Robert/ Naim, Mohamed	Aligning Transport Performance Measures with Customised Retail Logistics: A Structured Method and its Application	Int. J. of Logistics	CU SU	STRAT	BEY ORG	UK	ER	Case Study (2 phases): -) Diagnostic stage (brainstorming) -) Therapeutic stage	n=16 (senior distribution mgmt.) 4 visits to 4 DCs and 10 convenience stores; Semi-structured interviews	n.i.

Year	Author(s)	Title	Journal	Stake-holder	Con-tingency	Level of Analysis	Coun-try	Research Design	Data Collection Method	Sample	Method of Analysis
2007	Banker, Rajiv/ Mashruwala, Raj	The Moderating Role of Competition in the Relationship between Nonfinancial Measures and Future Financial Performance	Contemporary Accounting Research	CU EMP	ENV	ORGal SU	USA	CR (EPF)	Survey Secondary data (Internal and external data)	n=800 (retail stores of one chain) - Financial data: Corporate accounting records - CU satisfaction and EMP satisfaction: External agency	Regression analysis ANOVA SEM
2007	Brettel, Malte/ Wutka, Carolin/ Heinemann, Florian	Geeignete Ausgestaltung des Marketing-Controlling in jungen Wachstumsunternehmen	ZfKE	CU	SIZ	ORG	GER	ER	Case Study	n=8 (firms)	Within-case analysis Cross-case analysis
2007	DeHoratius, Nicole/ Raman, Ananth	Store Manager Incentive Design and Retail Performance: An Exploratory Investigation	Manufacturing and Service Operations Mgmt	EMP (MAN)	STRAT	IND (EMP) ORGal SU	USA	CR (QUASI)	Secondary data (Internal and external data) Expert Interviews Observation	n=12 (stores; period: 11 months prior and 11 months after implementation)	Regression analysis
2007	Delen, Dursun/ Hardgrave, Bill/ Sharda, Ramesh	RFID for Better Supply-Chain Management through Enhanced Information Visibility	Production and Operations Mgmt	SU	TECH	BEY ORG ORGal SU	USA	ER	Case Study	Product A: Store 1: n=232 Store 2: n=433 Product B Store 3: 587 Store 4: 812	Calculation of movement time
2007	Dikolli, Shane/ Kinney, William/ Sedatile, Karen	Measuring Customer Relationship Value: The Role of Switching Cost	Contemporary Accounting Research	CU	STRAT	IND (CU) ORG	USA	CR (EPF)	Secondary data (External data)	n=182 (firms) Buyer behavior analysis: n=2167 Financial performance analysis: n=198 firm-quarters (plc)	Regression analysis
2007	Engelke, Jan/ Simon, Hermann	Decision Support Systeme im Marketing	zfbf	n.i	TECH	ORG	GER	ER	General review	n.i.	General review

Anhang A

Year	Author(s)	Title	Journal	Stake-holder	Con-tingency	Level of Analysis	Coun-try	Research Design	Data Collection Method	Sample	Method of Analysis
2007	Hoeck, Michael	Analyse der Konformitätskosten – dargestellt am Beispiel des Kundenservice eines Versandhandelsunternehmens	Zeitschrift für Planung and Unternehmens-steuerung	CU	n.i.	ORG	GER	CR (EPF)	Survey	n=200 (CU) for 3 periods	DEA Regression analysis
2007	Hong Chen/ Frank, Murray/ Wu, Owen	U.S. Retail and Wholesale Inventory Performance from 1981 to 2004	Manufacturing and Service Operations Mgmt	n.i.	n.i.	ORG BEY ORG	CDN USA	MIXED	Secondary data (Internal and external data)	n.i.	Frequency distribution Regression analysis
2007	Kotzab, Herbert/ Reiner, Gerald/ Teller, Christoph	Beschreibung, Analyse und Bewertung von Instore-Logistikprozessen	ZfB	EMP	STRUC	ORGal SU	DK/ CH/ AUT	CR (ANALY)	Survey	n=113 (retail MAN that are responsible for instore logistics)	DEA
2007	McAlister, Leigh/ Srinivasan, Raji/ Kim, MinChung	Advertising, Research and Development, and Systematic Risk of the Firm	Journal of Marketing	n.i.	n.i.	ORG	USA	CR (EPF)	Secondary data (External data)	n=162 (firms)	Regression analysis
2007	Megicks, Phil	Levels of Strategy and Performance in UK Small Retail Businesses	Mgmt Decision	OW	ENV SIZ STRAT	ORG	UK	MIXED	Survey	n=305 (OW in retail)	Factor analysis Regression analysis
2007	Morgan, Chris/ Dewhurst, Adam	Using SPC to Measure a National Supermarket Chain's Suppliers' Performance	Int. J. of Operations and Production Mgmt	SU	STRUC	BEY ORG	UK	DR	UnSTRUCd Interviews Secondary data (Internal data)	n=12 (interviews) Scanner data (77 weeks)	Analysis of frequencies
2007	Naesens, Kobe/ Gelders, Ludo/ Pintelon, Liliane	A Swift Response Tool for Measuring the Strategic Fit for Resource Pooling: A Case Study	Mgmt Decision	SU	ENV STRAT STRUC	BEY ORG	B	ER	Secondary data (External data) Case Study In depth-Interviews	n=8 (in depth-interviews)	Literature Review AHP modeling
2007	Oke, Adegoke	Innovation Types and Innovation Management Practices in Service Companies	Int. J. of Operations and Production Mgmt	CU EMP	STRAT	ORG	USA	MIXED	Step 1: Expert interviews Step 2: Survey	Step 1: n=6 (executives) Step 2: n=214 (senior MAN)	Content analysis Factor analysis ANOVA

Year	Author(s)	Title	Journal	Stake-holder	Con-tingency	Level of Analysis	Coun-try	Research Design	Data Collection Method	Sample	Method of Analysis
2007	O'Sullivan, Don/ Abela, Andrew	Marketing Performance Measurement Ability and Firm Performance	Journal of Marketing	EMP (MAN)	n.i.	IND (EMP) ORG	AUS/ USA	MIXED	Step 1: In-depth interviews Step 2: Survey Step 3: Secondary data (external data)	Step 1: n=17 (Chief marketing officers) Step 2: n=312 (marketers) Step 3: 12months review of stock returns	Step 1: n.i. Step 2: Factor analysis, Regression analysis (primary data and secondary data)
2007	Sellers-Rubio, Ricardo/ Mas-Ruiz Francisco	Different Approaches to the Evaluation of Performance in Retailing	International Review of Retail, Distribution and Consumer Research	n.i.	n.i.	BEY ORG	ESP	CR (ANALY)	Secondary data (External data)	n=491 (companies)	Parametric stochastic frontier production function DEA
2007	Thornhill, Stewart/ White, Roderick E.	Strategic Purity: A Multi-Industry Evaluation of Pure vs. Hybrid Business Strategies	Strategic Mgmt Journal	n.i.	STRAT	BEY ORG	CDN	MIXED	Workplace and Employee Survey (WES)	n=2351 (business establishments)	Factor analysis Regression analysis
2006	Cascio, Wayne	The Economic Impact of Employee Behaviors on Organizational Performance	California Mgmt Review	EMP	n.i.	ORG	USA	ER	General review	n.i.	General review
2006	Cascio, Wayne F.	Decency Means More than „Always Low Prices": A Comparison of Costco to Wal-Mart's Sam's Club	Academy of Mgmt Perspectives	n.i.	STRAT	BEY ORG	USA	ER	General review	n.i.	General review
2006	Chen, Shu-Ching/ Quester, Pascale G	Modeling Store Loyalty: Perceived Value in Market Orientation Practice	Journal of Services Marketing	CU EMP	STRAT	IND (CU and EMP)	RC/ AUS	MIXED	Step 1: Focus Groups Step 2: Survey (EMP and CU)	Step 1: 3 groups à 8-11 (EMP and CU) Step 2: n=191 (matched set of CU and EMP)	Step 1: Content analysis Step 2: SEM
2006	Clark, Bruce/ Abela, Andrew/ Ambler, Tim	An Information Processing Model of Marketing Performance Measurement	Journal of Marketing Theory and Practice	EMP (MAN)	ENV	IND (EMP)	UK/ USA	CR (EPF)	Survey	n=88 (Marketing Leadership Council members)	Regression analysis

Year	Author(s)	Title	Journal	Stake-holder	Con-tingency	Level of Analysis	Coun-try	Research Design	Data Collection Method	Sample	Method of Analysis
2006	Fam, Kim-Shyan/ Yang, Zhilin	Primary Influences of Environmental Uncertainty on Promotions Budget Allocation and Performance: A Cross-Country Study of Retail Advertisers	Journal of Business Research	n.i.	ENV STRAT	ORG	NZ/ HK	CR (EPF)	Survey	n=337 (SM)	Regression analysis
2006	Gaur, Vishal/ Honhon, Dorothée	Assortment Planning and Inventory Decisions Under a Locational Choice Model	Mgmt Science	n.i.	n.i.	ORG	USA	CR (ANALY)	Secondary data (External data)	n.i.	Multi logit model
2006	Gupta, Sunil/ Zeithaml, Valarie	Customer Metrics and Their Impact on Financial Performance	Marketing Science	CU	STRAT	ORG	USA	ER	General review	n.i.	General review
2006	Keiningham, Timothy/ Aksoy, Lerzan/ Cooil, Bruce/ Peterson, Kenneth/ Vavra, Terry	A Longitudinal Examination of the Asymmetric Impact of Employee and Customer Satisfaction on Retail Sales	Managing Service Quality	CU EMP	STRAT	IND (CU and EMP) ORGal SU	USA/ TR	MIXED	Secondary data (Internal data) Survey	n=125 (stores) n=34000 (CU) n=3900 (EMP)	Descriptive analysis Correlation analysis CHAID analysis
2006	Kumar, V./ Shah, Denish/ Venkatesan, Rajkumar	Managing Retailer Profitability – One Customer at a Time!	Journal of Retailing	CU	STRAT	IND (CU)	USA	DR	Observation	n=30 (one retailer with 30 stores) n=303431 (customer data from stores)	Descriptive analysis Correlation analysis
2006	Merchant, Kenneth	Measuring General Managers' Performances	Accounting, Auditing and Accountability Journal	EMP (MAN)	n.i.	IND (EMP)	USA	ER	General review	no sample	General review
2006	Porr, Dean/ Fields, Dail	Implicit Leadership Effects on Multi Source Ratings for Management Development	Journal of Managerial Psychology	EMP (MAN) OW	STRUC	IND (EMP)	USA	DR	Survey	n=60 (store MAN) n=13 (reports of district MAN) n=296 (subordinates)	Correlation analysis
2006	Prajogo, Daniel	The Implementation of Operations Management Techniques in Service Organisations	Int. J. of Operations and Production Mgmt	CU	STRAT	ORG	AUS	CR (EPF)	Survey	n=190 (MAN from service industries)	ANOVA

Year	Author(s)	Title	Journal	Stake-holder	Con-tingency	Level of Analysis	Coun-try	Research Design	Data Collection Method	Sample	Method of Analysis
2006	Schachner, Markus/ Speckbacher, Gerhard/ Wentges, Paul	Steuerung mittelständischer Unternehmen: Größeneffekte und Einfluss der Eigentums- und Führungsstruktur	ZfB	OW	SIZ STRUC	ORG	AUT	CR (EPF)	Survey	n=205 (MAN of various sectors)	Regression analysis
2006	Sezen, Bülent	Changes in Performance under Various Lengths of Review Periods in a Periodic Review Inventory Control System with Lost Sales	Int. J. of Physical Distribution and Logistics Mgmt	n.i.	n.i	ORG	TR	CR (ANALY)	Simulation	n.i. (Several retailers supplied by a central warehouse)	Simulation ANOVA
2006	Zeithaml, Valarie/ Bolton, Ruth/ Deighton, John/ Keiningham, Timothy/ Lemon, Katherine/ Petersen, Andrew	Forward-Looking Focus – Can Firms Have Adaptive Foresight?	Journal of Service Research	CU	STRAT	ORG	USA	ER	General review	n.i.	General review
2005	Binder, Christoph/ Schäffer, Utz	Die Entwicklung des Controllings von 1970 bis 2003 im Spiegel von Publikationen in deutschsprachigen Zeitschriften	DBW	n.i.	n.i	n.i.	GER	ER	Secondary data (External data)	n=2529 articles (academic journals and practitioner journals)	Literature review (Bibliometrie)
2005	Clark, Bruce H. Abela, Andrew V. Ambler, Tim	Organizational Motivation, Opportunity and Ability to Measure Marketing Performance	Journal of Strategic Marketing	n.i.	n.i	IND (EMP)	USA/ UK	CR (EPF)	Survey	n=66 (Marketing Leadership Council members)	Path model (OLS equations)
2005	Dobson, Paul	Retail Performance Indicators in the Nation of Shopkeepers	International Review of Retail, Distribution and Consumer Research	EMP	n.i	n.i.	UK	ER	General review	n.i.	General review
2005	Flores, Benito/ Wichern, Dean	Evaluating Forecasts: A Look at Aggregate Bias and Accuracy Measures	Journal of Forecasting	n.i.	ENV	n.i.	USA	CR (ANALY)	Computer simulation (psydo random actual demand)	n=500 (replications)	Simulation Experiment

Year	Author(s)	Title	Journal	Stake-holder	Con-tingency	Level of Analysis	Coun-try	Research Design	Data Collection Method	Sample	Method of Analysis
2005	Gaur, Vishal/ Fisher, Marshall/ Raman, Ananth	An Econometric Analysis of Inventory Turnover Performance in Retail Services	Mgmt Science	n.i	n.i	BEY ORG	USA	CR (EPF)	Secondary data (Internal data)	n=3407 (observa-tions of financial data out of 311 firms)	Multi logit model
2005	Ghosh, Dipankar	Alternative Measures of Managers´ Performance, Controllability, and the Outcome Effect	Behavioral Research in Accounting	EMP (MAN)	n.i	IND (EMP)	USA	CR (FIELD)	Experiment	n= 308 (Retail store MAN)	ANOVA
2005	Jenner, Thomas	Funktion und Bedeutung von Marken-Audits im Rahmen des Marken-Controllings	Marketing ZFP	n.i	n.i	ORG	TR	ER	General review	n.i.	General review
2005	Kara, Ali/ Spillan, John/ DeShields Jr, Oscar	The Effect of a Market Orientation on Business Performance: A Study of Small-Sized Service Retailers Using MARKOR Scale	Journal of Small Business Mgmt	n.i	ENV SIZ STRAT	ORG	USA	CR (EPF)	Survey	n=153 (firms)	SEM
2005	Murphy, Brian/ Maguiness, Paul/ Pescott, Chris/ Wislang, Soren	Stakeholder Perceptions Presage Holistic Stakeholder Relationship Marketing Performance	European Journal of Marketing	CU EMP SU SOC OW	n.i	ORG	NZ	ER	Survey	n=33 (business units)	Stakeholder performance appraisal
2005	Pritchard, Michael/ Silvestro, Rhian	Applying the Service Profit Chain to Analyze Retail Performance	Journal of Service Mgmt	CU EMP	STRAT	IND (CU and EMP) ORGal SU	UK	DR	Case Study	n=75 (stores) n= ca. 24.000 (CU) n= ca. 3500 (EMP)	Correlation analysis
2005	Ratnatunga, Janek'/ Ewing, Michael	The Brand Capability Value of Integrated Marketing Communi-cation (IMC)	Journal of Advertising	n.i	n.i	n.i.	AUS	ER	n.i.	no sample	Sensitivity analysis
2005	Reynolds, Jona-than/ Howard, Elizabeth/ Dragun, Dimitry/ Rosewell, Bridget/ Ormerod, Paul	Assessing the Productivity of the UK Retail Sector	International Review of Retail, Distribution and Consumer Research	EMP	CUL ENV SIZ STRUC	BEY ORG	UK	DR	Secondary data (External data)	UK: n=92 (retailers) USA: n= 96 (retail-ers) F: n=13 (retailers)	Analysis of frequencies

Year	Author(s)	Title	Journal	Stake-holder	Con-tingency	Level of Analysis	Coun-try	Research Design	Data Collection Method	Sample	Method of Analysis
2005	Viemann, Kathryn	ZP-Stichwort: Risikoadjustierte Performancemaße	Zeitschrift für Planung und Unternehmens-steuerung	n.i.	n.i.	ORG	GER	ER	n.i.	n.i.	General review
2005	Wind, Yoram	Marketing as an Engine of Business Growth: A Cross-Functional Perspective	Journal of Business Research	CU EMP GOV SOC ...	ENV STRAT TECH	n.i.	USA	ER	n.i.	n.i.	Conceptual paper
2004	Babakus, Emin/ Bienstock, Carol/ Van Scotter, James	Linking Perceived Quality and Customer Satisfaction to Store Traffic and Revenue Growth	Decision Sciences	CU	STRAT	IND (CU) ORGal SU	USA	MIXED	Step 1: Focus Group Step 2: Survey	n=17034 (CU)	Step 1: n.i. Step 2: SEM
2004	Banker, Rajiv/ Chang, Hsihui/ Pizzini, Mina	The Balanced Scorecard: Judgmental Effects of Performance Measures Linked to Strategy	Accounting Review	EMP	STRAT	IND (EMP)	USA	CR (LAB)	Experiment	n=480 (students)	ANOVA
2004	Bryant, Lisa/ Jones, Denise/ Widener, Sally	Managing Value Creation within the Firm: An Examination of Multiple Performance Measures	Journal of Mgmt Accounting Research	n.i.	n.i.	ORG	USA	CR (EPF)	Secondary data (External data)	n=125 (5 years long)	SEM
2004	Finn, Adam	A Reassessment of the Dimensionality of Retail Performance: A Multivariate Generalizability Theory Perspective	Journal of Retailing and Consumer Services	CU	ENV STRAT	ORGal SU	CDN	CR (EPF)	Observation: Evaluation by Mystery Shopper	n=16 (Retail stores, evaluated by 6 mystery shoppers 2 times – 96 and 92 visits)	mGENOVA (adapted ANOVA to estimate covariance)
2004	Gomez, Miguel/ McLaughlin, Edward/ Wittink, Dick	Customer Satisfaction and Retail Sales Performance: An Empirical Investigation	Journal of Retailing	CU	STRAT	IND (CU) ORGal SU	USA	MIXED	Survey (panel data)	n=100 CU of 250 stores each in 6 waves (1998–2001)	Factor analysis Regression analysis

Anhang A

Year	Author(s)	Title	Journal	Stake-holder	Con-tingency	Level of Analysis	Coun-try	Research Design	Data Collection Method	Sample	Method of Analysis
2004	Good, David/ Schultz, Roberta	Retrospective Of: A Need For The Revitalization Of Indicants Of Performance In The Marketing Organization	Journal of Marketing Theory and Practice	EMP	TECH	ORG	USA	ER	Comment	n.i.	Comment
2004	Lee, Sang M./ Hong, Soongoo/ Katerattanakul, Pairin	Impact of Data Warehousing on Organizational Performance of Retailing Firms	Int. J. of Information TECH and Decision Making	CU SU	TECH	ORG	USA/ ROC	DR	Survey	n=75 (retailers)	Factor analysis T-tests MANOVA
2004	Melnyk, Steven/ Steward, Douglas/ Swink, Morgan	Metrics and Performance Measurement in Operations Management: Dealing with the Metrics Maze	Journal of Operations Mgmt	n.i.	STRAT	ORG	USA	ER	General review	n.i.	General review
2004	Rust, Roland/ Ambler, Tim/ Carpenter, Gregory/ Kumar V./ Srivastava, Rajendra	Measuring Marketing Productivity: Current Knowledge and Future Directions	Journal of Marketing	CU	TECH	n.i.	USA	ER	n.i.	n.i.	Conceptual paper
2004	Rust, Roland/ Lemon, Katherine/ Zeithaml Valarie	Return on Marketing: Using Customer Equity to Focus on Marketing Strategy	Journal of Marketing	CU	STRAT	ORG	USA	MIXED	Step 1: Focus Group Step 2: Survey	n=137 (CU electronic stores) n=118 (CU groceries) n=100 (CU airline)	Factor analysis Regression analysis (logit)
2003	Kerssens-Van Drongelen, Inge/ Fisscher, Olaf	Ethical Dilemmas in Performance Measurement	Journal of Business Ethics	CU EMP GOV OW SU SOC	n.i.	BEY ORG	NL	ER	Case Study	n=4 (companies)	n.i.
2003	Miller, Nancy J/ Besser, Terry L/ Gaskill, LuAnn R/ Sapp, Stephen G	Community and Managerial Predictors of Performance in Small Rural US Retail and Service Firms	Journal of Retailing and Consumer Services	n.i.	ENV SIZ	ORG	USA	CR (EPF)	Survey	n=275 (MAN from SME retail firms)	ANOVA SEM

Year	Author(s)	Title	Journal	Stake-holder	Con-tingency	Level of Analysis	Coun-try	Research Design	Data Collection Method	Sample	Method of Analysis
2003	Steven, Marion/ Krüger, Rolf	Category Logistics – Erfolgspotenziale für Handel und Industrie aus der Verknüpfung von Supply Chain Management und Category Management	Marketing ZFP	SU	n.i.	BEY ORG	GER	ER	General review	n.i.	General review
2002	Homburg, Christian/ Hoyer, Wayne/ Fassnacht, Martin	Service Orientation of a Retailer´s Business Strategy: Dimensions, Antecedents, and Performance Outcomes	Journal of Marketing	CU	STRAT ENV SIZ	ORGal SU	GER/ USA	CR (EPF)	Survey	n=411 (retail store MAN)	SEM
2002	Morgan, Neil/ Clark, Bruce/ Gooner, Rich	Marketing Productivity, Marketing Audits, and Systems for Marketing Performance Assessment (MPA) – Integrating Multiple Perspectives	Journal of Business Research	n.i	ENV	ORG	USA	ER	n.i.	n.i.	Conceptual paper
2002	Piercy, Nigel/ Harris, Lloyd/ Lane, Nikala	Market Orientation and Retail Operatives´ Expectations	Journal of Business Research	EMP	ENV STRAT	IND (EMP)	UK	MIXED	Case Study	-Qual: 50 one-to-one interviews each (n=150) -Quan.: 103 questionnaires (different for store MAN and shopfloor operatives)	Factor analysis Correlation analysis
2002	Reinecke, Sven/ Reibstein, David	Performance Measurement in Marketing und Verkauf	KRP Kostenrechungspraxis	n.i	CUL	BEY ORG	CH/ USA	DR	Survey	n=236 (CH) n=182 (GER) n=234 (USA) (branchen-übergreifend, Marketingexperten und/oder Verkauf)	Analysis of frequencies Cluster analysis
2001	Banker, Rajiv/ Lee, Seok-Young/ Potter, Gordon/ Srinivasan, Dhinu	An Empirical Analysis of Continuing Improvements Following the Implementation of a Performance-Based Compensation Plan	Journal of Accounting and Economics	EMP	STRAT	IND (EMP)	USA/ ROC	CR (EPF)	Secondary data (Internal data)	n=3776 (sales EMP, 10 retail stores, 14651 observations)	Regression analysis

Year	Author(s)	Title	Journal	Stake-holder	Con-tingency	Level of Analysis	Coun-try	Research Design	Data Collection Method	Sample	Method of Analysis
2001	Fraser, Campbell/ Zarkada-Fraser, Anna	Perceptual Polarization of Managerial Performance from a Human Resource Management Perspective	Int. J. of Human Resource Mgmt	EMP (MAN)	CUL	IND (EMP)	AUS	MIXED	Step 1: Exploratory based on previous studies Step 2: Benchmark group	Step 1: n= 23 Step 2: n=489 (Retail MAN)	Step 1: Nominal group technique Step 2: 360° method
2001	Kladroba, Andreas	Data Warehousing und Data Mining aus Sicht des deutschen Datenschutzrechts – Einige Anmerkungen am Beispiel Rabattkarten	Marketing ZFP	CU	TECH	ORG	GER	ER	General review	n.i.	General review
2001	Shun Yin, Lam/ Vandenbosch, Mark/ Hulland, John/ Pearce, Michael	Evaluating Promotions in Shopping Environments: Decomposing Sales Response into Attraction, Conversion, and Spending Effects	Marketing Science	CU	ENV	ORGal SU	RC/ CH/ CDN/ USA	CR (EPF)	Secondary data (Internal data)	2 cases: n=1 (store) n=22 (stores)	Regression analysis (Compare: Joint model (sales not split) Log linear model (sales is split into dimensions)
2001	Tang, Christopher/ Bell, David/ Ho, Teck-Hua	Store Choice and Shopping Behavior: How Price Format Works	California Mgmt Review	CU	STRAT	ORGal SU	USA	CR (ANALY)	Simulation	n= 500 (households across 5 stores over a 2-year-period)	Formal analytics
2001	Taylor, John/ Fawcett, Stanley	Retail On-Shelf Performance of Advertised Items: An Assessment of Supply Chain Effectiveness at the Point of Purchase	Journal of Business Logistics	CU SU	STRAT	ORGal SU	USA	CR	Secondary data (Internal data)	n=9600 (purchase opportunities)	ANOVA
2000	Clark, Bruce H.	Managerial Perceptions of Marketing Performance: Efficiency, Adaptability, Effectiveness and Satisfaction	Journal of Strategic Marketing	EMP (MAN)	ENV	ORG	USA	CR (EPF)	Survey	n=130 (senior marketing MAN)	SEM
2000	Coviello, Nicole E. Brodie, Roderick J.	An Investigation of Marketing Practice by Firm Size	Journal of Business Venturing	n.i.	SIZ	ORG	CDN/ NZ	MIXED	Step 1: Qualitative design Step 2: Survey	n=303 (retail MAN)	Step 1: Content Analysis Step 2: Chi^2 ANOVA

Year	Author(s)	Title	Journal	Stake-holder	Con-tingency	Level of Analysis	Coun-try	Research Design	Data Collection Method	Sample	Method of Analysis
2000	Fraser, Campbel/ Zarkada-Fraser, Anna	Measuring the Performance of Retail Managers in Australia and Singapore	Int. J. of Retail and Dsitribution Mgmt	EMP	CUL	IND (EMP)	AUS	MIXED	Multi-stage design	Multi-Stage - Design	Step 1: NGT Step 2: 360° analysis Step 3: Discriminant analysis
2000	Gabriel, Roland/ Chamoni, Peter/ Gluchowski, Peter	Data Warehouse and OLAP – Analyseorientierte Informationssysteme für das Management	zfbf	OW	TECH	ORG	GER	ER	n.i.	n.i.	General review
2000	Ghosh, Dipankar/ Lusch, Robert F.	Outcome Effect, Controllability and Performance Evaluation of Managers: Some Field Evidence from Multi-outlet Businesses	Accounting, Organizations and SOC	EMP	ENV	IND (EMP)	USA	CR (EPF)	Secondary data (Internal and external data)	n=204 (stores)	Regression analysis
2000	Gleason, Kimberly/ Mathur Knowles, Lynette/ Mathur, Ike	The Interrelationship Between Culture, Capital Structure, and Performance: Evidence from European Retailers	Journal of Business Research	n.i	CUL	ORG	USA	CR (EPF)	Survey	n=198 (retailers)	Regression analysis
2000	Kumar, V/ Karande, Kiran	The Effect of Retail Store Environement on Retailer Performance	Journal of Business Research	n.i	ENV	ORG al SU	USA	CR (EPF)	Secondary data (External data)	n=460 stores (estimation sample) n=160 stores (hold-out sample)	Regression analysis
2000	Palmer, Jonathan/ Marks, Lynne	The Performance Impacts of Quick Response and Strategic Alignment in Specialty Retailing	Information Systems Research	CU	STRAT STRUC TECH	BEY ORG	USA	MIXED	Case Study	n=8 (Specialty Retail Case Examples) n=80 (EMP of Specialty Retailer RETEX)	Regression analysis t-Test
2000	Speckbacher, Gerhard/ Bischof, Jürgen	Die Balanced Scorecard als innovatives Managementsystem	DBW	n.i	n.i	ORG	AUT/ GER	DR	Survey	n=93 (MAN of various sectors)	Analysis of frequencies
1999	Borucki, Chester/ Burke, Michael	An Examination of Service-Related Antecedents to Retail Store Performance	Journal of Organizational Behavior	CU EMP	ENV STRAT	IND (CU & EMP) ORG al SU	NL/ USA	CR (EPF)	Survey	n=34.866 (EMP) n=30.239 (CU)	SEM

Year	Author(s)	Title	Journal	Stake-holder	Con-tingency	Level of Analysis	Coun-try	Research Design	Data Collection Method	Sample	Method of Analysis
1999	Conant, Jeffrey/ White, J. Chris	Marketing Program Planning, Process Benefits, and Store Performance: An Initial Study Among Small Retail Firms	Journal of Retailing	n.i.	SIZ STRAT	ORG	USA	MIXED	Survey	n=77 (OW)	Factor analysis Regression analysis
1999	Finn, Adam/ Kayande, Ujwal	Unmasking a Phantom: A Psychometric Assessment of Mystery Shopping	Journal of Retailing	CU	n.i.	ORGal SU	AUS	CR (EPF)	Step 1: Customer and mystery shopper survey Step 2: Secondary data on mystery shopper reports Step 3: Mystery shopper survey	Step 1: n=210 (CU) Step 2: n=138 (mystery shopper reports) Step 3: n=96 (reports) n=45 (reports)	ANOVA
1999	Grover, Varun/ Malhotra, Manoj	A Framework for Examining the Interface between Operations and Information Systems: Implications for Research in the New Millennium	Decision Sciences	SU	ENV STRAT STRUC TECH	ORG	USA	ER	n.i.	n.i.	General Review
1999	Krafft, Manfred	Der Kunde im Fokus: Kundennähe, Kundenzufriedenheit, Kundenbindung – und Kundenwert?	DBW	CU	n.i.	n.i.	GER	ER	n.i.	n.i.	General Review
1999	Kuo, Chun-Ho/ Dunn, Kimberly/ Randhawa, Sabah	A Case Study Assessment of Performance Measurement in Distribution Centers	Industrial Mgmt and Data Systems	CU EMP SU	n.i.	BEY ORG	USA	ER	Case Study	n=5 (distribution centers)	n.i.
1999	Neely, Andy	The Performance Measurement Revolution: Why Now and What Next?	Int. J. of Operations and Production Mgmt	n.i.	ENV TECH	ORG	UK	ER	General review	n.i.	General Review

Year	Author(s)	Title	Journal	Stake-holder	Con-tingency	Level of Analysis	Coun-try	Research Design	Data Collection Method	Sample	Method of Analysis
1999	Pilling, Bruce K./ Donthu, Naveen/ Henson, Steve	Accounting for the Impact of Territory Characteristics on Sales Performance: Relative Efficiency as a Measure of Salesperson Performance	Journal of Personal Selling and Sales Mgmt	EMP	ENV	IND (EMP)	USA	CR (ANALY)	Survey Secondary data (External data)	n=172 (sales representatives)	DEA
1999	Yuxin, Chen/ Hess James/ Wilcox Ronald/ Zhang John	Accounting Profits versus Marketing Profits: A Relevant Metric for Category Management	Marketing Science	n.i.	n.i.	ORGal SU	USA	CR (ANALY)	Parameter Estimation	n=199 (grocery categories)	Formal analytics
1998	Donthu, Naveen/ Yoo, Boonghee	Retail Productivity Assessment Using Data Envelopment Analysis	Journal of Retailing	CU EMP	ENV	ORGal SU	USA	CR (ANALY)	Secondary data (Internal data)	n=24 (stores)	DEA
1998	Hurley, Robert/ Estelami, Hooman	Alternative Indexes for Monitoring Customer Perceptions of Service Quality: A Comparative Evaluation in a Retail Context	Academy of Marketing Science	CU	STRAT	IND (CU)	USA	MIXED	Study 1: Focus Group Study 2: Survey Study 3: Simulation	Study 1: n=46678 (CU in 288 stores)	Factor analysis Correlation analysis
1998	Kaplan, Robert	Innovation Action Research: Creating New Management Theory and Practice	Journal of Mgmt Accounting Research	n.i.	n.i.	n.i.	USA	ER	Innovative Action Research Cycle followed for Activity-Based Costing and Balanced Scorecard	n.i.	n.i.
1998	Kean, Rita/ Gaskill, LuAnn/ Leistritz, Larry/ Jasper, Cynthia/ Bastow-Shoop, Holly/ Jolly, Laura/ Sternquist, Brenda	Effects of Community Characteristics, Business Environment, and Competitive Strategies on Rural Retail Business Performance	Journal of Small Business Mgmt	n.i.	ENV STRAT	BEY ORG	USA	CR (EPF)	Survey	n=48 (communities; 456 retailers)	Regression analysis

Year	Author(s)	Title	Journal	Stake-holder	Con-tingency	Level of Analysis	Coun-try	Research Design	Data Collection Method	Sample	Method of Analysis
1998	Klein, Howard/ Kim, Jay	A Field Study of the Influence of Situational Constraints, Leader-Member Exchange, and Goal Commitment on Performance	Academy of Mgmt Journal	EMP	ENV STRUC	ORG	USA	CR (EPF)	Survey	n=59 (full-time salesperson)	Regression analysis
1998	Lemmink, Jos/ Mattsson, Jan	Warmth During Non-Productive Retail Encounters: The Hidden Side of Productivity	Int. J. of Research in Marketing	CU EMP	ENV	IND (CU)	NL/ DK	CR (LAB)	Experiment (Laboratory)	n=25 (students/ staff members)	ANOVA
1998	Little, John D. C.	Integrated Measures of Sales, Merchandising, and Distribution	Int. J. of Research in Marketing	n.i	TECH	ORGal SU	USA	CR (ANALY)	Secondary data (External data)	n.i.	Baseline model
1998	Teo, Thomson/ Wong, Poh Kam	An Empirical Study of the Performance Impact of Computerization in the Retail Industry	Omega	EMP	TECH	IND (EMP)	SGP	CR (EPF)	Survey	n=1455 (senior MAN)	Regression analysis
1997	Anderson, Eugene/ Fornell, Claes/ Rust, Roland	Customer Satisfaction, Productivity, and Profitability: Differences between Goods and Services	Marketing Science	CU	STRAT	ORG	USA	CR (EPF)	Secondary data (External data)	n=170 (observations)	Regression analysis
1997	Dhar, Sanjay/ Hoch, Stephen	Why Store Brand Penetration Varies by Retailer	Marketing Science	n.i	ENV	n.i.	USA	CR (EPF)	Secondary data (External data)	n=34 (food categories for 106 supermarket chains)	Regression analysis
1997	Dichtl, Erwin/ Hardock, Petra/ Ohlwein, Martin/ Schellhase, Ralf	Die Zufriedenheit des Lebensmitteleinzelhandels als Anliegen von Markenartikelunternehmen	DBW	SU	n.i.	BEY ORG	GER	MIXED	Step 1: Expert interviews Step 2: Survey	- Step 1: 11 (experts) - Step 2: 146 (grocery retailers)	Factor analysis Regression analysis
1997	Powell, Thomas/ Dent-Micallef, Anne	Information Technology as Competitive Advantage: The Role of Human, Business, and Technology Resources	Strategic Mgmt Journal	EMP SU	ENV STRAT STRUC TECH	ORG	USA	CR (EPF)	Survey (2 stages)	n=67 (Senior executive) n=43 (Store MAN)	Regression analysis
1996	Banker, Rajiv/ Lee, Seok-Young/ Potter, Gordon/ Srinivasan, Dhinu	Contextual Analysis of Performance Impacts of Outcome-Based Incentive Compensation	Academy of Mgmt Journal	EMP	ENV STRAT STRUC	IND (EMP)	USA/ ROC	CR (EPF)	Secondary data (Internal data and external data)	n.i.	Regression analysis

Year	Author(s)	Title	Journal	Stake-holder	Con-tingency	Level of Analysis	Coun-try	Research Design	Data Collection Method	Sample	Method of Analysis
1996	Bronnenberg, Bart J/ Wathieu, Luc	Asymmetric Promotion Effects and Brand Positioning	Marketing Science	n.i	n.i	ORG	USA	DR	Secondary data (Internal data)	n=2 (categories, 6 brands each)	Correlation analysis
1996	Kaplan, Robert/ Norton, David	Linking the Balanced Scorecard to Strategy	California Mgmt Review	CU EMP SU	ENV STRAT	ORG	USA	ER	Case Study	n=2 (companies that implemented BSC)	n.i.
1996	Reijnders, Will/. Verhallen, Theo	Strategic Alliances Among Small Retailing Firms: Empirical Evidence For The Netherlands	Journal of Small Business Mgmt	n.i	SIZ STRUC	BEY ORG	NL	MIXED	Step 1: Qualitative Interviews Step 2: Survey Secondary data (Internal data)	n=451 (SME retailers)	Step 1: n.i. Step 2: ANOVA
1995	Ailawadi, Kusum/ Borin, Norm/ Farris, Paul	Market Power and Performance: A Cross-Industry Analysis of Manufacturers and Retailers	Journal of Retailing	n.i	n.i	BEY ORG	USA	CR (EPF)	Secondary data (External data)	Financial data for the period of 1982–1992	Regression analysis
1995	Messinger, Paul/ Narasimhan, Chakravarthi	Has Power Shifted In The Grocery Channel?	Marketing Science	n.i	ENV STRUC SIZ TECH	BEY ORG	USA	MIXED	Secondary data (External data)	n.i	Regression analysis
1994	Bhargava, Mukesh/ Dubelaar, Chris/ Ramaswami, Sridhar	Reconciling Diverse Measures of Performance: A Conceptual Framework and Test of a Methodology	Journal of Business Research	n.i	n.i	ORGal SU	USA	CR (ANALY)	Secondary data (Internal data)	n=139 (cooperative unions; SBU)	DEA Regression analysis
1994	Bonney, M.C.	Trends in Inventory Management	Int. J. of Production Economics	n.i	ENV TECH	ORG	UK	ER	Comment	n.i	Comment
1994	Cadeaux, Jack	Flexibility and Performance of Branch Store Stock Plans for a Manufacturer's Product Line	Journal of Business Research	SU	TECH	BEY ORG	USA	CR (EPF)	Secondary data (Internal data)	n=66 (observations in two categories, 22 branches)	SEM

Anhang A 339

Year	Author(s)	Title	Journal	Stakeholder	Contingency	Level of Analysis	Country	Research Design	Data Collection Method	Sample	Method of Analysis
1994	Cappel, Sam/ Wright, Peter/ Wyld, David/ Miller, Joseph	Evaluating Strategic Effectiveness in the Retail Sector: A Conceptual Approach	Journal of Business Research	n.i.	STRAT	ORG	USA	ER	General review	n.i.	General review
1994	Pedrick, James/ Zufryden, Fred	An Examination of Consumer Heterogeneity in a Stochastic Model of Consumer Purchase Dynamics with Explanatory Variables	European Journal of Operational Research	CU	n.i.	IND (CU)	USA	CR (ANALY)	Secondary data (External data)	n=3 (national brands of yogurt; 3 periods)	Regression analysis
1994	Spriggs, Mark T.	A Framework for More Valid Measures of Channel Member Performance	Journal of Retailing	SU	STRUC	BEY ORG	USA	ER	Survey	n=195 (channel members)	Factor analysis
1993	Adams, Steven/ Toole, Howard/ Krause, Paul	Predictive Performance Evaluation Measures: Field Study of a Multi-Outlet Business	Accounting and Business Research	EMP (MAN)	ENV	IND (EMP)	USA	CR (EPF)	Secondary data (Internal data)	n=228 (observations)	Regression analysis
1993	Levy, Michael/ Sharma, Arun	Relationships Among Measures of Retail Salesperson Performance	Journal of the Academy of Marketing Science	EMP	n.i.	IND (EMP)	USA	CR (EPF)	Self-evaluation of EMPs Manager evaluation Secondary data (internal data)	n=174 (salespeople)	Chi² Regression analysis
1992	Baker, George	Incentive Contracts and Performance Measurement	Journal of Political Economy	EMP	n.i.	IND (EMP)	USA	CR (ANALY)	n.i.	n.i.	Formal analytics
1992	Evans, Kenneth R./ Grant, John A.	Compensation and Sales Performance of Service Personnel: A Service Transaction Perspective	Journal of Personal Selling and Sales Mgmt	CU EMP	n.i.	IND (CU and EMP)	USA	CR (EPF)	Survey	Phase 1: n=84 (salesperson) Phase 2: n=1513 (CU)	SEM
1992	Fornell, Claes	A National Customer Satisfaction Barometer: The Swedish Experience	Journal of Marketing	CU	ENV STRAT	BEY ORG	USA	CR (EPF)	Secondary data (External data)	n.i.	Regression analysis

Year	Author(s)	Title	Journal	Stake-holder	Con-tingency	Level of Analysis	Coun-try	Research Design	Data Collection Method	Sample	Method of Analysis
1992	Goldman, Arieh	Evaluating the Performance of the Jese Distribution System	Journal of Retailing	CU GOV SU	ENV STRAT STRUC TECH	BEY ORG	IL	ER	Secondary data (External data) In depth-interview	n=50 (senior executives)	n.i.
1992	Hill, Roger	Parameter Estimation and Performance Measurement in Lost Sales Inventory Systems	Int. J. of Production Economics	n.i.	n.i.	ORGal SU	UK	CR (ANALY)	Parameter Estimation	n.i.	Formal analytics
1991	Brown, Gene/ Widing, Robert/ Coulter, Ronald	Customer Evaluation of Retail Salespeople Utilizing the SOCO Scale: A Replication, Extension, and Application	Journal of the Academy of Marketing Science	CU EMP	n.i.	IND (CU)	USA	ER	Survey	n=348 (consumers)	Factor analysis
1991	Eccles, Robert	The Performance Measurement Manifesto	Harvard Business Review	n.i.	ENV STRAT TECH	ORG	USA	ER	Comment	n.i.	Comment
1991	Gable, Myron/ Topol, Martin	Machiavellian Managers: Do They Perform Better?	Journal of Business and Psychology	EMP (MAN)	n.i.	IND (EMP)	USA	CR (EPF)	Survey Secondary data (internal data)	n=60 (MAN)	Regression analysis
1991	Parasuraman, A./ Berry, Leonard/ Zeithaml, Valarie A.	Perceived Service Quality as a Customer-Based Performance Measure: An Empirical Examination of Organizational Barriers Using an Extended Service Quality Model	Human Resource Mgmt (1986-1998)	CU EMP	STRAT	IND (CU and EMP) ORGal SU	USA	CR (EPF)	Survey	n=1936 (CU) n=728 (EMPs) n=231 (MAN)	Regression analysis
1990	Bush, Robert/ Bush, Alan/ Ortinau, David/ Hair Jr, Joseph	Developing a Behavior-Based Scale to Assess Retail Salesperson Performance	Journal of Retailing	EMP	ENV	IND (EMP)	USA	MIXED	Literature Review/ Focus Groups/ Survey	Specification: n=72 (SM, EMP) - Item analysis: n=144 (salespeople) - Scale refinement: n=321 (salespeople) - Reliability assessment: n=285 and n=98 (salespeople) - Validity: n=192; n=285	Factor analysis

Anhang A 341

Year	Author(s)	Title	Journal	Stake-holder	Con-tingency	Level of Analysis	Coun-try	Research Design	Data Collection Method	Sample	Method of Analysis
1990	Lusch, Robert/ Serpkenci, Ray	Personal Differences, Job Tension, Job Outcomes, And Store Performance	Journal of Marketing	EMP	n.i	IND (EMP) ORGal SU	USA	CR (EPF)	Survey Secondary data (External data)	n=182 (SM)	SEM
1989	Dubinsky, Alan/ Levy, Michael	Influence of Organizational Fairness on Work Outcomes of Retail Salespeople	Journal of Retailing	EMP	n.i	IND (EMP)	USA	MIXED	Survey	n=238 (salespeople)	Factor analysis Regression analysis
1988	Hildebrandt, Lutz	Store Image and the Prediction of Performance in Retailing	Journal of Business Research	CU	ENV STRAT	IND (CU)	GER	CR (EPF)	Survey	n=2105 (households)	SEM
1988	Parasuraman, A./ Zeithaml, Valarie/ Berry, Leonard	Servqual: A Multiple-Item Scale For Measuring Consumer Perceptions of Service Quality	Journal of Retailing	CU	n.i	n.i	USA	ER	Step 1: Survey Step 2: Survey	n=200 (testing 97 items) – CU n=200 (testing 34 items) – CU	Factor analysis
1988	Thomas, Alan Berkeley	Does Leadership Make a Difference to Organizational Performance?	Administrative Science Quarterly	EMP (MAN)	ENV SIZ STRAT TECH	ORG	UK	CR (EPF)	Secondary data (External data)	n=12 (retail firms)	ANOVA
1988	Walters, Rockney/ MacKenzie, Scott	A Structural Equations Analysis of the Impact of Price Promotions on Store Performance	Journal of Marketing Research	n.i	n.i	ORGal SU	USA	CR (EPF)	Secondary data (Internal data)	n=2 (stores, 131-week period)	SEM
1987	Arcelus, F./ Srinivasan, G.	Inventory Policies Under Various Optimizing Criteria and Variable Markup Rates	Mgmt Science	n.i	n.i	ORG	CDN	CR (ANALY)	n.i	n.i	Formal analytics
1987	Cron, William/ Levy, Michael	Sales Management Performance Evaluation: A Residual Income Perspective	Journal of Personal Selling and Sales Mgmt	EMP	STRAT	ORG	USA	ER	n.i	n=1 (example)	Conceptual paper
1987	Hauworth II, William / Lembke, Valdean/ Sharp, Robert	The Effects of Inflation: How They Persist	Journal of Accounting, Auditing and Finance	n.i	ENV	ORG	USA	DR	Secondary data (External data)	n.i	Time development

Year	Author(s)	Title	Journal	Stake-holder	Con-tingency	Level of Analysis	Coun-try	Research Design	Data Collection Method	Sample	Method of Analysis
1986	Hollenbeck, John/ Williams, Charles	Turnover Functionality versus Turnover Frequency: A Note on Work Attitudes and Organizational Effectiveness	Journal of Applied Psychology	EMP	n.i.	IND (EMP)	USA	DR	Survey Secondary data (internal data)	n=112 (retail sales-person)	Correlation analysis
1986	Walters, Rockney/ Rinne, Heikki	An Empirical Investigation into the Impact of Price Promotions on Retail Store Performance	Journal of Retailing	n.i.	ENV	ORGal SU	USA	CR (EPF)	Secondary data (Internal data)	n=2 (stores, 131-week period)	Regression analysis
1985	Cronin, Joseph	Determinants of Retail Profit Performance: A Consideration of Retail Marketing Strategies	Journal of the Academy of Marketing Science	n.i.	STRAT	ORG	USA	CR (EPF)	Secondary data (External data)	n=35 (retail firms)	Regression analysis
1985	Eisenhardt, Kathleen	Control: Organizational and Economic Approaches	Mgmt Science	n.i.	STRAT	ORG	USA	CR (EPF)	Survey	n=54 (store MAN)	Correlation analysis Regression analysis
1985	Goodman, Charles	Comment: On Output Measures of Retail Performance	Journal of Retailing	CU	n.i.	ORG	USA	ER	Comment	n.i.	Comment
1985	Russell, James/ Terborg, James/ Powers, Mary	Organizational Performance and Organizational Level Training and Support	Personnel Psychology	EMP	n.i.	ORGal SU	USA	CR (EPF)	Survey Secondary data (Internal data)	n=62 (retail stores)	Regression analysis
1984	Anderson, Carol	Job Design: Employee Satisfaction and Performance in Retail Stores	Journal of Small Business Mgmt	EMP	n.i.	IND (EMP)	USA	DR	Survey	n=98 (EMP)	Correlation analysis
1984	Cronin, J Joseph	Marketing Outcomes, Financial Conditions, and Retail Profit Performance	Journal of Retailing	n.i.	STRAT	ORG	USA	CR (EPF)	Secondary data (External data)	n=35 (retail firms)	SEM
1984	Doyle, Peter/ Cook, David	An Evaluation of a Sales Training Programme in a Retailing Environment	European Journal of Operational Research	EMP	STRAT	ORG	UK	CR (FIELD)	Field Experiment	n=1 (fashion retailer; 263 stores)	ANOVA

Year	Author(s)	Title	Journal	Stake-holder	Con-tingency	Level of Analysis	Coun-try	Research Design	Data Collection Method	Sample	Method of Analysis
1984	McGinnis, Michael/ Gable, Myron/ Madden, R. Burt	Improving the Profitability of Retail Merchandising Decisions-Revisited	Journal of the Academy of Marketing Science	n.i	n.i	ORGal SU	USA	CR (EPF)	Secondary data (Internal data)	Step 1: n=192 (stores) Step 2: n=41 (stores) Step 3: n=46 (stores)	Regression analysis
1983	Gombola, Michael/ Ketz, J. Edward	Financial Ratio Patterns in Retail and Manufacturing Organizations	Financial Mgmt (pre-1986)	n.i	ENV	BEY ORG	USA	ER	Secondary data (External data)	n=871 (manufacturing and retailing firms)	Factor analysis
1981	Muczyk, Jan/ Gable, Myron	Unidimensional (global) vs. Multidimensional Composite Performance Appraisals of Store Managers	Journal of the Academy of Marketing Science	EMP	n.i	IND (EMP)	USA	CR (EPF)	Secondary data (Internal data)	n=37 (salesperson)	Correlation analysis ANOVA
1980	Landon Jr, Laird	Consumer Satisfaction, Dissatisfaction and Complaining Behavior as Indicators of Market Performance	Advances in Consumer Research	CU	n.i	ORG	USA	ER	Case study	n=1 (retailing company)	Conceptual paper
1980	Sharma, Subhash/ Mahajan, Vijay	Early Warning Indicators of Business Failure	Journal of Marketing	n.i	ENV STRAT	ORG	USA	DR	Secondary data (External data)	n=46 (retailing companies)	Discriminant analysis
1978	Wexley, Kenneth/ Silverman, Stanley	An Examination of Differences Between Managerial Effectiveness and Response Patterns on a Structured Job Analysis Questionnaire	Journal of Applied Psychology	EMP	n.i	IND (EMP)	USA	CR (EPF)	Survey	n=146 (SM)	Chi^2
1977	Barley, Benzion/ Lampert, Shlomo	A Performance Index for Evaluating Marketing Programmes	European Journal of Marketing	n.i	STRAT	ORG	USA	ER	Case study	n=1 (example)	Conceptual paper
1977	Martilla, John/ James, John	Importance-Performance Analysis	Journal of Marketing	CU	n.i	n.i	USA	ER	Comment	n.i	Comment
1977	Staples, William A. Locander, William B.	Behaviorally Anchored Scales: A New Tool for Retail Management Evaluation and Control	Journal of Retailing	EMP	n.i	IND (EMP)	USA	ER	n.i	n.i	Scale development

Year	Author(s)	Title	Journal	Stake-holder	Con-tingency	Level of Analysis	Coun-try	Research Design	Data Collection Method	Sample	Method of Analysis
1975	Little, John D. C.	BRANDAID: A Marketing-Mix Model, Part 1: Structure	Operations Research	n.i.	ENV STRUC	ORG	USA	CR (ANALY)	n.i.	n.i.	Conceptual paper
1975	Lucas Jr, Henry/ Weinberg, Charles/ Clowes, Kenneth	Sales Response as a Function of Territorial Potential and Sales Representative Workload	Journal of Marketing Research	EMP	ENV	IND (EMP) ORG	USA	CR (EPF)	Secondary data (Internal data)	n=248 (observa-tions)	Regression analysis
1973	Campbell, John/ Dunnette, Marvin/ Arvey, Richard/ Hellervik, Lowell	The Development and Evaluation of Behaviorally Based Rating Scales	Journal of Applied Psychology	EMP	ENV	IND (EMP)	USA	MIXED	Step 1: Expert interviews Step 2: Survey	Step 1: n=20 (SM) Step 2: n=537 (de-partment MAN)	Step 1: Critical Incidents Method Step 2: Factor analysis Multi method matrix
1973	Cottrell, James	An Environmental Model for Performance Measurement in a Chain of Supermarkets	Journal of Retailing	n.i.	ENV	ORGal SU	USA	CR (EPF)	Secondary data (Internal data)	n.i.	Regression analysis
1973	Lawler III, Edward/ Suttle, J Lloyd	Expectancy Theory and Job Behavior	Organizational Behavior and Human Performance	EMP	n.i.	IND (EMP)	USA	MIXED	Group discus-sions Survey Secondary data (Internal data)	n=69 (department MAN, 6 retail stores)	Correlation analysis Factor analysis
1973	Sweeney, Daniel J.	Improving the Profitability of Retail Merchandising Decisions	Journal of Marketing	n.i.	n.i.	ORG	USA	CR (ANALY)	Simulation	n=1 (department store, 5 years of per-formance simulated)	Wilcoxon matched pairs signed-ranks test (compare historical data with simulation data)
1971	Sutherland, Dennis	Managing by Objectives in Retailing	Journal of Retailing	EMP (MAN)	STRAT	n.i.	USA	ER	n.i.	n.i.	n.i.
1970	Paul, Robert/ Schooler, Robert	Activity-Productivity Analysis in Large and Small Department Stores—A Comparative Study	Journal of Retailing	EMP	SIZ	ORGal SU	USA	ER	Observation	n.i.	Work sampling

Year	Author(s)	Title	Journal	Stake-holder	Con-tingency	Level of Analysis	Coun-try	Research Design	Data Collection Method	Sample	Method of Analysis
1969	Cundiff, Edward W./ Dommermuth, William	Comparative Retention Analysis	Journal of Retailing	CU	n.i.	IND (CU)	USA	DR	Survey	n=700 (shoppers)	Frequency distribution
1968	Roberts, Edward/ Abrams, Dan/ Weil, Henry	A Systems Study of Policy Formulation in a Vertically-Integrated Firm	Mgmt Science	n.i.	STRUC	BEY ORG	USA/ CDN/ UK	MIXED	Case study	n=1 (diversified company with retail food division and manuf. division)	Simulation
1967	Paul, Robert/ Bell, Robert	Quantitative Determination of Manpower Requirements in Variable Activities	Journal of Retailing	EMP	n.i.	ORGal SU	USA	DR	Observation	n.i.	Work sampling

Anmerkung zu Kategorienschema:
Stakeholder: Owners (equity holders) [OW], debtholders [DE], employees [EMP], employees with management focus [EMP (MAN)], employees including managers [EMP (incl. MAN)] suppliers [SU], customers [CU], society [SOC], conservationists [CON], governments [GOV], not indicated [n.i.]
Contingency: Culture [CUL], environment [ENV], size [SIZ] strategy [STRA], structure [STRUC], technology [TECH]
Level of Analysis: Beyond organisation (unternehmensübergreifend) [BEY ORG], organisation [ORG], organisational subunit [ORGal SU], individual [IND]
Research Design: Explorative Research [ER], descriptive research [DR], causal research [CR], lab experiment [LAB], field experiment [FIELD], analytical approach [ANALY], quasi-experimental design [QUASI], ex post facto design [EPF], mixed methods [MIXED]

Anhang B

FRAGEBOGEN
zum Thema „Erfolgsrechnung im Einzelhandel"

Fragebogennummer
Datum (TT.MM.JJJJ)
Befragungsort:

Im Rahmen meiner Dissertation am Institut für Handel und Marketing an der Wirtschaftsuniversität Wien führe ich eine Studie zur **Verwendung von Erfolgskennzahlen im Einzelhandel** durch. Ziel der Studie ist es, Einsichten in die alltägliche Handelspraxis von Einzelhändlern zu erlangen und damit die Frage zu beantworten: „Welche Kennzahlen werden tatsächlich als nützlich angesehen?". Sie helfen dabei mit, den Stand der Forschung speziell für den Wirtschaftsraum Österreich weiter voranzutreiben!
Ich möchte Ihnen nun kurz einige Fragen stellen. Für die Beantwortung der **5 Fragenblöcke** brauchen Sie **etwa 5 Minuten**. Vielen Dank, dass Sie sich kurz Zeit nehmen.
Die Befragung verläuft völlig anonym und die Daten werden nicht weitergegeben!
Mag. Verena Harrauer

Mag. Verena Harrauer
Universitätsassistentin
Institut für Handel und Marketing

WU
Wirtschaftsuniversität Wien
Welthandelsplatz 1, 1020 Wien
(Building D2)

Telefon: +43-1-313-36-5440
Email: verena.harrauer@wu.ac.at
Web: http://www.wu.ac.at/retail

Clark et al. 2000	Erfolgsmessung unterstützt Einzelhändler, ihr Unternehmen erfolgreich zu führen. Dazu stehen ihnen Erfolgskennzahlen wie Umsatz oder Lagerbestand zur Verfügung. Hierzu meine Fragen:	
Wie stark nutzen Sie Kennzahlen in Ihrem Handelsalltag?	Sehr stark ⊢—⊢—⊢—⊢—⊣ 1 2 3 4 5	Gar nicht stark
Beschäftigen Sie sich mit Kennzahlen eher regelmäßig oder ist es eher die Ausnahme im Alltag?	Eher regelmäßig ⊢—⊢—⊢—⊢—⊣ 1 2 3 4 5	Eher Ausnahme
Wie zufrieden sind Sie mit der Auswahl an Kennzahlen, die Ihnen im Alltag zur Verfügung stehen?	Sehr zufrieden ⊢—⊢—⊢—⊢—⊣ 1 2 3 4 5	Sehr unzufrieden

Mintz/ Currim 2013	Wie sehr treffen die folgenden Aussagen auf Sie zu?	
	Trifft völlig zu	Trifft gar nicht zu
Ich habe ein sehr gutes Zahlenverständnis.	⊢—⊢—⊢—⊢—⊣ 1 2 3 4 5	
Zahlenverständnis war in meiner Ausbildung sehr wichtig.	⊢—⊢—⊢—⊢—⊣ 1 2 3 4 5	
Zahlenverständnis ist in meinem Beruf sehr wichtig.	⊢—⊢—⊢—⊢—⊣ 1 2 3 4 5	

Selbst entw.; Literaturüberblick/ PZI	Im Folgenden gebe ich einen Überblick über übliche Handelskennzahlen. Bitte kreuzen Sie an, welche Kennzahlen in Ihrem Unternehmen regelmäßig (mind. einmal pro Jahr) herangezogen werden. Wenn Sie noch andere Kennzahlen verwenden, nutzen Sie bitte das Feld „Andere?".	
Finanzkennzahlen	**Umsatz/Absatz** (z. B. Umsatz pro Geschäft, Umsatzziel, Umsatzentwicklung)	❏
	Rohertrag/Deckungsbeitrag (Erträge minus Kosten wie z. B. DBI, DB II, DB III)	❏
	Handelsspanne/Marge (z. B. Gewinnspanne, Aufschlagspanne, Abschlagsspanne)	❏
	Kosten-Aufschlüsselung (z. B. Wareneinsatz, Personalkosten)	❏
	Rentabilität (z. B. Umsatzrentabilität, Material-/Personalaufwand in % des Umsatzes)	❏
	Liquiditätskennzahlen (z. B. Cash Flow, Kassaumsatz)	❏
	Gewinn/Profitabilität (z. B. Betriebsgewinn, Gewinn pro m²/ Filiale/ Kategorie)	❏
Andere?		

Anhang B

Sortiments- kennzahlen	Lagerbestand/ Lagerdrehung	☐
	Regalverfügbarkeit/ Out-of-Stock (Ausverkaufs-)Rate	☐
	Schwundanteil (Anteil an gestohlenen/ verdorbenen/ veralteten Produkten)	☐
	Anteil von Retouren/ Umtausch	☐
	Preis & Preisabschläge (z.B. Verkäufe Kurant/Promotion, Preisrabattanteil, Abverkaufssteigerung durch Promotionaktivität, Einlösequote bei Coupons)	☐
	Umsatzanteil/Wachstumsrate der Warengruppe am Gesamtumsatz	☐
	Umsatzanteil/Wachstumsrate von einzelnen Marken am Gesamtumsatz	☐
	Kennzahlen bei Produktneueinführung (z.B. Anteil an Neuproduktverkäufen an Gesamtverkäufen, Versuchskauf vs. Wiederholungskauf)	☐
Andere?		

Kunden- kennzahlen	Transaktionskennzahlen (z.B. Anzahl an Transaktionen, Anteil an Neukundenkäufen zu Stammkundenkäufen, Größe und Zusammensetzung des Warenkorbs)	☐
	Kennzahlen der Kundenfrequenz (z.B. Zeitperiodenbericht/ Kundenfrequenz im Geschäft, Kaufabschlussrate)	☐
	Kennzahlen der Service-Orientierung (z.B. Kundenzufriedenheit, Service Qualität wie Wartezeit, Beratung, Umtausch)	☐
	Marktanteil (wertmäßig, mengenmäßig)	☐
	Anzahl an aktiven Beschwerden	☐
Andere?		

Mitarbeiter- kennzahlen	Umsatz/Absatz pro Mitarbeiter (pro Stunde/pro m²)	☐
	Mitarbeiterfluktuation/ Mitarbeiterverweildauer beim Unternehmen	☐
	Anzahl an Kundenkontakten/ Durchschnittliche Zeit für Kundenkontakt	☐
	Qualität der Aufgabenerledigung (z.B. Genauigkeit bei Inventur, Bewertung bei Einschlichten der Regale, Produktkompetenz bei Beratung, Anteil an Zusatzverkäufen)	☐
	Bewertungen der Mitarbeiter durch Mystery Shopper (z.B. Pünktlichkeit, Aussehen/Auftreten, Freundlichkeit, Ausmaß der Teamfähigkeit)	☐
Andere?		

Selbst entwickelt	Teilweise nutzen Unternehmen Kennzahlen auch dafür, ihre Mitarbeiter variabel (bspw. durch Prämien- oder Bonuszahlungen) zu entlohnen. Welche Aussage trifft auf Ihre Position zu?		
Ich beziehe einen Unternehmerlohn.		❑	→ Weiter zu F 5
Ich beziehe ein fixes Grundgehalt.		❑	→ Weiter zu F 5
Neben einem Grundgehalt beziehe ich auch variable Bestandteile (Prämien-/ Bonuszahlung, Kommission,)		❑	→ Weiter zu F 4a

Mintz/ Currim 2013	Wie wichtig sind die unterschiedlichen Kennzahlentypen, wenn Sie an Ihre variable Entlohnung denken?	
	Sehr wichtig	Unwichtig
Finanzkennzahlen	├──┼──┼──┼──┤ 1 2 3 4 5	
Sortimentskennzahlen	├──┼──┼──┼──┤ 1 2 3 4 5	
Kundenkennzahlen	├──┼──┼──┼──┤ 1 2 3 4 5	
Mitarbeiterkennzahlen	├──┼──┼──┼──┤ 1 2 3 4 5	

Mintz/Currim 2013; Finkelstein et al. 2009	Wir sind beinahe am Ende der Befragung angelangt. Abschließend noch kurz ein paar Daten zur Einordnung in den Stichprobenplan. Diese Daten bleiben natürlich <u>anonym</u> und dienen ausschließlich statistischen Zwecken.
Berufserfahrung im Einzelhandel gesamt: _____ Jahre	
Funktionsbereich/Managementebene: _____	
Branche des Unternehmens (bspw. Bekleidung, Lebensmittel): _____	
Geschlecht: ❑ männlich	❑ weiblich

Homburg 2002; Homburg et al. 2012	Wie viele Mitarbeiter beschäftigt das gesamte Unternehmen, in dem Sie arbeiten (Vollzeit)?
❑ 1 = <100 ❑ 2 = 100–499 ❑ 3 = 500–999 ❑ 4 =1000–4999	

Homburg 2002; Homburg et al. 2012	Für wie viele Mitarbeiter sind Sie verantwortlich (Vollzeit)?
_____(Personenzahl)	

Grafton et al. 2010; Homburg 2002	Unternehmenserfolg

Wie schätzen Sie die Umsatzentwicklung Ihres Unternehmens in den letzten drei Jahren verglichen mit dem österreichischen Branchenschnitt ein?	Viel schlechter 1—2—3—4—5 Viel besser

Tabelle 81: Managementbefragung: Fragebogen (Literaturquellen in Überschrift ersichtlich)

Mintz/Currim 2013; Olson et al. 2005	Welche Zielsetzungen verfolgt Ihr Unternehmen?
Bereitstellen von überdurchschnittlicher Produktqualität	Trifft völlig zu 1—2—3—4—5 Trifft gar nicht zu
Bereitstellen von überdurchschnittlichem Kundenservice	1—2—3—4—5
Bereitstellen der günstigsten Preise	1—2—3—4—5
Erreichen von Umsatzsteigerung durch Kosteneinsparung	1—2—3—4—5
Erreichen von Umsatzsteigerung durch Kundenbindung	1—2—3—4—5
Erreichen von (kosten-)effizienten Arbeitsabläufen	1—2—3—4—5

Anhang C

- **Faktorenanalyse: Strategische Ausrichtung und Zielsetzung (F5)**

Tabelle 82: Managementbefragung: Faktorenanalyse-Korrelationsmatrix

Korrelationsmatrix	Bereitstellen von überdurchschnittlicher Produktqualität	Bereitstellen von überdurchschnittlichem Kundenservice	Bereitstellen der günstigsten Preise	Erreichen von Umsatzsteigerung durch Kosteneinsparung	Erreichen von Umsatzsteigerung durch Kundenbindung	Erreichen von (kosten)-effizienten Arbeitsabläufen
Bereitstellen von überdurchschnittlicher Produktqualität	1,000	,513	,113	,128	,208	,160
Bereitstellen von überdurchschnittlichem Kundenservice		1,000	-,005	,107	,502	,292
Bereitstellen der günstigsten Preise			1,000	,210	,007	,232
Erreichen von Umsatzsteigerung durch Kosteneinsparung				1,000	,114	,404
Erreichen von Umsatzsteigerung durch Kundenbindung					1,000	,369
Erreichen von (kosten)-effizienten Arbeitsabläufen						1,000

Tabelle 83: Managementbefragung: Faktorenanalyse-KMO

KMO- und Bartlett-Test	
Maß der Stichprobeneignung nach Kaiser-Meyer-Olkin	,614

Tabelle 84: Managementbefragung: Faktorenanalyse-MSA-Werte

Anti-Image-Matrizen – MSA-Werte					
Bereitstellen von überdurchschnittlicher Produktqualität	Bereitstellen von überdurchschnittlichem Kundenservice	Bereitstellen der günstigsten Preise	Erreichen von Umsatzsteigerung durch Kosteneinsparung	Erreichen von Umsatzsteigerung durch Kundenbindung	Erreichen von (kosten-)effizienten Arbeitsabläufen
0,583	0,586	0,592	0,629	0,640	0,652

Tabelle 85: Managementbefragung: Faktorenanalyse-Eigenwerte und erklärte Varianz

Komponente	Anfängliche Eigenwerte			Summen von quadrierten Faktorladungen für Extraktion			Rotierte Summe der quadrierten Ladungen		
	Gesamt	% der Varianz	Kumulierte %	Gesamt	% der Varianz	Kumulierte %	Gesamt	% der Varianz	Kumulierte %
1	2,200	36,662	36,662	2,200	36,662	36,662	1,946	32,438	32,438
2	1,278	21,305	57,966	1,278	21,305	57,966	1,532	25,528	57,966
3	,912	15,208	73,175						
4	,745	12,421	85,596						
5	,492	8,201	93,797						
6	,372	6,203	100,000						

Tabelle 86: Managementbefragung: Faktorenanalyse-Rotierte Komponentenmatrix

	Komponente	
	1	2
Bereitstellen von überdurchschnittlichem Kundenservice	,883	
Erreichen von Umsatzsteigerung durch Kundenbindung	,731	
Bereitstellen von überdurchschnittlicher Produktqualität	,678	
Erreichen von Umsatzsteigerung durch Kosteneinsparung		,758
Bereitstellen der günstigsten Preise		,689
Erreichen von (kosten-)effizienten Arbeitsabläufen		,680

Anhang C   355

Anmerkung: Als zweites Kriterium wurde die Konstruktreliabilität berechnet. Während Faktor 1 mit einem Cronbachs α von 0,7 zufriedenstellend ist, weist Faktor 2 ein Cronbachs α von 0,5 auf. Dies ist zwar als wenig zufriedenstellend einzustufen, dennoch verbessert sich das Cronbachs α nicht, wenn ein Item weggelassen wird (Janssen/Laatz 2010, 589–590) Zusätzlich sprechen die aus der Literatur entwickelte Skala und die zuvor diskutierte Faktorenanalyse für die Zusammenfassung aller drei Items zu einem Faktor.

In einem nächsten Schritt wurden Gruppenmittelwerte gebildet, um die Dimensionalität für die Leserschaft nachvollziehbar zu halten. Ein niedriger Gruppenmittelwert bedeutet eine eindeutige Ausrichtung hinsichtlich einer Strategie. Basierend auf diesen Gruppenmittelwerten wurden weitere inhaltliche Überlegungen gesetzt: Um dem Verlust der Mitte entgegenzuwirken, wird ein Gruppenmittelwert bis 2,00 als eindeutiges, inhaltliches Zeichen für die jeweilige Strategieausrichtung gesehen. Gerade im Handelskontext wird Serviceorientierung durch zusätzliche Zielsetzungen erweitert. Werden daher sowohl Kosten- als auch Serviceaspekte überdurchschnittlich im Unternehmen angesehen, sind also beide Dimensionen mit Gruppenmittelwerten bis 2,00 angeführt, wird von Kosteneffizienz gesprochen. Werden keine der beiden Strategien im Unternehmen verfolgt bzw. nur mittelmäßig umgesetzt, wird die Kategorie „Stuck in the Middle" adressiert.

- **Hypothese 1: Kreuztabellierung und χ^2-Test: Einzelne Kennzahlen (F3) und Strategieausrichtung (Faktorenanalyse: F5)**

Tabelle 87: Managementbefragung: Einzelne KZ (F3) und Strategie (Kreuztabellierung)

		Strategie		Gesamt
		Serviceexzellenz	Serviceeffizienz	
Regalverfügbarkeit	nicht regelmäßig	37	12	49
	regelmäßig	36	35	71
Gesamt		73	47	120

(λ=0,01, τ=0,06; ϕ=0,25)

		Strategie		Gesamt
		Serviceexzellenz	Serviceeffizienz	
Anteil von Retouren/ Umtausch	nicht regelmäßig	34	10	44
	regelmäßig	39	37	76
Gesamt		73	47	120

(λ=0,00, τ=0,07; ϕ=0,26)

		Strategie		Gesamt
		Serviceexzellenz	Serviceeffizienz	
KZ bei Produktneueinführungen	nicht regelmäßig	47	19	66
	regelmäßig	25	28	53
Gesamt		72	47	119

(λ=0,17, τ=0,06; ϕ=0,24)

		Strategie		Gesamt
		Serviceexzellenz	Serviceeffizienz	
Kennzahlen der Service-Orientierung	nicht regelmäßig	38	12	50
	regelmäßig	35	35	70
Gesamt		73	47	120

(λ=0,03, τ=0,07; ϕ=0,26)

		Strategie		Gesamt
		Serviceexzellenz	Serviceeffizienz	
Marktanteil (wertmäßig, mengenmäßig)	nicht regelmäßig	38	13	51
	regelmäßig	35	34	69
Gesamt		73	47	120

(λ=0,03, τ=0,06; ϕ=0,24)

		Strategie		Gesamt
		Serviceexzellenz	Serviceeffizienz	
Mitarbeiter/innenfluktuation	nicht regelmäßig	43	18	61
	regelmäßig	30	29	59
Gesamt		73	47	120

(λ=0,10, τ=0,04; ϕ=0,20)

		Strategie		Gesamt
		Serviceexzellenz	Serviceeffizienz	
Qualität der Aufgabenerledigung	nicht regelmäßig	44	13	57
	regelmäßig	29	34	63
Gesamt		73	47	120

(λ=0,19, τ=0,10; ϕ=0,32)

Anhang C 357

- **Hypothese 1: Mann-Whitney: KZ-Sets (Basis für Definition: F3) und Strategie (Faktorenanalyse: F5)**

Tabelle 88: Managementbefragung: Rangreihung – KZ-Sets (F3) und Strategie (Mann-Whitney-Test)

	Serviceexzellenz				Serviceeffizienz			
	KZ: umfassend, finanziell	KZ: beschränkt, finanziell	KZ: beschränkt balanciert	KZ: umfassend, balanciert	KZ: umfassend, finanziell	KZ: beschränkt, finanziell	KZ: beschränkt balanciert	KZ: umfassend, balanciert
	(n=73)	(n=73)	(n=73)	(n=71)	(n=47)	(n=47)	(n=47)	(n=46)
Mittlerer Rang	63,62	64,55	62,68	49,68	55,66	54,21	57,11	73,38
Rangsumme	4644	4712	4576	3527,5	2616	2548	2684	3375,5

Tabelle 89: Managementbefragung: Teststatistik Rangreihung – KZ-Sets (F3) und Strategie (Mann-Whitney-Test)

	KZ: Finanz	KZ: Sortiment	KZ: Kunde	KZ: Mitarbeiter
Mann-Whitney-U	1488	1420	1556	971,5
Wilcoxon-W	2616	2548	2684	3527,5
Z	-1,739	-2,054	-1,620	-4,380
Asymptotische Signifikanz (2-seitig)	0,082	0,040*	0,156	0,000**

- **Hypothese 1: Kreuztabellierung: KZ-Sets (Basis für Definition: F3) und Strategie (Fakorenanalyse: F5)**

Tabelle 90: Managementbefragung: KZ-Sets (F3) und Strategie (Kreuztabellierung)

		Strategie		Gesamt
		Serviceexzellenz	Serviceeffizienz	
Set_UMFASSEND	Beschränkt	38	18	56
	Umfassend	35	41	76
Gesamt		73	59	132

(λ=0,03, τ=0,07; ϕ=0,26)

	Strategie		Gesamt
	Serviceexzellenz	Serviceeffizienz	
Set_FINANZIELL Nicht-finanziell	29	36	65
Set_FINANZIELL Finanziell	44	23	67
Gesamt	73	59	132

(λ=0,18, τ=0,09; ϕ=-0,30)

- **Hypothese 2: Kreuztabellierung: KZ-Sets (Basis für Definition: F3) und Funktionsbereich**

Tabelle 91: Managementbefragung: KZ-Sets (F3) und Strategie (Kreuztabellierung)

		Funktionsbereich			Gesamt
		Store Mgmt.	Mittleres Mgmt.	Top Mgmt.	
Set_FINANZIELL	Nicht-finanziell	24	14	19	57
Set_FINANZIELL	Finanziell	10	12	31	53
Gesamt		34	26	50	110

(λ=0,23, τ=0,08; Cramer-V=0,28)

- **Hypothese 3: Regression: Vergütungskomponenten (IV) – Verwendung von BSC-Kennzahlen-Kategorien (DV)**

Tabelle 92: Managementbefragung: Regression – Vergütungskomponente – Verwendung KZ Finanzkennzahlen

Modell	R	R^2	Korrigiertes R^2	Standardfehler des Schätzers
1	,213	,045	,024	1,83726

Modell		Quadratsumme	df	Mittel der Quadrate	F	Sig.
1	Regression	7,208	1	7,208	2,135	,151
1	Nicht standardisierte Residuen	151,898	45	3,376		
1	Gesamt	159,106	46			

Sortimentskennzahlen

Modell	R	R²	Korrigiertes R²	Standardfehler des Schätzers	
1	,087	,008	-,014	1,95289	

Modell		Quadratsumme	df	Mittel der Quadrate	F	Sig.
1	Regression	1,317	1	1,317	,345	,560
	Nicht standardisierte Residuen	171,620	45	3,814		
	Gesamt	172,936	46			

Kundenkennzahlen

Modell	R	R²	Korrigiertes R²	Standardfehler des Schätzers	
1	,011	,000	-,022	1,45467	

Modell		Quadratsumme	df	Mittel der Quadrate	F	Sig.
1	Regression	,011	1	,011	,005	,942
	Nicht standardisierte Residuen	95,223	45	2,116		
	Gesamt	95,234	46			

Mitarbeiterkennzahlen

Modell	R	R²	Korrigiertes R²	Standardfehler des Schätzers	
1	,039	,002	-,021	1,72100	

Modell		Quadratsumme	df	Mittel der Quadrate	F	Sig.
1	Regression	,207	1	,207	,070	,793
	Nicht standardisierte Residuen	133,282	45	2,962		
	Gesamt	133,489	46			

Anhang D

FRAGEBOGEN
zum Thema „Erfolgsrechnung im Einzelhandel"

Liebe/r Teilnehmer/in,

im Rahmen meiner Dissertation am Institut für Handel und Marketing an der Wirtschaftsuniversität Wien führe ich eine Studie zum **Nutzen von Erfolgskennzahlen** im Einzelhandel durch.

Zuerst folgt ein **Einleitungstext**, den Sie sich bitte genau durchlesen! Danach folgen Fragen, deren Beantwortung in etwa **20 Minuten** in Anspruch nimmt. Bitte beachten Sie, dass es keine „richtigen" oder „falschen" Antworten gibt. Wichtig ist Ihre **persönliche Einschätzung**! Beachten Sie auch, dass bei bloßem Durchklicken die **Aufwandsentschädigung** entfällt.

Die Befragung verläuft völlig **anonym** und dient wissenschaftlichen Zwecken. Die Daten werden nicht an Dritte weitergegeben!

Vielen Dank, dass Sie sich die Zeit nehmen!

Mag. Verena Harrauer
Institut für Handel und Marketing

Mag. Verena Harrauer
Universitätsassistentin
Institut für Handel und Marketing

WU
Wirtschaftsuniversität Wien
Welthandelsplatz 1, 1020 Wien
(Building D2)

Telefon: +43-1-313-36-5440
Email: verena.harrauer@wu.ac.at
Web: http://www.wu.ac.at/retail

Die **Verwendung von Erfolgskennzahlen** unterscheidet sich von Unternehmen zu Unternehmen und von Person zu Person. Mich interessiert, wie nützlich **Sie als Experte bzw. Expertin** Erfolgskennzahlen im **Berufsalltag** einschätzen. Damit Sie konkret ein Bild vor Augen haben, hier ein kleines Gedankenexperiment:

Experimentalgruppe 1:

Stellen Sie sich vor, Sie sind **Marktleiter/in** in dem führenden Bekleidungsunternehmen „**Peak und Shoppenburg**". Oberstes Ziel im Gesamtunternehmen ist es, den Kund/innen **überdurchschnittlichen Service** anzubieten. Das gesamte Unternehmen steht für freundliche und kompetente **Beratung** und Leistungen wie **Umtauschservice** mit Geld-zurück-Garantie und **Änderungsservice**. Als Kunde/Kundin wird Treue durch einen jährlichen **Treuebonus** für getätigte Einkäufe belohnt. Ihr Unternehmen gilt als **innovativ, international** und **dynamisch**. Auch Umwelt- und Ethikthemen spielen eine wichtige Rolle.

Kontrollgruppe 2:

Stellen Sie sich vor, Sie sind **Marktleiter/in** bei dem führenden **Lebensmitteleinzelhändler „Lofer"**. Oberstes Ziel im Gesamtunternehmen ist es, ein **konzentriertes Sortiment** anzubieten. Das gesamte Unternehmen steht für **kompromisslose Qualität**. Hier sind vor allem **hochwertige Eigenmarken** im Vordergrund. Ein **einheitliches Verkaufssystem, flache Hierarchien** und **kurze Entscheidungswege** erleichtern den Alltag. Sie sind als Marktmanager/in für eine Filiale in diesem Unternehmen verantwortlich und wollen diese Ziele für Ihr Geschäft umsetzen. Um Entscheidungen leichter treffen zu können, wollen Sie in **unterschiedlichen Zeitabständen** unterschiedliche **Erfolgskennzahlen** zur Verfügung haben. Diese werden Ihnen von der Zentrale **automatisch** zur Verfügung gestellt.

Ich habe gängige Handelskennzahlen unterschiedlich miteinander kombiniert. Die Unterschiede liegen im **Inhalt** der Kennzahlen (Umsatzkennzahlen, Kundenzufriedenheit etc.) und dem **zeitlichen Abstand**, in dem Ihnen diese zur Verfügung stehen (täglich, wöchentlich etc.). Hier ein konkretes Beispiel zum besseren Verständnis:

Wie nützlich schätzen Sie als Marktleiter/in diese Kombination an Kennzahlen ein?

„*Täglich* erhalten Sie **Umsatz-/Absatzkennzahlen** *und* **Umsatz pro Mitarbeiter**."

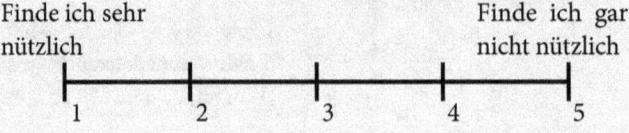

Sie erhalten in diesem Beispiel **jeden Tag einen (tagesaktuellen) Bericht** zu Absatz- und Umsatzkennzahlen und jeden Tag einen (tagesaktuellen) Bericht zu den Umsätzen pro Mitarbeiter. **Andere Berichte bekommen Sie NICHT**!!!

Es folgen nun **18 unterschiedliche Kombinationen**. Starten werden wir mit 4 Kennzahlen-Kombinationen, die täglich von der Unternehmenszentrale an Sie berichtet werden. Danach folgen weitere 4 Kennzahlen-Kombinationen, die die Unternehmenszentrale wöchentlich auf Basis von Wochenauswertungen (bspw. durchschnittlicher, wöchentlicher Absatz und Umsatz) an Sie berichtet, danach folgen monatliche und jährliche Berichte.

Auch wenn sich die Kombinationen ähnlich sind: Überlegen Sie für jede einzelne Kombination: „Finde ich genau diese Kombination nützlich? Hätte ich als Marktleiter/in von PEAK und SHOPPENBURG genau diese Kombination gerne täglich/wöchentlich/..."

Wenn Sie im Laufe der Befragung Ihre Einschätzungen noch ändern wollen, können Sie dies tun!! Nutzen Sie einfach den ZURÜCK-Befehl.

Bitte nehmen Sie sich die Zeit und bewerten Sie **jede Kombination für sich.**

Karte 1–18 (variable Kennzahlensets: Täglich, wöchentlich, monatlich, jährlich)

| Täglich erhalten Sie folgende Berichte:
 • Out-of-Stock-Bericht
 • Kundenzufriedenheitsbericht
 • Umsatz pro Mitarbeiter
 • Mystery Shopper Evaluierung | Finde ich sehr nützlich   Finde ich gar nicht nützlich
 ├────┼────┼────┼────┤
  1   2   3   4   5 |

Hilfestellung: **Karte 1–18 (variabel)**

Ziele in Ihrem Unternehmen: *Überdurchschnittliches Kund/innenservice, freundliche und kompetente Beratung, Leistungen wie Umtausch- und Änderungsservice, Treuebonus für Kund/innen.*

Kennzahlen:
Out of-Stock: Nullbestände in den Regalen auf Filialebene (in Prozent des Gesamtbestandes); Basis: Inventur; Kundenbefragung
Kundenzufriedenheit: Subjektive Bewertung des Einkaufserlebnisses und der Zufriedenheit; Basis: Kundenbefragung
Umsatz pro Mitarbeiter: Produktivitätskennzahl (Wie viel setzt ein Mitarbeiter in einer Stunde/ einem Tag/...um?; Basis: Scanner-Transaktionen
Mystery Shopper Evaluierung:Verkaufsqualität (Kompetenz, Servicequalität,...) der Mitarbeiter; Basis: Mystery Shopper

Wie haben Sie den Vergleich der Kennzahlen-Kombinationen gefunden?						
Sehr einfach	○	○	○	○	○	Sehr schwer
Sehr interessant	○	○	○	○	○	Sehr langweilig
Sehr anspruchsvoll	○	○	○	○	○	Sehr anspruchslos
Sehr zufrieden mit der Auswahl an Kennzahlen	○	○	○	○	○	Sehr unzufrieden mit der Auswahl an Kennzahlen

Wie stark haben Sie gefühlsmäßig die Ziele Ihres Unternehmens bei der Einschätzung der Kennzahlen-Kombinationen berücksichtigt?

Sehr stark ○ ○ ○ ○ ○ Gar nicht stark

Wie sehr treffen die folgenden Aussagen auf Sie zu?

	Sehr stark				Gar nicht stark
Wie stark nutzen Sie Kennzahlen in Ihrem Alltag?	1	2	3	4	5
	Eher regelmäßig				Eher Ausnahme
Beschäftigen Sie sich mit Kennzahlen eher regelmäßig oder ist es eher die Ausnahme im Alltag?	1	2	3	4	5

Wie sehr treffen die folgenden Aussagen auf Sie zu?

	Trifft völlig zu				Trifft gar nicht zu
Ich habe ein sehr gutes Zahlenverständnis.	1	2	3	4	5
Zahlenverständnis war in meiner Ausbildung sehr wichtig.	1	2	3	4	5
Zahlenverständnis ist in meinem Beruf sehr wichtig.	1	2	3	4	5

Wir sind beinahe am Ende der Befragung angelangt. Abschließend noch kurz ein paar Daten zur Einordnung in den Stichprobenplan. Diese Daten bleiben natürlich <u>anonym</u> und dienen ausschließlich statistischen Zwecken.

Alter: _____ Jahre

Geschlecht:	❏	männlich	❏	weiblich
Studienrichtung:	❏	Bachelor	❏	Master

Höchste abgeschlossene Ausbildung ❑ Matura/Abitur ❑ Bachelor ❑ Master ❑ Doktorat	
Spezialisierung (SBWL)	

Wie viele Stunden pro Woche arbeiten Sie durchschnittlich?
◯ Ich arbeite nicht nebenbei
◯ 1–5 Stunden
◯ 5–10 Stunden
◯ 10–20 Stunden
◯ 20–30 Stunden
◯ 30–40 Stunden

In welcher Branche sind Sie tätig?
◯ Handel
◯ Herstellung von Waren
◯ Hotelgewerbe und Gastronomie
◯ Bank und Finanzwesen
◯ Energieversorgung

Anhang E

Tabelle 93: Conjoint Befragung: Parameterschätzung (feste Parameter) (redundante Parameter werden auf 0 gesetzt)

Parameter	Schätzung	Standard-fehler	Freiheits-grade	T-Statistik	Signifikanz
Konstanter Term	1,73	0,12	215	14,83	0,00
[Gruppe=1]	0,26	0,16	215	1,60	0,11
[Gruppe=2]	0,00	0,00	.	.	.
[IV_Aktualität=1]	0,01	0,11	215	0,10	0,92
[IV_Aktualität=2]	-0,03	0,09	215	-0,36	0,72
[IV_Aktualität=3]	-0,27	0,09	215	-3,21	0,00
[IV_Aktualität=4]	0,00	0,00	.	.	.
[IV_Kunde_FIN=0]	0,18	0,04	215	5,01	0,00
[IV_Kunde_FIN=1]	0,00	0,00	.	.	.
[IV_Kunde_NF=0]	0,24	0,05	215	4,67	0,00
[IV_Kunde_NF=1]	0,00	0,00	.	.	.
[IV_Sortiment_FIN=0]	0,61	0,06	215	10,40	0,00
[IV_Sortiment_FIN=1]	0,00	0,00	.	.	.
[IV_Sortiment_NF=0]	0,03	0,05	215	0,67	0,50
[IV_Sortiment_NF=1]	0,00	0,00	.	.	.
[IV_Mitarbeiter_FIN=0]	0,26	0,05	215	5,23	0,00
[IV_Mitarbeiter_FIN=1]	0,00	0,00	.	.	.
[IV_Mitarbeiter_NF=0]	0,29	0,06	215	5,28	0,00
[IV_Mitarbeiter_NF=1]	0,00	0,00	.	.	.
[Gruppe=1] * [IV_Aktualität=1]	-0,18	0,15	215	-1,18	0,24
[Gruppe=1] * [IV_Aktualität=2]	-0,33	0,13	215	-2,54	0,01
[Gruppe=1] * [IV_Aktualität=3]	-0,19	0,12	215	-1,57	0,12
[Gruppe=1] * [IV_Aktualität=4]	0,00	0,00	.	.	.
[Gruppe=2] * [IV_Aktualität=1]	0,00	0,00	.	.	.
[Gruppe=2] * [IV_Aktualität=2]	0,00	0,00	.	.	.
[Gruppe=2] * [IV_Aktualität=3]	0,00	0,00	.	.	.
[Gruppe=2] * [IV_Aktualität=4]	0,00	0,00	.	.	.

[Gruppe=1] * [IV_Kunde_FIN=0]	-0,07	0,05	215	-1,30	0,20
[Gruppe=1] * [IV_Kunde_FIN=1]	0,00	0,00	.	.	.
[Gruppe=2] * [IV_Kunde_FIN=0]	0,00	0,00	.	.	.
[Gruppe=2] * [IV_Kunde_FIN=1]	0,00	0,00	.	.	.
[Gruppe=1] * [IV_Kunde_NF=0]	0,24	0,07	215	3,42	0,00
[Gruppe=1] * [IV_Kunde_NF=1]	0,00	0,00	.	.	.
[Gruppe=2] * [IV_Kunde_NF=0]	0,00	0,00	.	.	.
[Gruppe=2] * [IV_Kunde_NF=1]	0,00	0,00	.	.	.
[Gruppe=1] * [IV_Sortiment_FIN=0]	-0,18	0,08	215	-2,17	0,03
[Gruppe=1] * [IV_Sortiment_FIN=1]	0,00	0,00	.	.	.
[Gruppe=2] * [IV_Sortiment_FIN=0]	0,00	0,00	.	.	.
[Gruppe=2] * [IV_Sortiment_FIN=1]	0,00	0,00	.	.	.
[Gruppe=1] * [IV_Sortiment_NF=0]	-0,02	0,07	215	-0,34	0,74
[Gruppe=1] * [IV_Sortiment_NF=1]	0,00	0,00	.	.	.
[Gruppe=2] * [IV_Sortiment_NF=0]	0,00	0,00	.	.	.
[Gruppe=2] * [IV_Sortiment_NF=1]	0,00	0,00	.	.	.
[Gruppe=1] * [IV_Mitarbeiter_FIN=0]	0,03	0,07	215	0,48	0,63
[Gruppe=1] * [IV_Mitarbeiter_FIN=1]	0,00	0,00	.	.	.
[Gruppe=2] * [IV_Mitarbeiter_FIN=0]	0,00	0,00	.	.	.
[Gruppe=2] * [IV_Mitarbeiter_FIN=1]	0,00	0,00	.	.	.
[Gruppe=1] * [IV_Mitarbeiter_NF=0]	0,06	0,08	215	0,77	0,44
[Gruppe=1] * [IV_Mitarbeiter_NF=1]	0,00	0,00	.	.	.
[Gruppe=2] * [IV_Mitarbeiter_NF=0]	0,00	0,00	.	.	.
[Gruppe=2] * [IV_Mitarbeiter_NF=1]	0,00	0,00	.	.	.

Bibliografie

Abernethy, Margaret A./Guthrie, Cameron H. (1994). "An Empirical Assessment Of The "Fit" Between Strategy And Management Information System Design." Accounting & Finance 34(2): 49–66.

Abernethy, Margaret A./Lillis, Anne M. (2001). "Interdependencies in organization design: A test in hospitals." Journal of Management Accounting Research 13(10492127): 107–129.

Adams, Steven J./Toole, Howard/Krause, Paul (1993). "Predictive Performance Evaluation Measures: Field Study of a Multi-Outlet Business." Accounting & Business Research (Wolters Kluwer UK) 24(93): 3–10.

Aerts, Walter/Tarca, Ann (2010). "Financial performance explanations and institutional setting." Accounting & Business Research 40(5): 421–450.

Aghamanoukjan, Anahid/Buber, Renate/Meyer, Michael (2009). Qualitative Interviews. Qualitative Marktforschung. Konzepte – Methoden – Analysen. Buber, RenateHolzmüller, Hartmut. Wiesbaden, Gabler: 415–436.

Ahearne, Michael/Haumann, Till/Kraus, Florian/Wieseke, Jan (2013). "It's a matter of congruence: How interpersonal identification between sales managers and salespersons shapes sales success." Journal of the Academy of Marketing Science 41(6): 625–648.

Ahrens, Thomas/Chapman, Christopher S (2006). "Doing qualitative field research in management accounting: positioning data to contribute to theory." Accounting, Organizations and Society 31(8): 819–841.

Ahrens, Thomas/Chapman, Christopher S (2007). "Management accounting as practice." Accounting, Organizations and Society 32(1): 1–27.

Ahrens, Thomas/Mollona, Massimiliano (2007). "Organisational control as cultural practice—A shop floor ethnography of a Sheffield steel mill." Accounting, Organizations and Society 32(4): 305–331.

Ailawadi, Kusum L./Beauchamp, J. P./Donthu, Naveen/Gauri, Dinesh K./Shankar, Venkatesh (2009). "Communication and Promotion Decisions in Retailing: A Review and Directions for Future Research." Journal of Retailing 85(1): 42–55.

Ailawadi, Kusum L./Borin, Norm/Farris, Paul W. (1995). "Market power and performance: A cross-industry analysis of." Journal of Retailing 71(3): 211.

Albers, Sönke (2000). 30 Jahre Forschung im deutschen Sprachraum zum quantitativ orientierten Marketing. Deutschsprachige Marketingforschung – Bestandsaufnahme und Perspektiven. Backhaus, Klaus. Stuttgart, Schäffer-Poeschel: 462 S.

Anderson, Eugene W/Fornell, Claes/Rust, Roland T (1997). "Customer satisfaction, productivity, and profitability: differences between goods and services." Marketing Science 16(2): 129–145.

Anderson, Shannon W./Dekker, Henri C./Sedatole, Karen L. (2010). "An Empirical Examination of Goals and Performance-to-Goal Following the Introduction of an Incentive Bonus Plan with Participative Goal Setting." Management Science 56(1): 90–109.

Arnold, Todd J/Palmatier, Robert W/Grewal, Dhruv/Sharma, Arun (2009). "Understanding retail managers' role in the sales of products and services." Journal of Retailing 85(2): 129–144.

Artz, Martin/Homburg, Christian/Rajab, Thomas (2012). "Performance-measurement system design and functional strategic decision influence: The role of performance-measure properties." Accounting, Organizations and Society 37(7): 445–460.

Asemi, Asefeh PhD/Safari, Ali PhD/Zavareh, Adeleh Asemi PhD (2011). "The Role of Management Information System (MIS) and Decision Support System (DSS) for Manager's Decision Making Process." International Journal of Business and Management 6(7): 164–173.

Assaf, A George/Josiassen, Alexander/Ratchford, Brian T/Barros, Carlos Pestana (2012). "Internationalization and performance of retail firms: a Bayesian dynamic model." Journal of Retailing 88(2): 191–205.

Atzmüller, Christiane/Steiner, Peter M (2010). "Experimental vignette studies in survey research." Methodology: European Journal of Research Methods for the Behavioral and Social Sciences 6(3): 128–138.

Auer-Srnka, Katharina/Koeszegi, Sabine (2007). "From words to numbers: how to transform qualitative data into meaningful quantitative results." Schmalenbach Business Review 59.

Ausschuss für Definitionen zu Handel und Distribution (2006). Katalog E – Definitionen zu Handel und Distribution. Köln, Inst. für Handelsforschung an der Univ. zu Köln (IfH).

Austrian Financial Reporting and Auditing Committee (2009). „Stellungnahme „Lageberichterstattung gemäß §§ 243, 243a und 267 UGB" der Arbeitsgruppe „Lagebericht"." from http://www.afrac.at/download/AFRAC_Lagebericht%20Stellungnahme_Juni091.pdf.

Backhaus, Klaus (2000). Deutschsprachige Marketingforschung – Anmerkung eines Beteiligten. Deutschsprachige Marketingforschung – Bestandsaufnahme und Perspektiven. Backhaus, Klaus. Stuttgart, Schäffer-Poeschel: 462 S.

Bagozzi, Richard P./Phillips, Lynn W. (1982). "Representing and Testing Organizational Theories: A Holistic Construal." Administrative Science Quarterly 27(3): 459–489.

Baier, Daniel/Brusch, Michael (2009). Conjointanalyse; Methoden, Anwendungen, Praxisbeispiele. Berlin, Heidelberg, Springer Berlin Heidelberg.

Baker, George P. (1992). "Incentive contracts and performance measurement." Journal of Political Economy 100(3): 598.

Baldauf, Artur/Cravens, Karen S./Diamantopoulos, Adamantios/Zeugner-Roth, Katharina Petra (2009). "The Impact of Product-Country Image and Marketing Efforts on Retailer-Perceived Brand Equity: An Empirical Analysis." Journal of Retailing 85(4): 437–452.

Banker, Rajiv D/Lee, Seok-Young/Potter, Gordon/Srinivasan, Dhinu (2001). "An empirical analysis of continuing improvements following the implementation of a performance-based compensation plan." Journal of Accounting and Economics 30(3): 315–350.

Banker, Rajiv D./Chang, Hsihui/Pizzini, Mina J. (2004). "The Balanced Scorecard: Judgmental Effects of Performance Measures Linked to Strategy." Accounting Review 79(1): 1–23.

Banker, Rajiv D./Lee, Seok-Young/Potter, Gordon/Srinivasan, Dhinu (1996). "Contextual Analysis Of Performance Impacts Of Outcome-Based Incentive Compensation." Academy of Management Journal 39(4): 920–948.

Banker, Rajiv D./Mashruwala, Raj (2007). "The Moderating Role of Competition in the Relationship between Nonfinancial Measures and Future Financial Performance*." Contemporary Accounting Research 24(3): 763–793.

Barwise, Patrick/Farley, John U. (2004). "Marketing Metrics: Status of Six Metrics in Five Countries." European Management Journal 22(3): 257–262.

Bauer, Karin (2014). Vergütung wird wieder altmodisch. derStandard. Wien.

Baum, Heinz Georg/Coenenberg, Adolf/Günther, Thomas (2007). Strategisches Controlling. Stuttgart, Schäffer-Poeschel Verlag.

Baum, Joel (2011). "Free-Riding on Power Laws: Questioning the Validity of the Impact Factor as a Measure of Research Quality in Organization Studies " Organization 18 449–466.

Beck, Michael/Opp, Karl-Dieter (2001). „Der faktorielle Survey und die Messung von Normen." KZfSS Kölner Zeitschrift für Soziologie und Sozialpsychologie 53(2): 283–306.

Becker, Fred G. (2009). Grundlagen betrieblicher Leistungsbeurteilungen; Leistungsverständnis und -prinzip, Beurteilungsproblematik und Verfahrensprobleme. Stuttgart, Schäffer-Poeschel.

Becker, Jörg/Winkelmann, Axel (2006). Handelscontrolling – optimale Informationsversorgung mit Kennzahlen. Berlin [u.a.], Springer.

Becker, Wolfgang/Ulrich, Patrick (2009). „Spezifika des Controllings im Mittelstand; Ergebnisse einer Interviewaktion." Controlling & Management 53(5): 308–316.

Behrens, Gerold (2000). Theoriegeleitetes vs. praxisorientiertes Marketing. Deutschsprachige Marketingforschung – Bestandsaufnahme und Perspektiven. Backhaus, Klaus. Stuttgart, Schäffer-Poeschel: 462 S.

Beitelspacher, Lauren Skinner/Richey, R. Glenn/Reynolds, Kristy E. (2011). "Exploring a new perspective on service efficiency: service culture in retail organizations." Journal of Services Marketing 25(3): 215–228.

Bell, James (2013). Corporate performance indicators in retail store operations. EAERCD. Valencia.

Berger, Michael Martin (2004). Controlling und Wahrnehmung – Ansätze zu einem erweiterten Controlling-Begriff. Wiesbaden, Dt. Univ.-Verl.

Beutel, Anna-Lena/Minner, Stefan (2012). "Safety stock planning under causal demand forecasting." International Journal of Production Economics 140(2): 637–645.

Bhargava, Mukesh/Dubelaar, Chris/Ramaswami, Sridhar (1994). "Reconciling diverse measures of performance: a conceptual framework and test of a methodology." Journal of Business Research 31(2): 235–246.

Bhimani, Alnoor (2012). Management and cost accounting. Harlow [u.a.], Financial Times Prentice Hall.

Bichler, Axel/Trommsdorff, Volker (2009). Präferenzmodelle bei der Conjointanalyse. Conjointanalyse; Methoden, Anwendungen, Praxisbeispiele. Baier, DanielBrusch, Michael. Berlin, Heidelberg, Springer Berlin Heidelberg.

Binder, Christoph/Schäffer, Utz (2005). „Die Entwicklung des Controllings von 1970 bis 2003 im Spiegel von Publikationen in deutschsprachigen Zeitschriften." Die Betriebswirtschaft(6).

Bonney, M. C. (1994). „Trends in inventory management." International Journal of Production Economics 35(1–3): 107–114.

Borucki, Chester C./Burke, Michael J. (1999). "An examination of service-related antecedents to retail store performance." Journal of Organizational Behavior 20(6): 943–962.

Bougnol, M-L/Dulá, JH/Estellita Lins, MP/Moreira da Silva, AC (2010). "Enhancing standard performance practices with DEA." Omega 38(1): 33–45.

Bouwens, Jan/Abernethy, Margaret A. (2000). "The consequences of customization on management accounting system design." Accounting, Organizations and Society 25(3): 221–241.

Brettel, Malte/Heinemann, Florian/Hiddemann, Tim (2006). „Operatives Management als Erfolgsfaktor in jungen Wachstumsunternehmen: Die moderierende Wirkung von interner und externer Unsicherheit." Zeitschrift für Betriebswirtschaft 2006b, Ergänzungsheft 4: 1–45.

Bronnenberg, Bart J/Wathieu, Luc (1996). "Asymmetric promotion effects and brand positioning." Marketing Science 15(4): 379–394.

Brühl, Rolf/Horch, Dipl-Ing Nils/Orth, Dipl-Kfm Mathias (2008). „Grounded Theory und ihre bisherige Anwendung in der empirischen Controlling-und Rechnungswesenforschung." Zeitschrift für Planung & Unternehmenssteuerung 19(3): 299–323.

Bruhn, Manfred (2012). Marketing; Grundlagen für Studium und Praxis. Wiesbaden, Gabler Verlag.

Bruhn, Manfred /Heinemann, Gerrit (2013). Entwicklungsperspektiven im Handel. Handel in Theorie und Praxis; Festschrift zum 60. Geburtstag von Prof. Dr. Dirk Möhlenbruch. Crockford, Gesa,Ritschel, FalkSchmieder, Ulf-Marten. Wiesbaden, Springer Fachmedien Wiesbaden: 29–68.

Bruhn, Manfred/Mayer-Vorfelder, Matthias/Maier, Alexander (2012). "Examining the recent developments in services marketing research." der markt 51(1): 37–48.

Bryant, Lisa/Jones, Denise A./Widener, Sally K. (2004). "Managing Value Creation within the Firm: An Examination of Multiple Performance Measures." Journal of Management Accounting Research 16: 107–131.

Burns, Tom/Stalker, G. M. (1961). The management of innovation. London, Tavistock Publ.

Buttkus, Michael (2012). Controlling im Handel – Innovative Ansätze und Praxisbeispiele. Wiesbaden, Springer Gabler.

Buzzell, Robert D./Gale, Bradley T. (1987). The PIMS principles – linking strategy to performance; [Profit Impact of Market Strategy]. New York, NY [u.a.], Free Press.

Caliskan Demirag, Ozgun (2013). "Performance of weather-conditional rebates under different risk preferences." Omega 41(6): 1053–1067.

Campbell, Dennis (2008). "Nonfinancial Performance Measures and Promotion-Based Incentives." Journal of Accounting Research 46(2): 297–332.

Campbell, John P./Dunnette, Marvin D./Arvey, Richard D./Hellervik, Lowell V. (1973). "The development and evaluation of behaviorally based rating scales." Journal of Applied Psychology 57(1): 15–22.

Cardinaels, Eddy/van Veen-Dirks, Paula MG (2010). "Financial versus nonfinancial information: The impact of information organization and presentation in a Balanced Scorecard." Accounting, Organizations and Society 35(6): 565–578.

Casas-Arce, Pablo/Martínez-Jerez, F. Asís (2009). "Relative Performance Compensation, Contests, and Dynamic Incentives." Management Science 55(8): 1306–1320.

Cascio, Wayne F. (2006a). "Decency Means More than "Always Low Prices": A Comparison of Costco to Wal-Mart's Sam's Club." Academy of Management Perspectives 20(3): 26–37.

Cascio, Wayne F. (2006b). "The Economic Impact of Employee Behaviors on Organizational Performance." California Management Review 48(4): 41–59.

Chackelson, Claudia/Errasti, Ander/Ciprés, David/Lahoz, Fernando (2013). "Evaluating order picking performance trade-offs by configuring main operating strategies in a retail distributor: A Design of Experiments approach." International Journal of Production Research 51(20): 6097–6109.

Chan, Polly/Finnegan, Carol/Sternquist, Brenda (2011). "Country and firm level factors in international retail expansion." European Journal of Marketing 45(6): 1005–1022.

Chandler, Alfred D. (1970). Strategy and structure – Chapters in the history of the industrial enterprise. Cambridge, Mass., MIT Press.

Chen, Hong/Frank, Murray Z./Wu, Owen Q. (2007). "U.S. Retail and Wholesale Inventory Performance from 1981 to 2004." Manufacturing & Service Operations Management 9(4): 430–456.

Chen, Shu-Ching/Quester, Pascale G (2006). "Modeling store loyalty: perceived value in market orientation practice." Journal of Services Marketing 20(3): 188–198.

Chen, Shu-Ching/Quester, Pascale G (2009). "A value-based perspective of market orientation and customer service." Journal of Retailing and Consumer Services 16(3): 197–206.

Chenhall, Robert H (2003). "Management control systems design within its organizational context: findings from contingency-based research and directions for the future." Accounting, Organizations and Society 28(2-3): 127–168.

Chenhall, Robert H/Langfield-Smith, Kim (2007). "Multiple perspectives of performance measures." European Management Journal 25(4): 266–282.

Child, John (1975). "Managerial and organizational factors associated with company performance. Part II. A contingency Analysis." Journal of Management Studies 12(1-2): 12–27.

Christaller, Walter (1933). Die zentralen Orte in Süddeutschland – eine ökonomisch-geographische Untersuchung über die Gesetzmässigkeit der Verbreitung und Entwicklung der Siedlungen mit städtischen Funktionen. Jena, Fischer.

Christl, Johannes (2007). Kompositionelle und dekompositionelle Methoden zur Analyse der Präferenzen von Konsumenten; ein anwendungsorientierter theoretischer und empirischer Vergleich von Präferenzmessungsmethoden mit Fokus auf die Traditionelle Conjoint-Analyse und deren zahlreiche Methodenmodifikationen. Wien, Wien, Wirtschaftsuniv., Diss.

Clark, Bruce H. (1999). "Marketing Performance Measures: History and Interrelationships." Journal of Marketing Management 15(8): 711–732.

Clark, Bruce H. (2000). "Managerial perceptions of marketing performance: efficiency, adaptability, effectiveness and satisfaction." Journal of Strategic Marketing 8(1): 3–25.

Clark, Bruce H./Abela, Andrew V./Ambler, Tim (2005). "Organizational motivation, opportunity and ability to measure marketing performance." Journal of Strategic Marketing 13(4): 241–259.

Clark, Bruce H./Abela, Andrew V./Ambler, Tim (2006). "AN INFORMATION PROCESSING MODEL OF MARKETING PERFORMANCE MEASUREMENT." Journal of Marketing Theory & Practice 14(3): 191–208.

Conant, Jeffrey S./White, J. Chris (1999). "Marketing Program Planning, Process Benefits, and Store Performance: An Initial Study Among Small Retail Firms." Journal of Retailing 75(4): 525.

Cook, Lori S./Heiser, Daniel R./Sengupta, Kaushik (2011). "The moderating effect of supply chain role on the relationship between supply chain practices and performanceAn empirical analysis." International Journal of Physical Distribution & Logistics Management 41(2): 104–134.

Corstjens, Marcel/Vanderheyden, Ludo (2010). "Competition, Risk and Return in the US Grocery Industry." Review of Marketing Science 8(1): 1–26.

Creswell, John W. (2014). Research design – qualitative, quantitative, and mixed methods approaches. Thousand Oaks, Calif. [u.a.], Sage.

Cundiff, Edward W./Dommermuth, William P. (1969). "Comparative Retention Analysis." Journal of Retailing 45(1): 32–37.

Dawes, John (2013). "Reasons for variation in SCR for private label brands." European Journal of Marketing 47(11/12): 1804–1824.

de Souza, Fernando Bernardi/Pires, Sílvio R. I. (2010). "Theory of constraints contributions to outbound logistics." Management Research Review 33(7): 683–700.

De Vaus, David A. (2002). Surveys in social research. London [u.a.], Routledge.

Dearden, John (1969). "The case against ROI control." Harvard Business Review 47(3): 124–135.

DeHoratius, Nicole/Raman, Ananth (2007). "Store Manager Incentive Design and Retail Performance: An Exploratory Investigation." Manufacturing & Service Operations Management 9(4): 518–534.

Demski, Joel S/Feltham, Gerald A (1978). "Economic incentives in budgetary control systems." Accounting Review: 336–359.

Demski, Joel S. (2008). Managerial uses of accounting information. New York, NY, Springer.

Dhar, Sanjay K./Hoch, Stephen J. (1997). "Why Store Brand Penetration Varies by Retailer." Marketing Science 16(3): 208–227.

Diamantopoulos, Adamantios/Sarstedt, Marko/Fuchs, Christoph/Wilczynski, Petra/Kaiser, Sebastian (2012). "Guidelines for choosing between multi-item and single-item scales for construct measurement: a predictive validity perspective." Journal of the Academy of Marketing Science 40(3): 434–449.

Diekmann, Andreas (2012). Empirische Sozialforschung – Grundlagen, Methoden, Anwendungen. Reinbek bei Hamburg, Rowohlt-Taschenbuch-Verl.

Dobson, Paul W. (2005). "Retail Performance Indicators in the Nation of Shopkeepers." International Review of Retail, Distribution & Consumer Research 15(3): 319–327.

Donaldson, Lex (2001). The contingency theory of organizations. Thousand Oaks, Calif. [u.a.], Sage Publ.

Donthu, Naveen/Yoo, Boonghee (1998). "Retail Productivity Assessment Using Data Envelopment Analysis." Journal of Retailing 74(1): 89–105.

Dreijmanis, John (2012). Max Webers vollständige Schriften zu wissenschaftlichen und politischen Berufen. Bremen, EH-Verlag.

Drucker, Peter F. (1969). The age of discontinuity – guidelines to our changing society. London, Heinemann.

Drucker, Peter F. (2014). The Effective Executive – Effektivität und Handlungsfähigkeit in der Führungsrolle gewinnen. München, Vahlen.

Dyllick, Thomas/Tomczak, Torsten (2009). Erkenntnistheoretische Basis der Marketingwissenschaft. Qualitative Marktforschung; Konzepte – Methoden – Analysen. Buber, RenateHolzmüller, Hartmut. Wiesbaden, Gabler: 65–80.

Ebben, Jay J./Johnson, Alec C. (2011). "Cash Conversion Cycle Management in Small Firms: Relationships with Liquidity, Invested Capital, and Firm Performance." Journal of Small Business & Entrepreneurship 24(3): 381–396.

EBSCO Business Source Premier (2014). "Datenbank." 2014, from http://web.b.ebscohost.com/ehost/search/selectdb?sid=7cbf8700-f4af-4a64-8999-89d6b366c2c5%40sessionmgr115&vid=10&hid=120.

Eccles, Robert G. (1991). "The Performance Measurement Manifesto." Harvard Business Review 69(1): 131–137.

Eicker, Stefan/Kress, Stephan/Lelke, Frank (2005). „Kennzahlengestützte Geschäftssteuerung im Dienstleistungssektor — Ergebnisse einer empirischen Untersuchung." Controlling & Management 49(6): 408–414.

Eisend, Martin (2014). Metaanalyse. München [u.a.], Hampp.

Eisenhardt, Kathleen M. (1985). "CONTROL: ORGANIZATIONAL AND ECONOMIC APPROACHES." Management Science 31(2): 134–149.

Engelen, Andreas/Kemper, Jan/Brettel, Malte (2010). „Die Wirkung von operativen Marketing-Mix-Fähig-keiten auf den Unternehmenserfolg – Ein 4-Länder-Vergleich**." Zeitschrift für betriebswirtschaftliche Forschung: 710–743.

Engelhardt, Werner-Hans (2000). Institutionelle Orientierung des Marketing. Deutschsprachige Marketingforschung – Bestandsaufnahme und Perspektiven. Backhaus, Klaus. Stuttgart, Schäffer-Poeschel: 462 S.

Erhardt, Benjamin (2009). Conjoint Analyse; ein Vergleich der klassischen Profilmethode und der auswahlbasierten Analyse. Spiegelberg, beingoo.

Erol, Ismail/Sencer, Safiye/Sari, Ramazan (2011). "A new fuzzy multi-criteria framework for measuring sustainability performance of a supply chain." Ecological Economics 70(6): 1088–1100.

Farris, Paul W/Bendle, Neil T/Pfeifer, Phillip E/Reibstein, David J (2011). Marketing metrics: The definitive guide to measuring marketing performance, Pearson Prentice Hall.

Feldbauer-Durstmüller, Birgit/Duller, Christine/Mayr, Stefan/Neubauer, Herbert/Ulrich, Patrick (2012). „Controlling in mittelständischen Familienunternehmen : ein Vergleich von Deutschland und Österreich." Controlling & Management (ZfCM) 56(6): 408–413.

Feldman, Martha S/Rafaeli, Anat (2002). "Organizational routines as sources of connections and understandings." Journal of Management Studies 39(3): 309–331.

Feldman, Martha S./Orlikowski, Wanda J. (2011). "Theorizing Practice and Practicing Theory." Organization Science 22(5): 1240–1253.

Fettke, Peter (2006). "State-of-the-Art des State-of-the-Art." WIRTSCHAFTSINFORMATIK 48(4): 257–266.

Fink, Arlene (2010). Conducting research literature reviews – from the Internet to paper. Los Angeles, Calif. [u.a.], Sage.

Finn, Adam/Kayande, Ujwal (1999). "Unmasking a phantom: A psychometric assessment of mystery shopping." Journal of Retailing 75(2): 195-217.

Fischer, Jürgen (2001). Individualisierte Präferenzanalyse – Entwicklung und empirische Prüfung einer vollkommen individualisierten Conjoint Analyse. Wiesbaden, Gabler.

Fisher, Joseph (1995). "Contingency-based research on management control systems: Categorization by level of complexity." Journal of Accounting Literature 14(07374607): 24-53.

Fisher, Marshall/Vaidyanathan, Ramnath (2012). "Which Products Should You Stock?" Harvard Business Review 90(11): 108-118.

Food Marketing Institute (2008). "Marketing Costs." Retrieved 16/08, 2013, from http://www.fmi.org/docs/facts-figures/marketingcosts.pdf?sfvrsn=2.

Franke, Nikolaus (2002). Realtheorie des Marketing – Gestalt und Erkenntnis. Tübingen, Mohr Siebeck.

Fraser, Campbell/Zarkada-Fraser, Anna (2000). "Measuring the performance of retail managers in Australia and Singapore." International Journal of Retail & Distribution Management 28(6): 228.

Fraser, Campbell/Zarkada-Fraser, Anna (2001). "Perceptual polarization of managerial performance from a human resource management perspective." International Journal of Human Resource Management 12(2): 256-269.

Friedl, Gunther/Hofmann, Christian/Pedell, Burkhard (2010). Kostenrechnung – [eine entscheidungsorientierte Einführung]. München, Vahlen.

Friese, Susanne (2012). Qualitative data analysis with ATLAS.ti. London [u.a.], Sage Publ.

Froschauer, Ulrike/Lueger, Manfred (2003). Das qualitative Interview – zur Praxis interpretativer Analyse sozialer Systeme. Wien, Facultas.WUV.

Ganesan, Shankar/George, Morris/Jap, Sandy/Palmatier, Robert W./Weitz, Barton (2009). "Supply Chain Management and Retailer Performance: Emerging Trends, Issues, and Implications for Research and Practice." Journal of Retailing 85(1): 84-94.

Gaur, Vishal/Fisher, Marshall L./Raman, Ananth (2005). "An Econometric Analysis of Inventory Turnover Performance in Retail Services." Management Science 51(2): 181-194.

Gauri, Dinesh Kumar/Pauler, Janos Gabor/Trivedi, Minakshi (2009). "Benchmarking performance in retail chains: an integrated approach." Marketing Science 28(3): 502-515.

Germann, Frank/Lilien, Gary L/Rangaswamy, Arvind (2013). "Performance implications of deploying marketing analytics." International Journal of Research in Marketing 30(2): 114–128.

GfK (2012). "Exceptional Reporting Using Exception Reports | GfK Insights Blog." Retrieved 09.Juli, 2014, from http://blog.gfk.com/2012/06/exceptional-reporting-using-exception-reports/.

Ghosh, Dipankar (2005). "Alternative Measures of Managers' Performance, Controllability, and the Outcome Effect." Behavioral Research in Accounting 17: 55–70.

Gibbons, Michael/Limoges, Camille/Nowotny, Helga/Schwartzman, Simon/Scott, Peter/Trow, Martin (1994). The new production of knowledge. London, Sage.

Gibbs, Michael (2008). "Discussion of Nonfinancial Performance Measures and Promotion-Based Incentives." Journal of Accounting Research 46(2): 333–340.

Gielens, Katrijn/Van de Gucht, Linda M./Steenkamp, Jan-Benedict E. M./Dekimpe, Marnik G. (2008). "Dancing with a Giant: The Effect of Wal-Mart's Entry into the United Kingdom on the Performance of European Retailers." Journal of Marketing Research (JMR) 45(5): 519–534.

Gladen, Werner (2011). Performance Measurement – Controlling mit Kennzahlen. Wiesbaden, Gabler Verlag.

Glaser, Barney G./Strauss, Anselm L. (2012). The discovery of grounded theory strategies for qualitative research. New Brunswick, NJ [u.a.], Aldine Transaction.

Glaser, Barzzey G./Strauss, Anselm L. (1965). "Discovery of Substantive Theory: A Basic Strategy Underlying Qualitative Research." The American Behavioral Scientist (pre-1986) 8(6): 5–5.

Gleason, Kimberly C./Mathur, Lynette Knowles/Mathur, Ike (2000). "The Interrelationship between Culture, Capital Structure, and Performance: Evidence from European Retailers." Journal of Business Research 50(2): 185–191.

Gleich, Roland (2001). Das System des Performance Measurement. München, Verlag Vahlen.

Gleich, Ronald (2011). Performance Measurement: Konzepte, Fallstudien und Grundschema für die Praxis. München, Vahlen.

Glynn, Mark S./Brodie, Roderick J./Motion, Judy (2012). "The benefits of manufacturer brands to retailers." European Journal of Marketing 46(9): 1127–1149.

Godfrey-Smith, Peter (2009). Theory and reality: An introduction to the philosophy of science, University of Chicago Press.

Goodman, Charles S. (1985). "Comment: On Output Measures of Retail Performance." Journal of Retailing 61(3): 77.

Grafton, Jennifer/Lillis, Anne M./Widener, Sally K. (2010). "The role of performance measurement and evaluation in building organizational capabilities and performance." Accounting, Organizations and Society 35(7): 689–706.

Grandey, Alicia A./Goldberg, Lori S./Pugh, S. Douglas (2011). "Why and When do Stores With Satisfied Employees Have Satisfied Customers?: The Roles of Responsiveness and Store Busyness." Journal of Service Research 14(4): 397–409.

Green, Paul E/Rao, Vithala R (1971). "Conjoint measurement for quantifying judgmental data." Journal of Marketing research: 355–363.

Green, Paul E./Srinivasan, V. (1978). "Conjoint Analysis in Consumer Research: Issues and Outlook." Journal of Consumer Research 5(2): 103–123.

Grewal, Dhruv/Levy, Michael/Kumar, V. (2009). "Customer Experience Management in Retailing: An Organizing Framework." Journal of Retailing 85(1): 1–14.

Grönroos, Christian (2007). Service management and marketing – customer management in service competition. Chichester [u.a.], Wiley.

Grover, Varun/Maihotra, Manoj K. (1999). "A Framework for Examining the Interface between Operations and Information Systems: Implications for Research in the New Millennium." Decision Sciences 30(4): 901–920.

Grugulis, Irena/Bozkurt, Odul/Clegg, Jeremy (2010). 'No place to hide'? – the realities of leadership in UK supermarkets. SKOPE, University of Oxford. SKOPE, University of Oxford. Oxford, SKOPE, University of Oxford. 91: 20.

Guenther, Thomas W (2013). "Conceptualisations of 'controlling'in German-speaking countries: analysis and comparison with Anglo-American management control frameworks." Journal of Management Control 23(4): 269–290.

Gunjan, Soni/Rambabu, Kodali (2011). "A critical analysis of supply chain management content in empirical research." Business Process Management Journal 17(2): 238–266.

Gupta, Sunil/Zeithaml, Valarie (2006). "Customer Metrics and Their Impact on Financial Performance." Marketing Science 25(6): 718–739.

Haans, Hans/Gijsbrechts, Els (2010). "Sales Drops from Closing Shops: Assessing the Impact of Store Outlet Closures on Retail Chain Revenue." Journal of Marketing Research (JMR) 47(6): 1025–1040.

Hagberg, Johan/Kjellberg, Hans (2010). "Who performs marketing? Dimensions of agential variation in market practice." Industrial Marketing Management 39(6): 1028–1037.

Hall, Matthew (2008). "The effect of comprehensive performance measurement systems on role clarity, psychological empowerment and managerial performance." Accounting, Organizations & Society 33(2/3): 141–163.

Hammann, Peter (2000). Strategisches Marketing – Anmerkungen zum Referat von Richard Kühn. Deutschsprachige Marketingforschung – Bestandsaufnahme und Perspektiven. Backhaus, Klaus. Stuttgart, Schäffer-Poeschel: 462 S.

Hamzadayi, Alper/Topaloglu, Seyda/Yelkenci Kose, Simge (2013). "Nested simulated annealing approach to periodic routing problem of a retail distribution system." Computers & Operations Research 40(12): 2893–2905.

Hansen, Suzy (2012). How Zara Grew Inot the World's Largest Fashion Retailer. The New York Times. New York.

Harrauer, Verena/Schnedlitz, Peter (2016). "Impact of Environment on Performance Measurement Design and Processing in Retailing." International Journal of Retail & Distribution Management 44(3): forthcoming.

Harris, Lloyd C./Ogbonna, Emmanuel (2013). "Forms of employee negative word-of-mouth: a study of front-line workers." Employee Relations 35(1): 39–60.

Harrison, Robert L./Reilly, Timothy M. (2011). "Mixed methods designs in marketing research." Qualitative Market Research 14(1): 7–26.

Heinemann, Gerrit (2014). Der neue Online-Handel – Geschäftsmodell und Kanalexzellenz im E-Commerce. Wiesbaden, Springer Gabler.

Henri, Jean-François (2007). "A Quantitative Assessment of the Reporting of Structural Equation Modeling Information: The Case of Management Accounting Research." Journal of Accounting Literature 26(07374607): 76–115.

Hildebrandt, Lutz (1988). "Store Image and the Prediction of Performance in Retailing." Journal of Business Research 17(1): 91–100.

Hildebrandt, Lutz (2000). 30 Jahre Forschung im deutschen Sprachraum zum quantitativ orientierten Marketing – Korreferat zum Beitrag von Sönke Albers. Deutschsprachige Marketingforschung – Bestandsaufnahme und Perspektiven. Backhaus, Klaus. Stuttgart, Schäffer-Poeschel: 462 S.

Hill, Roger M. (1992). "Parameter estimation and performance measurement in lost sales inventory systems." International Journal of Production Economics 28(2): 211–215.

Hirsch, Bernhard/Paefgen, Anne/Schaier, Sven (2008). Gestaltung von Monatsberichten in deutschen Großunternehmen.

Hirsch, Bernhard/Volnhals, Martina (2012). „Information Overload im betrieblichen Berichtswesen – ein unterschätztes Phänomen." DBW – Die Betriebswirtschaft 72(1): 23–55.

Hitzler, Ronald (2009). Phänomenologie. Qualitative Marktforschung – Konzepte – Methoden – Analysen. Buber, RenateHolzmüller, Hartmut. Wiesbaden, Gabler: 81–92.

Hodgkinson, Gerard P./Herriot, Peter/Anderson, Neil (2001). "Re-aligning the Stakeholders in Management Research: Lessons from Industrial, Work and Organizational Psychology." British Journal of Management 12: S41-S48.

Hofer, Florian Georg/Hofmann, Erkik/Stölzle, Wolfgang (2009). „Management der Filiallogistik im stationären Einzelhandel." Marketing ZFP 31(2): 137–151.

Hofinger, Hans/Stehlik, Harald/Stempkowski, Philip (2013). Der genossenschaftliche Geschäftsanteil und BASEL III. Cooperativ – Die Gewerbliche Genossenschaft. Wien, Österreichischer Genossenschaftsverband (Schulze-Delitzsch). 6.

Holmstrom, Bengt/Milgrom, Paul (1991). "Multitask principal-agent analyses: Incentive contracts, asset ownership, and job design." JL Econ. & Org. 7: 24.

Holzmüller, Hartmut/Buber, Renate (2009). Optionen für die Marketingforschung durch die Nutzung qualitativer Methodologie und Methodik. Qualitative Marktforschung – Konzepte – Methoden – Analysen. Buber, Renate-Holzmüller, Hartmut. Wiesbaden, Gabler: 3–20.

Homburg, Christian (2007). „Betriebswirtschaftslehre als empirische Wissenschaft – Bestandsaufnahme und Empfehlungen." Schmalenbachs Zeitschrift für betriebswirtschaftliche Forschung 56(Sonderheft): 27–60.

Homburg, Christian/Artz, Martin/Wieseke, Jan (2012a). "Marketing Performance Measurement Systems: Does Comprehensiveness Really Improve Performance?" Journal of Marketing 76(3): 56–77.

Homburg, Christian/Artz, Martin/Wieseke, Jan/Schenkel, Bernhard (2008). „Gestaltung und Erfolgsauswirkungen der Absatzplanung: Eine branchenübergreifende empirische Analyse**." Zeitschrift für betriebswirtschaftliche Forschung(6): 634–670.

Homburg, Christian/Hoyer, Wayne D./Fassnacht, Martin (2002). "Service Orientation of a Retailer's Business Strategy: Dimensions, Antecedents, and Performance Outcomes." Journal of Marketing 66(4): 86–101.

Homburg, Christian/Klarmann, Martin/Reimann, Martin/Schilke, Oliver (2012b). "What Drives Key Informant Accuracy?" Journal of Marketing Research 49(4): 594–608.

Hopwood, Anthony G. (1972). "An Empirical Study of the Role of Accounting Data in Performance Evaluation." Journal of Accounting Research 10: 156–182.

Horvath/Partners (2009). Das Controllingkonzept – Der Weg zu einem wirkungsvollen Controllingsystem. München, dtv.

Horváth, Péter (2009). Controlling. München, Vahlen.

Horváth, Péter (2011). Controlling. München, Vahlen.

Horvath, Peter/Seiter, Mischa (2009). „Performance Measurement." DBW 69(3): 393–413.

Höser, Hans (1998). Kontextabhängige Präferenzen; die Relativität von Präferenzurteilen und ihre Bedeutung für Kaufentscheidungen von Konsumenten. Frankfurt am Main ; Wien [u. a.], Lang.

Hu, Yu-Chiang/Fatima Wang, Chia-Ching (2009). "Collectivism, Corporate Social Responsibility, and Resource Advantages in Retailing." Journal of Business Ethics 86(1): 1–13.

Hunt, Shelby (1976). "The Nature and Scope of Marketing." Journal of Marketing 40(3): 17–28.

Hunt, Shelby (2014). "Understanding marketing's philosophy debates: a retrospective on seven key publication events." Journal of Historical Research in Marketing 6(3): 4–4.

Hurley, Robert F./Estelami, Hooman (1998). "Alternative Indexes for Monitoring Customer Perceptions of Service Quality: A Comparative Evaluation in a Retail Context." Journal of the Academy of Marketing Science 26(3): 209–221.

Hyvönen, Johanna (2007). "Strategy, performance measurement techniques and information technology of the firm and their links to organizational performance." Management Accounting Research 18(3): 343–366.

Inaba, T./Miyazaki, S. (2010). "Service performance improvement by using RFID-enabled goods traceability data: a case study." International Journal of Services Technology & Management 14(4): 310–325.

Ittner, Christopher D. (2008). "Does measuring intangibles for management purposes improve performance? A review of the evidence." Accounting & Business Research (Wolters Kluwer UK) 38(3): 261–272.

Ittner, Christopher D./Larcker, David F. (1998). "Innovations in Performance Measurement: Trends and Research Implications." Journal of Management Accounting Research 10: 205–238.

Ittner, Christopher D./Larcker, David F. (2003). "Coming Up Short on Nonfinancial Performance Measurement." Harvard Business Review 81(11): 88–95.

Jahn, Steffen (2013). Die Bedeutung des Wert-Konstruktes im Marketing. Konsumentenwert, Springer Fachmedien Wiesbaden: 11–39.

Jansen, E. Pieter/Merchant, Kenneth A./Van der Stede, Wim A. (2009). "National differences in incentive compensation practices: The differing roles of financial performance measurement in the United States and the Netherlands." Accounting, Organizations and Society 34(1): 58–84.

Janssen, Jürgen/Laatz, Wilfried (2010). Statistische Datenanalyse mit SPSS – eine anwendungsorientierte Einführung in das Basissystem und das Modul Exakte Tests. Heidelberg [u.a.], Springer.

Jauschowetz, Dieter (1995). Marketing im Lebensmitteleinzelhandel – Industrie und Handel zwischen Kooperation und Konfrontation. Wien, Ueberreuter.

Jaworski, Bernard J./Kohli, Ajay K. (1993). "Market Orientation: Antecedents and Consequences." The Journal of Marketing 57(3): 53–70.

Johlke, Mark C./Iyer, Rajesh (2013). "A model of retail job characteristics, employee role ambiguity, external customer mind-set, and sales performance." Journal of Retailing & Consumer Services 20(1): 58–67.

Jones, Derek C/Kalmi, Panu/Kauhanen, Antti (2011). "Firm and employee effects of an enterprise information system: micro-econometric evidence." International Journal of Production Economics 130(2): 159–168.

Jung, Hans (2007). Controlling. München ; Wien, Oldenbourg.

K.M.U. Forschung Austria, Ed. (2011). Der österreichische Handel; Daten – Fakten – Analysen. Wien, KMU Forschung Austria.

K.M.U. Forschung Austria, Ed. (2012). Der österreichische Handel; Daten – Fakten – Analysen. Wien, KMU Forschung Austria.

K.M.U. Forschung Austria, Ed. (2014). Der österreichische Handel; Daten – Fakten – Analysen. Wien, KMU Forschung Austria.

Kaas, Klaus Peter (2000). Alternative Konzepte der Theorieverankerung. Deutschsprachige Marketingforschung – Bestandsaufnahme und Perspektiven. Backhaus, Klaus. Stuttgart, Schäffer-Poeschel: 462 S.

Kaltenborn, Tim (2013). Conjoint-Analyse. München [u.a.], Hampp.

Kaplan, Robert S. (1998). "Innovation Action Research: Creating New Management Theory and Practice." Journal of Management Accounting Research 10: 89–118.

Kaplan, Robert S./Norton, David P. (1996). "Linking the Balanced Scorecard to Strategy." California Management Review 39(1): 53–79.

Kaplan, Sarah/Orlikowski, Wanda J (2013). "Temporal work in strategy making." Organization Science 24(4): 965–995.

Kean, Rita/Gaskill, LuAnn/Leistritz, Larry/Jasper, Cynthia/Bastow-Shoop, Holly/Jolly, Laura/Sternquist, Brenda (1998). "Effects of Community Characteristics, Business Environment, and Competitive Strategies on Rural Retail Business Performance." Journal of Small Business Management 36(2): 45–57.

Keeling, Kathleen/Keeling, Debbie/McGoldrick, Peter (2013). "Retail relationships in a digital age." Journal of Business Research 66(7): 847–855.

Keiningham, Timothy L./Aksoy, Lerzan/Cooil, Bruce/Peterson, Kenneth/Vavra, Terry G. (2006). "A longitudinal examination of the asymmetric impact of employee and customer satisfaction on retail sales." Managing Service Quality 16(5): 442–459.

Kelly, Khim (2010). "Accuracy of Relative Weights on Multiple Leading Performance Measures: Effects on Managerial Performance and Knowledge." Contemporary Accounting Research 27(2): 347.

Kerssens-van Drongelen, Inge C./Fisscher, Olaf A. M. (2003). "Ethical dilemmas in performance measurement." Journal of Business Ethics 45(1/2): 51–63.

Key Account (2009). "Krisenschutzimpfung für Kaufleute." Key Account – Fachinformation für Handel & Industrie 5.

Key Account (2012a). „So ködert der Handel seine Mitarbeiter." Key Account – Fachinformation für Handel & Industrie 1.

Key Account (2012b). "Vom Multi-Channel zum Cross-Channel." Key Account – Fachinformation für Handel & Industrie 1.

Key Account (2014). „Sei so frei!" Key Account – Fachinformation für Handel & Industrie 7.

Khandwalla, Pradip N. (1977). The design of organizations. New York, NY [u.a.], Harcourt Brace Jovanovich.

Kieser, Alfred (2012). "JOURQUAL – der Gebrauch, nicht der Missbrauch, ist das Problem / JOURQUAL – Its use, not its misuse, is the problem." DBW – Die Betriebswirtschaft 72(1): 93.

Kim, Hyung-Su/Kim, Young-Gul (2009). "A CRM performance measurement framework: Its development process and application." Industrial Marketing Management 38(4): 477–489.

King, William R. (2007). "IT STRATEGY AND INNOVATION: Recent Innovations in Knowledge Management." Information Systems Management 24(1): 91–93.

Klein, Andreas (2010). Moderne Controlling-Instrumente für Marketing und Vertrieb – [Grundlagen und Konzepte ; Kennzahlen für das Online-Marketing ; Praxisbeispiele aus unterschiedlichen Branchen ; IT-gestütztes Kundenbeziehungsmanagement]. Freiburg, Br. [u.a.], Haufe-Mediengruppe.

Klingebiel, Norbert (1999). Performance measurement; Grundlagen, Ansätze, Fallstudien. Wiesbaden, Gabler.

Knauer, Thorsten /Wömpener, Andreas (2012). „Determinanten des Prognoseverhaltens der Unternehmen des Prime Standards." Die Betriebswirtschaft 72(2): 115-135.

Knoblauch, Hubert/Schnettler, Bernt (2009). Konstruktivismus. Qualitative Marktforschung; Konzepte – Methoden – Analysen. Buber, RenateHolzmüller, Hartmut. Wiesbaden, Gabler: 127-136.

Kolias, Georgios D/Dimelis, Sophia P/Filios, Vasilios P (2011). "An empirical analysis of inventory turnover behaviour in Greek retail sector: 2000-2005." International Journal of Production Economics 133(1): 143-153.

Kotler, Philip/Keller, Kevin Lane (2012). Marketing management. Harlow [u.a.], Pearson Education.

Kotzab, Herbert/Reiner, Gerald/Teller, Christoph (2007). „Beschreibung, Analyse und Bewertung von Instore-Logistikprozessen." Zeitschrift für Betriebswirtschaft 77(11): 1135-1158.

Kroeber-Riel, Werner/Weinberg, Peter/Gröppel-Klein, Andrea (2009). Konsumentenverhalten. München, Vahlen.

Kuckartz, Udo (2010). Einführung in die computergestützte Analyse qualitativer Daten. Wiesbaden, VS, Verl. für Sozialwiss.

Kuhn, Thomas S. (1976). Die Struktur wissenschaftlicher Revolutionen. Frankfurt am Main, Suhrkamp.

Kumar, V./Shah, Denish/Venkatesan, Rajkumar (2006). "Managing retailer profitability – one customer at a time!" Journal of Retailing 82(4): 277-294.

Kumar, V./Venkatesan, Rajkumar/Reinartz, Werner (2008). "Performance Implications of Adopting a Customer-Focused Sales Campaign." Journal of Marketing 72(5): 50-68.

Küpper, Hans-Ulrich (2008). Controlling; Konzeption, Aufgaben, Instrumente. Stuttgart, Schäffer-Poeschel.

Kurtuluş, Mümin/Nakkas, Alper (2011). "Retail Assortment Planning Under Category Captainship." Manufacturing & Service Operations Management 13(1): 124-142.

Kurz, Andrea/Stockhammer, Constanze/Fuchs, Susanne/Meinhard, Dieter (2009). Das problemzentrierte Interview. Qualitative Marktforschung. Konzepte – Methoden – Analysen. Buber, RenateHolzmüller, Hartmut. Wiesbaden, Gabler: 463-476.

Kuß, Alfred (2013a). Marketing-Theorie – Eine Einführung. Wiesbaden, Springer Fachmedien Wiesbaden.

Kuß, Alfred (2013b). Marketing-Theorie; Eine Einführung. Wiesbaden, Springer Fachmedien Wiesbaden.

Lado, Augustine A./Dant, Rajiv R./Tekleab, Amanuel G. (2008). "Trust-opportunism paradox, relationalism, and performance in interfirm relationships: evidence from the retail industry." Strategic Management Journal 29(4): 401.

Landon Jr, E. Laird (1980). "CONSUMER SATISFACTION, DISSATISFACTION AND COMPLAINING BEHAVIOR AS INDICATORS OF MARKET PERFORMANCE." Advances in Consumer Research 7(1): 186–191.

Larcher, Manuela (2010). Zusammenfassende Inhaltsanalyse nach Mayring – Überlegungen zu einer QDA-Software unterstützten Anwendung. Wien, Univ. für Bodenkultur, Dep. für Wirtschafts- und Sozialwiss., Inst. für Nachhaltige Wirtschaftsentwicklung.

Lau, Kwok Hung (2013). "Measuring distribution efficiency of a retail network through data envelopment analysis." International Journal of Production Economics 146(2): 598–611.

Lautman, Martin R./Pauwels, Koen (2009). "Metrics That Matter." Journal of Advertising Research 49(3): 339–359.

Lee, Chia-Ling/Yang, Huan-Jung (2011). "Organization structure, competition and performance measurement systems and their joint effects on performance." Management Accounting Research 22(2): 84–104.

Lee, Ruby P/Naylor, Gillian/Chen, Qimei (2011). "Linking customer resources to firm success: The role of marketing program implementation." Journal of Business Research 64(4): 394–400.

Lemmink, Jos/Mattsson, Jan (1998). "Warmth during non-productive retail encounters: the hidden side of productivity." International Journal of Research in Marketing 15(5): 505–517.

Lerchenmüller, Michael (2014). Handelsbetriebslehre. Herne, Kiehl.

Lewis, Michael/Whitler, Kimberly A/Hoegg, JoAndrea (2013). "Customer Relationship Stage and the Use of Picture-Dominant versus Text-Dominant Advertising: A Field Study." Journal of Retailing 89(3): 263–280.

Lichtenstein, Donald R./Netemeyer, Richard G./Maxham, James G. (2010). "The Relationships Among Manager-, Employee-, and Customer-Company Identification: Implications For Retail Store Financial Performance." Journal of Retailing 86(1): 85–93.

Liebmann, Hans-Peter/Zentes, Joachim (2001). Handelsmanagement. München, Vahlen.

Liebmann, Hans-Peter/Zentes, Joachim/Swoboda, Bernhard (2008). Handelsmanagement. München, Vahlen.

Lienbacher, Eva (2013). Corporate Social Responsibility im Handel – Diskussion und empirische Evidenz des alternativen Betriebstyps Sozialmarkt. Wiesbaden, Springer Fachmedien Wiesbaden.

Lilien, Gary L./Rangaswamy, Arvind/Van Bruggen, Gerrit H./Starke, Katrin (2004). "DSS Effectiveness in Marketing Resource Allocation Decisions: Reality vs. Perception." Information Systems Research 15(3): 216-235.

Lilien, Gary L./Roberts, John H./Shankar, Venkatesh (2013). "Effective Marketing Science Applications: Insights from the ISMS-MSI Practice Prize Finalist Papers and Projects." Marketing Science 32(2): 229-245.

Lings, Ian N./Greenley, Gordon E. (2009). "The impact of internal and external market orientations on firm performance." Journal of Strategic Marketing 17(1): 41-53.

Lipe, Marlys Gascho/Salterio, Steven E. (2000). "The Balanced Scorecard: Judgmental Effects of Common and Unique Performance Measures." Accounting Review 75(3): 283.

Little, John D. C. (1969). Models and Managers: The Concept of a Decision Calculus. Cambridge.

Little, John D. C. (1979). "DECISION SUPPORT SYSTEMS FOR MARKETING MANAGERS." Journal of Marketing 43(3): 9-26.

Little, John D. C. (1998). "Integrated measures of sales, merchandising, and distribution." International Journal of Research in Marketing 15(5): 473-485.

Little, Philipp/Little, Beverly/Coffee, David (2009). "The Du Pont Model: Evaluating alternative strategies in the retail industry." Academy of Strategic Management Journal 8: 71-80.

Luce, R. Duncan/Tukey, John W. (1964). "Simultaneous conjoint measurement: A new type of fundamental measurement." Journal of Mathematical Psychology 1(1): 1-27.

Malhotra, Naresh K. (2014). Basic marketing research. Harlow [u.a.], Pearson Education.

Malmi, Teemu (2013). Management control as a package : the need for international research.

Manzoni, Jean-Francois (2010). Motivation through incentives: A cross disciplinary review of evidence. Performance measurement and management control innovative concepts and practices. Epstein, Marc J.,Workshop on Performance, MeasurementManagement, Control. Bingley, Emerald: XIV, 527 S.

Mauboussin, Michael J. (2012). "THE TRUE MEASURES OF SUCCESS." Harvard Business Review 90(10): 46-56.

Maxham Iii, James G./Netemeyer, Richard G./Lichtenstein, Donald R. (2008). "The Retail Value Chain: Linking Employee Perceptions to Employee Performance, Customer Evaluations, and Store Performance." Marketing Science 27(2): 147-167.

Mayring, Philipp (2010). Qualitative Inhaltsanalyse – Grundlagen und Techniken. Weinheim [u.a.], Beltz.

McAfee, Andrew/Brynjolfsson, Erik (2012). "Big Data: The Management Revolution. (cover story)." Harvard Business Review 90(10): 60–68.

McGinnis, Michael A./Gable, Myron/Madden, R. Burt (1984). "Improving the Profitability of Retail Merchandising Decisions-Revisited." Journal of the Academy of Marketing Science 12(1): 49.

McKay, Patrick F./Avery, Derek R./Morris, Mark A. (2009). "A TALE OF TWO CLIMATES: DIVERSITY CLIMATE FROM SUBORDINATES' AND MANAGERS' PERSPECTIVES AND THEIR ROLE IN STORE UNIT SALES PERFORMANCE." Personnel Psychology 62(4): 767–791.

McNair, Malcom (1931). "Trends in Large Scale Retailing." Harvard Business Review 10(October): 30–39.

Meinefeld, Werner (2009). Hypothesen und Vorwissen in der qualitativen Sozialforschung. Qualitative Forschung; ein Handbuch. Reinbek bei Hamburg, Rowohlt: 265–275.

Melnyk, Steven A./Hanson, John D./Calantone, Roger J. (2010). "Hitting the Target...but Missing the Point: Resolving the Paradox of Strategic Transition." Long Range Planning 43(4): 555–574.

Melnyk, Steven A./Stewart, Douglas M./Swink, Morgan (2004). "Metrics and performance measurement in operations management: dealing with the metrics maze." Journal of Operations Management 22(3): 209–218.

Merchant, Kenneth A/Van der Stede, Wim A (2012). Management control systems – Performance Measurement, evaluation and incentives, Pearson.

Merchant, Kenneth A. (2006). "Measuring general managers' performances." Accounting, Auditing & Accountability Journal 19(6): 893–917.

Merton, Robert K. (1995). "The Thomas Theorem and The Mattew Effect." Social Forces 74(2): 379–424.

Messinger, Paul R./Narasimhan, Chakravarthi (1995). "Has Power Shifted In The Grocery Channel?" Marketing Science 14(2): 189.

Metro Group (2011). Metro-Handelslexikon – Daten, Fakten und Adressen zum Handel in Deutschland, Europa und der Welt. Düsseldorf, Metro Group.

Metzger, Christian/Thiesse, Frédéric/Gershwin, Stanley/Fleisch, Elgar (2013). "The impact of false-negative reads on the performance of RFID-based shelf inventory control policies." Computers & Operations Research 40(7): 1864–1873.

Meyer, Claus (2007). Betriebswirtschaftliche Kennzahlen und Kennzahlen-Systeme. Sternenfels, Verlag Wissenschaft und Praxis.

Meyer, Michael/Reutterer, Thomas (2009). Sampling Methoden in der Marktforschung. Wie man Untersuchungseinheiten auswählen kann. Qualitative Marktforschung – Konzepte – Methoden – Analysen. Buber, RenateHolzmüller, Hartmut. Wiesbaden, Gabler: 229–246.

Mild, Andreas/Natter, Martin/Reutterer, Thomas/Taudes, Alfred/Wöckl, Jürgen (2006). Retail Revenue Management. Innovationen in Marketing und Handel. Wien, Linde: 124–143.

Minami, Chieko/Dawson, John (2008). "The CRM process in retail and service sector firms in Japan: Loyalty development and financial return." Journal of Retailing and Consumer Services 15(5): 375–385.

Mintz, Ofer/Currim, Imran S (2013). "What Drives Managerial Use of Marketing and Financial Metrics and Does Metric Use Impact Performance of Marketing Mix Activities?" Journal of Marketing(77): 17–40.

Mintzberg, Henry (1978). "Patterns in strategy formation." Management science 24(9): 934–948.

Mintzberg, Henry (1979). The structuring of organizations – a synthesis of the research. London, Prentice-Hall Internat.

Mizik, Natalie/Nissim, Doron (2011). "Accounting for Marketing Activities: Implications for Marketing Research and Practice." Available at SSRN 1768382.

Morgan, Chris/Dewhurst, Adam (2007). "Using SPC to measure a national supermarket chain's suppliers' performance." International Journal of Operations & Production Management 27(8): 874–900.

Morgan, Neil /Clark, Bruce /Gooner, Rich (2002). "Marketing productivity, marketing audits, and systems for marketing performance assessment Integrating multiple perspectives." Journal of Business Research 55(5): 363–375.

Morschett, Dirk (2004). Performance-leadership im Handel. Zukunft im Handel; 19. Zentes, Joachim,Biesiada, HenrykSchramm-Klein, Hanna. Frankfurt am Main, Dt. Fachverl.: VIII S., S. 13–289.

MSI, Marketing Science Institute (2010–2012). Research Priorities.

Müller-Hagedorn, Lothar (2000). Theorie und Praxis im Marketing. Deutschsprachige Marketingforschung – Bestandsaufnahme und Perspektiven. Backhaus, Klaus. Stuttgart, Schäffer-Poeschel: 462 S.

Müller-Hagedorn, Lothar/Natter, Martin (2011). Handelsmarketing. Stuttgart, Kohlhammer.

Müller-Hagedorn, Lothar/Toporowski, Waldemar/Zielke, Stephan (2012). Der Handel – Grundlagen – Management – Strategien. Stuttgart, Kohlhammer.

Murphy, Brian/Maguiness, Paul/Pescott, Chris/Wislang, Soren/et al. (2005). "Stakeholder perceptions presage holistic stakeholder relationship marketing performance." European Journal of Marketing 39(9/10): 1049–1059,1219–1220,1223.

Murray, Lynn M./Evans, Kenneth R. (2013). "Store managers, profitability and satisfaction in multi-unit enterprises." The Journal of Services Marketing 27(3): 207–222.

Naesens, Kobe/Gelders, Ludo/Pintelon, Liliane (2007). "A swift response tool for measuring the strategic fit for resource pooling: a case study." Management Decision 45(3): 434–449.

National Retail Federation (2014). "Top 100 Retailers." Retrieved 12 Jan, 2015, from https://nrf.com/news/top-100-retailers.

Neely, Andy (1999). "The performance measurement revolution: why now and what next?" International Journal of Operations & Production Management 19(2): 205–228.

Neely, Andy/Gregory, Mike/Platts, Ken (2005). "Performance measurement system design: A literature review and research agenda." International Journal of Operations & Production Management 25(12): 1228–1263.

Netemeyer, Richard G./Heilman, Carrie M./Maxham, James G. (2012). "The Impact of a New Retail Brand In-Store Boutique and its Perceived Fit with the Parent Retail Brand on Store Performance and Customer Spending." Journal of Retailing 88(4): 462–475.

Netemeyer, Richard G./Maxham Iii, James G./Lichtenstein, Donald R. (2010). "Store Manager Performance and Satisfaction: Effects on Store Employee Performance and Satisfaction, Store Customer Satisfaction, and Store Customer Spending Growth." Journal of Applied Psychology 95(3): 530–545.

Nevries, Pascal/Strauß, Erik/Goretzki, Lukas (2009). „Zentrale Gestaltungsgrößen der operativen Planung." ZfCM 53(4): 237–241.

Nicolai, Alexander T. (2004). „Der „trade-off" zwischen „rigour" und „relevance" und seine Konsequenzen für die Managementwissenschaft." Zeitschrift für Betriebswirtschaft 74(2): 99–118.

Nur Haiza Muhammad, Zawawi/Hoque, Zahirul (2010). „Research in management accounting innovations." Qualitative Research in Accounting and Management 7(4): 505–568.

O'Neill, Olivia A./Feldman, Daniel C./Vandenberg, Robert J./DeJoy, David M./Wilson, Mark G. (2011). "Organizational achievement values, high-involvement work practices, and business unit performance." Human Resource Management 50(4): 541–558.

O'Sullivan, Don/Abela, Andrew V. (2007). "Marketing Performance Measurement Ability and Firm Performance." Journal of Marketing 71(2): 79–93.

o.V. (1966). "Dealing With Dealers: How To Measure Performance." Management Review 55(8): 18.

o.V. (2010). Ausbildungsmappe für Führungskräfte, Unternehmen im österreichischen LEH: 21.

o.V. (2012). The retail store manager perspective of manageing performance Colloquium on European Retail Research, Paris.

Oberparleiter, Karl (1918). Die Funktionen des Handels. Wien, Verl. d. Export-Akad.

Oke, Adegoke (2007). "Innovation types and innovation management practices in service companies." International Journal of Operations & Production Management 27(6): 564–587.

Olbrich, Rainer/Grewe, Gundula (2013). "Proliferation of private labels in the groceries sector: The impact on category performance." Journal of Retailing & Consumer Services 20(2): 147–153.

Olson, Eric M/Slater, Stanley F/Hult, G Tomas M (2005). "The performance implications of fit among business strategy, marketing organization structure, and strategic behavior." Journal of marketing: 49–65.

Orlikowski, Wanda J./Barley, Stephen R. (2001). "Technology and institutions: What can research on information technology and research on organizations learn from each other? ." MIS Quarterly 25(2): 145–165.

Pal, John/Medway, Dominic/Byrom, John (2011). "Deconstructing the notion of blame in corporate failure." Journal of Business Research 64(10): 1043–1051.

Parasuraman, A./Berry, Leonard L./Zeithaml, Valarie A. (1991). "Perceived Service Quality as a Customer-Based Performance Measure: An Empirical Examination of Organizational Barriers Using an Extended Service Quality Model." Human Resource Management (1986-1998) 30(3): 335–364.

Parasuraman, A./Zeithaml, Valarie A./Berry, Leonard L. (1988). "Servqual: A Multiple-Item Scale For Measuring Consumer Perceptions of Service Quality." Journal of Retailing 64(1): 12.

Parnell, John A. (2011). "Strategic capabilities, competitive strategy, and performance among retailers in Argentina, Peru and the United States." Management Decision 49(1): 139–155.

Paul, Joachim (2014). Information: Das perfekte Reporting. Beteiligungscontrolling und Konzerncontrolling, Springer: 37–103.

Paul, Robert J./Bell, Robert W. (1967). "Quantitative Determination of Manpower Requirements in Variable Activities." Journal of Retailing 43(2): 21.

Paul, Robert/Schooler, Robert (1970). "Activity-Productivity Analysis in Large and Small Department Stores--A Comparative Study." Journal of Retailing 46(1): 41–51.

Pauwels, Koen/Ambler, Tim/Clark, Bruce H/LaPointe, Pat/Reibstein, David/Skiera, Bernd/Wierenga, Berend/Wiesel, Thorsten (2009). "Dashboards as a service: why, what, how, and what research is needed?" Journal of Service Research.

Perdikaki, Olga/Kesavan, Saravanan/Swaminathan, Jayashankar M. (2012). "Effect of Traffic on Sales and Conversion Rates of Retail Stores." Manufacturing & Service Operations Management 14(1): 145–162.

Petersen, J. Andrew/McAlister, Leigh/Reibstein, David J./Winer, Russell S./Kumar, V./Atkinson, Geoff (2009). "Choosing the Right Metrics to Maximize Profitability and Shareholder Value." Journal of Retailing 85(1): 95–111.

Pfadenhauer, Michaela (2009). Experteninterview. Ein Gespräch auf gleicher Augenhöhe. Qualitative Marktforschung. Konzepte – Methoden – Analysen. Buber, RenateHolzmüller, Hartmut. Wiesbaden, Gabler: 449–462.

Piercy, Nigel F./Harris, Lloyd C./Lane, Nikala (2002). "Market orientation and retail operatives' expectations." Journal of Business Research 55(4): 261–273.

Pilling, Bruce K./Donthu, Naveen/Henson, Steve (1999). "Accounting for the Impact of Territory Characteristics on Sales Performance: Relative Efficiency as a Measure of Salesperson Performance." Journal of Personal Selling & Sales Management 19(2): 35–45.

Planet Retail (2012). "Planet Retail." Retrieved 08.11.2012, 2012.

Planet Retail (2014a). "IT & Supply Chain." Retrieved 11. Juli, 2014, from http://www.planetretail.net/Retailers/497/IT.

Planet Retail (2014b). "Retail Sales." Retrieved 12 Jan, 2015, from http://www.planetretail.net/Markets/Country/50/RetailChannels#cashCarryAndWarehouseClubs.

Planet Retail (2015). "Retail Environment: Retail Sales & Forecast." Retrieved 12 Jan, 2015, from http://www.planetretail.net/Markets/Country/50/RetailChannels#cashCarryAndWarehouseClubs.

Porter, Michael E. (1980). Competitive strategy – techniques for analyzing industries and competitors. New York, NY [u.a.], Free Press.

Powell, Thomas C./Dent-Micallef, Anne (1997). "Information Technology As Competitive Advantage: The Role Of Human, Business, And Technology Resources." Strategic Management Journal 18(5): 375–405.

Pritchard, Michael/Silvestro, Rhian (2005). "Applying the service profit chain to analyse retail performance: The case of the managerial strait-jacket?" International Journal of Service Industry Management 16(4): 337–356.

Ramanathan, Usha/Gunasekaran, Angappa/Subramanian, Nachiappan (2011). "Supply chain collaboration performance metrics: a conceptual framework." Benchmarking: An International Journal 18(6): 856–872.

Rao, Vithala R. (2014). Applied Conjoint Analysis. Berlin, Heidelberg, Springer Berlin Heidelberg.

Rapp, Adam/Beitelspacher Skinner, Lauren/Grewal, Dhruv/Hughes, DouglasE (2013). "Understanding social media effects across seller, retailer, and consumer interactions." Journal of the Academy of Marketing Science 41(5): 547–566.

Rautenstrauch, Thomas/Müller, Christof (2005). „Verständnis und Organisation des Controlling in kleinen und mittleren Unternehmen." Zeitschrift für Planung & Unternehmenssteuerung 16(2): 189–209.

Reijnders, Will J. M./Verhallen, Theo M. M. (1996). "Strategic Alliances Among Small Retailing Firms: Empirical Evidence For The Netherlands." Journal of Small Business Management 34(1): 36–45.

Reinartz, Werner/Dellaert, Benedict/Krafft, Manfred/Kumar, V./Varadarajan, Rajan (2011). "Retailing Innovations in a Globalizing Retail Market Environment." Journal of Retailing 87, Supplement 1(0): S53-S66.

Reinecke, Sven/Reibstein, David J (2002). "Performance Measurement in Marketing und Verkauf." Controlling & Management 46(1): 18–25.

Reynolds, Jonathan/Howard, Elizabeth/Dragun, Dmitry/Rosewell, Bridget/Ormerod, Paul (2005). "Assessing the Productivity of the UK Retail Sector." International Review of Retail, Distribution & Consumer Research 15(3): 237–280.

Rossiter, John R (2001). "What is marketing knowledge? Stage I: forms of marketing knowledge." Marketing Theory 1(1): 9–26.

Rudolf, Matthias/Müller, Johannes (2004). Multivariate Verfahren – eine praxisorientierte Einführung mit Anwendungsbeispielen in SPSS. Göttingen [u.a.], Hogrefe.

Rudolph, Thomas/Nagengast, Liane (2013). „Kundenbindung in Handels-und Serviceunternehmen–Die Wirkung von Kundenbindungsinstrumenten auf Einstellungen und Kaufverhalten." Journal für Betriebswirtschaft 63(1): 3–44.

Rust, Roland T/Ambler, Tim/Carpenter, Gregory S/Kumar, V/Srivastava, Rajendra K (2004a). "Measuring marketing productivity: current knowledge and future directions." Journal of marketing 68(4): 76–89.

Rust, Roland T/Lemon, Katherine N/Zeithaml, Valarie A (2004b). "Return on marketing: using customer equity to focus marketing strategy." Journal of marketing 68(1): 109–127.

Samu, Sridhar/Lyndem, Preeti Krishnan/Litz, Reginald A. (2012). "Impact of brand-building activities and retailer-based brand equity on retailer brand communities." European Journal of Marketing 46(11/12): 1581–1601.

Sandt, Joachim (2005). "Performance Measurement." Controlling & Management 49(6): 429–447.

Saxe, Robert/Weitz, Barton A (1982). "The SOCO scale: a measure of the customer orientation of salespeople." Journal of Marketing Research: 343–351.

Schäfer, Ulrich (2013). Performance Measurement in langfristigen Prinzipal-Agenten-Beziehungen – Möglichkeiten und Grenzen einer Analyse auf Grundlage mehrperiodiger LEN-Modelle. Baden-Baden, Nomos-Verl.-Ges.

Schäffer, Utz (2013). "Management accounting research in Germany: from splendid isolation to being part of the international community." Journal of Management Control 23(4): 291–309.

Scharf, Sebastian/Michel, Elena (2011). „Return on Marketing–Eine Bestandsaufnahme empirischer Befunde." Journal für Betriebswirtschaft 61(4): 235–267.

Schatzki, Theodore R. (2006). "On Organizations as they Happen." Organization Studies (01708406) 27(12): 1863–1873.

Schnedlitz, Peter/Lienbacher, Eva/Waldegg-Lindl, Barbara/Waldegg-Lindl, Marianne (2013). Last Mile: Die letzten – und teuersten – Meter zum Kunden im B2C E-Commerce. Handel in Theorie und Praxis – Festschrift zum 60. Geburtstag von Prof. Dr. Dirk Möhlenbruch. Crockford, Gesa ‚Ritschel, Falk Schmieder, Ulf-Marten Wiesbaden, Springer Fachmedien Wiesbaden: XIX, 592 S. 583 Abb.

Schneid, Hedi (2012). „Flughafen: „Knebelverträge verscheuchen kleine Händler"." Retrieved 30. September, 2014, from http://diepresse.com/home/wirtschaft/economist/1285579/Flughafen_Knebelvertraege-verscheuchen-kleine-Haendler.

Schnell, Rainer/Hill, Paul B./Esser, Elke (2013). Methoden der empirischen Sozialforschung. München, Oldenbourg.

Schrader, Ulrich/Henning-Thurau, Thorsten (2009). "VHB-JOURQUAL2: Method, Results, and Implications of the German Academic Association for Business Research's Journal Ranking." BuR – Business Research Journal 2(2): 180–204.

Schramm-Klein, Hanna/Wagner, Gerhard (2013). Multichannel-E-Commerce – Neue Absatzwege im Online-Handel. Handel in Theorie und Praxis – Festschrift zum 60. Geburtstag von Prof. Dr. Dirk Möhlenbruch. Crockford, Gesa ‚Ritschel, Falk Schmieder, Ulf-Marten Wiesbaden, Springer Fachmedien Wiesbaden: XIX, 592 S. 583 Abb.

Schroder, Harold M./Driver, Michael J./Streufert, Siegfried (1975). Menschliche Informationsverarbeitung; die Strukturen der Informationsverarbeitung bei Einzelpersonen und Gruppen in komplexen sozialen Situationen. Weinheim [u.a.], Beltz.

Schröder, Hendrik (2012a). Category Management. Handbuch Handel – Strategien Perspektiven Internationaler Wettbewerb. Zentes, Joachim,Swoboda, Bernhard,Morschett, DirkSchramm-Klein, Hanna. Wiesbaden, Springer Fachmedien Wiesbaden: 527–541.

Schröder, Hendrik (2012b). Handelsmarketing; Strategien und Instrumente für den stationären Einzelhandel und für Online-Shops Mit Praxisbeispielen. Wiesbaden, Gabler Verlag.

Schröder, Henrik (2006). Handelscontrolling in Theorie und Praxis – Besonderheiten, konzeptionelle Grundlagen und praktische Umsetzung. Handbuch Marketing-Controlling. Reinecke, SvenTomczak, Torsten. Wiesbaden, Gabler. 2: 1049–1076.

Schulz-Schaeffer, Ingo (2000). Sozialtheorie der Technik. Frankfurt am Main [u.a.], Campus-Verl.

Sellers-Rubio, Ricardo/Mas-Ruiz, Francisco (2007). "Different Approaches to the Evaluation of Performance in Retailing." International Review of Retail, Distribution & Consumer Research 17(5): 503–522.

Sellers-Rubio, Ricardo/Más-Ruiz, Francisco J. (2009). "Efficiency vs. market power in retailing: Analysis of supermarket chains." Journal of Retailing & Consumer Services 16(1): 61–67.

Sezen, Bülent (2006). "Changes in performance under various lengths of review periods in a periodic review inventory control system with lost sales." International Journal of Physical Distribution & Logistics Management 36(5): 360–373.

Shi, C./Chen, B. (2007). "Pareto-optimal contracts for a supply chain with satisficing objectives." Journal of the Operational Research Society 58(6): 751–759.

Shugan, Steven M./Mitra, Debanjan (2009). "Metrics--When and Why Nonaveraging Statistics Work." Management Science 55(1): 4–15.

Shun Yin, Lam/Vandenbosch, Mark/Hulland, John/Pearce, Michael (2001). "Evaluating Promotions in Shopping Environments: Decomposing Sales Response into Attraction, Conversion, and Spending Effects." Marketing Science 20(2): 194.

Siepermann, Christoph (2010). „Spielräume bei der Ermittlung von Lagerbestandskosten." Die Betriebswirtschaft 70(1): 63.

Silver, Lawrence S. (2013). The essentials of marketing research. New York, NY [u.a.], Routledge.

Silverman, David (2008). Interpreting qualitative data; methods for analyzing talk, text and interaction. Los Angeles, Calif. [u. a.], Sage.

Simon, Herbert A. (1959). "Theories of Decision-Making in Economics and Behavioral Science." The American Economic Review 49(3): 253–283.

Simon, Hermann (2008). „Betriebswirtschaftliche Wissenschaft und Unternehmenspraxis – Erfahrungen aus dem Marketing-Bereich." Schmalenbachs Zeitschrift für betriebswirtschaftliche Forschung 60: 73–93.

Sinkovics, Rudolf/Penz, Elfriede (2009). Mehrsprachige Interviews und softwaregestützte Analyse. Qualitative Marktforschung. Buber, RenateHolzmüller, Hartmut. Wiesbaden, Gabler: 979–998.

Sinkula, James M./Baker, William E./Noordewier, Thomas (1997). "A Framework for Market-Based Organizational Learning: Linking Values, Knowledge, and Behavior." Journal of the Academy of Marketing Science 25(4): 305–318.

Skiera, Bernd/Bermes, Manuel/Horn, Lutz (2011). "Customer Equity Sustainability Ratio: A New Metric for Assessing a Firm's Future Orientation." Journal of Marketing 75(3): 118–131.

Smith, David/Langfield-Smith, Kim (2004). "Structural Equation Modeling In Management Accounting Research: Critical Analysis And Opportunities." Journal of Accounting Literature 23(07374607): 49–49.

Speckbacher, Gerhard/Bischof, Jürgen (2000). „Die Balanced Scorecard als innovatives Managementsystem; Konzeptionelle Grundlagen und Stand der Anwendung in deutschen Unternehmen." DBW Die Betriebswirtschaft(6).

Srinivasan, Raji/Sridhar, Shrihari/Narayanan, Sriram/Sihi, Debika (2013). "Effects of opening and closing stores on chain retailer performance." Journal of Retailing 89(2): 126–139.

Srinivasan, Shuba/Vanhuele, Marc/Pauwels, Koen (2010). "Mind-Set Metrics in Market Response Models: An Integrative Approach." Journal of Marketing Research (JMR) 47(4): 672–684.

Srnka, Katharina (2006). Integration qualitativer und quantitativer Methoden in der Marketingforschung: Ein Betirag zur Föderung der Theorieentwicklung in der Betriebswirtschaftslehre. Wien, Universität Wien.

Srnka, Katharina (2007). „Integration qualitativer und quantitativer Forschungsmethoden: Der Einsatz kombinierter Forschungsdesigns als Möglichkeit zur Förderung der Theorieentwicklung in der Marketingforschung als betriebswirtschaftliche Disziplin." Marketing ZFP 29(4): 249–262.

Staehle, Wolfgang H. (1969). Kennzahlen und Kennzahlensysteme als Mittel der Organisation und Führung von Unternehmen. Wiesbaden, Gabler.

Statistik Austria (2012a). „Leistungs- und Strukturstatistik." Retrieved 2012, 2012, from http://www.statistik.at/web_de/statistiken/handel_und_dienstleistungen/leistungs_und_strukturdaten/index.html.

Statistik Austria (2012b). „Leistungs- und Strukturstatistik 2012." Retrieved 02.Juni, 2014, from http://www.statistik.at/web_de/statistiken/handel_und_dienstleistungen/leistungs_und_strukturdaten/index.html.

Statistik Austria (2014). „IKT-Einsatz in Haushalten, online im Internet." Retrieved 12 Jan, 2015, from https://www.statistik.at/web_de/statistiken/informationsgesellschaft/ikt-einsatz_in_haushalten/022212.html.

Steiner, Peter M/Atzmüller, Christiane (2006). „Experimentelle Vignettendesigns in faktoriellen surveys." KZfSS Kölner Zeitschrift für Soziologie und Sozialpsychologie 58(1): 117–146.

Strauß, Erik/Zecher, Christina (2013). "Management control systems: a review." Journal of Management Control 23(4): 233–268.

Sun, Zhan-Li/Choi, Tsan-Ming/Au, Kin-Fan/Yu, Yong (2008). "Sales forecasting using extreme learning machine with applications in fashion retailing." Decision Support Systems 46(1): 411–419.

Sutherland, Dennis J. (1971). "Managing by Objectives in Retailing." Journal of Retailing 47(3): 15.

Sweeney, Daniel J. (1973). "Improving the Profitability of Retail Merchandising Decisions." Journal of Marketing 37(1): 60–68.

Swoboda, Bernhard/Elsner, Stefan (2013). "Transferring the retail format successfully into foreign countries." Journal of International Marketing 21(1): 81–109.

Syntetos, Aris A./Nikolopoulos, Konstantinos/Boylan, John E./Fildes, Robert/Goodwin, Paul (2009). "The effects of integrating management judgement into intermittent demand forecasts." International Journal of Production Economics 118(1): 72–81.

Tan, Baris/Karabati, Selcuk (2013). "Retail inventory management with stockout based dynamic demand substitution." International Journal of Production Economics 145(1): 78–87.

Teichert, Thorsten/Shehu, Edlira (2009). Diskussion der Conkointanalyse in der Forschung. Conjointanalyse; Methoden, Anwendungen, Praxisbeispiele. Baier, DanielBrusch, Michael. Berlin, Heidelberg, Springer Berlin Heidelberg.

Teo, Thompson S. H./Wong, Poh Kam (1998). "An empirical study of the performance impact of computerization in the retail industry." Omega 26(5): 611.

ter Braak, Anne/Dekimpe, Marnik G./Geyskens, Inge (2013). "Retailer Private-Label Margins: The Role of Supplier and Quality-Tier Differentiation." Journal of marketing 77(4): 86–103.

Thiesse, Frederic/Al-Kassab, Jasser/Fleisch, Elgar (2009). "Understanding the value of integrated RFID systems: a case study from apparel retail." 18: 592–614.

Ton, Zeynep (2009). The effect of labor on profitability: The role of quality, Harvard Business School.

Ton, Zeynep (2012). "Why "Good Jobs" Are Good 4 Retailers." Harvard Business Review 90(1/2): 124–131.

Töpfer, Armin (2007). Betriebswirtschaftslehre; anwendungs- und prozessorientierte Grundlagen. Berlin [u.a.], Springer.

Töpfer, Armin (2012). Erfolgreich Forschen – Ein Leitfaden für Bachelor-, Master-Studierende und Doktoranden. Berlin, Heidelberg, Springer Berlin Heidelberg.

Trend (2014). „trend TOP 500! Österreichs erfolgreichste Unternehmen „. Retrieved 15/07, 2014, from http://www.trendtop500.at/unternehmen/.

Trocchia, Philip J./Luckett, Michael G. (2013). "Transitory bias as a source of customer dissatisfaction: An exploratory investigation." Journal of Consumer Behaviour 12(1): 32–41.

U.S. Bureau of Labour Statistics (2013). "Retail Trade: NAICS 44–35." Retrieved 16/08, 2013, from http://data.bls.gov/cgi-bin/print.pl/iag/tgs/iag44-45.htm.

U.S. Census (2012). "Retail Sales." from www.census.gov/retail/mrts/www/data/excel/mrtssales92-present.xls.

United States Census Bureau (2013). "Industry Ratios: Key to Column Headings." Retrieved 16/08, 2013, from http://www.census.gov/econ/census02/data/ratios/ratiokey.htm.

van Bruggen, Gerrit H./Smidts, Ale/Wierenga, Berend (1998). "Improving decision making by means of a marketing decision support system." Management Science 44(5): 645–658.

van Veen-Dirks, Paula (2010). "Different uses of performance measures: the evaluation versus reward of production managers." Accounting, Organizations and Society 35(2): 141–164.

Vera-Munoz, Sandra C./Shackell, Margaret B./Buehner, Marc (2007). "Accountants' usage of causal business models in the presence of benchmark data: a note." Contemporary Accounting Research 24(3): 1015–1038.

VHB JOURQUAL (2011). "Zeitschriftenranking." 2011, from http://vhbonline.org/service/jourqual/vhb-jourqual-21-2011/jq21/.

Voeth, Markus/Herbst, Uta/Loos, Jeanette (2011). „Bibliometrische Analyse der Zeitschriftenrankings VHB-JOURQUAL 2.1 und Handelsblatt-Zeitschriftenranking BWL." DBW 71(5): 439–458.

Walsh, Gianfranco/Hennig-Thurau, Thorsten/Mitchell, Vincent-Wayne (2007). "Consumer confusion proneness: scale development, validation, and application." Journal of Marketing Management 23(7–8): 697–721.

Wason, Kelly D/Polonsky, Michael J/Hyman, Michael R (2002). "Designing vignette studies in marketing." Australasian Marketing Journal (AMJ) 10(3): 41–58.

Waterhouse, John H/Tiessen, Peter (1978). "A contingency framework for management accounting systems research." Accounting, Organizations and Society 3(1): 65–76.

Weber, Jürgen/Schäffer, Utz (2011). Einführung in das Controlling. Stuttgart, Schäffer-Poeschel.

Weele, Arjan J/Raaij, Erik M (2014). "The future of purchasing and supply management research: About relevance and rigor." Journal of Supply Chain Management 50(1): 56–72.

Weiber, Rolf/Mühlhaus, Daniel (2009). Auswahl von Eigenschaften und Ausprägungen bei der Conjointanalyse. Conjointanalyse; Methoden, Anwendungen, Praxisbeispiele. Baier, DanielBrusch, Michael. Berlin, Heidelberg, Springer Berlin Heidelberg.

Weide, Gonn/Hoffjan, Andreas/Nevries, Pascal/Trapp*, Rouven (2011). „Organisatorisch-personelle Auswirkungen einer Integration des Rechnungswesens – eine empirische Analyse**." Zeitschrift für betriebswirtschaftliche Forschung: 63–086.

Wicht, Jurgen/Hopp, Axel/Arminger, Gerhard (2008). „Aufbau, Durchfuhrung und Leistungsmessung eines CPFR-Pilotprojekts im Handel." ZFBF: Schmalenbachs Zeitschrift für Betriebswirtschaftliche Forschung 60: 214.

Wierenga, Berend/Van Bruggen, Gerrit H. (2001). "Developing Customized Decision-Support System for Brand Managers." Interfaces 31(3): S128–S145.

Wieseke, Jan/Kraus, Florian/Ahearne, Michael/Mikolon, Sven (2012). "Multiple Identification Foci and Their Countervailing Effects on Salespeople's Negative Headquarters Stereotypes." Journal of marketing 76(3): 1–20.

Wieseke, Jan/Kraus, Florian/Rajab, Thomas (2010). Förderung des Eigenmarkenverkaufs durch Vertriebsmitarbeiter – eine empirische Analyse informeller Anreizfaktoren.

Wind, Yoram Jerry (2005). "Marketing as an engine of business growth: a cross-functional perspective." Journal of Business Research 58(7): 863–873.

Witzel, Andreas (1982). Verfahren der qualitativen Sozialforschung – Überblick und Alternativen. Frankfurt, Main [u.a.], Campus-Verl.

Witzel, Andreas (2000). "The Problem-centered Interview." FQS: Forum: Qualitative Sozialforschung 1(1).

Witzel, Andreas/Reiter, Herwig (2012). The problem-centred interview, SAGE Publications Limited.

WKO (2010). Handel Aktuell. 3/2010.

WKO (2012). WIFI: Liquiditätsplanung mit dem KMU-Stresstest. Der Handel. Wien, WKO Österreich. 5: 5.

WKO Sparte Handel (2014). „Der Handelsrechner." Retrieved 17. September, 2014, from https://www.wko.at/Content.Node/branchen/b/Der_Handelsrechner2.html.

Yao, Yuliang/Dresner, Martin/Palmer, Jonathan W. (2009). "IMPACT OF BOUNDARY-SPANNING INFORMATION TECHNOLOGY AND POSITION IN CHAIN ON FIRM PERFORMANCE." Journal of Supply Chain Management 45(4): 3–16.

Yates, JoAnne/Orlikowski, Wanda (2002). "Genre Systems: Structuring Interaction through Communicative Norms." Journal of Business Communication 39(1): 13–35.

Yin, Robert K. (2014). Case study research – design and methods. London [u.a.], SAGE Publ.

Yuxin, Chen/Hess, James D./Wilcox, Ronald T./Zhang, Z. John (1999). "Accounting Profits Versus Marketing Profits: A Relevant Matric for Category Management." Marketing Science 18(3): 208.

Zallocco, Ronald/Pullins, Ellen Bolman/Mallin, Michael L. (2009). "A re-examination of B2B sales performance." Journal of Business & Industrial Marketing 24(8): 598–610.

Zeithaml, Valarie A./Bolton, Ruth N./Deighton, John/Keiningham, Timothy L./Lemon, Katherine N./Petersen, J. Andrew (2006). "Forward-Looking Focus." Journal of Service Research 9(2): 168–183.

Zentes, Joachim (2006). Handbuch Handel – Strategien – Perspektiven – internationaler Wettbewerb. Wiesbaden, Gabler.

Zoltners, Andris A/Sinha, Prabhakant/Lorimer, Sally E (2012). "Breaking the sales force incentive addiction: A balanced approach to sales force effectiveness." Journal of Personal Selling and Sales Management 32(2): 171–186.

Stichwortverzeichnis

B
Begründungszusammenhang 33, 34, 36, 38
Berufserfahrung 93, 183, 188, 203, 222, 233, 241, 246, 257, 258, 261, 262, 272, 288, 350
Big Data 95, 291, 389

C
Category Management 197, 298, 332, 336, 396, 401
Conjoint Analyse 262, 288
Controlling 55, 74, 93, 99, 133, 148, 231, 285

D
Dashboards 62, 288, 393
Decision Support-Systeme 21, 49, 292, 299

E
Effektivität 20, 25, 43, 44, 50, 59, 84, 86–88, 95, 151, 234, 322, 376
Effizienz 20, 25, 43, 44, 50, 51, 55, 62, 84, 86–88, 95, 116, 120, 158, 162, 177, 178, 207, 212, 271, 322
Entdeckungszusammenhang 34, 36, 37
Entscheidungsbeeinflussung 64, 66, 147, 235
Entscheidungserleichterung 63, 66, 147, 179, 187, 200, 218, 230, 231, 233
Evaluierung 64, 113, 117, 118, 123, 125, 160, 170, 181, 192, 198, 203, 219, 222, 223, 261
Exceptional Reporting 292, 296

F
Feedback 63, 171, 187, 188, 203, 208, 219, 220, 223, 224, 228, 231, 297, 298, 314
Feed-Forward 63, 228
Filialisierungsgrad 21, 72, 73, 99, 121, 124, 179, 184
Flächenproduktivität 75, 77, 123

G
Garbage-In-Garbage-Out 21, 62

H
Handelsspanne 75, 79, 86, 122, 132, 175, 214, 224, 260, 294, 296, 348

I
Informationstechnologie 116, 190, 232
Informationsüberlastung 21, 23, 52, 62, 95, 291, 296
Informationsverarbeitung 61, 62, 123
Instore-logistische Prozesse 115, 128, 199, 232, 236, 287

K
Kennzahlen
– Finanzkennzahlen 45, 53, 92, 93, 105, 130–132, 215, 227, 231, 248, 251
– Handelskennzahlen 99, 100, 117, 122, 130, 247, 268, 348, 362
– Kennzahlen-Set 94, 282
– Kund/innenkennzahlen 66, 90, 114, 118, 122, 132, 164, 170–173, 215, 232, 248, 249, 253, 277, 279, 281
– Marketingkennzahlen 64, 89, 90, 92, 128, 131, 158

– Mitarbeiter/innenkennzahlen 125, 224, 226, 248, 249, 253, 256, 260, 277, 279
– Nicht-finanzielle Kennzahlen 45, 50, 113, 122, 130–132, 207, 215, 218, 250
– Performance Kennzahlen 63, 218
– Sortimentskennzahlen 132, 248, 249, 253, 256, 261, 277, 294, 350, 359

Kennzahlensystem 18, 49, 53, 56, 128, 291, 397
Kommunikation auf unterschiedlichen Leistungsebenen 52, 210
Kontingenztheorie 23, 27, 89, 111, 123, 141, 154, 155, 230, 240, 287
Kostenorientierung 162, 164, 168, 173, 175, 177, 178, 273
Kostentreiber 53, 94, 188, 215

L
Lagerbestand 88, 121, 187, 260, 348, 349
Leading Indicators 47, 235

M
Marketing Analytics 128, 291, 309
Marketingforschung 32, 33, 39, 98, 99, 221
Marketing Mix 25, 84, 89, 263
– Kommunikationspolitik 88, 296
– Preise und Konditionen 89, 295
– Sortimentspolitik 86, 294
– Standortpolitik 87, 297
– Verkaufspersonal 86, 299
Mitarbeiter/innengespräch 224–226
Mixed-Methods-Design 37

O
OLAP-Modelle 95

P
PIMS 18, 294, 373
Präferenzmodell 269
Praxistheorie 193, 285, 287
Preisführerschaft 85, 231, 275, 280, 283
Problemzentrierte Interviewführung 147

R
Relevance 20, 23, 24, 28, 40, 97, 136, 142
Retail Revenue Management 295
Rigour 23, 24, 26, 28, 40, 97, 142
Routinen 190, 191, 193, 203

S
Serviceorientierung 59, 107, 113, 114, 116, 117, 119, 127, 173, 175, 176, 211, 232, 246, 249, 260, 280, 355
– Serviceeffizienz 250, 256, 259, 357
– Serviceexzellenz 250, 256, 259, 357
Stakeholder 103, 106, 115, 118, 136, 181, 205
Strukturdaten 70, 77

U
Umsatz/Absatz 106, 278, 281, 290, 348, 349
Umsatzrentabilität 52, 75, 76, 348
Umwelt 115, 126, 164, 230
Unternehmensgröße 73, 145, 165–167, 206, 230, 240, 252, 253
Unternehmensstrategie 93, 117, 118, 136, 175, 231, 260, 273, 287
Unternehmensstruktur 86, 184, 190, 230, 231

V
Vergangenheitsorientierung 46, 54, 94

Vergütungsformen 64, 228, 245, 255, 258
Vergütungssystem 114

Z
Zielsetzung
- operativ 60
- strategisch 60
- taktisch 60

Zielsetzung auf der Store-Ebene 211
Zielsetzung von Handelsunternehmen 61
Zukunftsorientierung 45, 46, 65, 90, 94, 122, 125

Forschungsergebnisse der WU Wirtschaftsuniversität Wien

Herausgeber: WU Wirtschaftsuniversität Wien –
vertreten durch Univ. Prof. Dr. Barbara Sporn

INFORMATION UND KONTAKT:

WU Wirtschaftsuniversität Wien
Department of Finance, Accounting and Statistics
Institute for Finance, Banking and Insurance
Welthandelsplatz 1, D 4, 4. OG, 1020 Wien
Tel.: 0043-1-313 36/4556
Fax: 0043-1-313 36/904556
valentine.wendling@wu.ac.at
www.wu.ac.at/finance

Band 1 Stefan Felder: Frequenzallokation in der Telekommunikation. Ökonomische Analyse der Vergabe von Frequenzen unter besonderer Berücksichtigung der UMTS-Auktionen. 2004.

Band 2 Thomas Haller: Marketing im liberalisierten Strommarkt. Kommunikation und Produktplanung im Privatkundenmarkt. 2005.

Band 3 Alexander Stremitzer: Agency Theory: Methodology, Analysis. A Structured Approach to Writing Contracts. 2005.

Band 4 Günther Sedlacek: Analyse der Studiendauer und des Studienabbruch-Risikos. Unter Verwendung der statistischen Methoden der Ereignisanalyse. 2004.

Band 5 Monika Knassmüller: Unternehmensleitbilder im Vergleich. Sinn- und Bedeutungsrahmen deutschsprachiger Unternehmensleitbilder – Versuch einer empirischen (Re-)Konstruktion. 2005.

Band 6 Matthias Fink: Erfolgsfaktor Selbstverpflichtung bei vertrauensbasierten Kooperationen. Mit einem empirischen Befund. 2005.

Band 7 Michael Gerhard Kraft: Ökonomie zwischen Wissenschaft und Ethik. Eine dogmenhistorische Untersuchung von Léon M.E. Walras bis Milton Friedman. 2005.

Band 8 Ingrid Zechmeister: Mental Health Care Financing in the Process of Change. Challenges and Approaches for Austria. 2005.

Band 9 Sarah Meisenberger: Strukturierte Organisationen und Wissen. 2005.

Band 10 Anne-Katrin Neyer: Multinational teams in the European Commission and the European Parliament. 2005.

Band 11 Birgit Trukeschitz: Im Dienst Sozialer Dienste. Ökonomische Analyse der Beschäftigung in sozialen Dienstleistungseinrichtungen des Nonprofit Sektors. 2006

Band 12 Marcus Kölling: Interkulturelles Wissensmanagement. Deutschland Ost und West. 2006.

Band 13 Ulrich Berger: The Economics of Two-way Interconnection. 2006.

Band 14 Susanne Guth: Interoperability of DRM Systems. Exchanging and Processing XML-based Rights Expressions. 2006.

Band 15 Bernhard Klement: Ökonomische Kriterien und Anreizmechanismen für eine effiziente Förderung von industrieller Forschung und Innovation. Mit einer empirischen Quantifizierung der Hebeleffekte von F&E-Förderinstrumenten in Österreich. 2006.

Band 16 Markus Imgrund: Wege aus der Insolvenz. Eine Analyse der Fortführung und Sanierung insolventer Klein- und Mittelbetriebe unter besonderer Berücksichtigung des Konfigurationsansatzes. 2007.

Band 17 Nicolas Knotzer: Product Recommendations in E-Commerce Retailing Applications. 2008.

Band 18 Astrid Dickinger: Perceived Quality of Mobile Services. A Segment-Specific Analysis. 2007.

Band 19 Nadine Wiedermann-Ondrej: Hybride Finanzierungsinstrumente in der nationalen und internationalen Besteuerung der USA. 2008.

Band 20 Helmut Sorger: Entscheidungsorientiertes Risikomanagement in der Industrieunternehmung. 2008.

Band 21 Martin Rietsch: Messung und Analyse des ökonomischen Wechselkursrisikos aus Unternehmenssicht: Ein stochastischer Simulationsansatz. 2008.

Band 22 Hans Christian Mantler: Makroökonomische Effizienz des Finanzsektors. Herleitung eines theoretischen Modells und Schätzung der Wachstumsimplikationen für die Marktwirtschaften und Transformationsökonomien Europas. 2008.

Band 23 Youri Tacoun: La théorie de la valeur de Christian von Ehrenfels. 2008.

Band 24 Monika Koller: Longitudinale Betrachtung der Kognitiven Dissonanz. Eine Tagebuchstudie zur Reiseentscheidung. 2008.

Band 25 Marcus Scheiblecker: The Austrian Business Cycle in the European Context. 2008.

Band 26 Aida Numic: Multinational Teams in European and American Companies. 2008.

Band 27 Ulrike Bauernfeind: User Satisfaction with Personalised Internet Applications. 2008.

Band 28 Reinhold Schodl: Systematische Analyse und Bewertung komplexer Supply Chain Prozesse bei dynamischer Festlegung des Auftragsentkopplungspunkts. 2008.

Band 29 Bianca Gusenbauer: Öffentlich-private Finanzierung von Infrastruktur in Entwicklungsländern und deren Beitrag zur Armutsreduktion. Fallstudien in Vietnam und auf den Philippinen. 2009.

Band 30 Elisabeth Salomon: Hybrides Management in sino-österreichischen Joint Ventures in China aus österreichischer Perspektive. 2009.

Band 31 Katharina Mader: Gender Budgeting: Ein emanzipatorisches, finanzpolitisches und demokratiepolitisches Instrument. 2009.

Band 32 Michael Weber: Die Generierung von Empfehlungen für zwischenbetriebliche Transaktionen als gesamtwirtschaftliche Infrastrukturleistung. 2010.

Band 33 Lisa Gimpl-Heersink: Joint Pricing and Inventory Control under Reference Price Effects. 2009.

Band 34 Erscheint nicht.

Band 35 Dagmar Kiefer: Multicultural Work in Five United Nations Organisations. An Austrian Perspective. 2009.

Band 36 Gottfried Gruber: Multichannel Management. A Normative Model Towards Optimality. 2009.

Band 37 Rainer Quante: Management of Stochastic Demand in Make-to-Stock Manufacturing. 2009.

Band 38 Franz F. Eiffe: Auf den Spuren von Amartya Sen. Zur theoriegeschichtlichen Genese des Capability-Ansatzes und seinem Beitrag zur Armutsanalyse in der EU. 2010.

Band 39 Astrid Haider: Die Lohnhöhe und Lohnstreuung im Nonprofit-Sektor. Eine quantitative Analyse anhand österreichischer Arbeitnehmer-Arbeitgeber-Daten. 2010.

Band 40 Maureen Lenhart: Pflegekräftemigration nach Österreich. Eine empirische Analyse. 2010.

Band 41 Oliver Schwank: Linkages in South African Economic Development. Industrialisation without Diversification? 2010.

Band 42 Judith Kast-Aigner: A Corpus-Based Analysis of the Terminology of the European Union's Development Cooperation Policy, with the African, Caribbean and Pacific Group of States. 2010.

Band 43 Emel Arikan: Single Period Inventory Control and Pricing. An Empirical and Analytical Study of a Generalized Model. 2011.

Band 44 Gerhard Wohlgenannt: Learning Ontology Relations by Combining Corpus-Based Techniques and Reasoning on Data from Semantic Web Sources. 2011.

Band 45 Thomas Peschta: Der Einfluss von Kundenzufriedenheit auf die Kundenloyalität und die Wirkung der Wettbewerbsintensität am Beispiel der Gemeinschaftsverpflegungsgastronomie. 2011.

Band 46 Friederike Hehle: Die Anwendung des Convenience-Konzepts auf den Betriebstyp Vending. 2011.

Band 47 Thomas Herzog: Strategisches Management von Koopetition. Eine empirisch begründete Theorie im industriellen Kontext der zivilen Luftfahrt. 2011.

Band 48 Christian Weismayer: Statische und longitudinale Zufriedenheitsmessung. 2011.

Band 49 Johannes Fichtinger: The Single-Period Inventory Model with Spectral Risk Measures. 2011.

Band 50 Isabella R. Hatak: Kompetenz, Vertrauen und Kooperation. Eine experimentelle Studie. 2011.

Band 51 Birgit Gusenbauer: Der Beitrag der Prospect Theory zur Beschreibung und Erklärung von Servicequalitätsurteilen und Kundenzufriedenheit im Kontext von Versicherungsentscheidungen. 2012.

Band 52 Markus A. Höllerer: Between Creed, Rhetoric Façade, and Disregard. Dissemination and Theorization of Corporate Social Responsibility in Austria. 2012.

Band 53 Jakob Müllner: Die Wirkung von Private Equity auf das Wachstum und die Internationalisierung. Eine empirische Impact-Studie des österreichischen Private Equity Marktes. 2012.

Band 54 Heidrun Rosič: The Economic and Environmental Sustainability of Dual Sourcing. 2012.

Band 55 Christian Geier: Wechselkurssicherungsstrategien exportorientierter Unternehmen. Effizienzmessung von regelgebundenen Selektionsentscheidungen. 2012.

Band 56 Ernst Gittenberger: Betriebsformenwahl älterer KonsumentInnen. 2012.

Band 57 Michael Pichlmair: Miete, Lage, Preisdiktat. Strukturelle Effekte der Lageregulierung im mietrechtlich geschützten Wiener Wohnmarkt. 2012.

Band 58 Anna Katherina Guserl: Internationalisierungsprozesse und Finanzstrategien. Ansätze und empirische Analysen. 2013.

Band 59 Christian Idinger: Konsumentenpreiswissen. Eine empirische Studie im österreichischen Lebensmitteleinzelhandel. 2013.

Band 60 Dennis Jancsary: Die rhetorische Konstruktion von Führung und Steuerung. Eine argumentationsanalytische Untersuchung deutschsprachiger Führungsgrundsätze. 2013.

Band 61 Nicolas Hoffmann: Loyalty Schemes in Retailing. A Comparison of Stand-alone and Multi-partner Programs. 2013.

Band 62 Jose Gabriel Delgado Jimenez: Grenzüberschreitende Patientenmigration im zahnmedizinischen Bereich. Eine ökonomische Analyse am Beispiel Österreich und Ungarn. 2013.

Band 63 Wolfgang Koller: Prognose makroökonomischer Zeitreihen: Ein Vergleich linearer Modelle mit neuronalen Netzen. 2014.

Band 64 Georg Kodydek: Nachwuchsführungskräfte in multikulturellen Gruppen. Ein interkulturelles Experiment. 2014.

Band 65 Marion Secka: Einfluss von Kommunikationsmaßnahmen mit CSR-Bezug auf die Einstellung zur Marke. Entwicklung und Überprüfung eines konzeptionellen Modells. 2015.

Band 66 Frederik A. Gierlinger: Wittgensteins „Bemerkungen über die Farben". 2015.

Band 67 Paul Rameder: Die Reproduktion sozialer Ungleichheiten in der Freiwilligenarbeit. Theoretische Perspektiven und empirische Analysen zur sozialen Schließung und Hierarchisierung in der Freiwilligenarbeit. 2015.

Band 68 Verena Harrauer: Performance Measurement im Einzelhandel. Multiperspektivische Diskussion zur Implementierung und Verwendung von Erfolgskennzahlen auf der operativen Einzelhandelsebene. 2016.

www.peterlang.com

www.ingramcontent.com/pod-product-compliance
Lightning Source LLC
LaVergne TN
LVHW010146070526
838199LV00062B/4278